따라 하며 배우는 데이터 과학

ⓒ 2017. 권재명 All Rights Reserved.

1쇄 발행 2017년 8월 4일
4쇄 발행 2020년 9월 30일

지은이 권재명
펴낸이 장성두
펴낸곳 주식회사 제이펍

출판신고 2009년 11월 10일 제406-2009-000087호
주소 경기도 파주시 회동길 159 3층 3-B호 / **전화** 070-8201-9010 / **팩스** 02-6280-0405
홈페이지 www.jpub.kr / **원고투고** submit@jpub.kr / **독자문의** help@jpub.kr / **교재문의** textbook@jpub.kr

편집팀 이종무, 이민숙, 최병찬, 이주원 / **소통·기획팀** 민지환, 송찬수, 강민철, 김수연 / **회계팀** 김유미
교정·교열 백주옥 / **내지디자인** 디자인콤마 / **표지디자인** 미디어픽스
용지 에스에이치페이퍼 / **인쇄** 해외정판사 / **제본** 광우제책사

ISBN 979-11-85890-86-9(93000)
값 26,000원

※ 이 책은 저작권법에 따라 보호를 받는 저작물이므로 무단 전재와 무단 복제를 금지하며,
  이 책 내용의 전부 또는 일부를 이용하려면 반드시 저작권자와 제이펍의 서면동의를 받아야 합니다.
※ 잘못된 책은 구입하신 서점에서 바꾸어 드립니다.

제이펍은 독자 여러분의 아이디어와 원고 투고를 기다리고 있습니다. 책으로 펴내고자 하는 아이디어나 원고가 있으신
분께서는 책의 간단한 개요와 차례, 구성과 저(역)자 약력 등을 메일(submit@jpub.kr)로 보내 주세요.

실리콘밸리 데이터 과학자가 알려주는

따라 하면 배우는 데이터 과학

권재명 지음

※ **드리는 말씀**

- 이 책에 기재된 내용을 기반으로 한 운용 결과에 대해 저/역자, 소프트웨어 개발자 및 제공자, 제이펍 출판사는 일체의 책임을 지지 않으므로 양해 바랍니다.
- 이 책에 기재한 회사명 및 제품명은 각 회사의 상표 및 등록명입니다.
- 이 책에서는 ™, ©, ® 등의 기호를 생략하고 있습니다.
- 이 책에서 사용하고 있는 실제 제품 버전은 독자의 학습 시점에 따라 책의 버전과 다를 수 있습니다.
- 처음 읽을 때 절 제목에 '★' 표시가 있는 절은 건너뛰어도 좋습니다.
- 이 책의 예제 코드와 연습문제 해답 일부는 아래에서 확인할 수 있습니다.
  - https://dataninja.me
- 책의 내용과 관련된 문의사항은 지은이나 출판사로 연락주시기 바랍니다.
  - 지은이: dataninjame@gmail.com
  - 출판사: help@jpub.kr

머리말 ———————————————— xii
베타리더 후기 ———————————— xiv

※ 처음 읽을 때 '*' 표시가 있는 절은 건너뛰어도 좋습니다.

CHAPTER 1 데이터 과학이란? _ 1

1.1 데이터 과학의 정의 ———————————————————————— 1
1.2 데이터 과학 프로세스 ——————————————————————— 8
1.3 데이터 과학자가 갖춰야 할 능력 ————————————————— 11

CHAPTER 2 데이터 분석 환경 구성하기 _ 15

2.1 데이터 과학의 연장, 컴퓨터, 기타 도구들 ————————————— 15
2.2 R 설치와 팁 ————————————————————————————— 18
2.3 R 스튜디오 설치와 팁 ———————————————————————— 18
2.4 R 라이브러리 설치 ————————————————————————— 20
  2.4.1 CRAN 태스크 뷰 21
  2.4.2 패키지의 의존 패키지와 권장 패키지 설치 22
  2.4.3 패키지와 R 버전 24
  2.4.4 패키지와 :: 연산자 24
2.5 파이썬 —————————————————————————————————— 24
2.6 서브라임 텍스트* ——————————————————————————— 26
2.7 깃 버전 관리 소프트웨어와 깃허브* ———————————————— 26
2.8 유닉스 활용하기* ——————————————————————————— 28
2.9 구글 독스/스프레드시트/슬라이드* ———————————————— 31

CHAPTER 3 데이터 취득과 데이터 가공: SQL과 dplyr _ 33

3.1 데이터 취득과 데이터 가공이란 무엇이며, 왜 중요한가? ———— 33
3.2 데이터 취득 ————————————————————————————— 34
  3.2.1 예제 데이터를 어디서 얻을 것인가? 34
  3.2.2 표 형태 텍스트 파일 읽어 들이기 35
  3.2.3 아주 큰 외부 파일* 39
  3.2.4 엑셀 파일 읽어 들이기 40
  3.2.5 RDBMS + SQL 40
  3.2.6 R에서의 SQL 연습 41
  3.2.7 RDBMS에서 R로 데이터 읽어 들이기 43
  3.2.8 다른 소프트웨어 데이터 포맷 읽어 들이기 43
3.3 데이터 출력 ————————————————————————————— 44

- **3.4** 데이터 가공 · 44
- **3.5** 데이터 가공을 위한 도구 · 46
  - **3.5.1** SQL 46
  - **3.5.2** 유닉스 셸 46
  - **3.5.3** 파이썬 48
  - **3.5.4** R 48
- **3.6** R의 dplyr 패키지 · 51
  - **3.6.1** dplyr를 이용한 데이터 가공의 문법 51
  - **3.6.2** dplyr의 유용한 유틸리티: glimpse, tbl_df( ), %>% 52
  - **3.6.3** dplyr 핵심 동사 53
  - **3.6.4** group_by를 이용한 그룹 연산 56
  - **3.6.5** dplyr 명령의 공통점, 함수형 프로그래밍, 체이닝 57
  - **3.6.6** dplyr에서 테이블을 결합하는 조인 연산자 58
  - **3.6.7** SQL과 dplyr 60

CHAPTER 4 데이터 시각화 I: ggplot2 _ 63

- **4.1** 시각화의 중요성 · 63
  - **4.1.1** 갭마인더 데이터 예 63
  - **4.1.2** 앤스콤의 사인방: 시각화 없는 통계량은 위험하다! 67
  - **4.1.3** 왜 시각화가 더 효율적인가? 68
- **4.2** 베이스 R 그래픽과 ggplot2 · 69
  - **4.2.1** ggplot2란? 71
  - **4.2.2** ggplot과 dplyr의 %>% 73
  - **4.2.3** 예제 데이터 소개 73
- **4.3** 변수의 종류에 따른 시각화 기법 · 74
  - **4.3.1** 한 수량형 변수 74
  - **4.3.2** 한 범주형 변수 76
  - **4.3.3** 두 수량형 변수 77
  - **4.3.4** 수량형 변수와 범주형 변수 79
  - **4.3.5** 두 범주형 변수 82
  - **4.3.6** 더 많은 변수를 보여주는 기술 1: 각 geom의 다른 속성들을 사용한다 85
  - **4.3.7** 더 많은 변수를 보여주는 기술 2: facet_* 함수를 사용한다 86
- **4.4** 시각화 과정의 몇 가지 유용한 원칙 · 87

CHAPTER 5 코딩 스타일 _ 91

- **5.1** 스타일 가이드와 협업 · 91
- **5.2** R 코딩 스타일 · 94
- **5.3** 파이썬 스타일 가이드와 도구 · 98
- **5.4** SQL 코딩 스타일 · 100
- **5.5** 코딩 스타일 이외의 베스트 프랙티스 · 100
  - **5.5.1** 프로젝트별로 작업공간 활용 100
  - **5.5.2** 깃 버전 관리 101

CHAPTER 6 통계의 기본 개념 복습 _ 102

- **6.1** 통계, 올바른 분석을 위한 틀 · 102
  - **6.1.1** 수면제 효과 연구 예 102
- **6.2** 첫째, 통계학은 숨겨진 진실을 추구한다 · 105
  - **6.2.1** 법정 드라마의 비유 106

- 6.3 둘째, 통계학은 불확실성을 인정한다 · 107
- 6.4 셋째, 통계학은 관측된 데이터가 가능한 여러 값 중 하나라고 생각한다 · 107
- 6.5 스튜던트 t-분포와 t-검정이란? · 111
- 6.6 P-값을 이해하면 통계가 보인다 · 113
- 6.7 P-값의 오해와 남용 · 114
  - 6.7.1 P-값보다 유의성만 보고하는 오류 114
  - 6.7.2 P-값을 모수에 대한 확률로 이해하는 오류 116
  - 6.7.3 높은 P-값을 귀무가설이 옳다는 증거로 이해하는 오류 117
  - 6.7.4 낮은 P-값이 항상 의미 있다고 이해하는 오류 117
  - 6.7.5 P-값만을 고려하고, 신뢰구간을 사용하지 않는 오류 118
  - 6.7.6 미국통계학회의 P-값의 사용에 관한 성명서 118
- 6.8 신뢰구간의 의미 · 119
  - 6.8.1 신뢰구간의 이해를 돕는 다른 표현 121
  - 6.8.2 나의 현재는 95%인가, 5%인가? 121
- 6.9 넷째, 통계학은 어렵다 · 122
- 6.10 모집단, 모수, 표본 · 123
  - 6.10.1 표본분포의 예 124
  - 6.10.2 중심극한정리 124
- 6.11 모수추정의 정확도는 sqrt(n)에 비례한다 · 126
  - 6.11.1 sqrt(n)과 '빅데이터'의 가치 127
- 6.12 모든 모형은 틀리지만 일부는 쓸모가 있다 · 128
- 6.13 이 장을 마치며 · 129

CHAPTER 7 데이터 종류에 따른 분석 기법 _ 131

- 7.1 데이터형, 분석 기법, R 함수 · 131
- 7.2 모든 데이터에 행해야 할 분석 · 133
- 7.3 수량형 변수의 분석 · 134
  - 7.3.1 일변량 t-검정 136
  - 7.3.2 이상점과 로버스트 통계 방법 137
- 7.4 성공-실패값 범주형 변수의 분석 · 138
  - 7.4.1 오차한계, 표본 크기, sqrt(n)의 힘 140
- 7.5 설명변수와 반응변수 · 142
- 7.6 수량형 X, 수량형 Y의 분석 · 142
  - 7.6.1 산점도 143
  - 7.6.2 상관계수 143
  - 7.6.3 선형회귀 모형 적합 145
  - 7.6.4 모형 적합도 검정 147
  - 7.6.5 선형회귀 모형 예측 148
  - 7.6.6 선형회귀 모형의 가정 진단 149
  - 7.6.7 로버스트 선형회귀분석 151
  - 7.6.8 비선형/비모수적 방법, 평활법과 LOESS 152
- 7.7 범주형 x, 수량형 y · 154
  - 7.7.1 분산분석(ANOVA) 154
  - 7.7.2 선형 모형, t-검정의 위대함 155
  - 7.7.3 분산분석 예 155
  - 7.7.4 분산분석의 진단 157
- 7.8 수량형 x, 범주형 y(성공-실패) · 159
  - 7.8.1 일반화 선형 모형, 로짓/로지스틱 함수* 159
  - 7.8.2 챌린저 데이터 분석 161
  - 7.8.3 GLM의 모형 적합도 164

7.8.4 로지스틱 모형 예측, 링크와 반응변수 165
7.8.5 로지스틱 모형 적합결과의 시각화 165
7.8.6 범주형 y 변수의 범주가 셋 이상일 경우 166
7.8.7 GLM 모형의 일반화 167
7.9 더 복잡한 데이터의 분석, 머신러닝, 데이터 마이닝 167

CHAPTER 8 빅데이터 분류분석 I: 기본 개념과 로지스틱 모형 _ 170

8.1 분류분석이란? 170
   8.1.1 이항 분류분석의 목적 171
   8.1.2 정확도 지표, 이항편차, 혼동행렬, ROC 곡선, AUC 172
   8.1.3 모형의 복잡도, 편향-분산 트레이드오프, 모형 평가, 모형 선택, 교차검증 174
   8.1.4 빅데이터, n, p, 비정형 데이터 176
   8.1.5 분류분석 문제 접근법 177
8.2 환경 준비 179
8.3 분류분석 예제: 중산층 여부 예측하기 180
   8.3.1 데이터 다운로드하기 180
   8.3.2 범주형 반응변수의 factor 레벨 182
   8.3.3 범주형 설명변수에서 문제의 복잡도 183
8.4 훈련, 검증, 테스트세트의 구분 185
   8.4.1 재현가능성 185
8.5 시각화 186
8.6 로지스틱 회귀분석 188
   8.6.1 모형 적합 188
   8.6.2 완벽한 상관 관계, collinearity 192
   8.6.3 유의한 변수 살펴보기, 시각화 192
   8.6.4 glm 예측, 분계점 193
   8.6.5 예측 정확도 지표 193
8.7 이 장을 마치며 195

CHAPTER 9 빅데이터 분류분석 II: 라쏘와 랜덤 포레스트 _ 197

9.1 glmnet 함수를 통한 라쏘 모형, 능형회귀, 변수 선택 197
   9.1.1 라쏘, 능형 모형, 일래스틱넷, glmnet 197
   9.1.2 glmnet과 모형행렬 199
   9.1.3 자동 모형 선택, cv.glmnet 201
   9.1.4 α 값의 선택 202
   9.1.5 예측, predict.glmnet 204
   9.1.6 모형 평가 204
9.2 나무 모형 205
   9.2.1 나무 모형이란? 205
   9.2.2 나무 모형 적합 206
   9.2.3 나무 모형 평가 208
9.3 랜덤 포레스트 209
   9.3.1 배깅과 랜덤 포레스트란? 209
   9.3.2 랜덤 포레스트 적용 210
   9.3.3 랜덤 포레스트 예측 212
   9.3.4 모형 평가 212
   9.3.5 예측 확률값 자체의 비교 213
9.4 부스팅 214

- 9.4.1 부스팅이란? 214
- 9.4.2 gbm 모형 적용 215
- 9.4.3 부스팅 예측 216
- 9.4.4 부스팅 모형 평가 217
- 9.5 모형 비교, 최종 모형 선택, 일반화 능력 평가 218
  - 9.5.1 모형 비교와 최종 모형 선택 218
  - 9.5.2 모형의 예측 확률값의 분포 비교 218
  - 9.5.3 테스트세트를 이용한 일반화 능력 계산 220
- 9.6 우리가 다루지 않은 것들 220
  - 9.6.1 변수 차원 축소(dimensionality reduction) 221
  - 9.6.2 k-NN(k-nearest neighbor) 방법 221
  - 9.6.3 뉴럴넷과 딥러닝 221
  - 9.6.4 베이지안 방법 223
  - 9.6.5 캐럿 패키지 223

CHAPTER 10 빅데이터 분류분석 III: 암 예측 _ 225

- 10.1 위스콘신 유방암 데이터 225
- 10.2 환경 준비와 기초 분석 226
- 10.3 데이터의 시각화 229
- 10.4 훈련, 검증, 테스트세트의 구분 231
- 10.5 로지스틱 회귀분석 232
  - 10.5.1 모형 평가 233
- 10.6 라쏘 모형 적합 234
  - 10.6.1 모형 평가 235
- 10.7 나무 모형 236
- 10.8 랜덤 포레스트 238
- 10.9 부스팅 239
- 10.10 최종 모형 선택과 테스트세트 오차 계산 240
  - 10.10.1 예측값의 시각화 242

CHAPTER 11 빅데이터 분류분석 IV: 스팸 메일 예측 _ 244

- 11.1 스팸 메일 데이터 244
- 11.2 환경 준비와 기초 분석 247
- 11.3 데이터의 시각화 250
- 11.4 훈련, 검증, 테스트세트의 구분 254
  - 11.4.1 특수문자를 포함한 변수명 처리 254
  - 11.4.2 훈련, 검증, 테스트세트의 구분 255
- 11.5 로지스틱 회귀분석 255
  - 11.5.1 모형 평가 257
- 11.6 라쏘 모형 적합 258
  - 11.6.1 모형 평가 259
- 11.7 나무 모형 260
- 11.8 랜덤 포레스트 262
- 11.9 부스팅 263
- 11.10 최종 모형 선택과 테스트세트 오차 계산 264
  - 11.10.1 예측값의 시각화 266

CHAPTER 12 분석 결과 정리와 공유, R 마크다운_268

- **12.1** 의미 있는 분석과 시각화 … 268
  - 12.1.1 xkcd 지리 정보 시각화 268
  - 12.1.2 So what(그래서 뭐)? 270
  - 12.1.3 무쓸모 지표 270
  - 12.1.4 의미 있는, 액셔너블한 결론 271
- **12.2** 분석의 타당성 … 271
- **12.3** 보고서 작성과 구성 … 272
  - 12.3.1 소통의 비결 272
  - 12.3.2 슬라이드와 보고서의 표준적 구성 273
- **12.4** 분석 결과의 공유 … 275
  - 12.4.1 협업 도구를 활용하자 275
  - 12.4.2 협업 도구만큼 중요한 협업 문화 276
  - 12.4.3 코드뿐만 아니라 분석 결과도 버전 관리하자 277
- **12.5** R 마크다운 … 278
  - 12.5.1 마크다운 278
  - 12.5.2 분석 코드와 보고서의 결합, R 마크다운 279

CHAPTER 13 빅데이터 회귀분석 I: 부동산 가격 예측_281

- **13.1** 회귀분석이란? … 281
  - 13.1.1 정확도 지표, RMSE 281
  - 13.1.2 회귀분석 문제 접근법 282
- **13.2** 회귀분석 예제: 부동산 가격 예측 … 283
- **13.3** 환경 준비와 기초 분석 … 284
- **13.4** 훈련, 검증, 테스트 세트의 구분 … 286
- **13.5** 선형회귀 모형 … 286
  - 13.5.1 선형회귀 모형에서 변수 선택 287
  - 13.5.2 모형 평가 290
- **13.6** 라쏘 모형 적합 … 291
  - 13.6.1 모형 평가 292
- **13.7** 나무 모형 … 293
- **13.8** 랜덤 포레스트 … 295
- **13.9** 부스팅 … 296
- **13.10** 최종 모형 선택과 테스트세트 오차 계산 … 297
  - 13.10.1 회귀분석의 오차의 시각화 297

CHAPTER 14 빅데이터 회귀분석 II: 와인 품질 예측_300

- **14.1** 와인 품질 데이터 소개 … 300
- **14.2** 환경 준비와 기초 분석 … 301
- **14.3** 데이터의 시각화 … 302
- **14.4** 훈련, 검증, 테스트세트의 구분 … 304
- **14.5** 선형회귀 모형 … 305
  - 14.5.1 선형회귀 모형에서 변수 선택 306
  - 14.5.2 모형 평가 309
- **14.6** 라쏘 모형 적합 … 309
  - 14.6.1 모형 평가 310
- **14.7** 나무 모형 … 311

14.8 랜덤 포레스트 ... 313
14.9 부스팅 ... 314
14.10 최종 모형 선택과 테스트세트 오차 계산 ... 315
    14.10.1 회귀분석의 예측값의 시각화 316

CHAPTER 15 데이터 시각화 II: 단어 구름을 사용한 텍스트 데이터의 시각화 _ 318

15.1 제퍼디! 질문 데이터 ... 318
15.2 자연어 처리와 텍스트 마이닝 환경 준비 ... 320
15.3 단어 구름 그리기 ... 320
15.4 자연어 처리 예 ... 323
15.5 고급 텍스트 마이닝을 향하여 ... 323
15.6 한국어 자연어 처리 ... 324

CHAPTER 16 실리콘밸리에서 데이터 과학자 되기 _ 326

16.1 데이터 과학자에게 요구되는 자질들 ... 326
16.2 데이터 과학자 고용 과정 ... 327
    16.2.1 데이터 과학자는 여러 이름으로 불린다 328
    16.2.2 링크드인 프로파일의 중요성 328
16.3 인터뷰 준비 ... 329
    16.3.1 통계 개념 복습 329
    16.3.2 코딩 복습 330
16.4 행동질문과 상황질문 ... 330
16.5 취업의 패러독스 ... 332

찾아보기 ... 334

머리말

2015년 2월에 한국을 방문했을 때 네무스텍(NemusTech)의 이승종 사장님의 소개로 몇 군데에서 대중 강연을 하게 되었는데, 강연의 내용은 실리콘밸리의 테크 기업들이 어떤 데이터 과학 문제를 어떻게 풀어 가는지에 대한 것이었다. 데이터 과학자란 직업이 한국에서는 아직 낯선 시기였지만, 청중들의 관심은 놀라우리만치 뜨거웠다. 이 관심을 반영하듯, 강연 자료를 정리하여 슬라이드셰어(SlideShare)에 올린 '실리콘밸리 데이터 과학자의 하루'는 현재 2만 회에 가까운 조회 수를 기록하고 있다. 2년이 지난 지금은 한국에서도 데이터 과학/데이터 과학자란 표현이 많이 일상화되었고, 여러 기업이 데이터의 효율적인 사용이 얼마나 중요한지를 절감하며 데이터 과학팀과 인력을 구성하고 있다.

이처럼 데이터 과학이 중요해진 이유는 자명하다. 현대는 데이터의 시대다. 아침에 일어나 신문 웹사이트나 포털에서 신문 기사를 읽으면 뉴스 선호도 데이터가 생성된다. 출근길 운전을 위해 스마트폰의 내비게이션 앱을 사용하면 운행속도와 경로선택 데이터가 생성된다. 온라인 음악 서비스를 사용하면 가수와 곡 선호도 정보가 생성된다. 검색 엔진에서 키워드를 검색하면 검색 데이터가 생성된다. SNS에서 게시물에 '좋아요'를 누르면 관계 그래프(relationship graph) 데이터가 생성된다. 온라인으로 물품을 구매한 기록은 구매 데이터로, 온라인 광고를 클릭한 기록은 클릭 데이터로 이어진다. 모빌 페이 앱을 사용하면 오프라인 구매 기록이, 택시 앱을 사용하면 시간별의 택시 요청 양과 도착지 데이터가 생성된다. 운동 앱을 사용하면 센서로 측정된 하루 동안 걸은 양과 소모한 열량 데이터가 생성된다. 이러한 데이터들은 저장, 가공, 분석되어 서비스의 개선에 사용된다. 모두 인터넷과 컴퓨터 기술의 발달 덕분이다.

이처럼 ❶ 다양한 분야에서 ❷ 다양한 형태로 ❸ 많은 양의 데이터가 생성되고 저장되고 있다. 이러한 데이터들을 처리하고 해석하기 위해서는 데이터들을 추출하고 가공하는 코딩 능력과 의미 있는 결론을 끌어낼 수 있는 통계적 능력이 필요하다. 데이터 과학자는 시대의 필요가 만들어낸 '프로그래머보다는 통계를 잘하고, 통계학자보다는 코딩을 잘하는' 융합 직군이다.

이 책은 '실무' 데이터 과학 '입문서'다. 필자의 목표는 가장 짧은 시간 안에 다양한 배경을 가진 독자들이 기본적인 데이터 과학 분석을 시작할 수 있도록 돕는 것이다. '가장 짧은 시간 안에' 배워야 하므로 필수적이지 않은 내용은 생략하고 설명은 간략하게 하도록 노력하였다. 자세한 내용을 알기 위해서는 구글 검색과 온라인 도움말을 사용할 것을 추천한다. 다양한 배경을 가진 독자들을 위해 통계나 컴퓨터 전공 지식이 없더라도 읽을 수 있도록 썼다. 그러나 통계의 핵심인 기초통계와 선형 모형(회귀분석과 분산분석 포함)은 반드시 제대로 배울 것을 권장한다. '기본적인' 데이터 분석은 텍스트 자료, 그래프 모형, 시계열 분석, 공간데이터 분석 등의 개별적인 데이터 형태보다는 다양한 분석에 공통되는 방법들을 다루는 것을 뜻한다.

이 책은 또한 대학이나 학원의 강의 교재, 혹은 자습서로 사용할 수도 있다. 강의 교재로는 학부, 대학원 수준의 데이터 과학, 통계학, 데이터 분석 등의 강의에 주교재 혹은 부교재로 사용할 수 있다. 혹은 몇 주간의 단기 과정에서 일부 장만을 다루어도 좋다. R과 유닉스 코드 예를 따라하고, 각 장 끝의 연습문제를 꼭 풀어보도록 하자(이 책에 사용된 모든 코드는 https://github.com/Jaimyoung/data-science-book-korean에서 제공된다). 그리고 더 나아가 본인이 분석하고자 하는 데이터를 정하여 배운 내용을 토대로 분석하고, 보고서까지 작성한다면 금상첨화일 것이다. 책에 대한 의견이나 질문은 저자 블로그(https://dataninja.me)를 통해 나누기를 바란다.

이 책은 여러 분들의 도움 덕분에 가능했다. 그중 기억나는 몇몇 분들에게 감사드리고 싶다. 제이펍 출판사는 집필 경험이 없는 필자를 찾아내서 2년간의 긴 장정을 시작하게 한 장본인이다. 서울대학교 통계학과의 장원철 교수님, 권용찬 박사과정 학생은 통계학적인 내용뿐 아니라 전반적인 구성과 톤에 소중한 피드백을 주셨다. 서울대학교 경제학/컴퓨터공학 학부의 이지은 후배도 많은 피드백을 주었다. 6주간의 데이터 과학 단기과정 동안 초고의 '실험대상(?)'이 되어 준 서강대 학부과정의 최광희, 서석인, 이재환, 안웅찬, 김세영, 맹인영, 조승윤 학생, 그리고 단기과정 자리를 마련해준 Headstart SV의 구남훈 대표에게도 감사드린다. 필자가 집필할 수 있는 시간을 허락해주고, 가정을 돌보고, 초고를 리뷰해준 아내 안윤희에게도 감사와 사랑을 전한다.

이 책을 통해 좀 더 많은 사람이 데이터 분석의 재미에 빠져들기를 바란다. 더불어, 통계학자와 데이터 분석가가 많아지고, 데이터와 사실에 기반을 둔 의사결정 문화가 자리 잡으며, 좀 더 합리적인 조직과 사회가 되기를 바란다.

2017년 7월 팔로 알토에서

권재명

베타리더 후기

🌱 김예리(링크잇)

R 개발부터 실무에 많이 쓰이는 통계 이론, 데이터를 분석하는 자세, 개발 환경까지 장별로 일련의 프로세스를 잘 풀어나간 것 같습니다. 저는 데이터를 다루지만 분석보다는 분석 결과를 시각화하는 업무를 하고 있어서 저 같은 사람보다는 말 그대로 데이터나 통계에 대한 기본적인 지식이 있으면서 데이터 분석 업무를 맡고 있는 분들께 유용한 책인 것 같습니다. 하지만 데이터 분석, 데이터 과학에 대한 전체적인 흐름을 알 수 있어 좋았습니다. 또한, 실리콘밸리에 있는 '데이터 과학자'는 어떤 프로세스로, 무슨 일을 하는지 알고 싶은 분들께도 추천합니다.

🌱 김용현(Microsoft MVP)

저와 같이 평범한 개발자들에게 이 책은 매우 폭넓은 통계적 지식과 샘플, 그리고 활용 예를 보여주는 지침서가 될 것 같습니다. R과 파이썬, 통계적 지식이 전혀 없어도 괜찮습니다. "80%의 실제 문제는 20% 정도의 통계 기법으로 처리할 수 있다." 책 중반에 나오는 문장입니다. 부동산 가격 예측, 리포트에 사용된 텍스트 데이터의 시각화, 불가능해 보이는 작업 같지만 이 책의 일부만 읽고 따라 해도 바로 결과물을 확인할 수 있습니다. 통계는 마치 일요일 오전에 방영하는 〈서프라이즈〉와 같이 옴니버스식 암기과목 같아서 그 어려운 용어와 과정을 어떻게 설명하고 있을까 우려했는데, 깔끔한 설명과 함께 R을 이용해 결과물 도출에 중심을 잡고 재밌게 진행하는 내용이 흥미로웠습니다.

🌱 박조은

데이터 과학자가 익혀야 할 능력과 갖춰야 할 능력에 대한 벤다이어그램이 초반부에 나옵니다. 이 그림이 이 책의 전체를 잘 표현하고 있습니다. 이 책은 데이터 과학자가 갖춰야 할 통계 능력, 컴퓨터 도구 활용 능력, 실무 지식에 대한 전반을 다루고 있습니다. 데이터 과학에 입문하고 싶지만, 어디에서부터 어떻게 시작해야 할지 모르는 분들에게 이 책은 나침반 같은 역할을 할 것입니다. 그리고 오타도 얼마 찾지 못할 정도로 책의 완성도가 높았습니다. 하지만 개발자의 입장에서 여러 통계 기법은 조금 난이도가 있었습니다. 데이터에 맞는 라이브러리나 패키지를 찾는 데 도움이 되었으며, 여러 통계 기법을 통해 데이터를 분석하고 예측하는 데도 도움을 받을 수 있었습니다. 다만, 통계 기법에 대한 수학 공식은 수포자로서 이해하기 어려웠습니다. 이런 부분들이 좀 더 쉽게 설명되었으면 하는 아쉬움이 남습니다. 그리고 이 책에서는 R을 사용하여 데이터 과학을 설명하고 있지만, 꼭 R이 아니더라도 다른 도구를 통해서도 데이터 과학에 입문할 수 있도록 통계 기법에 대한 설명을 구체적인 예제와 함께 비교하고 분석해 놓았습니다. 그리고 어떤 방법으로 데이터를 취득하고 분석하고 예측할 수 있는지에 대한 방법이 자세히 나와 있습니다. 그래서 어떻게 데이터 과학을 시작해야 할지 모르는 분들에게 도움이 되리라 생각됩니다.

이아름

소스를 보고 따라 하며 데이터 과학이 무엇인지 맛보기에 좋은 책이라고 생각합니다. 오류를 찾고자 했지만, 정말 역대 급으로 찾기 힘들었습니다. 제가 본 제이펍 책 중에서 가장 제 취향(?)에 맞게 만들어진 거라서 그런 것일지도…. 그런데 책을 보다 보면 수학 공부를 하고 나서 다시 한 번 봐야겠다는 생각이 듭니다.

장윤하(안랩)

주요 분석 모형들을 실제 사례를 통해 반복적으로 분석해 가면서 실무 감각을 쌓게 해주는 구성도 좋았지만, 개인적으로 6장의 통계 기본 개념에 대한 설명이 굉장히 좋았습니다. 그동안 기술적으로 함수를 구현하는 데 치중했던 자신을 돌아보게 되었고, 각 분석 결과들을 통계적으로 정확히 해석할 수 있는 계기가 되었습니다. 읽는 내내 이 책을 데이터 분석에 관한 첫 서적으로 접했다면 얼마나 좋았을까 하는 생각이 들었습니다. 이번 책 정말 진심으로 좋았습니다! 저자께 감사의 인사를 대신 전해주세요~

제이펍은 책에 대한 애정과 기술에 대한 열정이 뜨거운 베타리더의 도움으로
출간되는 모든 IT 전문서에 사전 검증을 시행하고 있습니다.

CHAPTER 1
데이터 과학이란?

1.1 데이터 과학의 정의

요즘 들어 데이터 과학(data science)이 인기다. 구글 트렌드에서 데이터 과학에 대한 관심도의 추세를 살펴보면 2000년대 중반보다 다섯 배 이상 증가했다(그림 1-1). 데이터 과학을 실행하는 직종인 데이터 과학자(data scientist)는 실리콘밸리뿐 아니라 전 세계 각 업종에서 수요가 많은 직종으로 부상하였다. 회사 리뷰, 연봉 비교 사이트인 글래스도어(Glassdoor)를 보면 2016년 초반 현재 2천 개가 넘는 데이터 과학자를 찾는 구인광고를 찾을 수 있다(그림 1-2).

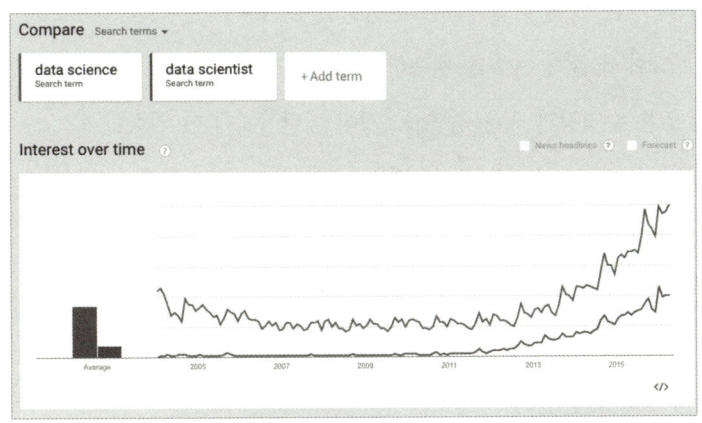

그림 1-1 구글 트렌드에서 살펴본 'data science'에 대한 관심도
출처 https://goo.gl/cRFdgG

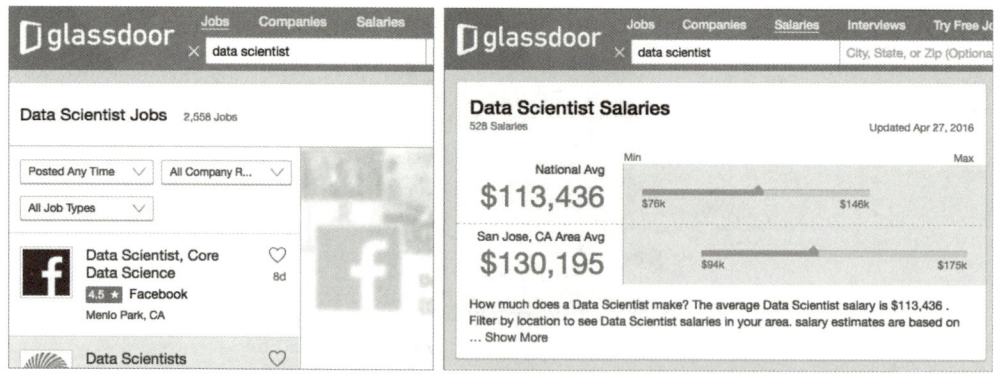

그림 1-2 글래스도어에 나온 'data scientist' 직종의 구인광고와 평균 연봉 분포
출처 https://goo.gl/bjOsR3, https://goo.gl/Lw1FAL, 2016년 5월 2일 현재

그렇다면 데이터 과학이란 과연 무엇일까? 다음 질문들에 대한 해답을 찾는 과정을 생각해 보자.

- 주택 가격을 예측하는 방법은?
- 초등생 자녀의 수학 능력과 상관 관계가 높은 변수는 무엇일까?
- 훌륭한 직원을 뽑는 인터뷰 방법은 무엇일까?
- 괴혈병의 치료법은 무엇일까?
- 산욕열의 원인은 무엇일까?
- 웹사이트를 개선하는 방법은?
- 신약이 혈압을 낮추는 데 효과가 있을까?
- TV 광고가 제품 판매에 얼마만큼의 영향을 줄까?
- 온라인 광고에서 클릭 여부를 예측하는 방법은?
- 집 안에 있는 수영장과 권총 중 어느 것이 어린이에게 더 위험할까?
- 대학 입학에 남녀의 성차별이 있을까?
- 비싼 와인이 더 맛있을까?
- 아버지의 키가 180cm라면 아들의 키는 얼마일까?
- 대학 진학을 할 때 전공이 중요할까, 학교가 중요할까?
- 흡연은 몸에 해로울까?
- 투자신탁과 ETF 인덱스 펀드 중 어느 곳에 투자하는 것이 좋을까?

- 개인의 행복 수준에 가장 상관 관계가 높은 변수는 무엇일까?
- 유모차 광고를 어떤 고객에게 보여주는 것이 효과적일까?
- 병원 치료율을 높이는 방법은 무엇일까?

이와 같은 질문에 대한 답은 여러 방법으로 찾을 수 있다. 하지만 기존에 가지고 있던 데이터나 실험으로 얻은 데이터를 기반으로 답을 찾는다면 그것을 데이터 과학이라고 부를 수 있을 것이다. 즉, 데이터 과학은 데이터를 사용하여 위와 같은 질문에 합리적인 답을 내릴 수 있게 해주는 활동이라고 할 수 있다. 그리고 많은 경우에 데이터 취득 및 가공에 컴퓨터 도구를 많이 사용하게 된다. 따라서 형식적으로는 데이터 과학이란, '컴퓨터 도구를 효율적으로 이용하고, 적절한 통계학 방법을 사용하여 실제적인 문제에 답을 내리는 활동'이라고 정의할 수 있다. 그럼 몇 가지 예를 좀 더 구체적으로 살펴보며 데이터 과학을 이해해보자.

예 1: (국제 경제) 국가별 경제 수준과 의료 수준 동향 – 갭마인더 데이터

당신이 1960년대에서 2000년대 초반까지 각 대륙의 각 나라가 경제적으로 어떻게 발전해왔는지, 그리고 의료적으로는 어떻게 발전해왔는지, 그리고 그 둘 간의 상관 관계는 어떠한지 등에 관심이 있다고 상상해보자.

이런 질문을 받게 된다면 어떤 변수를 모아야 할까? 경제적 수준은 일인당 GDP로, 의료 수준은 평균 기대 수명으로 나타낼 수 있을 것이다. 이 변수들을 국가별로, 그리고 연도별로 모으면 될 것이다.

UN과 다른 여러 기관으로부터 필요한 데이터를 취득하는 것을 데이터 취득(data acquisition)이라고 한다. 그러한 데이터를 다음에 설명할 변수-관측치 테이블 형태로 정리하는 활동을 데이터 가공(data processing)이라고 한다.

이러한 가공 활동의 결과 중 하나가 갭마인더(Gapminder)[1] 데이터다. 이 데이터는 나라별로 연도별 평균 기대 수명(life expectancy), 일인당 GDP, 인구수를 기록한 데이터다[gapminder (2016)]. 다음의 변수로 이루어져 있다.

---

1 갭마인더(Gapminder)는 스웨덴의 비영리 통계분석 서비스다. 틈새주의(mind the gap)라는 지하철 경고문에서 영감을 얻은 이름은 세계관과 사실/데이터 간의 간극을 조심하고 좁히자는 이상을 반영한다. 홈페이지는 http://www.gapminder.org/다. '사실에 기반을 둔 세계관(a fact-based worldview)'을 내세운다. 유엔의 데이터를 바탕으로 한 인구 예측, 부의 이동 등에 대한 통계 정보와 연구 논문을 공유한다. 이들이 개발한 Trendalyzer 소프트웨어는 2006년에 구글에 인수되었다. 설립자 중 한 명인 스웨덴의 의사/학자/통계학자/강연가인 한스 로슬링(Hans Rosling)은 여러 통찰력 있는 강연과 봉사활동으로 유명하다. 한스 로슬링의 테드(TED) 강연 〈The best stats you've ever seen〉은 꼭 시청할 것을 권한다(https://goo.gl/qJ0Nrd에 가면 한글자막도 볼 수 있다).

- country: 142개의 다른 값(levels)을 가진 인자(factor) 변수
- continent: 다섯 가지 값을 가진 인자 변수
- year: 숫자형의 연도 변수. 1952년과 2007년 사이 5년 간격
- lifeExp: 이 해에 태어난 이들의 평균 기대 수명
- pop: 인구
- gdpPercap: 일인당 국민소득(GDP per capita)

갭마인더 데이터는 위의 변수가 각 나라와 연도별로 수집된 것을 보여준다.

no.	country	continent	year	lifeExp	pop	gdpPercap
1	Afghanistan	Asia	1952	28.801	8425333	779.4453
2	Afghanistan	Asia	1957	30.332	9240934	820.8530
3	Afghanistan	Asia	1962	31.997	10267083	853.1007
...						
1699	Zimbabwe	Africa	1982	60.363	7636524	788.8550
1700	Zimbabwe	Africa	1987	62.351	9216418	706.1573
1701	Zimbabwe	Africa	1992	60.377	10704340	693.4208

데이터를 위와 같이 정리한 후 해야 할 첫 번째 작업은 다양한 시각화와 기초통계량 계산을 통해 데이터의 패턴, 이상치 등을 자유롭게 탐색해 가는 것이다. 이 작업을 탐색적 데이터 분석(Exploratory Data Analysis, EDA)이라고 한다. 나라별 통계치를 계산하는 요약 작업 등을 해야 하므로 데이터 가공 기술이 많이 필요한 단계다. 그리고 나라별로 여러 변수의 분포, 패턴과 관계 등을 살펴보기 위한 데이터 시각화 기술도 필요하다.

탐색적 데이터 분석이 끝나고 데이터의 기본적인 패턴에 익숙해지면 통계 추정을 할 수 있다. 모형을 정의하고, 실제적 질문을 통계적 가설로 표현하며, 데이터로부터 통계량을 계산하여 가설을 검정하고 신뢰구간을 구한다. 이 작업을 확증적 데이터 분석(Confirmatory Data Analysis, CDA) 혹은 단순히 통계적 모형화(statistical modeling)라고 한다. 이 작업에도 데이터 가공, 그리고 데이터 시각화(모형 가정 확인) 기술이 많이 필요하다.

위의 작업이 끝나면 분석 결과를 리포트 형태로 정리하고 공유하게 된다. 갭마인더 데이터는 시각화의 예제로 많이 사용된다. 시각화를 소개하는 내용은 4장과 15장에서 다시 살펴보도록 하자.

예 2: (부동산 경제) 주택 가격 예측

어떤 변수들이 주택 가격을 결정짓는지 알고자 한다고 해보자. 여러 변수가 영향을 미칠 수 있을 것이다. 얼마나 안전한지, 상업지구인지, 학군이 좋은지, 강을 바라보는 전망 좋은 곳인지, 공장이 근처여서 공기가 좋지 않은지 등등. 과연 어떤 인자들이 얼마만큼의 영향을 미칠까? 결과는 예측 모형으로 사용될 수도 있고('다음 정보에 의하면, 주어진 지역의 주택 가격은 2억이다'), 만들어진 모형 자체가 의미 있을 수도 있다('다른 조건이 같다면 교통이 간편해지면 주택 가격이 평균 10% 높아진다').

위와 같이 문제 정의가 끝나면 어떤 변수를 수집할지를 결정하고 데이터를 수집해야 한다. 여러 소스로부터 데이터를 모아야 한다. 즉, 데이터 취득이다. 데이터 취득 이후에는 결과를 테이블 형태로 정리해야 한다. 즉, 데이터 가공이다.

보스턴 주택 데이터세트(Boston house-price dataset)는 보스턴 내 506개 지역에 대해 다음 14개의 변수의 관측치를 기록하였다[Belsley, et al. (1980)].

- crim: 범죄발생률
- zn: 주거지 중 25000 ft^2 이상 크기의 대형주택이 차지하는 비율
- indus: 소매상 이외의 상업지구의 면적 비율
- chas: 찰스강과 접한 지역은 1, 아니면 0인 더미변수(dummy variable)
- nox: 산화질소 오염도
- rm: 주거지당 평균 방 개수
- age: 소유자 주거지(전세 혹은 월세가 아닌) 중 1940년 이전에 지어진 집들의 비율
- dis: 보스턴의 5대 고용 중심으로부터의 가중 평균 거리
- rad: 도시 순환 고속도로에의 접근 용이 지수
- tax: 만 달러당 주택 재산세율
- ptratio: 학생-선생 비율
- black: 흑인 인구 비율(Bk)이 지역 평균인 0.63과 다른 정도의 제곱, $1000(Bk - 0.63)^2$
- lstat: 저소득 주민들의 비율 퍼센트
- medv: 소유자 주거지(비 전세/월세) 주택 가격

이러한 데이터를 얻은 뒤에는 데이터의 분포, 관계, 이상점 등을 시각화와 간단한 통계치 등을 통해 알아보아야 한다. 탐색적 데이터 분석이다.

탐색적 데이터 분석 이후에는 확증적 데이터 분석 단계로, 실제로 통계 모형을 적용한다. 주택 가격처럼 수량형 값을 예측하는 문제에 대표적으로 쓰이는 통계 모형은 회귀분석(regression analysis) 모형이다. 특히, 선형회귀분석(linear regression)은 주택 가격이 대략 설명변수(explanatory variable)들의 가중합으로 결정된다고 가정한다.

$$주택\ 가격 \approx \beta_0 + \beta_{crim}\ x_{crim} + \ldots + \beta_{lstat}\ x_{lstat}$$

(여기서는 설명을 간단하게 하려고 여러 변수 간의 상호작용(interaction effect)이 없다고 가정하였다.) 위 공식을 더 잘 이해할 수 있도록 예를 들어보도록 하자. 위 공식에서 β_{crim}을 제외한 다른 모든 β 값이 같다고 생각해보자. 그렇다면 β_{crim}은 범죄 발생률 x_{crim}이 1.0만큼 증가하면 주택 가격이 평균적으로 얼마만큼 증가하는지 나타내는 값임을 알 수 있다(아마 음수일 것이다!). 물론, 실제 주택 가격은 정확한 가중합으로 주어지지 않는다. 따라서 실제 선형회귀분석 모형은 다음처럼 잡음(noise) 값을 추가한 표현을 사용한다.

$$주택\ 가격 = \beta_0 + \beta_{crim}\ x_{crim} + \ldots + \beta_{lstat}\ x_{lstat} + 잡음$$

물론, 이 모형에서 β 값들은 알려지지 않은 값이다. 모형 적합(model fitting)이란, 관측된 데이터를 사용하여 우리가 모르는 β 값을 알아내는 작업이다. 확증적 데이터 분석의 핵심 단계다.

모형 적합 후에는 결과를 보고서/슬라이드 형태로 정리하게 된다. 이 데이터는 나중에 빅데이터 회귀분석을 이용하여 부동산 가격을 예측하는 13장에서 다시 살펴보도록 하자.

예 3: (의료) 두 수면제의 효과 비교

숙면에 도움을 주는 두 약제의 효과를 비교한다고 해보자. 약제의 목적은 수면시간을 늘리는 것이므로 약제를 복용하지 않았을 때 비해 약제를 복용했을 때 수면시간이 얼마나 증가했는지를 기록할 것이다. 그리고 이 실험을 위해 10명의 자원자가 있다고 해보자. 이 실험을 수행하는 방법에는 크게 두 가지가 있다.

- 방법 A: 자원자들을 두 집단으로 나눠서 첫 그룹은 약 1을 먹고, 둘째 그룹은 약 2를 먹게 하는 것이다.
- 방법 B: 자원자들을 두 집단으로 나눠서 첫 그룹은 약 1을 먼저 먹게 하고 수면시간 증가를 기록한다. 그리고 약 1의 효과가 완전히 사라지게 하기 위해 며칠 후에 약 2를 먹

은 후 수면시간 증가를 기록한다. 둘째 집단은 약 2를 먼저 먹은 후에 약 1을 먹는 순서로 수행한다.

과연 이들 중 어떤 방법이 더 나을까(힌트: 표본 크기, 그리고 개인별 차이)? 이처럼 데이터 과학자는 실험 계획(experiment design)에도 참여해야 할 때가 있다.

여러 정황을 고려한 후 방법 B를 사용하기로 했다고 하자. 실험 결과는 다음처럼 정리될 수 있다[Scheffé (1959)]. 물론, 데이터 취득과 데이터 가공을 거친 결과다.

```
no.   extra    group    ID
1     0.7      1        1
2     -1.6     1        2
...
10    2.0      1        10
11    1.9      2        1
12    0.8      2        2
...
20    3.4      2        10
```

각 변수는 다음을 나타낸다.

- extra: 추가 수면시간
- group: 약 1, 2
- ID: 환자 ID

탐색적 데이터 분석에서는 이 데이터에서 각 그룹의 분포를 살펴보고, 두 그룹의 분포를 시각적으로 비교해볼 수 있다. 그리고 혹시 이상점이 있는지도 살펴볼 수 있다.

모형화 단계에서는 다양한 통계 가설검정 절차(statistical hypothesis testing)를 사용하여 통계적 결론을 내리게 된다. 두 집단의 평균값 비교에 많이 사용되는 방법은 이변량 t-검정(two-sample t-test) 혹은 대응표본 t-검정(paired t-test)이다. 약 1을 먹었을 때 자원자들의 추가 수면시간을 $x_1, ..., x_n$이라고 하고, 약 2를 먹었을 때 자원자들의 추가 수면시간을 $y_1, ..., y_n$이라고 할 때 이변량 t-검정은 x_i의 평균과 y_i의 평균을 비교하는 것이고, 대응표본 t-검정은 개인별로 수면시간 증가량의 차이인 $x_i - y_i = d_i$의 평균을 0과 비교한다. 가설검정에 사용하는 통계량이 t-분포를 따르므로 t-검정이라 불린다. 결과는 두 약의 효과의 차이가 얼마나 유의한지를 나타내는 P-값(P-value), 그리고 신뢰구간(confidence interval)으로 주어지게 된다. 6장 '통계의 기본 개념 복습'에서 더 자세히 살펴볼 것이다.

분석의 마지막 단계는 분석 결과를 보고서로 정리하는 것이다.

예 4: (인터넷) 웹사이트 개선을 위한 A/B 실험

이번에는 상업적 웹사이트를 개선하고자 하는 팀과 일한다고 가정해보자. 상품 구매 페이지에서 '구입' 버튼의 색상이 현재는 파란색인데, 버튼의 색상을 빨간색으로 바꾸는 것을 고려하고 있다. 버튼을 빨간색으로 바꾸면 웹사이트에서 구매 페이지에 왔다가 구매하지 않고 그만두는 사람들의 비율이 줄어들까? 이러한 질문에 대한 유일한 과학적인 방법은 온라인 통제 실험(online controlled experiment)이다[Kohavi (2015)]. A/B 실험은 온라인 통제 실험의 가장 간단한 버전이다.

이 질문에 대답하기 위해서는 실험 계획을 세우고 지표를 정의해야 한다. 통제 실험의 결과는 데이터 취득을 거쳐, 그리고 데이터 가공을 거쳐 다음의 표 형태로 정리될 수 있다.

버튼 색깔	트래픽 수	구매 횟수	구매율
파랑(통제 집단)	1,000	100	10%
빨강(실험 집단)	100	12	12%

실험변수가 하나밖에 없으므로 탐색적 데이터 분석 절차는 비교적 간단하다. 가설검정은 성공확률 비교검정(two-sample proportion test)을 하면 된다. 이 방법은 통제 집단의 성공확률 100/1000 = 10%와 실험 집단의 성공확률 12/100 = 12%의 차이를 정규분포(normal distribution)를 사용해서 검정하고, 결과는 확률의 차이의 통계적 유의성을 나타내는 P-값, 그리고 확률의 차이의 신뢰구간으로 주어진다.

1.2 데이터 과학 프로세스

앞에서 데이터 과학의 몇 가지 예를 살펴보았다. 그 과정에서 많은 공통점을 발견할 수 있지 않은가? 문제를 정의하고, 데이터, 즉 변수나 지표를 정의한 후에 필요하다면 실험을 계획하며, 데이터 취득 및 가공 후에 탐색적 데이터 분석을 거쳐서 통계 모형을 적용한다. 최종 결과는 보고서나 슬라이드를 통해 정리된다. 즉, 데이터 과학은 보통 다음 과정으로 이루어진다.

1. **문제 정의(problem definition)**: 현실의 구체적인 문제를 명확하게 표현하고 통계적, 수리적 언어로 '번역'하는 작업이다.
2. **데이터 정의(data definition)**: 변수(variable), 지표(metric) 등을 정의한다.
3. **실험 계획(design of experiment) 혹은 표본화(sampling)**: 데이터를 직접 수집해야 하는 경우는 보통 두 가지 목적 중 하나다. 첫째는 어떤 처리의 효과를 알아내기 위한 통제 실험(randomized controlled experiment)이다. 실험/통제 집단을 어느 정도 크기로 정의할지를 정하는 것과 같은 문제를 결정하는 분야가 실험 계획이다. 둘째는 모집단을 대표하는 표본을 얻기 위한 표본화(sampling)다. 표본 크기(sample size)가 커지면 통계적 정확도가 높아지고 검정력(statistical power)도 높아지므로 어느 정도의 정확도를 원하는지 결정해야 실제 조사를 진행할 때의 표본 크기를 결정할 수 있다. 따라서 필요한 정확도와 검정력을 얻기 위한 표본 크기가 중요한 계산 중 하나다. 참고로, 실험 계획과 표본화는 만약 분석에 사용될 소스 데이터(source data)가 이미 존재하는 경우에는 불필요하다.
4. **데이터 취득(data acquisition)**: 다양한 형태의, 다양한 시스템에 저장된 원데이터를 분석 시스템으로 가져오는 활동이다(3장 '데이터 취득과 데이터 가공: SQL과 dplyr' 참조).
5. **데이터 가공(data processing, data wrangling)**: 데이터를 분석하기 적당한 표 형태로 가공하는 작업이다. 데이터 변환이라고도 할 수 있다. 여기서 표 형태의 데이터란, 각 열은 변수를 나타내고, 각 행은 관측치를 나타내는 형태로 정리된 데이터다.
6. **탐색적 분석과 데이터 시각화(exploratory data analysis, data visualization)**: 시각화와 간단한 통계량을 통하여 데이터의 패턴을 발견하고 이상치를 점검하는 분석이다(4장 참조).
7. **모형화(modeling)**: 모수 추정, 가설검정 등의 활동과 모형분석, 예측분석 등을 포괄한다(6장 '통계의 기본 개념 복습', 분류분석에 관한 8~11장, 회귀분석에 관한 13~14장 참조).
8. **분석 결과 정리(reporting)**: 분석 결과를 현실적인 언어로 이해하기 쉽도록 번역해내는 작업이다(12장 '분석 결과 정리와 공유, R 마크다운' 참조).

위 과정을 도표로 정리하면 다음과 같다(그림 1-3의 왼쪽).

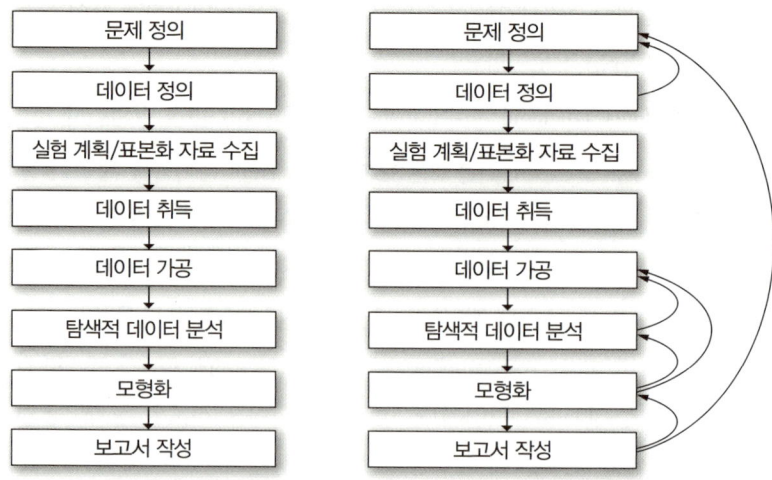

그림 1-3 데이터 분석 과정에 대한 이상적 관점(왼쪽)과 현실적 관점(오른쪽)

하지만 이러한 선형적이면서 직선적인 과정은 현실적이지 않다. 예를 들면 실제 데이터 분석에서는 다음과 같은 경우가 생기게 된다.

- 데이터 수집에서 문제가 생기면 필요한 데이터나 문제를 수정해야 할 수도 있다.
- 탐색적 데이터 분석에서 수집된 데이터의 문제가 발견되기도 한다. 새로 데이터를 수집하거나 문제 가설 등을 바꿔야 할 수도 있다.
- 모형화 작업에서 의미 있는 결과를 도출하지 못할 수도 있다. 그러한 경우에도 그 결과 역시 정리하고 알려야 한다.
- 모형화의 결과가 유의미하지 않은 이유를 알아내기 위해 탐색적 데이터 분석을 다시 시행해야 할 수도 있다.
- 일반적으로 모형화 단계에서는 여러 다양한 모형을 시도하게 된다. 모형 결과 자체도 탐색적 데이터 분석을 해야 할 경우가 많다.
- 분석 결과 정리와 공유 후에 여러 피드백을 받게 된다. 이것은 새로운 문제 정의, 데이터 정의 등의 단계로 선순환적으로 이어지게 된다.

따라서 데이터 분석 프로세스를 도식적으로, 선형적으로 이해하는 것은 피해야 할 것이다. 그 대신에 데이터가 말해주는 내용을 좇아서 능동적으로 적응해나가는, 점진적이면서 순환적(iterative) 과정으로 이해하는 것이 더 현실에 가깝다.

이 책에서는 각 과정에 대해 구체적으로 현실적인 감을 잡을 수 있도록 도움을 주고자 하였다. 따라서 책의 내용이 데이터 분석의 각 단계에 대응될 수 있도록 단원을 구성했다. 예를 들면 데이터 취득은 3장, 시각화는 4장, 통계 개념은 6장, 모형화와 예측분석은 7~11장, 13~14장, 보고서 작성은 12장 등이다. 이처럼 개별 단계를 연습하며 데이터 분석 프로세스에 대한 경험을 쌓게 되기를 바란다.

1.3 데이터 과학자가 갖춰야 할 능력

위의 예에서 살펴보았듯이 데이터 과학자가 되기 위해서는 통계 능력, 컴퓨터 도구 활용 능력, 실무 지식이 필요함을 알 수 있다. 많은 사람이 이를 벤다이어그램으로 표현하였는데, 몇몇 예시를 함께 살펴보도록 하자(그림 1-4, 1-5, 1-6).

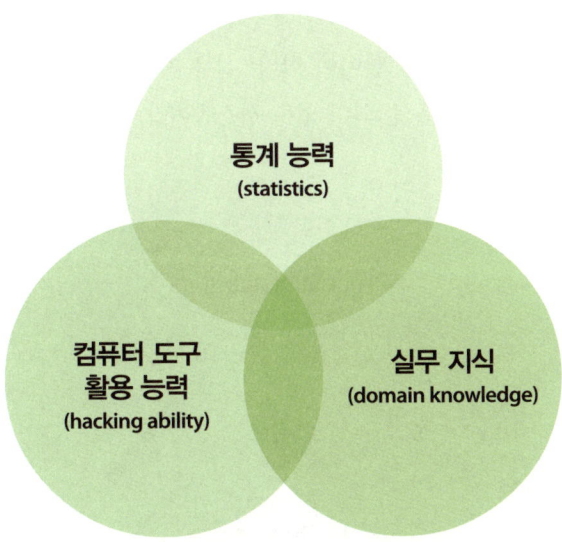

그림 1-4 데이터 과학자가 갖춰야 할 능력 벤다이어그램 1

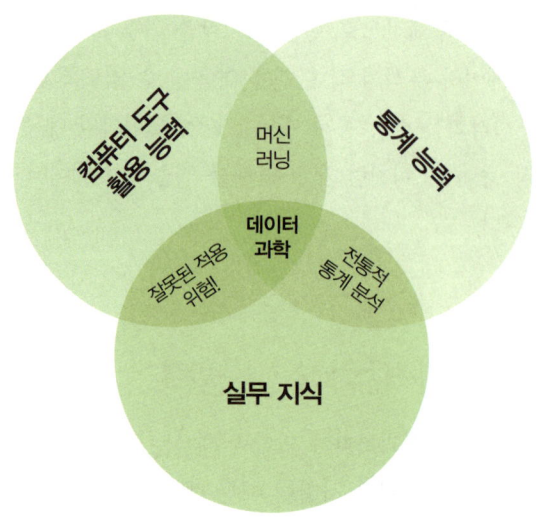

그림 1-5 데이터 과학자가 갖춰야 할 능력 벤다이어그램 2

필자는 이 다이어그램의 '머신러닝' 분야는 절대 동의하지 않는다. 머신러닝, 예측분석을 잘하려면 적용되는 실무 영역을 아주 잘 알아야 한다! 실무 지식이 부족한데 해킹과 통계만 잘하는 사람의 작업 결과는 '공허한 분석, 의미 없는 시스템'이라 부를 수 있을 것이다(https://goo.gl/gKkJP에서 발췌).

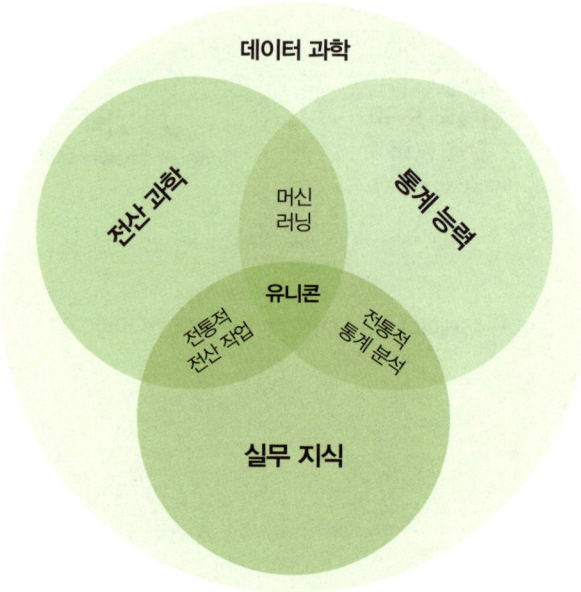

그림 1-6 데이터 과학자가 갖춰야 할 능력 벤다이어그램 3

세 능력을 다 갖춘 사람을 실존하지 않는 존재인 '유니콘'으로 묘사한 것이 재미있다. 앞의 다이어그램과 마찬가지로 '머신러닝'은 옳은 정의가 아니다(https://goo.gl/YRkr7Z에서 발췌).

우리가 앞서 내렸던 데이터 과학의 정의, 즉 '컴퓨터 도구를 효율적으로 이용하고 적절한 통계학 방법을 사용하여 실제적인 문제에 답을 내리는 활동'을 상기하자. 그렇다면 데이터 과학자가 갖춰야 할 능력은 무엇일까? 위의 벤다이어그램들처럼 ❶ 실제적인 문제를 통계적으로 표현하고, ❷ 컴퓨터 도구를 사용하여 시각화와 데이터 가공과 모형화를 한 후에, ❸ 그를 이용하여 실제적인 언어로 의미 있는 결과를 만들어내는 능력의 조합임을 알 수 있다.

마지막으로, 데이터 과학자에게 필요한 능력 중 필자가 강조하고 싶은 능력이 있다. 바로 다른 사람들과 협업할 수 있는 태도다. 데이터 과학은 그 성격상 절대 독불장군이 성공할 수 없는 분야다. 자체로 서기보다는 적용 분야의 전문가, 제품기획가, 개발자, 데이터 엔지니어 등과 공생하는 도우미다. 근본적으로 '착한' 분야가 데이터 과학이다. 데이터 과학 영역은 절대 제로섬(zero sum)이 아니다. 자기 것을 많이 열어 보여줄수록 더 가치 있는 상승 작용이나 시너지가 생기는 것이 데이터 과학이다. 기본적으로 자기 것을 두려움 없이 나누는 용기가 도움이 된다.

이와 관련한 또 다른 능력은 문서나 말로 협업자들과 대화할 수 있는 소통 능력이다. 듣고, 말하며, 읽고, 쓰기를 잘하는 것이 중요하다. 유시민 작가의 말처럼 어느 정도는 타고나야 하는 문학적 능력이 아니라, 누구나 훈련하면 배울 수 있는 실용 글쓰기를 말한다.

이러한 협업, 소통 능력과 더불어 인문학적 지식, 사회 전반에 관한 관심과 폭넓은 독서가 도움이 된다. 행동 심리학, 경제학, 기술서 등의 많은 논픽션 양서를 읽으면 좋다. 깊지는 않더라도 다양한 분야에 대한 어느 정도의 지식이 있으면 좋다. 현실의 구체적 문제를 수리적으로 번역하고 통계/수리적 분석 결과를 또한 사람들이 이해할 수 있도록 알기 쉽게 표현하는 것이 데이터 과학의 중요한 기술이다.

이 책은 현실의 다양한 문제를 풀기 위해 실무에서 통계와 전산이 어떻게 결합되는지를 다양한 예를 통해 살펴보고, 독자 여러분이 더 깊이 전산, 통계 기술들을 배워나가는 디딤돌이 되고자 한다. 이제 데이터 과학을 향해 본격적으로 모험을 시작해보자.

참/고/문/헌

1. "Google Trends – Web Search Interest – Worldwide, 2004 – Present." *Google Trends*. N.p., n.d. Web. 24 July 2016.
2. "Data Scientist Jobs." Glassdoor. N.p., n.d. Web. 24 July 2016.
3. "Data in Gapminder World." *Gapminder*. N.p., n.d. Web. 24 July 2016.
4. Belsley D.A., Kuh, E. and Welsch, R.E. (1980) *Regression Diagnostics. Identifying Influential Data and Sources of Collinearity.* New York: Wiley.
5. Scheffé, Henry (1959). *The Analysis of Variance.* New York, NY: Wiley.
6. Kohavi, Ron. "Online Controlled Experiments." *Proceedings of the 21th ACM SIGKDD International Conference on Knowledge Discovery and Data Mining - KDD '15* (2015): n. pag. Web.

데이터 분석 환경 구성하기

2.1 데이터 과학의 연장, 컴퓨터, 기타 도구들

필자의 박사과정 친구가 졸업 후 작은 스타트업 기업을 운영하게 되었는데, 2000년대 초반이라 그다지 많은 투자금을 모은 것도 아니었고 판매 대상이 주로 미국 주 정부였으므로 소위 몇몇 인터넷 '유니콘' 회사가 내는 대박은 꿈도 꾸기 어려운 상황이었다. 그런데 신기한 것 중 하나는 이 친구는 버클리 시내에 있는 작은 사무실을 운영하면서 10명 남짓한 직원들 모두에게 소위 의자계의 벤츠라고 할 수 있는 허먼밀러(Herman Miller)라는 회사에서 제작한 에어론 체어(Aeron chair)를 사준 것이었다. 800달러 정도 하는 이 의자는 뉴욕 현대예술박물관(Museum of Modern Art, MoMA)에 전시될 정도로 디자인이 잘 되었으며, 실제로 앉아보면 여러 가지 조정도 할 수 있고 몸에 닿는 면이 메쉬 형태로 되어 있어 통풍도 잘 되고 편안하다. 하지만, 의자 하나에 800달러는 좀 과하지 않나? 이 친구에게 물어보니 '하루 중 8시간을 앉아지내는 곳'이므로 투자할 가치가 있다는 것이었다. 말이 된다. 어느 저자가 이야기한 "다른 모든 것에는 돈을 아껴도 몸에 닿는 이불은 좋은 것을 쓰려고 한다"는 말과 일맥상통한다.

그림 2-1 허먼밀러의 에어론 체어
출처 https://goo.gl/juajKZ

나중에 알고 보니 에어론 체어는 편안함과 생산성 증진, 그리고 종업원들이 '회사가 나(의 등)를 이만큼 생각해주는구나!' 하는 만족감을 높여줄 뿐만 아니라 일종의 투자/자본 가치도 있다는 것을 알게 되었다. 에어론 체어는 알루미늄으로 되어 있어 상당히 튼튼하고 잘 마모되거나 부서지지 않는다. 그리고 만족도가 높아 중고시장에도 거의 나오지 않으며, 중고로 나와도 그 값과 품질이 새것과 거의 차이가 없다! 따라서 회사를 정리할 때도 에어론 체어는 투자자본을 거의 회수할 수 있다는 이야기다.

데이터 과학자는 하루의 많은 시간을 컴퓨터, 그리고 여러 컴퓨터 도구들과 보내게 된다. 이런 것들을 데이터 장인의 '연장'이라고 부를 수 있을 것이다. '훌륭한 목수는 연장 탓을 하지 않는다'는 이해하기 어려운 말이 있지만, 사실 조금 투자를 하더라도 내구성이 있는 '훌륭한 연장'을 구하는 것이 좋다.

우선 물질적인 '연장'인 컴퓨터부터 고려해보자. 정확한 통계를 파악하기는 어렵지만, 실리콘 밸리에 있는 데이터 과학자들은 맥(Mac)을 많이 사용한다. 사실 CPU, 램, 비디오 카드 등으로 보자면 동일한 사양의 IBM PC보다 비싼데 왜 맥을 살까? 고급 재질(알루미늄!)로 튼튼하게 만들어졌으며(영어로는 build quality가 좋다고 한다), 하드웨어가 잘 고장 나지 않고, 오래 써도 그 가치가 잘 떨어지지 않는다. 어떻게 보면 비싼 에어론 체어를 사는 것과 비슷한 이유라고 할 수 있다. 운영체제도 리눅스 계열이라서 안정적이고 충돌이 적다. 배터리도 오래 간다(특히 맥북 에어). 또한, 트랙패드가 탁월하고, 키보드도 우수하며, 셋업에 시간이 걸리지 않는다. 수면 모드로 들어갔을 때 배터리 낭비도 거의 없으며 잘 깨어난다. 쓸데없(다고 느껴지)는 업데이트도 거의 없다. 레티나(retina) 초고해상도 화면으로 된 것도 있다. 그리고 유닉스 계열이라는 것은 인터넷 업계의 서버와 같은 플랫폼임을 의미한다. 여러 개발 도구들이 바로 지원되며, 무엇보다 명령줄 인터페이스를 사용할 수 있는 유닉스 터미널이 기본으로 제공된다. (물론 이 장점은 리눅스 랩톱을 사용해도 얻을 수 있다. 최근에는 윈도우마저 유닉스 배시 셸을 제공하기 시작했다!) 즉, 소프트웨어 개발자, 그리고 데이터 과학자에게는 충분히 몇백 달러의 프리미엄을 지급할 가치가 있다. 더더구나 회사가 사주는 것이라면…. 더 이상의 자세한 설명은 생략한다. 쿠오라(Quora) 웹페이지를 살펴보면 비슷한 여러 의견을 볼 수 있다(https://goo.gl/rVCIJX).

물론 맥에도 단점이 있다. 동급 사양 IBM PC보다 비싸고, 업그레이드하기가 쉽지 않다. 게다가 한국 사용자들만 경험하는 단점들도 있다. 관공서나 금융기관 등의 액티브엑스(ActiveX)를 요구하는 구시대적 상황을 해결하기 어렵다. 그리고 한글 사용자가 아주 많지는 않아서 그런지 한글 구현이 아주 매끄럽지는 않은 편이다. 그리고 마이크로소프트의 오피스 수트, 즉 엑셀, 워드 등은 왠지 PC 버전보다 느리고 불편하며 불안정한 느낌을 많이 준다. 하지만 데이터 과학 플랫폼으로는 많은 장점이 있는 하드웨어와 운영체제라는 것은 틀림없다.

그림 2-2 데이터 과학자의 연장인 랩톱 컴퓨터

그러한 이유로 이 절에서는 맥을 중심으로 환경 구성을 진행할 것이다. 하지만, 다행히 대부분의 데이터 분석 도구들은 IBM PC 버전도 제공되므로 이 책의 모든 분석은 IBM PC에서도 가능하다. 이제 도구들을 차례대로 살펴보자.

2.2 R 설치와 팁

R(http://www.r-project.org/)은 통계 컴퓨팅과 그래픽을 위한 프로그램 언어이자 소프트웨어 환경이다(R Core Team, 2016). 주로 통계 소프트웨어 개발과 데이터 분석에 사용되며, 통계학자들이 가장 많이 사용하는 도구다. 데이터 과학자도 파이썬과 더불어 가장 많이 사용한다.

우선 R 프로젝트 홈페이지에서 최신 버전의 R을 다운로드하여 설치한다. 설치판은 **https://cloud.r-project.org/**에서 다운로드할 수 있다.

R에서 중요한 팁 중 하나는 ?나 ?? 명령으로 도움말을 찾아볼 수 있다는 것이다.

```
?glm
help(glm)
??dplyr
help.search(glm)
?"["
??"%>%"
```

이 책에서는 분량 관계상 R의 기초적인 명령, 문법, 데이터 구조는 다루지 않는다. 독자들은 다른 입문서를 통해 R의 기본을 배울 것을 권장한다. 'An introduction to R'(Venables et al, 2004) 등의 문서들을 참고하자.

2.3 R 스튜디오 설치와 팁

R 스튜디오(RStudio, https://www.rstudio.com/)는 R을 위한 통합개발환경(Integrated Development Environment, IDE)이다(RStudio Team, 2015). C++로 작성되었으며, 빠르고 강력하다. 현재 가장 많이 사용되는 R IDE다.

R 스튜디오 홈페이지에서 다운로드하여 OS용으로 제공되는 최신 버전의 R 스튜디오를 설치해보자.

R 스튜디오 화면은 여러 개의 페인(pane)으로 이루어져 있다. 중요한 페인들은 다음과 같다.

- 소스(Source): R 스크립트 파일을 편집하고 실행한다.
- 콘솔(Console): R 명령을 입력하면 결과가 출력된다.
- 도움말(Helps): R의 내부 도움말(HTML 형식)을 보여준다.

- 플롯(Plots): 플롯함수 실행 결과를 보여준다.
- 환경(Environment): 현재 세션에서 사용 가능한 객체(데이터, 변수, 함수)와 각 객체의 크기(예를 들어 데이터 프레임의 행과 열 수)를 보여준다.
- 파일(Files): 디렉터리의 파일들을 보여준다.
- 히스토리(History): 이전에 실행한 명령들을 보여준다.

각 페인은 좌우크기가 조절된다. 각 페인 오른쪽 위의 최소화-최대화 버튼은 높이만을 변화시킨다. 페인들 간을 이동하는 숏컷은 Ctrl + 1(소스), Ctrl + 2(콘솔), Ctrl + 3(도움말) 등이다.

Tools > Global Options 메뉴를 선택하면 R 스튜디오 환경을 바꿀 수 있다(OSX에서 단축키는 Cmd + ','이다. 참고로, 해당 시스템의 모든 단축키는 'Tools → Keyboard Shortcuts Help' 메뉴로 찾아볼 수 있다). 어떤 환경설정이 가능한지 한 번 훑어볼 것을 권한다.

코드를 편집할 때 유용한 환경설정 아이템은 다음과 같다.

- Appearance > Editor Font: 눈에 편안한 폰트를 선택한다.
- Appearance > Editor Theme: 디폴트는 흰색이다. Monokai 등을 선택하면 어두운 배경을 사용할 수 있다.
- Code > Display > Show margin (80)
- Pane Layout: 2x2 차원인 기본 구도는 바꿀 수 없지만, 각 윈도우가 어떤 내용을 보여줄지 바꿀 수 있다.

폰트 크기는 환경설정 메뉴가 아니더라도 아무 때나 Cmd + '+/−' 단축키로 변환할 수 있다.

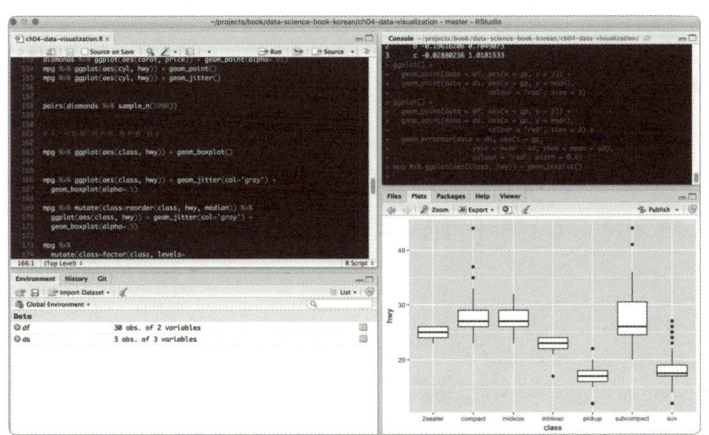

그림 2-3 R 스튜디오 스크린샷. 옵션을 어두운 바탕인 Monokai로 바꾸고, 80줄을 표시하는 경계선을 나타나게 해주었다.

몇 가지 R 스튜디오 팁을 소개하면 다음과 같다.

1. F1 키로 도움말을 활용한다.
2. 자동완성 기능을 사용할 수 있다. 탭 키를 누르면 현재 입력된 글자의 나머지를 채울 수 있는 R 함수, 파일명, 함수 옵션, 변수명 등을 보여준다.
3. 콘솔이 아닌 스크립트를 통해 명령을 실행할 수 있다. 스크립트 에디터에서 Cmd + Enter를 누르면 현재 줄이나 현재 선택한 부분이 콘솔로 보내져서 실행된다.
4. 프로젝트마다 별도의 디렉터리에 R 스튜디오 프로젝트/작업공간을 생성할 수 있다.
5. ^. 단축키를 사용하면 함수/파일로 바로 이동할 수 있다.

2.4 R 라이브러리 설치

R의 장점은 데이터 가공과 시각화, 모형화를 위한 수많은 양질의 패키지가 있다는 것이다. 이 책에서는 특히 다음 패키지들을 많이 사용할 것이다.

- dplyr("디플라이어")는 데이터를 빠르고 쉽게 처리하는 것을 돕는 R 패키지다. 3장 '데이터 취득과 가공'에서 자세히 다룬다(Wickham and Francois, 2015).
- ggplot2("지지플롯")은 릴랜드 윌킨슨(Leland Wilkinson)의 '그래픽의 문법(the grammar of graphics)' 철학에 기반을 둔 R 플롯 시스템이다. 4장 '시각화'에서 자세히 살펴볼 것이다 (Wickham, 2009).

이 패키지들을 설치하려면 인터넷에 접속한 상태에서, R에서 다음 명령을 실행하면 된다.

```
> install.packages("dplyr")
> install.packages("ggplot2")
```

패키지를 설치하는 또 다른 방법은 R 스튜디오 GUI를 사용하는 것이다. 메뉴에서 Tools > Install Packages를 선택한 후 대화상자를 사용한다(그림 2-4).

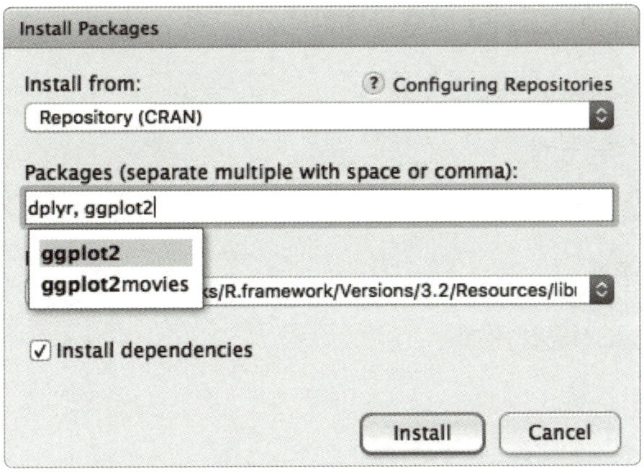

그림 2-4 R 스튜디오의 Install Packages 대화상자

2.4.1 CRAN 태스크 뷰

CRAN(The Comprehensive R Archive Network)은 R과 관련된 코드와 문서를 관리하는 웹 서버 네트워크다. R과 패키지들, 그리고 다양한 관련 파일들을 다운로드할 수 있는 곳이다.

CRAN 태스크 뷰(Task View, https://goo.gl/4IMsvT) 페이지를 보면 R 사용자들이 다양한 적용영역에서 얼마나 많은 R 패키지를 개발하고 사용하는지 알 수 있다. 다음은 몇 가지 적용영역들이다.

- Bayesian: 베이즈 통계분석
- ClinicalTrials: 임상 통계분석
- Econometrics: 계량경제학
- Environmetrics: 환경공학
- ExperimentalDesign: 실험 계획
- Finance: 금융 통계
- Genetics: 유전학
- Graphics: 데이터 시각화
- HighPerformanceComputing: 고성능, 병렬 컴퓨팅(Parallel Computing)
- MachineLearning: 머신러닝
- Multivariate: 다변량

- NaturalLanguageProcessing: 자연어 처리
- ReproducibleResearch: 재현가능연구
- Robust: 로버스트 통계
- SocialSciences: 사회학
- Spatial: 공간 통계
- SpatioTemporal: 시공간 통계
- Survival: 생존 분석
- TimeSeries: 시계열 분석
- WebTechnologies: 웹 기술

한 뷰, 예를 들어 MachineLearning 뷰(https://goo.gl/yvwvso)에 속한 모든 패키지를 한 번에 설치하려면 ctv(CRAN Task View) 패키지를 사용하면 된다. 우선 ctv를 설치한다.

```
install.packages("ctv")
```

여기서 install.packages( ) 명령은 따옴표를 빼면 에러가 난다. library( ) 함수는 따옴표를 넣어도 좋고 빼도 좋지만 이 책에서는 빼도록 하겠다.

그리고 나서 MachineLearning 뷰를 새로 설치하거나 업데이트하려면 각각 다음 명령을 사용하면 된다. 설치에는 인터넷 속도와 시스템 사양에 따라 다르지만 몇 분 정도의 시간이 걸린다.

```
library("ctv")
install.views("MachineLearning")
update.views("MachineLearning")
```

2.4.2 패키지의 의존 패키지와 권장 패키지 설치

CRAN에서는 각 패키지에 대한 다양한 정보를 보여준다. 예를 들어, caret 패키지에 대한 페이지인 https://goo.gl/tdAT2D를 살펴보자. 패키지 이름은 'caret: Classification and Regression Training'이고, 간단한 설명이 밑에 나온다. "Misc functions for training and plotting classification and regression models." 앞서 살펴보았듯이, 이 패키지는 다음과 같이 설치하면 된다.

```
install.packages("caret")
```

메시지에 나타나듯이 이 패키지가 작동하기 위해 꼭 필요한 의존 패키지도 함께 설치된다. 의존 패키지는 'Depends' 항목에 나타난다.

- Depends: R (≥ 2.10), lattice (≥ 0.20), ggplot2

즉, R 버전이 2.1 이상이어야 하고, 0.2 버전 이상의 lattice 패키지와 ggplot2 패키지가 필요하다.

Depends 외에 Suggests 항목이 있다.

- Suggests: BradleyTerry2, e1071, earth (≥ 2.2-3), fastICA, gam, ipred, kernlab, klaR, MASS, ellipse, mda, mgcv, mlbench, MLmetrics, nnet, party (≥ 0.9-99992), pls, pROC (≥ 1.8), proxy, randomForest, RANN, spls, subselect, pamr, superpc, Cubist, testthat (≥ 0.9.1)

이처럼 Suggests 패키지들도 설치하려면 install.packages() 함수에서 dependencies="Suggests" 옵션을 더해주면 된다. 즉,

```
> install.packages("caret", dependencies = c("Depends", "Suggests"))
Warning in install.packages :
  dependencies 'R2wd', 'RDCOMClient' are not available
also installing the dependencies 'itertools', 'rredis', 'doMPI', 'doRedis',
'rbenchmark', 'RUnit', 'bibtex', 'isa2', 'doRNG', 'biclust', 'DendSer', 'GA',
'seriation', 'Cairo', 'inline', 'forward', 'lokern', 'corrplot', 'rrcov', 'testit',
'BMA', 'DescTools', 'sfsmisc', 'candisc', 'reshape', 'corrgram', 'FRB', 'animation',
'mvinfluence', 'miscTools', 'Ecfun', 'tis', 'polycor', 'MBESS', 'DiagrammeR', 'RODBC',
'poLCA', 'heplots', 'ordinal', 'maxLik', 'MCMCpack', 'coda', 'Ecdat', 'sem', 'biglm',
'effects', 'ineq', 'mlogit', 'np', 'plm', 'pscl', 'sampleSelection', 'systemfit',
'truncreg', 'urca', 'leaps', 'locfit', 'AER', 'TSA', 'its', 'plotrix', 'neuralnet',
'rpart.plot', 'tkrplot', 'tcltk2', 'logspline', 'sandwich', 'dynlm', 'tseries', 'gclus',
'plotmo', 'TeachingDemos', 'akima', 'scatterplot3d', 'som', 'strucchange', 'TH.data',
'Rmpi', 'cba', 'ISwR', 'corpcor', 'earth', 'fastICA', 'gam', 'klaR', 'ellipse', 'mda',
'party', 'pls', 'proxy', 'RANN', 'spls', 'subselect', 'pamr', 'superpc', 'Cubist'
```

출력에서 보듯이 Suggests 패키지뿐 아니라 각 Suggests 패키지의 Depends 패키지들도 설치된다.

2.4.3 패키지와 R 버전

R 패키지와 관련해 기억해둘 사항은 패키지가 R의 버전에 의존하는 경우가 많다는 것이다. 예를 들어, ggplot2 패키지 소개문을 보면(https://goo.gl/rC12eE), 버전(2.1.0)과 함께 'Depends: R (≥ 3.1)'이 써 있다. 즉, R 버전이 3.1 이상이어야 돌아간다는 것이다. 따라서 가끔 R을 업그레이드 해주는 것이 좋다. 패키지 자체도 가끔은 업데이트해줘야 한다. R 콘솔에서 update.packages( ) 명령을 실행하거나, R 스튜디오 메뉴의 'Check for Package Updates…' 명령을 실행하면 된다.

2.4.4 패키지와 :: 연산자

패키지와 관련된 한 가지 팁을 소개하면, '::' 연산자는 library( )로 패키지를 로드하지 않아도 패키지 함수/데이터를 바로 사용할 수 있게 해준다. 예를 들어, dplyr 패키지의 glimpse( ) 함수를 사용하고자 할 때,

```
library(dplyr)
glimpse(iris)

library(gapminder)
gapminder
```

라고 하는 대신에

```
dplyr::glimpse(iris)
gapminder::gapminder
```

를 실행하면 된다. 패키지 네임스페이스(namespace)를 직접 접근하게 해주는 편리한 연산자다. ?"::" 으로 도움말을 살펴볼 것을 권한다.

2.5 파이썬

파이썬(Python)은 배우기 쉬운 강력한 프로그래밍 언어다[Python Software Foundation (2016)]. 고급 데이터 구조를 지원하며, 객체지향 프로그래밍(object oriented programming)도 가능하다. 문법이 단순하고, 변수형을 미리 지정할 필요가 없으며(dynamic typing), 인터프리터(interpreter)

로 쉽게 실행할 수 있다. 유닉스, 윈도우, OSX 등 모든 플랫폼에서 지원된다. 스크립팅과 빠른 개발에 적합한 언어다.

이러한 장점 때문에 데이터 과학에서 R과 더불어 가장 많이 사용되는 언어다. 이 책에서는 파이썬을 깊이 다루지 않는다. 하지만 중급 이상의 본격적인 데이터 과학을 위해서는 꼭 익혀두는 것이 좋다. 또한, 실리콘밸리에 있는 많은 데이터 과학에 관한 인터뷰에서 알고리즘과 소프트웨어 등을 질문하는데, R로 대답해도 되는 경우도 있지만, 파이썬에 능숙하면 유리하다.

파이썬으로 데이터 과학을 제대로 하고자 한다면 다음 환경과 패키지를 학습하고 사용할 것을 추천한다.

1. 아나콘다(anaconda): 다른 파이썬 환경도 있지만 가장 사용이 편리한 환경 중 하나다 [Continuum (2016)]. 버전 2.7이나 3.x 환경 모두를 지원하며 패키지를 깔끔하게 관리해준다. https://www.continuum.io/downloads에서 다운로드하여 설치한다.

2. 주피터 노트북(Jupyter Notebook): 실행 가능한 코드와 수식, 시각화와 텍스트를 포함한 문서를 생성하는 브라우저 기반 환경이다. 'conda install jupyter' 명령으로 설치하고, 'jupyter notebook'으로 실행한다('ipython notebook' 명령도 사용할 수 있다).

3. 파이썬 에디터/IDE: 많은 파이썬 코더들이 IDE를 사용하지 않고, 단순히 프로그램 에디터를 사용한다. 서브라임 텍스트가 인기가 좋다. 만약 IDE를 사용한다면 PyCharm 등의 IDE를 사용하자.

4. 데이터 과학에 유용한 패키지

    a. pandas(http://pandas.pydata.org/): 데이터 분석과 모형. R을 사용하지 않아도 된다는 장점이 있다[Python Data Analysis Library (2016)]!

    b. scikit-learn(http://scikit-learn.org/stable/index.html): 머신러닝 라이브러리[Pedregosa et al. (2011)]

    c. numpy: 파이썬에서 수치계산을 지원하는 기반 패키지. 강력하고 빠른 N-차원 벡터, 행렬, 수열 데이터구조와 선형대수, 푸리에 변환, 랜덤숫자생성 기능을 지원한다.

2.6 서브라임 텍스트*

서브라임 텍스트(Sublime Text)는 맥 OSX, 리눅스, 윈도우 등 모든 플랫폼에서 제공되는 텍스트와 소스코드 에디터다[Sublime Text (2016)]. 파이썬과 R을 포함한 대부분의 프로그램 언어와 마크업 언어를 지원한다. 파이썬 API를 지원하고, 플러그인을 통해 기능 확장이 가능하며 커뮤니티에서 개발한 수많은 플러그인을 통해 강력한 성능을 자랑한다. 실리콘밸리에서 가장 많이 사용되는 에디터 중 하나다. 파이썬 등의 코드와 마크다운 파일 등을 편집할 때 무척 편리하다(그림 2-5). 특히 다중선택(multiple selection, Cmd + D)은 묘한 중독성이 있다. 꼭 사용해볼 것을 권한다.

sublime을 검색하여 홈페이지(http://www.sublimetext.com/)에서 다운로드하여 설치한다.

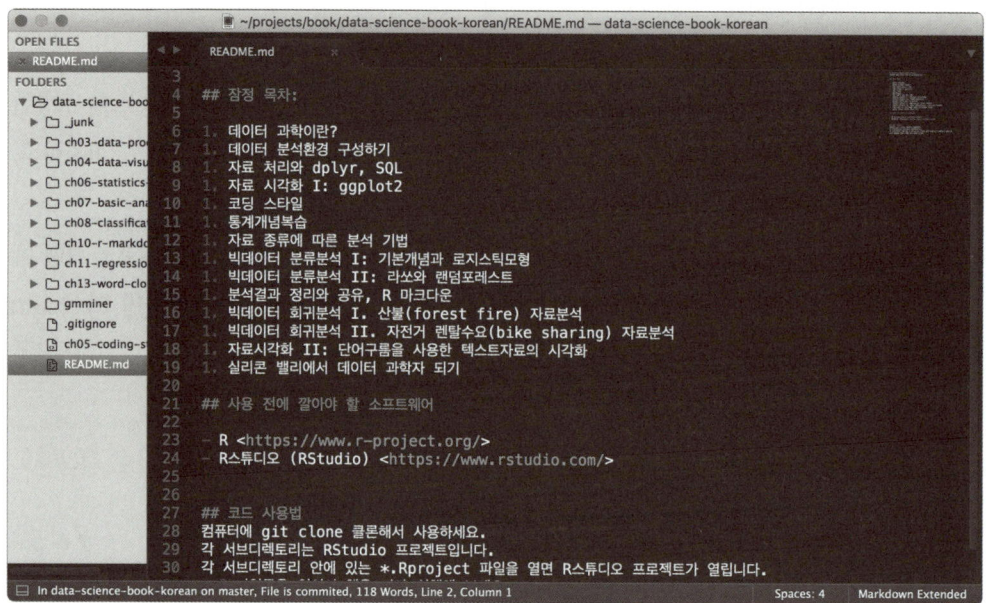

그림 2-5 서브라임 텍스트
출처 https://www.sublimetext.com/

2.7 깃 버전 관리 소프트웨어와 깃허브*

데이터 과학에서는 분석 코드 작성이 많은 부분을 차지한다. 데이터 분석 코드 작성 중 다음과 같은 경험이 혹시 있었는가?

- 코드를 편집하다가 잘못됨을 깨닫고 과거 버전으로 돌아가고자 할 때
- 코드를 잃었거나 마지막 백업이 너무 오래되었을 때
- 다양한 버전의 코드를 관리하고자 할 때
- 둘 이상의 버전의 코드를 비교하고자 할 때
- 어떤 코드의 역사(history)를 리뷰하고자 할 때
- 다른 이의 코드에 공헌하고자 할 때
- 코드를 다른 이에게 공유하고, 다른 사람들이 내 코드에 공헌하기를 요청할 때
- 누가, 언제, 어디서, 얼마나 많은 코딩을 하고 있는지 알고자 할 때
- 기존의 코드를 망가뜨리지 않고 새 코드를 시험하고자 할 때

만약 그렇다면 버전 관리 시스템, 특히 깃(Git)을 사용할 것을 강력히 추천한다. 실리콘밸리에서 데이터 과학자라면 능숙하게 다룰 것을 기대하는 기술이다.

깃은 빠르고 강력한 분산 버전 관리시스템이다[Git(2016), https://git-scm.com]. 2005년에 리눅스 커널을 개발할 때 소스코드를 관리하기 위해 리누스 토발즈(Linus Torvalds)가 만들었다. 분산(distributed)되고 여러 명이 참여하는 복잡하고 직선적이지 않은(non-linear) 협업을 지원한다.

깃은 이전의 SVN이나 CVS 같은 클라이언트-서버 모형과 달리 네트워크에 접속하거나 중앙 서버가 없어도 된다. 깃 로컬 작업 디렉터리 자체가 버전 트래킹 기능을 완벽히 갖춘 저장소(repository) 혹은 '리포(repo)'이기 때문이다. 당연한 이야기지만, 리눅스처럼 깃도 무료 오픈소스 소프트웨어다.

깃은 재현 가능한 연구(reproducible research), 코드 백업, 협업의 핵심 도구다. 코드뿐 아니라 텍스트 문서 버전을 관리하기 위해 개인과 조직에서 가장 많이 사용되는 도구 중 하나다.

깃에 대한 더 자세한 내용은 git 온라인 매뉴얼과 튜토리얼을 참조하자. 가장 핵심적인 깃 참고문헌은 Pro Git이다. git book을 검색하면 https://git-scm.com/book/en/v2/를 쉽게 찾을 수 있다. 한글판은 https://git-scm.com/book/ko/v2/에서 읽을 수 있다. 다른 한글 깃/깃허브 참고문헌으로는 〈소셜 코딩으로 이끄는 GitHub 실천 기술〉이 있다.

깃 원격 서버로는 깃허브(github.com)와 빗버켓(bitbucket.com) 등의 서비스가 가장 많이 사용된다. 공개(public) 프로젝트라면 무료로 사용할 수 있다. 비공개(private) 프로젝트 사용료는 서비스마다 다르다.

이 책에서는 깃허브(GitHub)를 예로 사용할 것이다(그림 2-6). 깃허브는 대부분의 오픈소스 소프트웨어가 사용하는 강력한 서비스다. 독자는 **github.com**에 방문하여 계정을 만들도록 하자.

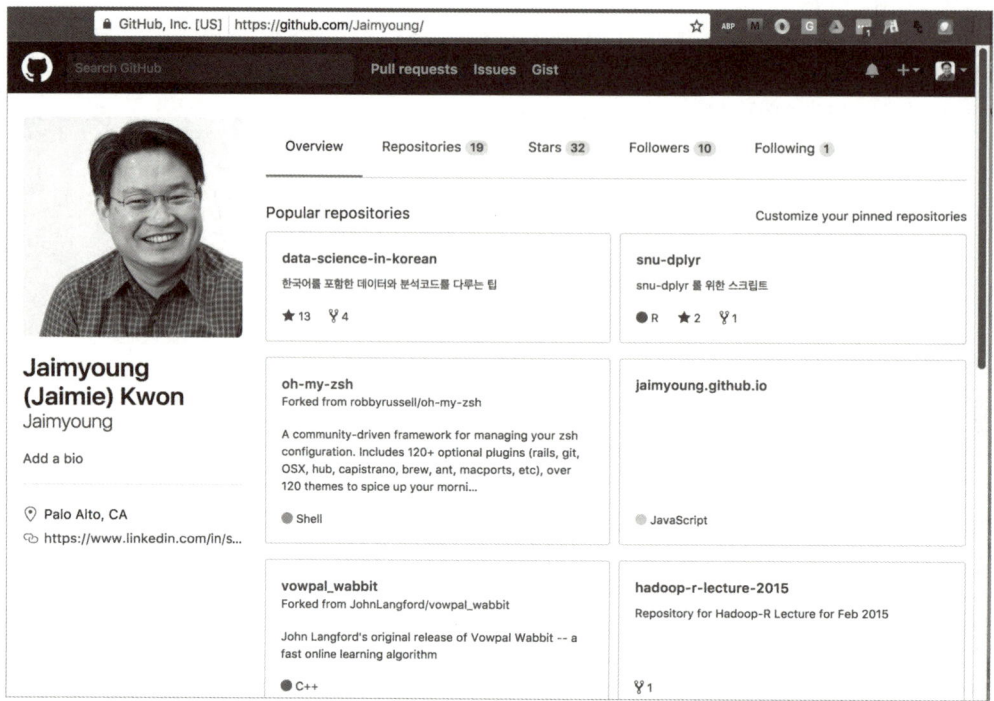

그림 2-6 필자의 깃허브 프로파일 페이지
https://github.com/Jaimyoung

2.8 유닉스 활용하기*

유닉스(UNIX)는 1960년대 말 AT&T 벨연구소에서 개발한 운영체제(Operating System, OS)다 [Wikipedia (2016)]. 컴퓨터 역사상 가장 중요한 운영체제라고 할 수 있으며, 시스템 프로그래밍의 표준이라 할 수 있는 C 언어로 작성되었다. 초기에는 서버에 주로 사용되었지만, 현재는 데스크톱과 스마트폰 OS에도 유닉스에 기반을 둔 OS가 사용된다. 초기에 공개된 유닉스를 모방한 많은 운영체제가 나타났고, 이를 표준화하기 위해 POSIX라는 표준이 등장했다. POSIX 표준을 만족하는 것들을 유닉스 계열 운영체제라고 하며, 리눅스(Linux)와 맥 OSX('오에스 텐')이 대표적이다.

유닉스는 안정적이라 잘 크래쉬되지 않는다. 잘 만들어진 하드웨어와 결합되면 며칠 혹은 몇 주일 동안 재부팅을 하지 않고 사용할 수 있다. 그리고 셸(shell)을 사용한 CLI(Command Line Interface, 명령 줄 인터페이스)는 일단 익숙해지면 프로그래밍과 데이터 분석 작업에서 GUI보다 더 빠르고 생산적이다. 그리고 원격 서버에 접속했을 때는 CLI만을 사용할 수 있다. 점점 많은 테크 회사가 서버와 직원 개인 컴퓨터로 유닉스에 기반을 둔 시스템을 사용하고 있다. 이러한 이유로 데이터 과학과 개발자들은 유닉스를 많이 사용한다.

유닉스에 대한 사용법과 더 자세한 정보는 구글 검색이나 'Introduction to UNIX and Linux'를 참조하자. 적어도 디렉터리, 홈디렉터리, 퍼미션(permission), 프로세스(process) 등의 개념에 익숙해지도록 하자. 이 책에서는 사용자가 다음 명령에 익숙하다고 가정할 것이다.

표 2-1 많이 사용되는 유닉스 명령들

목적	유닉스 명령어
도움말	man
파일 관리	pwd, cd, ls, mkdir, rmdir, cp, mv, rm, ln, chmod
파일 처리	cat, echo, head, tail, more/less, grep, sed*, awk*, find*, which sort, uniq, cut, tr zip, unzip, gzip, gunzip, tar
리디렉트(>)와 파이프(|)	>, |
프로세스 관리	top, ps, kill, fg, bg
기타 명령어	cal, history
네트워크	ssh, scp, ping, traceroute, curl, finger, who
텍스트 편집	vi*
셸 환경변수	=, export, $PS1, $PATH alias

*로 표시된 명령은 고급 명령을 나타낸다.

3장(데이터 취득과 가공)에서 다시 살펴보겠지만, 유닉스 명령들 중 텍스트 형태 데이터 처리에 특히 유용한 명령들은 다음과 같다.

- 파이프와 리디렉션
- head, tail: 파일 일부를 보여준다.
- wc -l: 파일의 줄을 세준다.
- grep: 파일 중 원하는 패턴을 찾아준다.

- sort & uniq: 정렬. 소팅과 동일한 줄을 찾아준다.
- cut: 텍스트를 칼럼 데이터로 나눠준다.

셸 환경설정은 주로 .bashrc 파일을 편집한다. 패스($PATH), 프롬프트($PS1) 등의 환경변수와 명령 앨리어스(alias) 등의 단축명령을 정의할 수 있다. bashrc를 검색하면 많은 설정파일 예제를 살펴볼 수 있다.

배시(bash)는 현재 가장 광범위하게 사용되는 셸이다. 셸은 다른 종류도 있는데, 역사적 순서는 대략 c shell(1978년), korn shell(1983년), born-again shell 혹은 bash(1989년), z shell(1990년) 순이다. OSX에는 배시가 기본적으로 깔려있다.

모험심이 많은 독자라면 z-shell을 사용해볼 것을 권장한다. zsh vs bash를 검색하면 두 셸의 차이점을 알려준다. 특히 https://goo.gl/ojDfG 슬라이드를 참고하라. 중요한 차이는 더 강력한 cd 디렉터리 이름 자동완성(auto completion), 히스토리 검색-자동완성, 신택스 하이라이트 등이 있다.

특히 oh-my-zsh는 플러그인을 사용해 터미널 사용 시의 편의를 극대화한다. 그리고 140개가 넘는 테마를 사용하여 현재 디렉터리의 깃 버전 관리 상태 등을 보여준다. http://ohmyz.sh/를 참조하고 설치한다. 여러 테마들을 살펴보려면 oh my zsh theme을 검색하여 https://goo.gl/0TDfL를 방문하면 된다(그림 2-7).

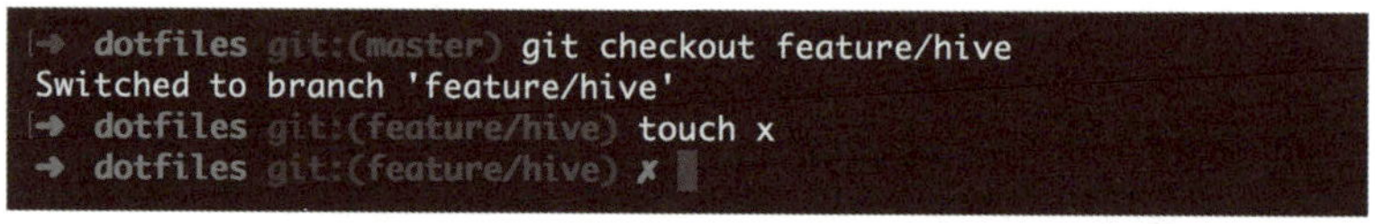

```
→ dotfiles git:(master) git checkout feature/hive
Switched to branch 'feature/hive'
→ dotfiles git:(feature/hive) touch x
→ dotfiles git:(feature/hive) x
```

그림 2-7 https://goo.gl/0TDfL 페이지 중 robyrussell 테마

배시에서 유사한 기능을 사용하려면 Bash-it을 사용한다. https://github.com/Bash-it/bash-it을 참고하자.

2.9 구글 독스/스프레드시트/슬라이드*

효율적 협업을 위해서는 문서, 스프레드시트, 프레젠테이션 등의 문서를 공유하기 쉽고, 동시에 여러 사람이 편집할 수 있고, 다양한 기기에서 볼 수 있는 도구가 필요하다. 클라우드 상에서 그러한 기능을 지원하는 가장 유용한 도구가 구글 독스/스프레드시트/슬라이드를 포함한 구글 앱이다. 개인뿐 아니라 대부분의 중소기업, 그리고 대부분의 스타트업 기업이 사용한다. 또한, 넷플릭스 등 일부 대기업도 사용한다.

'동시에 여러 사람이 편집'할 수 있는 것은 조금이라도 빠르게 협업을 해내야 하는 회사들의 필수적 요구를 충족시켜준다. 사용하고 있지 않다면 꼭 계정을 만들고 익혀보도록 하자. 특히 데이터 분석 과정의 문서화와 결과 정리에 구글 슬라이드를 사용해보도록 하자.

참/고/문/헌

CHAPTER **2**

1. "Aeron Chair." *Wikipedia*. Wikimedia Foundation, n.d. Web. 24 July 2016. https://en.wikipedia.org/wiki/Aeron_chair.

2. "Why Do Most Professional Programmers Prefer Macs?" – *Quora*. N.p., n.d. Web. 24 July 2016. https://www.quora.com/Why-do-most-professional-programmers-prefer-Macs.

3. R Core Team (2016). R: A language and environment for statistical computing. R Foundation for Statistical Computing, Vienna, Austria. URL https://www.R-project.org/.

4. Venables, W. N., Smith, D. M., & R Development Core Team. (2004). An introduction to R. https://cran.r-project.org/doc/manuals/r-release/R-intro.pdf.

5. RStudio Team (2015). RStudio: Integrated Development for R. RStudio, Inc., Boston, MA URL http://www.rstudio.com/.

6. Hadley Wickham and Romain Francois (2015). dplyr: A Grammar of Data Manipulation. R package version 0.4.3. https://CRAN.R-project.org/package=dplyr.

7. Wickham H (2009). *ggplot2: Elegant Graphics for Data Analysis*. Springer-Verlag New York. ISBN 978-0-387-98140-6, http://ggplot2.org.

8. Python Software Foundation (2016). Python Language Reference, version 2.7. Available at http://www.python.org.

9. "Download Anaconda Now!" *Continuum*. N.p., 21 Sept. 2015. Web. 24 July 2016. https://www.continuum.io/downloads.

10. Scikit-learn: Machine Learning in Python, Pedregosa et al., JMLR 12, pp. 2825-2830, 2011. http://jmlr.csail.mit.edu/papers/v12/pedregosa11a.html.

11. "Python Data Analysis Library." Python Data Analysis Library — Pandas: Python Data Analysis Library. N.p., n.d. Web. 24 July 2016. http://pandas.pydata.org/.

12. "Sublime Text.": *The Text Editor You'll Fall in Love with*. N.p., n.d. Web. 24 July 2016. https://www.sublimetext.com/.

13. "Pro Git." Git -. N.p., n.d. Web. 24 July 2016. https://git-scm.com/book/en/v2.

14. "소셜 코딩으로 이끄는 GitHub 실천 기술". 오오츠카 히로키 저/윤인성 역. 제이펍. 2015. http://www.yes24.com/24/Goods/15868712?Acode=101.

15. "Unix." *Wikipedia*. Wikimedia Foundation, n.d. Web. 24 July 2016. https://en.wikipedia.org/wiki/Unix.

16. "Why Zsh Is Cooler than Your Shell." *Why Zsh Is Cooler than Your Shell*. N.p., n.d. Web. 24 July 2016. http://www.slideshare.net/jaguardesignstudio/why-zsh-is-cooler-than-your-shell-16194692.

CHAPTER 3

데이터 취득과 데이터 가공: SQL과 dplyr

3.1 데이터 취득과 데이터 가공이란 무엇이며, 왜 중요한가?

당신이 요리사라고 생각해보자. 주부나 자취생이라고 생각해도 좋다. 요리의 첫 번째 기본기는 시장에서 장을 보고, 냉장고에 보관하고, 필요할 때마다 냉장고에서 필요한 재료를 꺼내는 기술이다. 요리의 두 번째 기본기는 칼질이다. 요리 재료인 양파, 감자, 당근 등의 껍질을 까고 적당한 크기로 잘라내는 칼질의 기술이 반드시 필요하다. 이 기본 기술 위에 다양한 경험과 레시피 그리고 무엇보다 정성(!) 등이 합쳐져서 맛있는 요리가 탄생한다.

데이터 과학은 요리와 닮은 점이 많다. 원데이터를 사용하여 맛있는 요리, 즉 분석 결과를 만들어내는 작업이다. 데이터 과학의 원재료는 데이터다. 데이터 과학의 기본 기술은 데이터를 여러 소스로부터 분석 플랫폼으로 읽어 들이는 데이터 취득(data acquisition, data import)과 데이터를 분석 플랫폼 안에서 필요한 모양으로 가공해내는 데이터 가공(data processing, data wrangling) 기술이다. 이 중 데이터 취득은 요리 재료를 얻어내는, 즉 장을 보는 기술이다. 데이터 가공은 칼질에 가깝다.

신선하고 좋은 재료를 고르지 못하고, 칼질이 서툰 사람은 훌륭한 요리사가 될 수 없다. 마찬가지로 데이터 취득과 가공에 서투르다면 절대로 훌륭한 데이터 과학자가 될 수 없다!

데이터 취득 및 가공 능력은 통계학자를 진정한 데이터 과학자로 만들어준다. 데이터 취득 및 가공 능력을 갖추지 못한 통계학자는 수리적 능력과 모형화는 잘할 수 있겠지만, 데이터가 필요한 형태로 갖춰질 때까지 다른 사람의 도움에 의존해야 하므로 신속한 결과를 얻기 힘들다. 그리고 데이터를 손수 취득한 사람은 원데이터 자체에 대해서도 더 풍부하고 깊은 이해를 하고 있으므로 분석 결과의 질도 높은 경우가 많다.

3.2 데이터 취득

데이터 취득은 여러 소스로부터 분석 플랫폼으로 데이터를 읽어 들이는 기술이다. 데이터 분석 실무에서 데이터 소스는 대부분의 경우 다음 중 하나다.

- 표 형태 텍스트 파일: 대부분 컴마나 탭문자로 열이 구분된 형태이다.
- 엑셀 파일: 엑셀 파일은 확장자가 xls 혹은 xlsx인 마이크로소프트 엑셀 형식 파일이다. 엑셀 파일은 쉽게 'Save As...' 명령을 이용해 csv 파일로 변환될 수 있다.
- 관계형 데이터베이스(relational database, RDBMS): 오라클(Oracle) 같은 상용 데이터베이스나 MySQL, PostgreSQL 같은 오픈소스 데이터베이스 시스템이 있다. 데이터를 데이터베이스 테이블에 저장한다.
- 다른 소프트웨어용 이진(binary) 파일: SAS, SPSS 등의 소프트웨어는 자체 데이터 포맷을 사용한다.

각각의 경우에 R로 데이터를 읽어 들이는 방법을 살펴보자.

3.2.1 예제 데이터를 어디서 얻을 것인가?

데이터 과학을 공부하고 연구하기 위한 예제 데이터를 어디서 얻을 수 있을까? 이 책에서 사용되는 많은 데이터는 다음 소스에서 찾은 것이다.

첫째, UCI 머신러닝 리포[UCI Machine Learning Repository, Lichman, M. (2013), http://archive.ics.uci.edu/ml/]이다. 이 사이트는 머신러닝/기계학습 학계에서 다양한 머신러닝 알고리즘의 성능을 평가하고 비교하는 데 사용되는 예제 데이터베이스의 모음으로 2016년 현재 349개의 잘 알려진 데이터를 제공한다.

둘째, R에서 제공하는 예제 데이터들이다. R 기본 시스템 자체가 'datasets'라는 패키지를 포함하고 있다. 다음 명령을 실행해보면 datasets 패키지에서 제공하는 다양한 데이터들과 도움말을 볼 수 있다.

```
help(package='datasets')
```

R의 다른 패키지들도 다양한 예제 데이터를 제공한다. 예를 들어, ggplot2 패키지에서 제공하는 데이터를 살펴보기 위해서는 다음 명령을 실행하면 된다.

```
data(package='ggplot2')
```

현재 실행환경에서 로드되어서 사용 가능한 모든 데이터를 살펴보려면 옵션 없이 data()를 실행하면 된다. https://goo.gl/AlvXNr 페이지에서는 많이 쓰이는 패키지 데이터들의 CSV 버전을 찾을 수 있다.

셋째, 머신러닝/데이터 과학 공유/경연 사이트인 캐글이다(https://www.kaggle.com/). 이 책의 후반부에서 다룰 분류분석/회귀분석을 위한 예제 데이터들이 많다. 캐글러(Kaggler)라고도 하는 경연자들의 분석 결과와 코드뿐 아니라 커널(Kernel, https://www.kaggle.com/kernels)이라는 데이터 분석 코딩 플랫폼(R과 파이썬을 지원한다)을 통한 탐색적 데이터 분석 결과들도 볼 수 있다. 데이터를 다운로드하려면 무료 캐글 계정이 필요하니 미리 만들어두도록 하자.

넷째, 위키피디아의 머신러닝 연구를 위한 데이터세트 리스트다(https://goo.gl/SpCOIK).

3.2.2 표 형태 텍스트 파일 읽어 들이기

많은 외부데이터가 표 형태로 되어 있다. 이 경우 read.table() 명령을 사용하여 R의 데이터 프레임으로 읽어 들인다. ?read.table 명령으로 도움말을 살펴보자. read.table("file_name.txt") 명령으로 읽어 들여보고 에러가 발생하면 몇 가지 옵션을 조정해주면 된다.

에러를 방지할 수 있는 중요한 옵션은 다음과 같다.

- separator="": 디폴트는 모든 공백문자(white space)를 열의 구분문자로 간주한다. 만약 열 구분문자가 콤마이면 ",",로, 탭문자이면 "\t"로 바꿔준다.
- header=FALSE: 디폴트는 첫 줄이 변수명이 아니라고 가정한다. 만약 첫 줄이 변수명이면 TRUE로 바꿔준다.
- comment.char = "#": 디폴트는 #으로 시작하는 줄은 코멘트/주석으로 간주되어 무시된다. 줄 중간에 #이 있으면 # 이후가 무시된다. 예기치 않은 에러가 발생하는 원인 중

하나다. 만약 데이터가 #을 포함하는 경우에는 다른 것으로 바꿔주자. " "로 설정하면 안전하다.

- quote = "\"": 디폴트는 홑따옴표나 겹따옴표로 싸인 내용을 한 열로 간주한다. 만약 데이터 중간에 따옴표가 등장하면 예기치 않은 에러가 발생한다. 그럴 경우는 quote = ' '로 설정해보자.
- as.is = !stringsAsFactors: 디폴트는 보통 FALSE다. 즉, 문자열 변수는 인자 변수로 변환된다. 나중에 분석에 예기치 않은 문제를 일으킬 수 있으므로 as.is=TRUE 옵션이 유용할 수 있다.
- skip = n: 처음 n 줄이 데이터가 아니고 설명이나 주석일 때 처음 n 줄을 건너뛰고 다음부터 읽게 하는 옵션이다.

이외에 na.string, colClasses 등의 다양한 옵션이 있다. 하지만 모든 옵션을 공부하기보다는 일단 read.table( )로 읽어 들여본 후, 에러가 발생하면 위의 옵션들을 바꿔보고, 일단 데이터가 읽혀지면 dplyr::glimpse( )로 데이터를 살펴본 후, 데이터 형태가 의도하지 않은 결과이면 조금씩 다른 옵션을 바꿔주면 대부분 해결된다.

만약 CSV 파일이라면 헤더라인이 있고, 열 구분문자가 쉼표이다. 이 경우에는 read.csv( ) 함수를 사용하면 편리하다. 다음 명령에서 볼 수 있듯이, read.csv 함수는 read.table 함수를 실행하되 header=TRUE, sep="," 옵션을 기본으로 사용하는 것이 다를 뿐이다.

```
> read.csv
function (file, header = TRUE, sep = ",", quote = "\"", dec = ".",
    fill = TRUE, comment.char = "", ...)
read.table(file = file, header = header, sep = sep, quote = quote,
    dec = dec, fill = fill, comment.char = comment.char, ...)
```

유명한 보스턴 주택 데이터세트(Boston house-price dataset)를 예로 들어보자. 웹에서 boston house price data를 검색하면 쉽게 UC Irvine(UCI) 머신러닝 리포(Machine Learning Repositiory)에서 데이터를 찾을 수 있다. 웹 주소는 https://archive.ics.uci.edu/ml/machine-learning-databases/housing/이다.

데이터는 506개의 관측치와 14개의 변수로 이루어져 있다. 데이터는 https://goo.gl/KQGf9g에서, 변수 설명은 https://goo.gl/6y19r4에서 제공한다. 데이터 파일을 housing.data로 R 작업공간에 다운로드하자. 만약 유닉스 터미널을 사용한다면 다음 명령을 실행하면 된다. 윈도우 사용자의 경우 curl 다운로드 페이지(https://curl.haxx.se/download.html)에 가서 'Win32 - Generic' 항목의 패키지에서 curl 파일을 찾을 수 있다. 임의의 폴더에 다운로드한 후 bin 폴더를 환경변수에 추가하면 편하게 실습할 수 있다.

```
curl https://archive.ics.uci.edu/ml/machine-learning-databases/housing/housing.data >
                                                                         housing.data
curl https://archive.ics.uci.edu/ml/machine-learning-databases/housing/housing.names >
                                                                        housing.names
```

텍스트 에디터를 사용하여 파일 내용을 살펴보자. 유닉스 환경이라면 다음 명령을 실행하여 파일의 처음 몇 줄의 내용과 줄 수를 알아낼 수 있다.

```
$ head housing.data
 0.00632  18.00   2.310  0  0.5380  6.5750  65.20  4.0900  1  296.0  15.30  396.90
                                                                            4.98  24.00
 0.02731   0.00   7.070  0  0.4690  6.4210  78.90  4.9671  2  242.0  17.80  396.90
                                                                            9.14  21.60
...
$ wc -l housing.data
     506 housing.data
```

헤더라인이 없고, 열 사이는 공백문자로 구분되어 있다. 그러므로 read.table() 함수를 디폴트 옵션으로 사용하면 충분하다. R을 실행하고 다음처럼 데이터를 읽어 들여서 boston이란 데이터 프레임에 저장하자.

```
> boston <- read.table("housing.data")
```

윈도우 환경에서 경로에 폴더가 포함되었을 경우 구분자를 슬래시로 작성하거나 C의 이스케이프 문자와 같이 역슬래시 두 개로 표현한다.

```
boston <- read.table("c:/work/boston-housing.txt")
```

데이터 구조와 내용을 살펴보기 위해서는 dplyr 패키지의 glimpse() 명령을 사용하면 편리하다. 앞서 얘기한 것처럼 library(dplyr)을 생략하고 dplyr::glimpse(boston)을 실행해도 된다.

```
> library(dplyr)
> glimpse(boston)
Observations: 506
Variables: 14
$ V1  (dbl) 0.00632, 0.02731, 0.02729, 0.03237, 0.06905, 0....
$ V2  (dbl) 18.0, 0.0, 0.0, 0.0, 0.0, 0.0, 12.5, 12.5, 12.5...
$ V3  (dbl) 2.31, 7.07, 7.07, 2.18, 2.18, 2.18, 7.87, 7.87,...
...
$ V13 (dbl) 4.98, 9.14, 4.03, 2.94, 5.33, 5.21, 12.43, 19.1...
$ V14 (dbl) 24.0, 21.6, 34.7, 33.4, 36.2, 28.7, 22.9, 27.1,...
```

변수설명 파일을 통해 변수는 다음 의미를 가지고 있음을 알 수 있다.

- crim: 범죄발생률
- zn: 주거지 중 25000 ft^2 이상 크기의 대형주택이 차지하는 비율
- indus: 소매상 이외의 상업지구의 면적 비율
- chas: 찰스 강과 접한 지역은 1, 아니면 0인 더미 변수
- nox: 산화질소 오염도
- rm: 주거지당 평균 방 개수
- age: 소유자 주거지(비 전세/월세) 중 1940년 이전에 지어진 집들의 비율
- dis: 보스턴의 5대 고용중심으로부터의 가중평균거리
- rad: 도시 순환 고속도로에의 접근 용이 지수
- tax: 만 달러당 주택 재산세율
- ptratio: 학생-선생 비율
- black: 흑인 인구 비율(Bk)이 0.63과 다른 정도의 제곱, $1000(Bk - 0.63)^2$
- lstat: 저소득 주민들의 비율 퍼센트
- medv: 소유자 주거지(비 전세/월세) 주택 가격

변수명을 할당하고 나면 각 변수값들이 좀더 유의미해진다.

```
> names(boston) <- c('crim', 'zn', 'indus', 'chas', 'nox', 'rm', 'age', 'dis', 'rad',
                     'tax', 'ptratio', 'black', 'lstat', 'medv')
> glimpse(boston)
Observations: 506
Variables: 14
```

```
$ crim    (dbl) 0.00632, 0.02731, 0.02729, 0.03237, 0.06905...
$ zn      (dbl) 18.0, 0.0, 0.0, 0.0, 0.0, 0.0, 12.5, 12.5, ...
$ indus   (dbl) 2.31, 7.07, 7.07, 2.18, 2.18, 2.18, 7.87, 7...
$ chas    (int) 0, 0, 0, 0, 0, 0, 0, 0, 0, 0, 0, 0, 0, 0...
$ nox     (dbl) 0.538, 0.469, 0.469, 0.458, 0.458, 0.458, 0...
$ rm      (dbl) 6.575, 6.421, 7.185, 6.998, 7.147, 6.430, 6...
$ age     (dbl) 65.2, 78.9, 61.1, 45.8, 54.2, 58.7, 66.6, 9...
$ dis     (dbl) 4.0900, 4.9671, 4.9671, 6.0622, 6.0622, 6.0...
$ rad     (int) 1, 2, 2, 3, 3, 3, 5, 5, 5, 5, 5, 5, 4, 4...
$ tax     (dbl) 296, 242, 242, 222, 222, 222, 311, 311, 311...
$ ptratio (dbl) 15.3, 17.8, 17.8, 18.7, 18.7, 18.7, 15.2, 1...
$ black   (dbl) 396.90, 396.90, 392.83, 394.63, 396.90, 394...
$ lstat   (dbl) 4.98, 9.14, 4.03, 2.94, 5.33, 5.21, 12.43, ...
$ medv    (dbl) 24.0, 21.6, 34.7, 33.4, 36.2, 28.7, 22.9, 2...
```

이 데이터는 나중에 13장(회귀분석)에서 다시 사용될 것이다. 일단 모든 변수들 사이의 관계를 산점도행렬[1]로 그려보고, 각 변수들의 요약 통계량을 계산해보자.

```
plot(boston)
summary(boston)
```

3.2.3 아주 큰 외부 파일*

어떤 외부데이터 파일은 행이나 열의 개수가 커서 read.table이나 read.csv 함수로 읽어 들일 때 시간이 많이 걸리는 경우가 있다. 이 경우에는 data.table 패키지의 fread를 사용한다[Dowle et al. (2015)]. fread를 사용하면 속도가 10배 이상 빨라진다.

```
library(data.table)
DT <- fread("very_big.csv")
DT <- fread("very_big.csv", data.table=FALSE)
```

fread는 디폴트로 데이터 프레임이 아닌 data.table 클래스의 객체를 리턴한다. data.table =FALSE 옵션을 사용하면 결과가 친숙한 데이터 프레임으로 반환된다.

---

[1] 산점도행렬(scatterplot matrix)이란 주어진 데이터의 모든 변수들 사이의 관계를 나타낸 것으로, 각각의 변수를 x축 혹은 y축으로 놓고, 주어진 관측치를 2차원 평면상의 점으로 나타낸다.

3.2.4 엑셀 파일 읽어 들이기

엑셀 테이블은 엑셀에서 csv로 저장한 후 read.csv( )로 읽어 들이면 간단하다.

하지만 이 작업을 많이 반복해야 한다면 불편할 수 있다. 이럴 경우에는 엑셀 xls/xlsx 파일을 바로 읽어 들이는 라이브러리를 사용하면 된다. 여러 종류가 있지만 https://github.com/hadley/readxl 라이브러리를 추천한다[Wickham (2015)]. 다음 예를 참고하자.

```
library(readxl)

# xls, xlsx 모든 포맷을 다 읽는다.
read_excel("my-old-spreadsheet.xls")
read_excel("my-new-spreadsheet.xlsx")

# 여러 시트가 있을 경우에는 특정 시트를 지정하자.
read_excel("my-spreadsheet.xls", sheet = "data")
read_excel("my-spreadsheet.xls", sheet = 2)

# 결측치가 빈 셀이 아닌 다른 문자로 코드되어 있을 경우
read_excel("my-spreadsheet.xls", na = "NA")
```

3.2.5 RDBMS + SQL

SQL(Structure Query Language, "에스큐엘" 혹은 "시퀄"이라고 읽는다)는 RDBMS(Relational DataBase Management System, 관계형 데이터베이스)에 저장된 데이터를 조작하고 쿼리(query)하기 위해 디자인된 비교적 간단한 컴퓨터 언어다[Wikipedia (2016)].

거의 모든 데이터 과학자는 언젠가는 SQL을 사용하게 된다. 많은 회사들이 데이터를 SQL을 사용하는 RDBMS에 저장하기 때문이다. 워낙 많은 분석가가 SQL에 익숙하므로 페이스북 등에 쓰이는 빅데이터를 위한 분산시스템인 하둡의 파일시스템에 저장된 데이터도 SQL 문법을 사용하여 처리하고 추출할 수 있는 하이브(Hive, https://hive.apache.org/)가 사용된다[Apache Hive (2016)].

참고로 많은 데이터 과학자 인터뷰 과정에서 SQL에 대해 흔히 하는 질문이니 인터뷰를 준비하고 있다면 꼭 익혀두도록 하자.

SQL을 어떻게 연습할 수 있을까? SQL을 제대로 연습하려면 여러 준비가 필요하다. 우선 RDBMS가 설치된 시스템을 찾아야 하고, 예제 데이터를 찾아야 하며, SQL 테이블을

CREATE TABLE 명령을 사용하여 설정하고, 데이터를 업로드해야 한다. 하지만 온라인에서 간단한 SQL 문법을 연습할 수 있는 도구가 있다. 'Online SQL Tryit Editor(https://goo.gl/NJDGdw)'가 그것이다. 웹페이지에 방문하여 살펴보도록 하자.

3.2.6 R에서의 SQL 연습

이미 R에 익숙하다면 R에서 SQL을 연습할 수 있다. sqldf 패키지를 설치하면 R의 데이터 프레임들을 데이터베이스 테이블처럼 쿼리할 수 있다[Grothendieck (2014)]. 몇 가지 예를 들면 다음과 같다.

```
# install.packages("sqldf")
library(sqldf)
sqldf("select * from iris")
sqldf("select count(*) from iris")
sqldf("select Species, count(*), avg(`Sepal.Length`)
      from iris
      group by `Species`")
sqldf("select Species, `Sepal.Length`, `Sepal.Width`
      from iris
      where `Sepal.Length` < 4.5
      order by `Sepal.Width`")
```

위에서 보듯이 SQL에서 가장 중요한 구문은 다음과 같은 구문들이다.

- SELECT col1, col2, ...: 어떤 변수를 출력할지 지정한다. *는 모든 열을 출력한다.
- FROM table_name: 쿼리 대상 테이블을 지정한다.
- WHERE: 조건을 만족하는 행만 추출한다.
- ORDER BY: 결과를 주어진 변수의 크기 순서대로 출력한다.
- GROUP BY: 지정된 범주형 변수로 결과를 그룹핑한다.
- COUNT(*), AVG(x), SUM(x): 요약함수들이다. 행의 수, 평균, 총합 등을 계산한다. GROUP BY와 결합 시에는 각 그룹 안의 통계량을 계산한다.

위의 예들은 가장 간단한 예제들이고, SQL의 진정한 파워는 둘 이상의 테이블을 결합하는 join 명령이다. join에 대한 질문도 데이터 과학자 인터뷰 중에 많이 나오니 숙지하도록 하자. join 명령은 두 개의 테이블이 공유하는 열이 있을 때 그 열의 값을 사용하여 두 테이블을 결합하는 명령이다. join은 크게 네 가지가 있다.

1. inner join: 두 테이블 모두에 나타나는 값만을 사용해 합친다.
2. left join: 첫째 테이블에 나타나는 값을 모두 포함한다.
3. right join: left join의 반대다. 둘째 테이블에 나타나는 값을 모두 포함한다.
4. outer join: 두 테이블에 나타나는 모든 값을 포함한다.

다음 예제를 통해 살펴보면 더 쉽다(참고로 dplyr::data_frame( ) 함수는 data.frame( ) 함수의 개선된 버전이다).

```
> library(dplyr)
> (df1 <- data_frame(x = c(1, 2), y = 2:1))

    x    y
1   1    2
2   2    1

> (df2 <- data_frame(x = c(1, 3), a = 10, b = "a"))

    x    a    b
1   1    10   a
2   3    10   a

> sqldf("select *
+       from df1 inner join df2
+       on df1.x = df2.x")
  x y x  a  b
1 1 2 1 10  a

> sqldf("select *
+       from df1 left join df2
+       on df1.x = df2.x")
  x y  x    a    b
1 1 2  1    10   a
2 2 1 NA   NA  <NA>
```

sqldf는 아쉽게도 right join과 outer join을 지원하지 않는다. 하지만 위의 예가 아이디어를 주리라 믿는다.

참고로, 'R data import/export[R Core Team (2016)]'는 다음 몇 가지 예제 SQL 문장을 들고 있다. SQL 문장의 대략적 형태를 익히도록 하자.

```
SELECT State, Murder FROM USArrests WHERE Rape > 30 ORDER BY Murder

 SELECT t.sch, c.meanses, t.sex, t.achieve
  FROM student as t, school as c WHERE t.sch = c.id

SELECT sex, COUNT(*) FROM student GROUP BY sex

SELECT sch, AVG(sestat) FROM student GROUP BY sch LIMIT 10
```

3.2.7 RDBMS에서 R로 데이터 읽어 들이기

RDBMS에 저장된 데이터를 R로 읽어 들이는 데는 크게 두 가지 옵션이 있다.

1. RDBMS의 커맨드라인 클라이언트(오라클은 sqlplus, MySQL은 mysql 등이다)나 GUI 클라이언트를 사용하여 SQL 쿼리를 실행하고 결과를 테이블 형태의 텍스트 파일로 추출한다. 그런 후 R에서 read.table()을 사용하면 된다.
2. R에서 RDBMS에 적당한 라이브러리를 사용하면 바로 연결할 수 있다. 오라클의 경우에는 library(ROracle), MySQL의 경우에는 library(RMySQL), PostgreSQL의 경우에는 library(RPostgreSQL) 등을 사용하면 된다. 일반적인 ODBC 프로토콜을 지원하는 경우에는 library(RODBC)를 사용해도 된다.

각 방법에 일장일단이 있으므로 필요에 따라 선택해서 사용하면 된다.

3.2.8 다른 소프트웨어 데이터 포맷 읽어 들이기

SAS, SPSS 등의 소프트웨어는 자체 데이터 포맷을 사용한다. RDBMS의 경우와 마찬가지로, 크게 두 가지 방법이 있다. 해당 소프트웨어에서 데이터를 외부 텍스트 파일로 추출한 후 R에서 read.table()을 사용하거나, 혹은 R에서 적당한 라이브러리를 사용하면 된다. 웹 검색을 통하여 대부분의 소프트웨어 이진 파일 라이브러리들을 찾을 수 있다. 가장 유용한 라이브러리 중 하나는 foreign 라이브러리다[R Core Team (2015)].

다음 예는 DBF 포맷으로 된 파일을 읽는 예이다. DBF 혹은 DataBase File 포맷은 1983년에 dBase II 소프트웨어로 소개된 데이터베이스 포맷이지만 공간통계 데이터에서 아직도 많이 사용된다. 예에서 보듯이 foreign 패키지에서 제공하는 dbf 예제 파일을 데이터 프레임으로 읽어 들이는 예다.

```
# install.packages("foreign")
library(foreign)
x <- read.dbf(system.file("files/sids.dbf", package="foreign")[1])
dplyr::glimpse(x)
summary(x)
```

3.3 데이터 출력

데이터를 테이블 형태로 외부 파일로 출력하는 명령이 가장 많이 사용된다. 대부분의 경우 write.table( ), write.csv( )이면 충분하다. readr 패키지의 read_csv( ), write_csv( ) 함수도 유용하다.

3.4 데이터 가공

앞에서 데이터 가공 기술은 요리에서의 칼질과 마찬가지라고 하였다. 이 장에서는 데이터 가공에 대해 구체적으로 알아보자.

데이터 가공이란, 원데이터를 여러 연산을 통해서 필요한 시각화, 모형화에서 사용할 수 있는 데이터, 즉 적절한 관측치(observations)는 행(rows)으로, 적절한 변수(variables)는 열(columns)로 되어 있는 테이블 형태로 변환하는 작업이다. 즉, 목적 데이터는

- 테이블 형태다.
- 각 행은 적절한 관측치를 나타낸다.
- 각 열은 적절한 변수를 나타낸다.

	변수 1	변수 2	...	변수 p
관측치 1				
관측치 2				
...				
관측치 n				

데이터 과학 초보자들이 가지기 쉬운 환상 중 하나가 데이터 과학자 실무 작업 내용의 대부분이 데이터의 시각화와 모형화라고 생각하는 것이다. 이 환상은 대부분의 실무 영역에서 빨리

깨지게 된다. 시각화와 모형화를 바로 실행할 수 있는 데이터는 너무너무 적다. 보통 데이터 과학자의 데이터 분석 작업 시간의 70~80% 이상은 데이터 가공에 소요된다!

거꾸로 생각하면 이 말은 데이터 가공을 잘하면 데이터를 분석하는 시간을 70~80% 줄일 수 있다는 것이다! 데이터 가공은 그만큼 중요하다. 물론, 통계학 모형화 등의 지식이 기본이 되어야 한다. 하지만 통계 모형화와 시각화의 기본기를 갖춘 사람은 데이터 가공에 능하게 되면 훨씬 많은 양의 시각화와 모형화를 할 수 있게 된다. 그리고 그만큼 다양한 시각화와 모형화를 더 많이 연습할 수 있게 되어 결국은 시각화와 모형화에도 달인이 된다. 선순환인 것이다.

어떤 도구를 사용해야 할까? 필자의 직장동료 중 엑셀만 능숙하게 사용하던 사람이 있었다. 특히, 엑셀의 pivot table과 lookup 함수를 사용하여 충분히 유용한 분석을 할 수 있었다. 하지만 스탠포드대학교 공학박사인 그는 그 이상의 복잡한 모형과 지식을 알고는 있었지만 스스로 구현하고 실험할 수는 없었다. 수식을 쓸 수는 있었지만 구현하지는 못했다. 데이터가 엑셀 테이블 형태가 아니면 분석할 수 없었다. 하지만 그는 나중에 R&D 그룹의 VP까지 오르며 성공했다. 그 이유는? 부하직원 중에 전산의 달인이 있었기 때문이다. 필요한 데이터를 엑셀 테이블 형태로 요약해줄 수 있었다. 교훈은 이렇다. 탁월한 데이터 가공 능력을 스스로 습득하든지, 그런 사람을 팀에 데리고 있든지. 아직 높은 직급에 이르지 못했다면 이 절의 데이터 가공 기술을 스스로 익혀보도록 하자.

1만 시간의 법칙이란 것이 있다[Gladwell (2008)]. 어떤 분야의 전문가가 되기 위해서는 1만 시간의 연습이 필요하다는 것이다. 비틀즈의 음악 실력, 타이거 우즈의 골프 등을 예로 들 수 있다. 데이터 과학도 마찬가지다. 하지만 이 연구결과의 또 다른 측면은 연습의 내용이 단순반복이 아닌 특정한 간단한 단계를 확실한 목적을 가지고 정신을 집중하여 반복한다는 것이다. 이 장에서 설명하는 데이터 가공과 다음 장에서 설명할 시각화 또한 마찬가지다. 그렇게 천재성이 필요한 내용은 아니다. 집중하고 반복하면 중간 이상의 능률을 올릴 수 있으니 처음엔 어렵더라도 포기하지 말고 연습해보자!

혹자는 데이터 가공을 시쳇말로 '노가다'라고 묘사하지만 데이터 가공은 근본적으로 쿨한 일이다. 톰 크루즈가 출연한 〈마이너리티 리포트(Minority Report)〉라는 영화가 있다. 가까운 미래의 아직 벌어지지 않은 범죄를 예측하는 3명의 초능력자의 의견을 모아서 범죄를 곧 저지를 자를 잡아들이는 pre-crime 부서에서 체포팀의 리더인 앤더튼으로 톰 크루즈가 등장한다. 영화의 비주얼한 백미 중 하나는 톰 크루즈가 클래식 음악을 틀어놓고 200인치는 될 듯한 커다란 화면상에서 손을 조작하여 세 예지자의 예측 데이터(뇌 혹은 뇌파에서 캡쳐한 불분명한 영상 파일들이다)를 조합하고 결론을 끌어내는 장면이다. '저렇게 하는 것보다는 마우스를 사용하는 것이 편할텐데'라는 생각도 들지만 데이터 가공의 모습이 결국은 그러한 작업이다. 불분명한 다양한 형태의 데이터를 추리고(filter, select), 조합하고(join), 정렬하고(arrange), 필요한 의미 있는 정보를 만들어내는 것이다. 톰 크루즈처럼 폼나게 빠르고 효율적으로 일하게 될지, 힘들여 괭이질을 하는 단순노동이 될지를 결정하는 것은 R에서 얼마나 좋은 도구를 얼마나 익숙하게 사용하는지에 달려 있다.

3.5 데이터 가공을 위한 도구

그러면 이제 데이터 가공 기술을 구체적으로 알아보자. 우선 다음 도구들은 배워두면 유용하다.

3.5.1 SQL

앞의 3.2절 '데이터 취득'에서 RDBMS와 SQL을 소개하였다. SQL에 능하다면 대부분의 데이터 가공을 SQL에서 할 수 있다. 이런 경우 과연 어디까지 RDBMS에서 SQL로 처리/가공하고, 어디까지 R에서 처리/가공할지 결정해야 한다. 노하우가 필요한 결정이다. 즉, 좋은 결정을 내리기 위해서는 SQL과 R 모두의 경험이 필요하다. 둘다 익혀두도록 하자.

3.5.2 유닉스 셸

'유닉스는 '단순한' 운영체제 아닌가? 유닉스 셸은 단순히 터미널을 실행하면서 커맨드라인 명령, 특히 파일관리 명령(cd, ls, cp, rm, mv 등)을 돌리는 것이라고만 생각하면 아직 셸을 충분히 사용하지 못하는 것이다. 데이터 과학, 특히 데이터 가공의 가장 효율적인 도구 중 하나가 유닉스 셸이다. 믿기 어렵다면 셸에서 다음 명령을 실행해보자(데이터를 다운로드해야 하니 인터넷에 연결되어 있어야 한다). 데이터는 CSV(Comma Separated Value, 쉼표로 구분된 변수들) 형태로 되어 있다. https://goo.gl/6CFF3n에서 각 열이 어떤 변수들인지 살펴보도록 하자.

```
# 데이터를 다운로드한다.
curl https://archive.ics.uci.edu/ml/machine-learning-databases/adult/adult.data > adult.data
# 첫 10줄을 보여준다.
head adult.data
# 마지막 10줄을 보여준다.
```

```
tail adult.data
# 첫 5줄을 다른 파일에 저장한다.
head -5 adult.data > adult.data.small
cat adult.data.small
# 콤마 열 분리문자를 탭으로 바꾼 후 다른 파일에 저장한다.
tr "," "\t" < adult.data.small > adult.data.small.tab
cat adult.data.small.tab
# 데이터가 몇 줄인지 보여준다. (32562)
wc -l adult.data
```

참고로, 첫 5줄을 다른 파일에 저장하고, 콤마를 탭으로 바꾸는 명령은 다음처럼 한 줄로 줄일 수 있다.

```
head -5 adult.data | tr "," "\t" > adult.data.small.tab
```

이번엔 좀 더 복잡한 계산을 해보자. 원데이터에서 두 번째 열은 직업군(work class)을 나타낸다. 직업군의 도수 분포(frequency distribution)를 구해보자.

```
$ cut -d ',' -f 2 < adult.data | sort | uniq -c | sort -nr
22696   Private
 2541   Self-emp-not-inc
 2093   Local-gov
 1836   ?
 1298   State-gov
 1116   Self-emp-inc
  960   Federal-gov
   14   Without-pay
    7   Never-worked
    1
```

위의 명령은 다음 작업을 순서대로 실행한 것이다.

1. adult.data를 받아 콤마를 기준으로(-d ',') 두 번째 열(-f 2)만 잘라낸다.
2. 해당 결과를 알파벳 순서로 정렬한다.
3. 정렬된 결과를 이용해 각 줄이 얼마나 등장했는지 센다(uniq는 서로 연속된 줄이 아닌 경우 같은 값을 갖더라도 세지 않는다).
4. 등장 횟수를 기준으로 역으로 정렬한다.

쓸모 있지 않은가? 위에서 예시한 유닉스의 데이터처리 명령들(cat, head, tail, tr, cut, wc, sort, uniq)

3.5 데이터 가공을 위한 도구

과 파이프 연산자(|)와 리디렉트 연산자(>, <)를 조합하면 여러 가지 유용한 조작을 할 수 있다.

셸은 사실 셸스크립트 언어(shell script language)로 프로그래밍과 스크립팅이 가능하며, 이것은 사실 데이터 과학뿐 아니라 시스템 자동화의 기본이자 핵심 기술이다. 고급 데이터 과학, 데이터 엔지니어링을 위해서는 꼭 익혀두도록 하자. 웹에 많은 데이터들이 있으니 bash shell scripting 등의 키워드로 검색하여 학습해보도록 하자.

3.5.3 파이썬

유닉스 셸은 강력하지만 복잡한 작업에 적당하지 않다. 복잡한 데이터 가공과 자동화 작업에 인기 있는 언어는 파이썬이다. 파이썬은 많은 회사에서 데이터 과학뿐 아니라 C/C++, Java 등처럼 웹서버와 백엔드 시스템 프로그래밍에도 사용되는 '진짜' 프로그래밍 언어다. 배우기 쉽고 가독성이 높은 코드 덕분에 프로그래밍 교육에도 많이 쓰인다.

사실, 데이터 가공과 자동화뿐 아니라 데이터 분석, 시각화까지 모든 데이터 과학 작업을 R 없이 파이썬만으로 할 수 있다! 실리콘밸리의 데이터 과학자 중 실제로 R을 거의 사용하지 않는 사람도 많이 보인다. 보통 (저자처럼) 통계학에서 출발한 사람들은 R이 더 익숙하고, 필요하면 파이썬을 사용한다. 통계학이 아닌 컴퓨터공학 등의 다른 전공에서 출발한 사람들은 파이썬을 선호하는 경향이 있다.

파이썬은 크고 방대하므로 이 장에서 다루지 않겠다. 하지만 중급 이상의 데이터 과학자가 되려면 꼭 배워두도록 하자. 일단 데이터가 준비되면 R에서 대부분의 작업을 할 수 있지만 데이터 취득, 데이터 가공(특히 큰 데이터!), 자동화 등에서 파이썬을 사용하면 훨씬 효율적이고 쉽게 작업할 수 있는 것들이 많다.

3.5.4 R

유닉스, SQL, 파이썬 등은 데이터 가공의 흐름상 초반에 사용되는 도구다. 데이터 분석가가 정말 많은 시간을 보내는 곳은 결국 분석 플랫폼인 R이다. 따라서 데이터 가공이 가장 많이 이루어지는 곳도 R이다.

데이터 가공의 기본은 R의 데이터구조를 이해하는 것이다. 다음의 기본적인 데이터형을 배워두고, 필요하다면 복습하도록 하자. 〈Introduction to R〉도 좋고, https://goo.gl/IGGcGU 등의 웹 문서들을 참조하여도 좋다.

- 벡터(vector): 일차원 데이터형. 다음의 데이터형 중 하나다: numeric, integer, character, logical(complex, raw는 거의 쓰이지 않는다). c, seq, rep 등으로 생성한다. [연산자로 인덱스한다.
- 팩터(factor): 범주형 데이터를 효율적으로 처리하는 데 사용된다. R은 보통 문자 벡터를 팩터형으로 바꾸는 경우가 많다. factor( ), as.factor( )로 생성한다. levels( ) 함수로 범주 혹은 '레벨'을 알아낸다.
- 행렬(matrix), 배열(array): 행렬은 2차원 배열이다. matrix( ), array( )로 생성하고 [연산자로 인덱스한다.
- 리스트: 각 구성요소(component)로 어떤 데이터형이든 가질 수 있는 유연한 데이터형이다. list( )로 생성하고 [[나 $ 연산자로 인덱스한다.
- 데이터 프레임: R 데이터형의 꽃이다. 특별한 형태의 리스트라고 보면 된다. 각 열, 변수가 리스트의 구성요소가 된다. data.frame, as.data.frame으로 생성하고 [[, $, 연산자로 변수를 액세스하고, 개별 관측치는 [연산자로 액세스한다.

또한 R의 베이스 패키지는 다음의 유용한 데이터 가공 명령들을 제공한다. 마찬가지로 도움말을 통해 익힐 것을 권장한다. 좀 더 긴 리스트는 해들리의 R 기본 명령어 리스트(https://goo.gl/xcE4cz)에서 볼 수 있다(Wickham, 2016).

- 기본 연산자
    - str( ): 데이터구조
    - [: 벡터와 어레이 인덱싱
    - [[: 리스트 인덱싱
    - $: 리스트 이름 인덱싱
    - head, tail: 첫 몇 줄과 마지막 몇 줄
    - 비교 연산자: is.na, is.finite, !=, ==, >, >=, <, <=
    - 논리 연산자: &, |, all, any
    - 집합 연산자: intersect, union, setdiff, which
    - 벡터와 행렬 연산자: c, matrix, array, length, dim, ncol, nrow, t, diag, as.matrix
    - 원소/행/열 이름 조작: names, colnames, rownames
    - 벡터생성: c, rep, seq, rev

- 표본화: sample
- 데이터구조 확인과 변환: {is,as}.{character|numeric|logical|...}
- 리스트 생성과 조작: list, unlist, split, expand.grid
- 데이터 프레임 생성과 조작: data.frame, as.data.frame
- 함수를 리스트의 각 원소에 적용하고자 할 때: lapply
- 함수를 열/행에 적용하고자 할 때: apply

- 다양한 데이터형 조작
  - 시간데이터형: library(lubridate)
  - 문자데이터 조작: grep, gsub, strsplit, tolower, toupper, substr, paste, paste0, library(stringr)
  - 팩터/인자 데이터 조작: factor, levels, reorder, relevel, cut, findInterval
  - 배열 데이터 생성/조작: array, dim, dimnames, aperm

gapminder 데이터를 예제로, 베이스 패키지를 사용한 몇 가지 데이터 가공 작업을 살펴보자. 다 따라 해보지 않아도 좋다. 다음 절에서 dplyr를 사용하여 이 연산들을 더욱 깔끔하고 읽기 쉽게 표현하는 법을 배우게 될 것이다.

```r
# 데이터를 로드한다.
# gapminder 패키지를 설치한다. 한 번만 실행하면 된다.
install.packages("gapminder")

# 행과 열 선택
gapminder[gapminder$country=='Korea, Rep.', c('pop', 'gdpPercap')]

# 행 선택
gapminder[gapminder$country=='Korea, Rep.', ]
gapminder[gapminder$year==2007, ]
gapminder[gapminder$country=='Korea, Rep.' & gapminder$year==2007, ]
gapminder[1:10,]
head(gapminder, 10)

# 정렬
gapminder[order(gapminder$year, gapminder$country),]

# 변수 선택
gapminder[, c('pop', 'gdpPercap')]
gapminder[, 1:3]
```

```
# 변수명 바꾸기: gdpPercap를 gdp_per_cap 으로 변경
f2 = gapminder
names(f2)
names(f2)[6] = 'gdp_per_cap'

# 변수 변환과 변수 생성
f2 = gapminder
f2$total_gdp = f2$pop * f2$gdpPercap

# 요약 통계량 계산
median(gapminder$gdpPercap)
apply(gapminder[,4:6], 2, mean)
summary(gapminder)
```

3.6 R의 dplyr 패키지

3.6.1 dplyr를 이용한 데이터 가공의 문법

위에서 간략히 살펴보았듯이 베이스 R은 데이터 가공을 위한 강력한 기능을 제공한다. 하지만 필자는 데이터 가공 도구로 베이스 R보다는 dplyr 패키지를 가능한 한 많이 사용할 것을 강력하게 추천한다. dplyr("디플라이어"라고 읽는다)는 데이터를 빨리 쉽게 가공할 수 있도록 도와주는 R 패키지다[Wickham & Francois (2015)]. dplyr는 베이스 R 데이터 가공에 비해 다음과 같은 차이점과 장점이 있다.

1. 코드를 읽기 쉽다. 체인(chain) 연산자 '%>%' 덕분이다.
2. 코드를 쓰기 쉽다. '동사(verb)'의 개수가 적고, 문법이 간단하기 때문이다. 전통적인 R의 데이터 처리는 인덱싱 연산자 '[', '[[', '$'를 사용한다. 이에 반해, dplyr는 이들 연산자를 사용하지 않고 아래에서 살펴볼 7가지 정도의 '동사'를 조합하여 사용한다. 몇 가지 '동사'만을 사용하므로 아이디어를 코드로 옮기기 수월하다.
3. R 스튜디오를 사용한다면 변수명이 자동완성된다. 코딩이 빨라진다.
4. 데이터 프레임만 처리한다. 베이스 R의 연산자들은 데이터 프레임뿐 아니라 벡터, 행렬, 다차원 배열, 리스트에 적용된다.
5. '문법'과 접근 방법이 SQL과 비슷하다. SQL에 익숙한 사람은 더 쉽게 배울 수 있다.

dplyr의 핵심 '동사'는 다음과 같다.

- filter(df, 조건) (and slice( )): 행 선택
- arrange(df, 변수1, 변수2, ...): 행 정렬
- select(df, 변수1, 변수2, ...): 변수/열 선택
- mutate(df, 타겟변수1=변환, ...): 변수 변환
- summarize(df, 타겟변수1=통계함수, ...): 변수 요약
- distinct( )
- sample_n( ) and sample_frac( )

위처럼 모든 동사 함수들이 첫 파라미터는 데이터 프레임 df, 두 번째 파라미터는 df의 여러 변수들을 지칭하는 것을 알 수 있다. 아래에서 살펴보겠지만, 두 번째 파라미터 안에서는 df$var1 식으로 언급하지 않고 var1 식으로 지칭하면 된다. 따라서 코드를 읽기 어렵게 만드는, 데이터 프레임의 변수 선택을 위한 $ 연산자를 사용할 필요가 없다.

우선 라이브러리를 로드하자.

```
library(dplyr)
```

3.6.2 dplyr의 유용한 유틸리티: glimpse, tbl_df( ), %>%

dplyr의 데이터 가공 명령을 알아보기 전에 dplyr의 아주 유용한 세 가지 기능을 먼저 살펴보자.

첫째, tbl_df 함수/클래스다. 아무 데이터 프레임에 tbl_df( )를 적용하면 tbl_df 클래스 속성을 가지게 되고 화면에 표시하면 현재 스크린에 예쁘게 표시될 정도의 행과 열만 출력해준다.

```
> i2 <- tbl_df(iris)
> class(i2)
[1] "tbl_df"    "tbl"       "data.frame"
> i2
Source: local data frame [150 x 5]

  Sepal.Length Sepal.Width Petal.Length
         (dbl)       (dbl)        (dbl)
1          5.1         3.5          1.4
2          4.9         3.0          1.4
3          4.7         3.2          1.3
4          4.6         3.1          1.5
```

```
5            5.0        3.6         1.4
..           ...        ...         ...
Variables not shown: Petal.Width (dbl),
  Species (fctr)
```

큰 데이터를 출력하려다가 스크롤 압박에 고생할 때가 있는데, tbl_df는 그런 위험을 방지한다. 따라서 행의 개수, 열의 개수가 많은 데이터를 취급할 때 유용하다. 데이터를 읽어 들일 때 아예 my_big_data <- tbl_df(read.csv('big_data.csv')) 형태로 바로 tbl_df 속성을 추가하는 것도 좋은 방법이다.

둘째, glimpse 함수다. 데이터 프레임을 전치(transpose)하여 모든 변수를 다 볼 수 있게 해주고, 데이터형을 나타내며, 처음 몇 데이터 값을 출력해준다.

```
> glimpse(i2)
Observations: 150
Variables: 5
$ Sepal.Length (dbl) 5.1, 4.9, 4.7, 4.6, 5...
$ Sepal.Width  (dbl) 3.5, 3.0, 3.2, 3.1, 3...
$ Petal.Length (dbl) 1.4, 1.4, 1.3, 1.5, 1...
$ Petal.Width  (dbl) 0.2, 0.2, 0.2, 0.2, 0...
$ Species      (fctr) setosa, setosa, seto...
```

세 번째는 파이프 연산자 %>%이다. x %>% $f(y)$는 $f(x, y)$로 변환된다. 다음 예를 살펴보면 쉽게 알 수 있다.

```
iris %>% head
# head(iris) 와 같다

iris %>% head(10)
# head(iris, 10) 와 같다
```

나중에 살펴보겠지만, 이 연산자는 dplyr 그리고 ggplot2에서 코드의 가독성을 높이는 데 중요한 역할을 한다.

3.6.3 dplyr 핵심 동사

1. 행을 선택하는 filter( )

filter(df, 필터링 조건) 함수는 테이블의 행을 조건문으로 선택한다. 첫 번째 파라미터는 데이터 프레임, 두 번째 파라미터는 필터링 조건이다.

gapminder 데이터에서 한국 데이터, 2007년 데이터, 한국 2007년 데이터를 추출하는 명령은 다음과 같다.

```
filter(gapminder, country=='Korea, Rep.')
filter(gapminder, year==2007)
filter(gapminder, country=='Korea, Rep.' & year==2007)
```

앞에서 언급했듯이, 조건문에서는 데이터 프레임의 변수명을 $를 사용하지 않고, 그냥 써 주었다. 즉, gapminder$county로 쓰지 않고, 그냥 country로 써주었다.

위에서 소개한 %>% 연산자를 사용하면 위 명령을 다음과 같이 쓸 수 있다.

```
gapminder %>% filter(country=='Korea, Rep.')
gapminder %>% filter(year==2007)
gapminder %>% filter(country=='Korea, Rep.' & year==2007)
```

R 스튜디오에서 변수 자동완성이 되는 것을 확인할 수 있다. 'filter('까지 입력한 후, 탭키를 누르면 gapminder의 변수명들이 나열된다(그림 3-1).

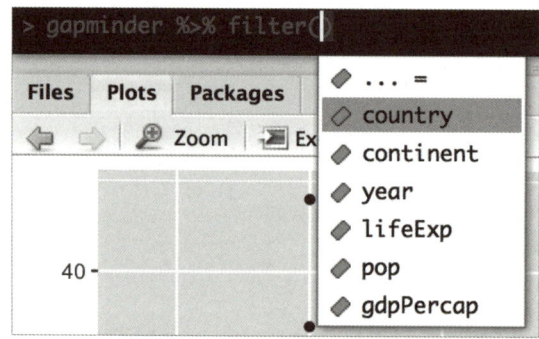

그림 3-1 R 스튜디오에서 파이프 연산자 사용 시 변수명 자동완성

2. 행(관측치)을 정렬하는 arrange( )

arrange( ) 함수는 행을 변수(들)의 오름차순으로 정렬한다. gapminder 데이터를 year, country 변수순으로 정렬하려면,

```
arrange(gapminder, year, country)
gapminder %>% arrange(year, country)
```

3. 열(변수)을 선택하는 select( )

select( ) 함수는 필요한 열만 선택한다. 열 이름을 써주는 연산이 가장 흔히 쓰인다.

```
select(gapminder, pop, gdpPercap)
gapminder %>% select(pop, gdpPercap)
```

4. 변수를 변환하는 mutate( )

mutate( ) 함수는 기존의 변수들을 변환한 결과를 기존 변수나 새 변수에 할당한다. 생성된 변수는 곧바로 다음 변수의 계산에 사용될 수 있다. 이제부터는 파이프 명령 버전만 소개한다.

```
gapminder %>%
  mutate(total_gdp = pop * gdpPercap,
         le_gdp_ratio = lifeExp / gdpPercap,
         lgrk = le_gdp_ratio * 100)
```

5. 요약 통계량을 계산하는 summarize( )

summarize( )(summarise( )는 오스트레일리아/영국식 스펠링이며, 둘 다 작동한다) 함수는 데이터 프레임을 한 줄(행)로 요약해준다.

```
gapminder %>%
  summarize(n_obs = n( ),
            n_countries = n_distinct(country),
            n_years = n_distinct(year),
            med_gdpc = median(gdpPercap),
            max_gdppc = max(gdpPercap))
```

summarize( ) 함수는 벡터값을 입력으로 받아 단 한 값(scalar)을 리턴하는 요약 통계량 함수 아무것이나 사용할 수 있다. 기본 R 패키지에 있는 요약함수는 min( ), max( ), mean( ), sum( ), sd( ), median( ), IQR( ) 등이다.

summarize( ) 함수는 다음에 살펴볼 group_by( )를 이용하여 그룹화된 데이터에 적용되면 더 강력하다. 그룹화되지 않은 데이터는 전체 데이터가 하나의 그룹으로 간주된다. dplyr에서 제공하는 요약함수로는 다음과 같은 것들이 있다.

- n( ): 현재 그룹의 관측치 개수
- n_distinct(x): 그룹 내 x 변수의 고유한 값 개수
- first(x), last(x), nth(x, n): 그룹 내 x 변수의 첫 번째, 마지막, n번째 관측치. x[1], x[length(x)], x[n]과 같다.

6. 랜덤 샘플을 위한 sample_n( )과 sample_frac( )

sample_n( ) 함수는 정해진 숫자의 행을 랜덤 샘플링한다. sample_frac( ) 함수는 정해진 비율의 행을 랜덤 샘플링한다. 다음 명령은 각각 10줄을, 그리고 1%의 랜덤 샘플을 출력한다.

```
sample_n(gapminder, 10)
sample_frac(gapminder, 0.01)
```

디폴트는 비복원추출(sampling without replacement)을 행한다. replace=TRUE 옵션으로 복원추출(sampling with replacement)을 할 수 있다. 또한, weight=옵션으로 가중치를 지정할 수 있다. 재현 가능한 연구를 위해서는 베이스 패키지의 sample( ) 함수에서와 마찬가지로 set.seed( )를 해주면 된다.

7. 고유한 행을 찾아내는 distinct( )

distinct( ) 함수는 테이블에서 고유한 행을 찾아낸다.

```
distinct(select(gapminder, country))
distinct(select(gapminder, year))
```

파이프를 사용하면 다음과 같다.

```
gapminder %>% select(country) %>% distinct()
gapminder %>% select(year) %>% distinct()
```

3.6.4 group_by를 이용한 그룹 연산

group_by( ) 명령은 데이터세트를 그룹으로 나눈 후 위의 연산들을 적용한다. group_by

(dataset, grouping_variable) 함수가 적용된 후 각 연산은 다음처럼 작동한다.

- summarize( )는 각 그룹별로 요약 통계량을 계산한다. 가장 많이 사용된다.
- select( )는 그룹 변수를 항상 포함한다.
- sample_n( )과 sample_frac( )은 그룹별로 랜덤 샘플링한다.

이 중 가장 중요한 용법인 group_by + summarize를 사용한 그룹별 요약 통계 계산을 살펴보자. 각 대륙별 기대 수명의 중간값은 다음처럼 구할 수 있다.

```
gapminder %>%
  filter(year == 2007) %>%
  group_by(continent) %>%
  summarize(median(lifeExp))
```

결과는 다음처럼 표시된다.

```
Source: local data frame [5 x 2]
  continent median(lifeExp)
     (fctr)            (dbl)
1    Africa          52.9265
2  Americas          72.8990
3      Asia          72.3960
4    Europe          78.6085
5   Oceania          80.7195
```

3.6.5 dplyr 명령의 공통점, 함수형 프로그래밍, 체이닝

이처럼 dplyr의 동사의 형태는 매우 유사하다.

1. 첫 번째 입력은 데이터 프레임이다.
2. 두 번째 입력은 주로 열이름으로 이루어진 조건/계산문이다. $ 인덱싱이 필요없다.
3. 결과는 데이터 프레임이다(tbl_df의 속성도 가진).

이것을 이용하면 한 명령의 결과가 다음 명령의 입력으로 사용되는 연쇄적 연산인 체이닝(chaining)이 가능하다.

dplyr 패키지는 속칭 함수형 프로그래밍(functional programming) 패러다임을 사용하고 있다. 입력 데이터 프레임 값은 변하지 않으므로 결과는 다른 변수로 저장해야 한다. grouping, select, summarize, filter 명령을 연속으로 적용하려면 중간 결과를 임시변수에 저장하거나 명령을 중첩하는 방법을 사용해야 하는데, 두 가지 방법 모두 가독성이 떨어진다.

```
d1 = filter(gapminder, year == 2007)
d2 = group_by(d1, continent)
d3 = summarize(d2, lifeExp = median(lifeExp))
arrange(d3, -lifeExp)

arrange(
  summarize(
    group_by(
      filter(gapminder, year==2007), continent
    ), lifeExp=median(lifeExp)
  ), -lifeExp
)
```

이에 반해 파이프 연산자를 이용한 체이닝을 사용하면 연산 순서를 왼쪽에서 오른쪽으로, 위에서 아래로 읽을 수 있으므로 가독성이 좋아진다.

```
gapminder %>%
  filter(year == 2007) %>%
  group_by(continent) %>%
  summarize(lifeExp = median(lifeExp)) %>%
  arrange(-lifeExp)
```

3.6.6 dplyr에서 테이블을 결합하는 조인 연산자

조인(join)은 여러 테이블로부터의 변수를 결합한다. SQL과 유사하게 inner, left(right), outer 조인이 있다. 일단 예제 데이터를 만들자(dplyr::data_frame( )은 data.frame( ) 함수의 dplyr 버전이다).

```
> (df1 <- data_frame(x = c(1, 2), y = 2:1))
Source: local data frame [2 x 2]
      x     y
  (dbl) (int)
1     1     2
2     2     1
> (df2 <- data_frame(x = c(1, 3), a = 10, b = "a"))
Source: local data frame [2 x 3]
      x     a     b
```

```
     (dbl) (dbl) (chr)
1      1    10     a
2      3    10     a
```

inner_join( )은 x와 y에 모두 매칭되는 행만 포함한다. 교집합이다.

left_join( )은 x 테이블의 모든 행을 포함한다. 매칭되지 않는 y 테이블 변수들은 NA가 된다. 차집합이다.

right_join( )은 y 테이블의 모든 행을 포함한다. left_join(y, x)와 행의 순서만 다를 뿐 동일한 결과를 준다.

full_join( )은 x와 y의 모든 행을 포함한다. 합집합이다.

위의 명령 실행 결과는 다음과 같다.

```
> df1 %>% inner_join(df2)
Joining by: "x"
    x    y    a    b
1   1    2    10   a

> df1 %>% left_join(df2)
Joining by: "x"
    x    y    a    b
1   1    2    10   a
2   2    1    NA   NA

> df1 %>% right_join(df2)
Joining by: "x"
    x    y    a    b
1   1    2    10   a
2   3    NA   10   a

> df1 %>% full_join(df2)
Joining by: "x"
    x    y    a    b
1   1    2    10   a
2   2    1    NA   NA
3   3    NA   10   a
```

집합연산(set operations)은 x와 y 테이블이 같은 변수를 가지고 있을 때 각 행의 교집합, 합집합, 차집합을 구해준다. 매칭변수가 필요없다. intersect(x, y) 명령은 x와 y에 모두 나타나는 관측치를, union(x, y)은 x 또는 y에 나타나는 관측치를, setdiff(x, y)는 x에는 있지만 y에는 없는 관측치를 출력한다.

3.6.7 SQL과 dplyr

앞서 언급했듯이 **dplyr**의 문법은 SQL과 유사한 점이 많다. 다음 표를 참고하자. 이처럼 두 환경이 유사하여 SQL에 익숙한 사람이라면 **dplyr**를 더 빨리 배울 수 있다.

표 3-1 **R dplyr 문법과 SQL 문법 비교**

데이터 처리 작업	R	SQL
1. 행 선택. filter	df %>% filter(x>0)	SELECT * FROM df **WHERE** x > 0
2. 정렬. arrange	df %>% arrange(x)	SELECT * FROM df **ORDER BY** x
3. 변수 선택	df %>% select(x)	SELECT x FROM df
4. 변수 변환	df %>% mutate(y=f(x))	SELECT **f(x) AS** y FROM df
5. 요약 통계량 계산	df %>% summarize(avg_x=mean(x))	SELECT avg(x) AS avg_x FROM df
6. 랜덤 샘플링	df %>% sample_n(100) df %>% sample_frac(0.1)	없음*
7. 유일값 계산	df %>% select(x) %>% distinct()	SELECT **DISTINCT**(x) FROM df
8. 그룹핑	df %>% group_by(x) %>% summarize(total=n())	SELECT x, count(*) AS total FROM df **GROUP BY** x
9. 이너 조인(inner join)	inner_join(x, y, by="a")	SELECT * FROM x JOIN y ON x.a = y.a
10. 레프트 조인(left join)	left_join(x, y, by="a")	SELECT * FROM x LEFT JOIN y ON x.a = y.a
11. 풀 조인(full join)	full_join(x, y, by="a")	SELECT * FROM x FULL JOIN y ON x.a = y.a
12. 합집합(union)	union(x, y) union_all(x, y)	SELECT * FROM x UNION SELECT * FROM y

* HIve SQL에는 제공된다(https://goo.gl/q2mISm 참고).

연/습/문/제

1. dplyr 패키지를 이용하여 갭마인더 데이터에서 다음 요약 통계량을 계산하라.
   a. 2007년도 나라별 일인당 국민소득
   b. 2007년도 대륙별 일인당 평균수명의 평균과 중앙값

2. 예제 데이터를 제공하는 다음 페이지들을 방문하여 각 페이지에서 흥미있는 데이터를 하나씩 선택하여 다운로드한 후, R에 읽어 들이는 코드를 작성하라.
   a. UCI 머신러닝 리포(UCI Machine Learning Repository): https://goo.gl/fstR7
   b. R 예제 데이터: https://goo.gl/AlvXNr
   c. 머신러닝/데이터 과학 공유/경연 사이트인 캐글: https://www.kaggle.com/
   d. 위키피디아의 머신러닝 연구를 위한 데이터세트 리스트: https://goo.gl/SpCOlK

3. 위에서 읽어 들인 데이터의 범주별 요약 통계량을 작성하라. dplyr 패키지의 %>% 연산자, group_by( ), summarize( ) 함수를 사용하여야 한다.

4. 캐글 웹사이트에서 다음 IMDB(Internet Movie Database) 영화 정보 데이터를 다운로드하도록 하자(https://www.kaggle.com/carolzhangdc/imdb-5000, 무료 캐글 계정이 필요하다). dplyr 패키지를 이용하여 다음 질문에 답하라.
   a. 이 데이터는 어떤 변수로 이루어져 있는가?
   b. 연도별 리뷰받은 영화의 개수는?
   c. 연도별 리뷰평점의 개수는?

5. 'Online SQL Tryit Editor(https://goo.gl/NJDGdw)'에 방문해보자. 이 페이지에서는 가상의 레스토랑의 재료 주문정보를 기록한 데이터베이스를 예제로 제공하고 있다. 이 페이지를 이용해 다음 질문에 답하라.
   a. 다음 질문에 대답하는 SQL 문을 작성하고 실행하라.
      i. Orders 테이블에서 employeeID별 주문 수는? 가장 주문 수가 많은 employeeID부터 내림차순으로 출력하라.
      ii. 위의 결과를 Employees 테이블과 결합하여 같은 결과에 FirstName과 LastName을 추가하여 출력하라.
      iii. Orders, OrderDetails, Products 테이블을 결합하여 각 OrderID별로 주문 날짜, 주문품목 양(새 열 이름은 n_items으로), 주문 총액(열 이름은 total_price으로)을 출력하라.
   b. 웹페이지에는 총 8개의 테이블이 있다. 각 테이블은 각각 어떤 열로 구성되어 있는가?
   c. [고급] 각 테이블들 간에 공통되는 열들은 어떤 것들인가(예를 들어, Orders 테이블과 Customers 테이블 모두 CustomerID 열을 가지고 있다)? 테이블들 간의 관계를 어떻게 나타낼 수 있을까? 개체-관계 모델(entity-relationship model, ER model)은 테이블 간의 관계를 나타내는 데 많이 사용된다. https://goo.gl/HSr0t를 읽고 ER 다이어그램을 그려보자. 손으로 그려도 좋고, 다양한 온라인 도구를 사용해도 좋다('er diagram tool'을 검색해보면 https://www.draw.io나 https://www.lucidchart.com 등의 도구들을 찾을 수 있다).

참/고/문/헌

1. Lichman, M. (2013). UCI Machine Learning Repository [http://archive.ics.uci.edu/ml]. Irvine, CA: University of California, School of Information and Computer Science. https://archive.ics.uci.edu/ml/index.html.
2. https://vincentarelbundock.github.io/Rdatasets/.
3. Hadley Wickham (2015). readxl: Read Excel Files. R package version 0.1.0. https://CRAN.R-project.org/package=readxl.
4. M Dowle, A Srinivasan, T Short, S Lianoglou with contributions from R Saporta and E Antonyan (2015). data.table: Extension of Data.frame. R package version 1.9.6. https://CRAN.R-project.org/package=data.table.
5. "Relational Database Management System." Wikipedia. Wikimedia Foundation, n.d. Web. 24 July 2016. https://en.wikipedia.org/wiki/Relational_database_management_system.
6. "SQL." Wikipedia. Wikimedia Foundation, n.d. Web. 24 July 2016. https://en.wikipedia.org/wiki/SQL.
7. Apache Hive TM. N.p., n.d. Web. 24 July 2016. https://hive.apache.org/.
8. G. Grothendieck (2014). sqldf: Perform SQL Selects on R Data Frames. R package version 0.4-10. https://CRAN.R-project.org/package=sqldf.
9. R Core Team (2016). R Data Import/Export. https://cran.r-project.org/doc/manuals/r-release/R-data.pdf.
10. R Core Team (2015). foreign: Read Data Stored by Minitab, S, SAS, SPSS, Stata, Systat, Weka, dBase, ... R package version 0.8-66. https://CRAN.R-project.org/package=foreign.
11. Gladwell, Malcolm. Outliers: The Story of Success. New York: Little, Brown, 2008. Print. Sanderson A. Using R to access data. Web. 24 July 2016. http://www.sr.bham.ac.uk/~ajrs/R/r-access_data.html.
12. Wickham H. Advanced R. N.p., n.d. Web. 24 July 2016. http://adv-r.had.co.nz/Vocabulary.html.
13. Hadley Wickham and Romain Francois (2015). dplyr: A Grammar of Data Manipulation. R package version 0.4.3. https://CRAN.R-project.org/package=dplyr.

CHAPTER 4

데이터 시각화 I: ggplot2

4.1 시각화의 중요성

4.1.1 갭마인더 데이터 예

시각화의 중요성을 예제를 통해 살펴보자. 우선 R에서 다음 명령을 실행하여 필요한 데이터를 로드하자.

```
# install.packages("gapminder")
help(package = "gapminder")
library(gapminder)
?gapminder
gapminder
```

이 데이터는 나라별로 연도별 평균 기대 수명, 일인당 GDP, 인구수 데이터다. 다음 변수로 이루어져 있다.

- country: 142개의 다른 값(levels)을 가진 인자 변수
- continent: 5가지 값을 가진 인자 변수
- year: 숫자형의 연도 변수. 1952년에서 2007년까지 5년 간격으로 되어 있다.
- lifeExp: 이 해에 태어난 이들의 평균 기대 수명(life expectancy)

- pop: 인구
- gdpPercap: 일인당 국민소득(GDP per capita)

처음 몇 줄과 마지막 몇 줄의 데이터를 살펴보자.

```
> head(gapminder)
      country continent year lifeExp      pop gdpPercap
1 Afghanistan      Asia 1952  28.801  8425333  779.4453
2 Afghanistan      Asia 1957  30.332  9240934  820.8530
3 Afghanistan      Asia 1962  31.997 10267083  853.1007
...

> tail(gapminder)
       country continent year lifeExp      pop gdpPercap
1699 Zimbabwe    Africa 1982  60.363  7636524  788.8550
1700 Zimbabwe    Africa 1987  62.351  9216418  706.1573
1701 Zimbabwe    Africa 1992  60.377 10704340  693.4208
...
```

데이터를 한눈에 살펴보는 데 유용한 명령은 dplyr 라이브러리의 glimpse( ) 함수다.

```
> library(dplyr)
> glimpse(gapminder)
Observations: 1,704
Variables: 6
$ country   (fctr) Afghanistan, Afghanistan, Afghanis...
$ continent (fctr) Asia, Asia, Asia, Asia, Asia, Asia...
$ year      (int) 1952, 1957, 1962, 1967, 1972, 1977,...
$ lifeExp   (dbl) 28.801, 30.332, 31.997, 34.020, 36....
$ pop       (int) 8425333, 9240934, 10267083, 1153796...
$ gdpPercap (dbl) 779.4453, 820.8530, 853.1007, 836.1...
```

우선 이 데이터의 두 수량형 변수 평균 기대 수명 lifeExp과 일인당 평균 소득 gdpPercap 변수를 고려해보자. 변수값 자체를 살펴보는 명령들은 몇 가지가 있다.

```
gapminder$lifeExp
gapminder$gdpPercap
gapminder[, c('lifeExp', 'gdpPercap')]
gapminder %>% select(gdpPercap, lifeExp)
```

하지만 1,704개나 되는 값들에서 어떤 패턴을 찾기는 어렵다. 어떻게 하면 이 변수들이 어떻게 분포하는지, 중요한 특징은 무엇인지 알 수 있을까?

수리적 방법은 데이터에 대한 간단한 통계량을 계산해보는 것이다. 다음 명령은 각 변수에 대한 요약 통계량(평균, 중간값, 최솟값, 최댓값, 사분위수)을 보여주고, 두 변수 간의 상관 관계(correlation)를 계산해준다.

```
> summary(gapminder$lifeExp)
   Min. 1st Qu.  Median    Mean 3rd Qu.    Max.
  23.60   48.20   60.71   59.47   70.85   82.60
> summary(gapminder$gdpPercap)
   Min. 1st Qu.  Median    Mean 3rd Qu.    Max.
  241.2  1202.0  3532.0  7215.0  9325.0 113500.0
> cor(gapminder$lifeExp, gapminder$gdpPercap)
[1] 0.5837062
```

최솟값, 최댓값, 평균, 중앙값, 사분위수(1st quartile, median, 3rd quartile) 등을 알 수 있다. 평균 기대 수명(lifeExp)이 23.60년인 불쌍한 국가/연도(아마도 전쟁지역?)가 있음을 알 수 있고, 평균 기대 수명이 82.6년인 행복한 국가/연도가 있음을 알 수 있다(아마도 장수국가로 소문난 일본?). 그리고 평균 기대 수명의 평균은 59.5년이고, 중간값은 60.7년임을 알 수 있다. 또한, 평균 기대 수명과 일인당 국민소득 간의 상관계수는 0.58로 높은 상관 관계가 있음을 보여준다.

하지만, 시각화는 이 데이터들에 대해 좀 더 풍부한 정보를 더 빠르게 제공한다(그림 4-1).

```
opar = par(mfrow=c(2,2))
hist(gapminder$lifeExp)
hist(gapminder$gdpPercap, nclass=50)
# hist(sqrt(gapminder$gdpPercap), nclass=50)
hist(log10(gapminder$gdpPercap), nclass=50)
plot(log10(gapminder$gdpPercap), gapminder$lifeExp, cex=.5)
par(opar)
```

첫 번째 플롯은 평균 수명의 분포를 보여준다. 분포의 모양에 두 개의 피크가 있다는 것을 알 수 있다. 40~50세 사이의 그룹(후진국과 개발도상국)과 70~75세 사이의 그룹(선진국)이다. 두 번째 플롯은 일인당 평균 소득의 분포가 양의 방향으로 치우친(positively skewed, skewed right) 것임을 보여준다. 대다수의 국가-연도는 평균 소득이 일만 달러가 안 된다. 이러한 데이터의 시각화와 분석을 위해서는 변수 변환(variable transformation)[1]이 도움이 된다. 세 번째 플롯에서

---

1 변수 변환이란, 치우친 데이터를 제곱근 함수(sqrt( )) 혹은 로그변환(log 혹은 log10)을 통하여 좀더 고르게, 균일 분포(uniform distribution) 혹은 종모양 정규분포(bell-shaped, normal distribution)의 모양에 가깝도록 만드는 기법이다.

보듯이 평균 소득의 변수는 로그변환이 데이터를 균등한 모양으로 만들어주었다. 네 번째 플롯은 로그변환된 평균 소득과 평균 기대 수명 간의 관계가 강한 양의 상관 관계가 있음을 시각적으로 보여준다. 점의 크기를 줄여주기 위해 plot( ) 문의 cex=.5 옵션을 사용하였다.

참고로 이렇게 로그변환한 후에는 상관 관계가 0.81로 증가한다!

```
> cor(gapminder$lifeExp, log10(gapminder$gdpPercap))
[1] 0.8076179
```

상관 관계 함수 cor( )는 기본적으로 method='pearson'을 디폴트로 적용하여 피어슨 상관계수를 계산한다. 피어슨 상관계수는 변수의 관계가 직선인 선형 관계(linear relationship)를 측정한다. 변수의 관계가 비선형일 경우에는 피어슨 상관계수가 적절하지 않고, method='kendall' 혹은 method='spearman' 옵션을 사용하여 좀 더 비모수적인 방법인 켄달 혹은 스피어맨 상관계수를 계산해야 한다. 이처럼 시각화는 어떠한 통계치와 통계 방법론을 적용할지를 안내해주는 역할도 해준다.

이 예에서 볼 수 있듯이, 우리는 간단한 시각화를 통해서 원본 데이터를 맨눈으로 살펴보거나 통계치로 요약된 수치를 들여다보는 것보다 데이터에 대한 더 풍부한 이해를 얻을 수 있다.

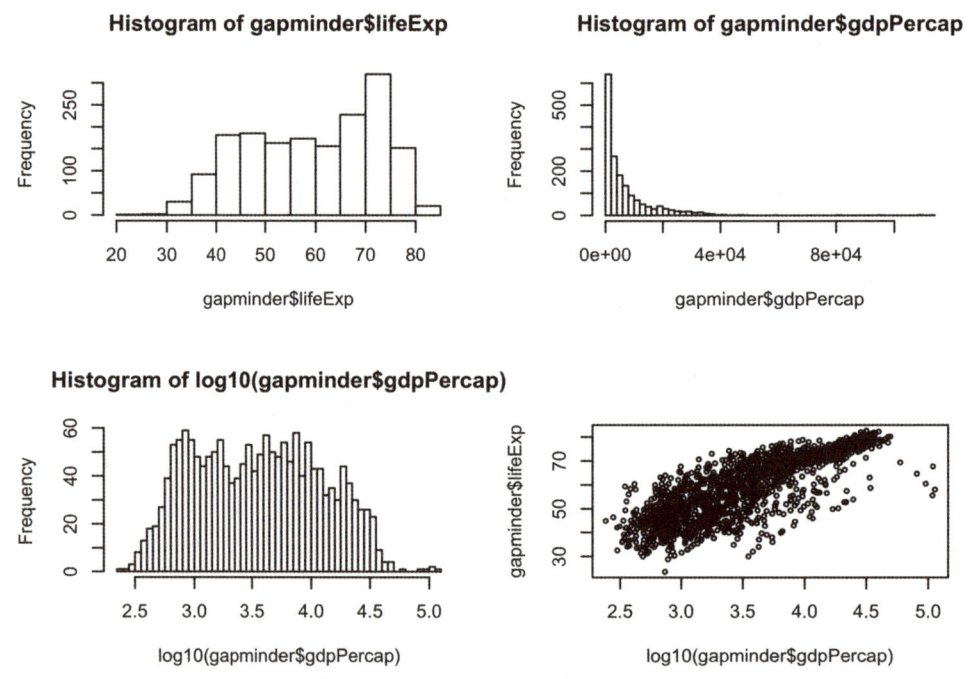

그림 4-1 갭마인더 데이터의 평균 기대 수명, 평균 소득, 로그변환한 평균 소득의 히스토그램; 두 변수의 산점도

4.1.2 앤스콤의 사인방: 시각화 없는 통계량은 위험하다!

1973년 예일대학교의 통계학 교수였던 프란시스 앤스콤(Francis Anscombe)은 통계학자들 사이에서 "수치(통계값)는 정확하지만 그래프는 부정확하다(numerical calculations are exact, but graphs are rough)"란 믿음을 반박하고자 x, y 두 수량형 변수에 대한 11개의 관측치로 이루어진 네 세트의 데이터를 만들어냈다[Anscombe (1973)].

이 네 데이터는 다음과 같은 동일한 통계량을 가지고 있다.

통계량	값
x 변수의 평균	9.0
x 변수의 분산	11.0
y 변수의 평균	7.50
y 변수의 분산	4.122 혹은 4.127
x, y 변수 간의 상관 관계	0.816
x, y 변수에 적합된 선형회귀 모형	$y = 3.00 + 0.500x$

이 정도 다양한 통계값이 동일하다면 거의 같은 데이터라고 볼 수 있지 않을까? 하지만 네 데이터의 산점도를 그려보면 그 예상은 완전히 빗나가게 된다(그림 4-2). 네 데이터 중에서, 첫 번째 데이터는 통계학 교과서에서 볼 수 있는, 구름 모양의 '정상적인' 모습을 보인다. 두 번째 데이터는 강한 비선형적 관계를 보여주고 있다. 세 번째 데이터는 비정상적으로 선형적인 관계를 보이지만 하나의 관측치가 비정상적으로 큰 y 값을 가진 이상점(outlier)이다. 네 번째 데이터는 10개의 관측치는 똑같은 x 값을 가지고 있고, 완전히 동떨어진 x, y 값을 가진 하나의 이상점이 있다. 놀랍게도 네 데이터 모두 동일한 평균, 분산, 상관 관계, 선형 모형을 가지고 있다!

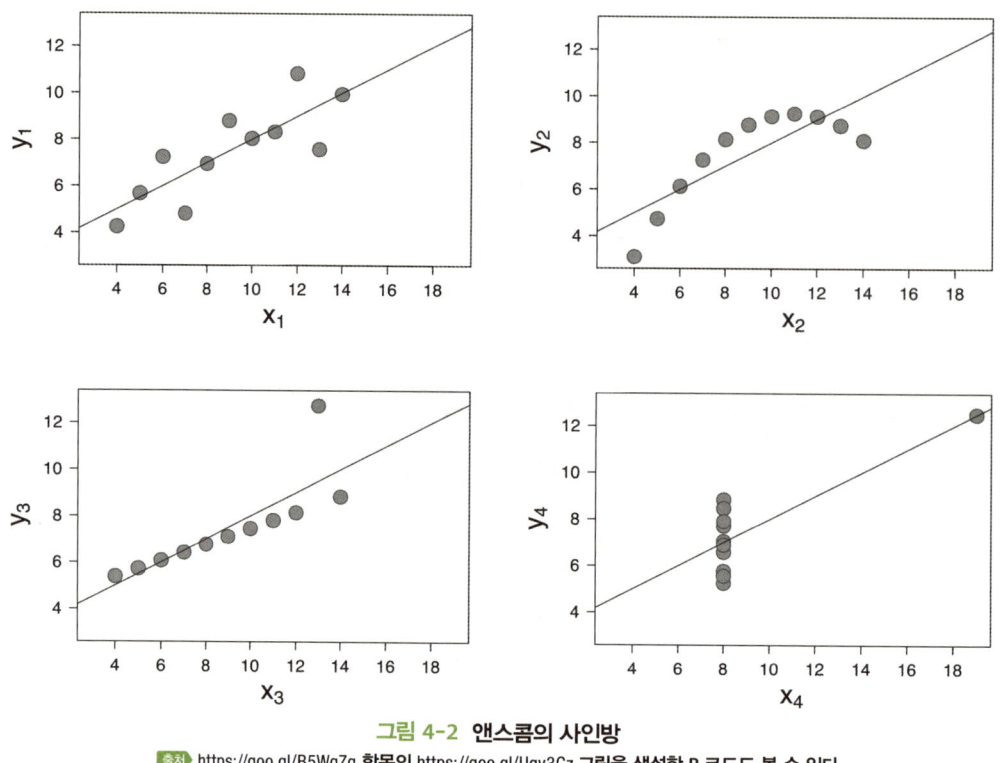

그림 4-2 앤스콤의 사인방

출처 https://goo.gl/B5WqZq 항목의 https://goo.gl/Ugv3Cz 그림을 생성한 R 코드도 볼 수 있다.

앤스콤의 사인방(Anscombe's quartet)이라 불리는 이 예는 시각화가 얼마나 중요한지, 그리고 통계량 값에만 의지하는 것이 얼마나 위험할 수 있는지를 보여준다.

4.1.3 왜 시각화가 더 효율적인가?

소설을 읽는 것보다 소설을 근거로 한 영화를 보는 것이 더 쉽다. 웬만하면 소설을 읽는 것보다 만화를 보는 것이 더 재미있다. 사람이 워낙 시각적인 존재라서 그렇다. 인류의 역사를 살펴보면 놀라운 일이 아니다. 문자가 발명된 것은 기원전 3200년경이다(https://goo.gl/BG7EQp). 숫자가 발명된 것은 기원전 2700년경이다(https://goo.gl/PnrYl9). 미적분학이 발명된 것은 뉴턴 시대, 즉 17세기고, 근대적 의미의 통계가 발명된 것은 20세기 초반이다. 문자, 숫자, 통계 등을 사용한 것은 사람의 역사에서 극히 최근에 일어난 사건과 발명에 기반을 둔다. 이에 반해, 도표와 그림은 사람이 수백만 년에 걸쳐 개발해온 원초적 시각적 능력(수풀에 호랑이가 있는가? 어느 모양과 색깔의 버섯을 먹는 것이 안전한가?)으로 해석할 수 있다. 따라서 정보전달의 효율성에서 숫자와 글은 도표를 따라갈 수 없다.

보통 관측치 개수가 일곱 개 이상이면 필수적으로 시각화를 해야 한다. 왜 일곱 개인가? 심리학에서는 인간은 몇 개의 수치나 개념 이상을 머리 속에서 처리할 수 없다고 한다. 구체적으로 말하면, 대부분의 사람은 일곱 가지 정도 이상의 숫자나 개념을 한 번에 처리할 능력이 없다. 프린스턴대학교의 심리학자 조지 밀러(George Miller)가 1956년에 발표한 논문 'The Magical Number Seven, Plus or Minus Two: Some Limits on Our Capacity for Processing Information'은 일반인이 작업기억공간(working memory)에 담아둘 수 있는 정보의 양은 7 ± 2 라고 보았다. 이것을 밀러의 법칙(Miller's law)이라고도 한다(https://goo.gl/RUZSqA 참고).

통계량은 숫자와 글이고 시각화된 도표는 그림이다. 도표가 정보전달에 더 효율적이다. 이제 주어진 데이터를 어떻게 시각화하여 이해할 수 있는지 차근차근 배워보도록 하자.

4.2 베이스 R 그래픽과 ggplot2

앞서 예로 든 시각화는 R의 베이스 그래픽 패키지(base graphics package)의 plot( )과 hist( ) 함수를 사용하였다. R의 베이스 그래픽 패키지는 강력한 기능을 지원한다. 고차원의 산점도, 히스토그램 함수뿐만 아니라 저차원으로 플롯의 구성요소인 점, 선, 제목, 축라벨, 범례(legend), 틱(tick) 위치 등을 조절할 수 있다. 많이 사용되는 함수들은 다음과 같다.

- plot(x,y): 산점도
- hist(x): 히스토그램
- boxplot(x): 상자그림
- mosaicplot( ): 모자익 플롯
- points(x,y): 저차원 점 그리는 함수
- lines(x,y): 저차원 선 그리는 함수

하지만, 이 책에서는 R에서 제공하는 베이스 그래픽보다는 현대 데이터 시각화의 실질적 표준인 ggplot2를 소개하고, 가능한 한 ggplot2를 사용하고자 한다. 우선, 갭마인더 예제의 시각화를 ggplot2로 해보자(그림 4-3).

```
library(ggplot2)
library(dplyr)
library(gapminder)
```

```
gapminder %>% ggplot(aes(x=lifeExp)) + geom_histogram()
gapminder %>% ggplot(aes(x=gdpPercap)) + geom_histogram()
gapminder %>% ggplot(aes(x=gdpPercap)) + geom_histogram() +
  scale_x_log10()
gapminder %>% ggplot(aes(x=gdpPercap, y=lifeExp)) + geom_point() +
  scale_x_log10() + geom_smooth()
```

여기에서 aes( ) 명령은 변수를 그래프 구성요소에 매핑해준다. 예를 들어, '히스토그램의 x 축으로 gapminder$lifeExp 변수를 사용하라' 등이다. 나중에 자세히 살펴볼 것이다. 그리고 geom_histogram( ) 함수 사용 시 화면에 출력되는 "Warning 'stat_bin( )' using 'bins = 30'. Pick better value with 'binwidth'."라는 메시지는 말 그대로 geom_histogram(bins=30)처럼 히스토그램의 막대 개수를 지정해줄 수 있음을 말해준다. 일단은 무시하고 디폴트로 제공되는 bins 값을 사용하자.

위의 명령을 살펴보면 앞서 사용한 R 베이스 패키지의 명령과 비교해보면 명령문이 몇 배 길다. 이것은 일견 단점이라고 느껴지지만, 나중에 살펴볼 시각화 패러다임 면에서 보면, 가치 있는 '희생'이라고 볼 수 있다. 출력 결과에는 격자(grid)가 항상 표시되고, 제목이 생략되며, 변수 라벨에 gapminder$가 빠져 있고, 색상 설정이 회색 바탕에 짙은 회색으로 표시되는 등의 베이스 그래픽의 결과와 몇 가지 차이가 있다. 하지만, ggplot2를 사용한 출력 결과가 시각적으로 눈에 더 편안하고 훨씬 세련되어 보인다(앞에서 베이스 그래픽을 이용해 그린 그림 4-1과 비교해보도록 하자).

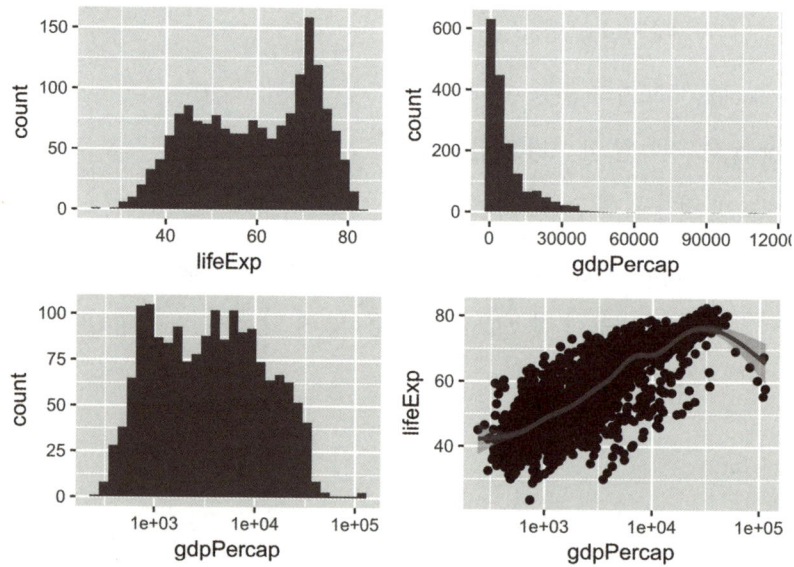

그림 4-3 갭마인더 데이터의 평균 소득과 기대 수명 변수의 ggplot2를 이용한 시각화

4.2.1 ggplot2란?

ggplot2는 R의 시각화 라이브러리다. 'grammar of graphics'의 두 g를 따서 ggplot이라 이름지었고, 현재 데이터 시각화를 위한 필수 도구로 여겨지고 있다. R의 베이스 패키지도 막강한 그래프 기능을 가지고 있지만 ggplot2는 특히 다음 면에서 우수하다.

1. 많은 커스텀화 없이도 보기 좋은 그래프를 얻을 수 있다.
2. 다양한 플롯 타입(히스토그램, 산점도, 박스플롯 등)을 하나의 통일된 개념으로 처리한다.
3. 다변량 데이터 플롯에 특히 효율적이다. 특히, facet_* 함수가 효율적이다.

이런 장점에도 불구하고 ggplot2는 처음에는 배우기 어려운 도구다. 적어도 일주일은 투자하고 사용해보자. 나중에는 훨씬 양질의 그래프를 더 쉽게 얻을 수 있음에 감사하게 된다. 그리고 처음엔 어려웠던 개념이 당연하게 느껴지는 신비(?)를 경험하게 된다. 이 책에서는 앞으로 ggplot2 라이브러리를 사용하도록 하겠다.

참고로 'ggplot2'는 패키지명이고, ggplot( )은 함수명이다. 헷갈리지 않도록 주의하자. 패키지는 install.packages('ggplot2')로 설치하고, library(ggplot2)로 로드한다. 즉, library(ggplot)은 에러이고(ggplot이란 라이브러리가 없으므로), ggplot2(df, aes(x,y))를 실행하고자 하면 에러가 난다 (ggplot2( )란 함수는 없다!).

ggplot 함수의 도움말을 한 번 살펴보기를 권한다.

```
library(ggplot2)
?ggplot
example(ggplot)
```

마지막 example( ) 명령은 다음 예제를 차례대로 실행한다. 우선 예제에 사용할 데이터 프레임을 생성한다.

```
> df <- data.frame((gp = factor(rep(letters[1:3], each = 10)),
                    y = rnorm(30))
> glimpse(df)
Observations: 30
Variables: 2
$ gp <fctr> a, a, a, a, a, a, a, a, a, a, b, b, b, b, b, b, b, b,...
$ y  <dbl> -0.62312578, -1.52860809, 1.41309157, 0.94020640, -0.3...
```

여기서 letters[1:3] 명령은 'a', 'b', 'c' 벡터를 생성하고, rep(letters[1:3], each = 10)은 각 글자를 10번씩 반복한 'a', 'a', …, 'a', 'b', 'b', …, 'b', 'c', 'c', …, 'c' 벡터를 만들어준다. 그리고 factor( ) 명령은 문자(characters) 벡터를 범주형 인자벡터로 바꿔준다.

다음 명령은 gp 변수의 각 그룹별로 y 변수의 평균과 표준편차를 계산한다.

```
ds <- df %>% group_by(gp) %>% summarize(mean = mean(y), sd = sd(y))
ds
```

첫 번째 ggplot( ) 실행방법에서는 ggplot( )과 처음 레이어 geom_point( )는 공통된 데이터(df)와 매핑(gp, y)을 사용한다. geom_point( )는 이처럼 data=와 aes=가 없으면 ggplot( )에서 정의된 것들을 사용한다. 이에 반해, 두 번째 레이어 geom_point( )는 새로운 데이터(ds)와 mean 변수를 정의해서 사용하고, 더 크고 다른 색깔(빨강)의 점을 그려준다.

```
ggplot(df, aes(x = gp, y = y)) +
    geom_point() +
    geom_point(data = ds, aes(y = mean),
               colour = 'red', size = 3)
```

두 번째 실행방법에서 ggplot( )은 단지 데이터세트만 지정해준다. x, y 매핑은 각 레이어 geom_point( )에서 지정해준다. 결과는 앞서의 첫 번째 실행 결과와 동일하다.

```
ggplot(df) +
    geom_point(aes(x = gp, y = y)) +
    geom_point(data = ds, aes(x = gp, y = mean),
               colour = 'red', size = 3)
```

세 번째 실행방법에서 ggplot( )은 단순히 ggplot 객체의 골격(skeleton)만 제공해준다. 이후에 각 레이어가 자체적으로 data=와 aes= 맵핑을 정의한다. 앞서 첫 번째와 두 번째 실행 결과에 추가해서 에러막대(error bar)를 그려준다.

```
ggplot() +
  geom_point(data = df, aes(x = gp, y = y)) +
  geom_point(data = ds, aes(x = gp, y = mean),
                 colour = 'red', size = 3) +
  geom_errorbar(data = ds, aes(x = gp, y = mean,
                 ymin = mean - sd, ymax = mean + sd),
                 colour = 'red', width = 0.4)
```

ggplot2에 대한 자세한 소개는 ggplot2의 온라인 도움말(https://goo.gl/jAIhq), ggplot2 컨닝페이퍼 (https://goo.gl/MW6Niy), ≪R Graphics Cookbook≫ 등의 서적을 참고하도록 하자.

4.2.2 ggplot과 dplyr의 %>%

참고로, 이 책에서는 ggplot 명령을 사용할 때 dplyr의 파이프 연산자 %>%를 사용한다. 다음 두 명령은 완벽하게 동일하다.

```
ggplot(gapminder, aes(lifeExp)) + geom_histogram()
gapminder %>% ggplot(aes(lifeExp)) + geom_histogram()
```

전자보다 후자를 선호하는 이유는 R 스튜디오에서 데이터세트 변수명의 자동완성 기능을 지원하기 때문이다. 그리고 dplyr로 데이터를 처리한 후 그 결과를 ggplot( )으로 시각화하는 경우 자연스럽게 연결할 수 있다.

이제 ggplot2를 이용하여 다양한 변수 종류를 시각화하는 기법을 배워보도록 하자!

4.2.3 예제 데이터 소개

시각화 기법에 사용할 예제 데이터를 더 소개한다. 갭마인더 데이터 외에 우리는 diamonds와 mpg 데이터를 사용할 것이다. 다음 명령을 실행하여 각 데이터의 도움말과 구조를 살펴보자.

```
> ?diamonds
> ?mpg
> glimpse(diamonds)
Observations: 53,940
Variables: 10
$ carat   (dbl) 0.23, 0.21, 0.23, 0.29, 0.31, 0.24, 0.24...
$ cut     (fctr) Ideal, Premium, Good, Premium, Good, Ve...
$ color   (fctr) E, E, E, I, J, J, I, H, E, H, J, J, F, ...
$ clarity (fctr) SI2, SI1, VS1, VS2, SI2, VVS2, VVS1, SI...
$ depth   (dbl) 61.5, 59.8, 56.9, 62.4, 63.3, 62.8, 62.3...
$ table   (dbl) 55, 61, 65, 58, 58, 57, 57, 55, 61, 61, ...
$ price   (int) 326, 326, 327, 334, 335, 336, 336, 337, ...
$ x       (dbl) 3.95, 3.89, 4.05, 4.20, 4.34, 3.94, 3.95...
$ y       (dbl) 3.98, 3.84, 4.07, 4.23, 4.35, 3.96, 3.98...
$ z       (dbl) 2.43, 2.31, 2.31, 2.63, 2.75, 2.48, 2.47...
> glimpse(mpg)
Observations: 234
```

```
Variables: 11
$ manufacturer (chr) "audi", "audi", "audi", "audi", "au...
$ model        (chr) "a4", "a4", "a4", "a4", "a4", "a4",...
$ displ        (dbl) 1.8, 1.8, 2.0, 2.0, 2.8, 2.8, 3.1,...
$ year         (int) 1999, 1999, 2008, 2008, 1999, 1999,...
$ cyl          (int) 4, 4, 4, 4, 6, 6, 6, 4, 4, 4, 4, 6,...
$ trans        (chr) "auto(l5)", "manual(m5)", "manual(m...
$ drv          (chr) "f", "f", "f", "f", "f", "f", "f",...
$ cty          (int) 18, 21, 20, 21, 16, 18, 18, 18, 16,...
$ hwy          (int) 29, 29, 31, 30, 26, 26, 27, 26, 25,...
$ fl           (chr) "p", "p", "p", "p", "p", "p", "p",...
$ class        (chr) "compact", "compact", "compact", "c...
```

도움말에서 볼 수 있듯이, diamonds는 54,000여 개의 세공된 다이아몬드의 가격과 색상, 크기 등 10개의 속성들을 기록한 데이터이고, mpg는 1999년에서 2008년 사이의 38개의 인기 차종의 엔진 크기, 실린더수(4기통, 8기통, ...), 시내주행연비, 고속도주행연비 등 11개의 변수를 기록한 234개의 관측치다.

4.3 변수의 종류에 따른 시각화 기법

변수는 크게 수량형 변수(quantitative variable)와 범주형 변수(categorical variable)로 구분된다. 수량형 변수는 일인당 국민소득, 평균수명, 개인의 키와 몸무게처럼 수치적인 값을 가지는 변수다.

범주형 변수는 국가, 성별처럼 소수의 가능한 값을 가지는 변수다. 학점 A~F처럼 자연적인 순서를 가진 경우는 순서형(ordinal) 변수라고도 한다.

이 절에서는 다양한 변수 종류에 따른 시각화와 통계분석을 소개한다.

4.3.1 한 수량형 변수

하나의 연속 변수의 시각화는 도수 히스토그램을 사용한다. 도수폴리곤(frequency polygon)은 막대 대신에 도수를 직선으로 연결한다. 커널밀도추정함수(kernel density estimator)는 확률분포 밀도함수를 매끄러운 곡선으로 추정한다. 많은 경우 히스토그램으로 충분하다.

히스토그램, 도수폴리곤, 분포밀도추정함수를 해석할 때는 다음 점들을 살펴보자.

1. 이상점은 없는가?
2. 전반적 분포의 모양은 어떠한가? 종모양인가, 오른쪽으로 치우쳤는가, 왼쪽으로 치우쳤는가, 두 개의 피크를 가졌는가?
3. 어떤 변환을 하면 데이터가 종모양에 가까워지는가?
4. 히스토그램이 너무 자세하거나 거칠지 않은가? 그럴 경우에는 다양한 binwidth= 값을 사용해본다.

갭마인더의 일인당국민소득(gdpPercap) 수량형 변수의 히스토그램, 로그변환한 변수의 히스토그램, 도수폴리곤, 커널밀도추정함수를 그려주는 R 명령은 다음과 같다(그림 4-4).

```
library(gapminder)
library(ggplot2)
library(dplyr)
gapminder %>% ggplot(aes(x=gdpPercap)) + geom_histogram()
gapminder %>% ggplot(aes(x=gdpPercap)) + geom_histogram() +
  scale_x_log10()
gapminder %>% ggplot(aes(x=gdpPercap)) + geom_freqpoly() +
  scale_x_log10()
gapminder %>% ggplot(aes(x=gdpPercap)) + geom_density() +
  scale_x_log10()
```

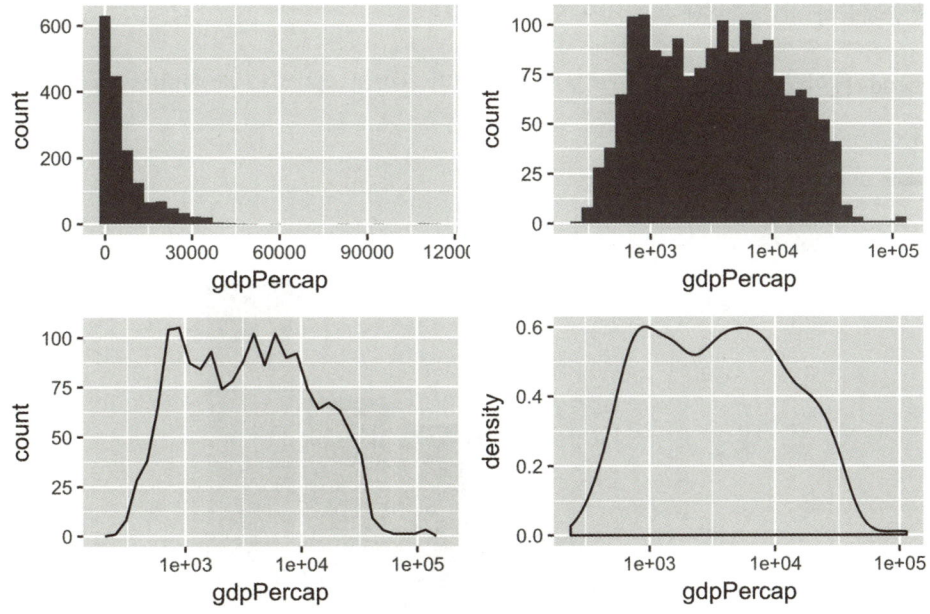

그림 4-4 갭마인더의 일인당 국민소득 히스토그램, 로그변환한 변수의 히스토그램, 도수폴리곤, 커널밀도추정함수

기초통계량은 summary( ) 함수로 알아낼 수 있다. 각 함수에 summary( )를 적용하든지 전체 데이터세트에 실행한다.

```
> summary(gapminder)
      country        continent        year
 Afghanistan: 12   Africa  :624   Min.   :1952
 Albania    : 12   Americas:300   1st Qu.:1966
 Algeria    : 12   Asia    :396   Median :1980
 Angola     : 12   Europe  :360   Mean   :1980
 Argentina  : 12   Oceania : 24   3rd Qu.:1993
 Australia  : 12                  Max.   :2007
 (Other)    :1632
     lifeExp           pop              gdpPercap
 Min.   :23.60   Min.   :6.001e+04   Min.   :   241.2
 1st Qu.:48.20   1st Qu.:2.794e+06   1st Qu.:  1202.1
 Median :60.71   Median :7.024e+06   Median :  3531.8
 Mean   :59.47   Mean   :2.960e+07   Mean   :  7215.3
 3rd Qu.:70.85   3rd Qu.:1.959e+07   3rd Qu.:  9325.5
 Max.   :82.60   Max.   :1.319e+09   Max.   :113523.1
```

4.3.2 한 범주형 변수

하나의 범주형 변수의 시각화는 막대그래프(bar chart)가 유일하다. 많은 경우 table( ) 함수를 통한 통계량을 바로 출력해주는 것도 도움이 된다.

diamonds 데이터의 cut 변수를 살펴보자. 다음처럼 간단히 시각화할 수 있다(그림 4-5).

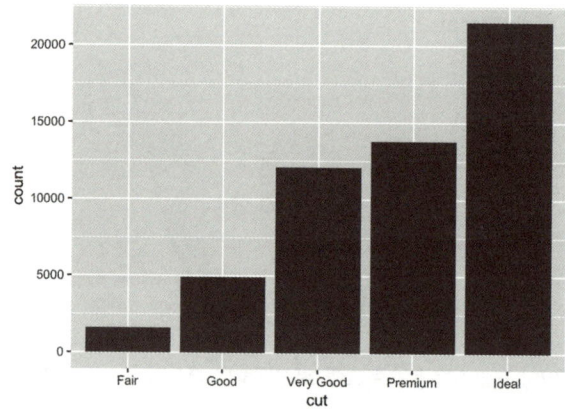

그림 4-5 diamonds 데이터의 cut 변수의 도수 분포 막대그래프

도수 분포, 상대도수, 퍼센트는 다음처럼 구할 수 있다.

```
> table(diamonds$cut)

     Fair      Good Very Good   Premium     Ideal
     1610      4906    12082     13791     21551
> prop.table(table(diamonds$cut))

      Fair       Good  Very Good    Premium      Ideal
0.02984798 0.09095291 0.22398962 0.25567297 0.39953652
> round(prop.table(table(diamonds$cut))*100, 1)

     Fair      Good Very Good   Premium     Ideal
      3.0       9.1      22.4      25.6      40.0
```

dplyr 라이브러리를 사용해서 통계량을 계산하는 방법은 다음과 같다.

```
> diamonds %>%
+   group_by(cut) %>%
+   tally() %>%
+   mutate(pct = round(n / sum(n) * 100, 1))
Source: local data frame [5 x 3]

        cut     n   pct
      (fctr) (int) (dbl)
1      Fair  1610   3.0
2      Good  4906   9.1
3 Very Good 12082  22.4
4   Premium 13791  25.6
5     Ideal 21551  40.0
```

4.3.3 두 수량형 변수

두 수량형 변수의 시각화는 산점도(scatterplot)를 사용한다. 한 x, y 좌표에 여러 개의 중복된 관측치가 있을 때는 geom_jitter( )를 사용하여 점들을 조금 흩어준다. diamonds와 mpg 데이터를 예로 살펴보자(그림 4-6).

```
diamonds %>% ggplot(aes(carat, price)) + geom_point()
diamonds %>% ggplot(aes(carat, price)) + geom_point(alpha=.01)
mpg %>% ggplot(aes(cyl, hwy)) + geom_point()
mpg %>% ggplot(aes(cyl, hwy)) + geom_jitter()
```

diamonds의 경우에는 점들의 밀도가 너무 높아 alpha 값을 줄여주었다. carat에 여러 값들이 있는 것을 볼 수 있다.

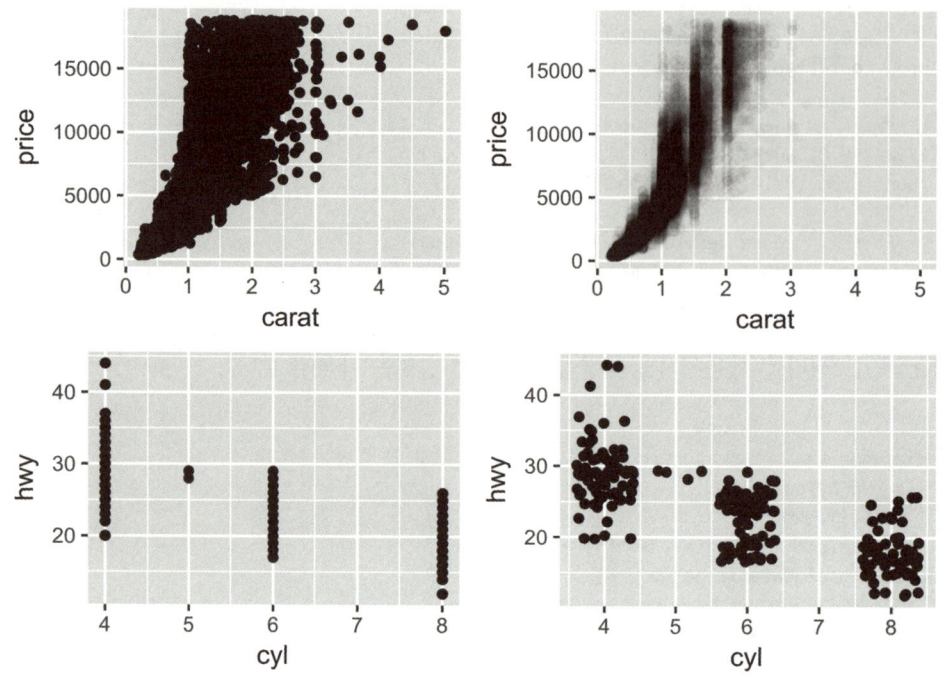

그림 4-6 diamonds 자료에서 carat과 price 변수 간의 산점도와 mpg 자료에서 cyl과 hwy 변수 간의 산점도

산점도 시각화를 살펴볼 때는 다음과 같은 내용에 주의해야 한다.

1. 데이터의 개수가 너무 많을 때는 천 여 개 정도의 점들을 표본화한다.
2. 데이터의 개수가 너무 많을 때는 alpha= 값을 줄여서 점들을 좀더 투명하게 만들어본다.
3. 일변량 데이터의 예처럼 x나 y 변수에 제곱근 혹은 로그변환이 필요한지 살펴본다.
4. 데이터의 상관 관계가 강한지 혹은 약한지 살펴본다.
5. 데이터의 관계가 선형인지 혹은 비선형인지 살펴본다.
6. 이상점이 있는지 살펴본다.
7. X, Y변수가 변수 간의 인과 관계를 반영하는지 생각해본다. 한 변수가 다른 변수에 영향을 미치는 자연스러운 관계가 있다면 원인이 되는 변수를 X로, 결과가 되는 변수를 Y로 놓는 것이 자연스럽다.

두 개 이상의 연속 변수를 다룰 때는 산점도행렬이 효과적이다. ggplot2 라이브러리가 아닌 base R 패키지의 pairs( ) 함수를 사용한다.

```
pairs(diamonds %>% sample_n(1000))
```

산점도에서 관찰할 수 있는 사실들은 어떤 것들이 있을까? 몇 가지 눈에 띄는 관계들이 있을 것이다. 그런 후에 그 관계들을 좀 더 자세히 탐구해갈 수 있다.

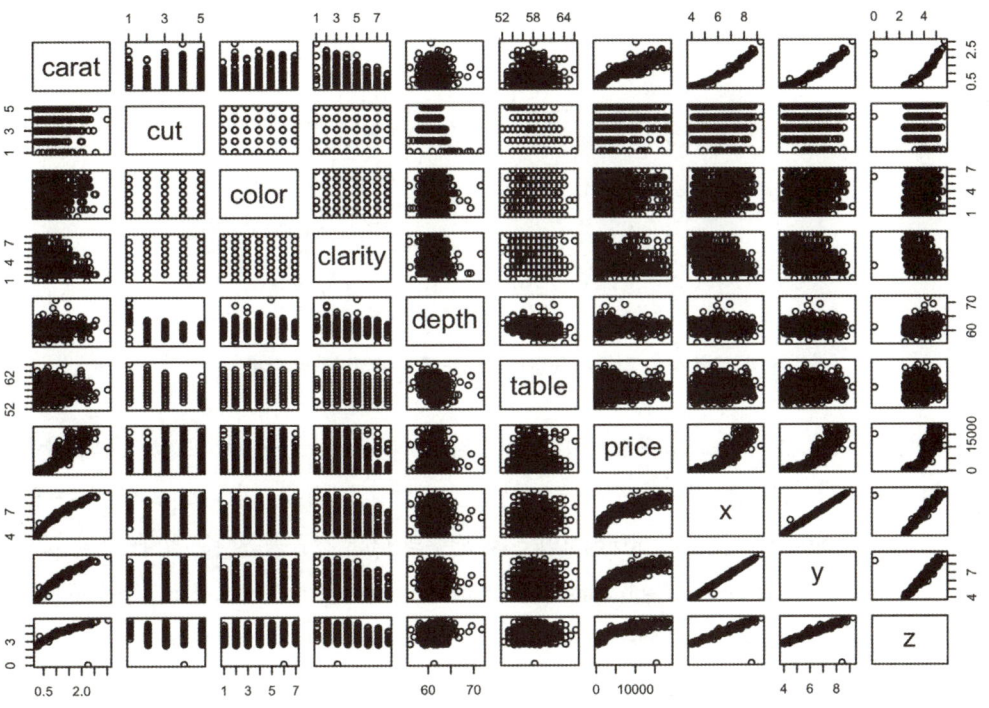

그림 4-7 **diamonds 데이터의 산점도**

4.3.4 수량형 변수와 범주형 변수

앞에서 언급했듯이 두 변수 사이의 인과 관계가 있다면 설명변수를 X로, 반응변수를 Y로 놓는다고 하였다. 앞절에서는 수량형 X, Y변수를 다루었다. X변수가 범주형일 경우에는 병렬 상자그림(side-by-side boxplot)으로 데이터를 시각화한다.

예를 들어 다음 명령을 사용하면 hwy 변수의 분포를 각 class 변수의 값별로 볼 수 있다(그림 4-8).

```
mpg %>% ggplot(aes(class, hwy)) + geom_boxplot()
```

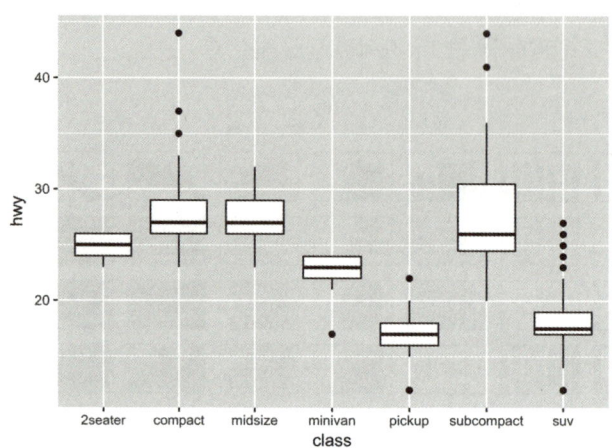

그림 4-8 자동차 등급과 고속도로 주행연비와의 관계

기본적인 플롯은 많은 정보를 제공하지만 몇 가지 아쉬운 점이 있다. 각 class 그룹의 관측치는 얼마나 될까? 클래스 변수의 순서를 기본적인 순서(알파벳순이다)와 다르게 할 수는 없을까? unique(mpg$class) 함수를 실행해보면 class 변수의 다른 값들을 알 수 있다. 차체 크기의 자연스러운 차이는 c("2seater", "subcompact", "compact", "midsize", "minivan", "suv", "pickup")에 가깝다. 마지막으로, 범주형 변수의 레이블이 너무 길어질 경우에는 x-y 축을 바꿔주는 것이 보기 쉬울 것이다. 다음 명령은 이러한 시도의 과정을 보여준다.

```
mpg %>% ggplot(aes(class, hwy)) + geom_jitter(col='gray') +
  geom_boxplot(alpha=.5)
mpg %>% mutate(class=reorder(class, hwy, median)) %>%
  ggplot(aes(class, hwy)) + geom_jitter(col='gray') +
  geom_boxplot(alpha=.5)
mpg %>%
  mutate(class=factor(class, levels=
                  c("2seater", "subcompact", "compact", "midsize",
                    "minivan", "suv", "pickup"))) %>%
  ggplot(aes(class, hwy)) + geom_jitter(col='gray') +
  geom_boxplot(alpha=.5)
mpg %>%
```

```
mutate(class=factor(class, levels=
                c("2seater", "subcompact", "compact", "midsize",
                  "minivan", "suv", "pickup"))) %>%
ggplot(aes(class, hwy)) + geom_jitter(col='gray') +
geom_boxplot(alpha=.5) + coord_flip()
```

위의 명령에서 산점도를 위해 geom_point( ) 레이어 대신 geom_jitter( )를 사용한 이유는, 앞서 살펴보았듯이 한 x, y 좌표에 여러 개의 중복된 관측치가 있을 때 점들이 겹쳐 보이는 것을 피하기 위해서다. 각 그림에서, geom_jitter 레이어를 먼저 그려주고, 그 다음에 geom_boxplot 레이어를 반투명하게(alpha=.5 옵션) 더해서, 각 집단의 관측치 개수를 나타내주었다. 두 번째 명령에서는 reorder( ) 명령을 사용하여 class 함수를 각 그룹에서 hwy 변수의 중간값의 올림차순으로 범주를 정해주었다. 세 번째 플롯에서는 factor( ) 함수의 levels= 옵션을 이용해 수동으로 범주의 순서를 지정해주었다. 마지막으로는 coord_flip( ) 함수를 이용하여 클래스 변수의 그룹명이 y축에 가로로 나타나게 해주었다.

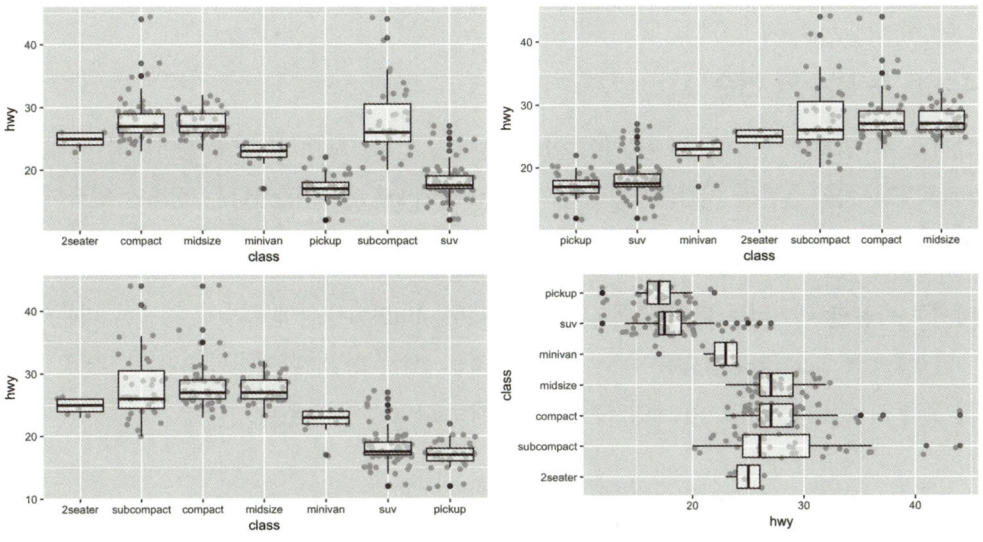

그림 4-9 class * hwy 시각화

병렬상자그림이 보여주는 것은 차량의 무게가 무거워질수록 연비가 나빠진다는 것이다. 하지만 2seater와 midsize까지의 등급에서는 큰 차이가 없다. 도리어, 2seater는 차는 가벼울지 모르나 스포츠카일 수 있으므로 연비가 평균적으로 더 나쁨을 알 수 있다. 일부 서브콤팩트/콤팩트 차량은 연비가 40mpg보다도 높은 고연비 차량임을 알 수 있다(이상점).

병렬상자그림을 사용할 때 주의할 점과 살펴볼 내용은 다음과 같다.

- 범주형 x 변수의 적절한 순서를 고려한다. reorder( ) 명령처럼 통계량에 기반을 둔 범주의 순서를 정할 수도 있고, factor(levels=) 명령을 사용하여 수동으로 정하는 것이 나을 수도 있다.
- 수량형 y 변수의 제곱근과 로그변환이 도움이 될 수 있다.
- 수량형 y 변수의 분포가 어떠한가? 종모양인가? 왼쪽 혹은 오른쪽으로 치우쳐 있는가? 이상점이 있는가?
- 각 x 범주 그룹의 관측치는 충분한가? 이것을 알아내기 위해서는 alpha= 옵션으로 반투명 상자를 그리고, geom_points( )로 개별 관측치를 표현해보자.
- x와 y축을 교환할 필요는 없는가? coord_flip( ) 함수를 사용한다.
- 유용한 차트를 얻기 위해서는 다양한 옵션을 시도해야 한다. 반복적이고 점진적으로 차트를 개선해나간다.

4.3.5 두 범주형 변수

실제로 두 범주형 변수를 다룰 일이 아주 많지는 않다. 도수 분포를 알아내기 위해서는 xtabs( ) 함수를, 결과를 시각화하기 위해서는 mosaicplot( )을 사용한다는 정도만 언급하도록 하겠다.

예제로 사용할 데이터는 타이타닉(Titanic) 데이터다. 1912년 빙산에 부딪혀 침몰한 비운의 타이타닉호에서 2,201명의 탑승자 중 선실 등급(1-3등, 선원), 성별, 나이(아이 혹은 어른)별로 생존자 수를 기록한 데이터다. 이 데이터는 다음 형태로 나타낼 수도 있다.

```
> glimpse(data.frame(Titanic))
Observations: 32
Variables: 5
$ Class    (fctr) 1st, 2nd, 3rd, Crew, 1st, 2nd, 3rd, Crew,...
$ Sex      (fctr) Male, Male, Male, Male, Female, Female, F...
$ Age      (fctr) Child, Child, Child, Child, Child, Child,...
$ Survived (fctr) No, No, No, No, No, No, No, No, No, N...
$ Freq     (dbl) 0, 0, 35, 0, 0, 0, 17, 0, 118, 154, 387, 6...
```

이러한 데이터를 나타내는 또 다른 방법은 다음처럼 고차원 행렬을 사용하는 것이다.

```
xtabs(Freq ~ Class + Sex + Age + Survived, data.frame(Titanic))
```

R의 타이타닉 데이터는 이미 이러한 행렬로 주어져 있다.

```
?Titanic
Titanic
```

데이터가 이처럼 xtabs 고차원 행렬로 정리되면 모자익플롯으로 시각화할 수 있다.

```
mosaicplot(Titanic, main = "Survival on the Titanic")
mosaicplot(Titanic, main = "Survival on the Titanic", color=TRUE)
```

모자익플롯에서 탑승 인원은 선원이 가장 많고, 그 다음은 3등실, 2등실, 1등실임을 알 수 있다. 그리고 아이의 비율이 가장 많은 승객 층은 3등실임을 알 수 있다. 그리고 여성의 비율은 선원층이 가장 적고, 1등실에서 가장 많음을 알 수 있다. 각 선실등급, 성별, 나이의 조합 중에서 생존율이 가장 높은 집단은 밝게 표시된 영역이 가장 많은 그룹이다. 우선 1등실 여성은 거의 대부분 생존했고, 2등실 여성, 3등실 여성순이다. 가장 사망률이 높은 조합은 2등실 남자 어른들이다. 전반적으로 '레이디 퍼스트'인 여성에 대한 배려 때문인지 남자들은 1등실 승객도 사망률이 무척 높다.

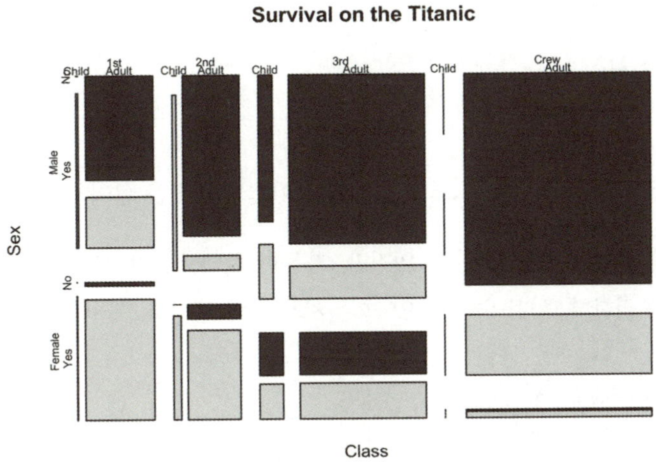

그림 4-10 타이타닉 생존자 데이터의 모자익플롯

어른과 아이 중에 누가 더 생존율이 높을까? 이것을 알아보기 위해서는 이 데이터를 아이-어른 변수(Age)와 생존(Survival) 변수를 남기고 다른 값들은 더하면 된다. 행렬을 사용하면,

```
> apply(Titanic, c(3, 4), sum)
       Survived
Age      No  Yes
  Child   52   57
  Adult 1438  654
> round(prop.table(apply(Titanic, c(3, 4), sum), margin = 1),3)
       Survived
Age       No   Yes
  Child 0.477 0.523
  Adult 0.687 0.313
>
```

즉, 아이의 생존률은 52%, 어른은 31%다. 물론, 48%라는 어린이의 사망률도 비극적인 수치지만, 어른들의 사망률인 69%에 비하면 낮음을 알 수 있다. 마찬가지 계산을 남-녀 생존율의 비교로도 해볼 수 있다.

```
> apply(Titanic, c(2, 4), sum)
        Survived
Sex        No  Yes
  Male   1364  367
  Female  126  344
> round(prop.table(apply(Titanic, c(2, 4), sum), margin = 1),3)
        Survived
Sex       No    Yes
  Male   0.788 0.212
  Female 0.268 0.732
```

여성 생존율은 73%, 남성 생존율은 21%다. 레이디 퍼스트 정신은 살아있었다!

위와 같은 계산을 행렬에 직접 할 수도 있지만, 가능한 한 **dplyr** 라이브러리의 **group_by** 함수를 사용하는 것을 권한다. 어떤 변수가 요약되는지가 좀더 분명히 드러나기 때문이다.

```
> t2 = data.frame(Titanic)
> t2 %>% group_by(Sex) %>%
+   summarize(n = sum(Freq),
+             survivors=sum(ifelse(Survived=="Yes", Freq, 0))) %>%
+   mutate(rate_survival=survivors/n)
Source: local data frame [2 x 4]
```

```
    Sex     n survivors rate_survival
  (fctr) (dbl)     (dbl)         (dbl)
1   Male  1731       367     0.2120162
2 Female   470       344     0.7319149
```

4.3.6 더 많은 변수를 보여주는 기술 1: 각 geom의 다른 속성들을 사용한다

삼차원 공간에 살고 있는 사람은 사물을 결국은 이차원까지 인식할 수밖에 없다. 따라서 모든 데이터 시각화는 이변량까지 배우면 충분하다! 이변량이 넘어가면 크게 둘 중 하나의 기법을 사용한다. 첫째는 geom_ 레이어에 색깔, 모양, 선모양 등의 다른 속성을 더해주는 것이다. 그 새로운 속성, 혹은 속성들을 제3, 제4의 변수를 나타내는 데 사용하면 된다. 또 하나의 기법은 플롯을 세 번째, 네 번째 변수의 각 범주별로 나열하는 방법이다.

이 절에서는 첫 번째 접근방법을 알아보자. geom_ 레이어에 색깔, 모양, 선모양 등의 다른 속성을 더해주는 것이다. 각 geom_layer들은 다양한 추가 속성을 보여줄 수 있다. 예를 들어, **geom_point**는 size, shape, color 등을 나타낼 수 있다. size=10, color='red'처럼 상수로 지정해도 되지만, size=pop(인구수), color = model처럼 데이터세트의 변수를 매핑해줘도 된다. 구체적인 예를 통해 살펴보자.

갭마인더 데이터에서 다음 명령을 실행하면 2007년도 평균 소득과 기대 수명 간의 관계를 보여준다.

```
gapminder %>% filter(year==2007) %>%
  ggplot(aes(gdpPercap, lifeExp)) +
  geom_point() + scale_x_log10() +
  ggtitle("Gapminder data for 2007")
```

각 점은 하나의 국가를 나타낸다. 여기에 우리는 대륙(continent)과 인구수(pop) 변수도 나타내고 싶다. 어떻게 하면 될까? 대륙은 소수의 레벨을 가진 범주형 변수고, 인구수는 크기를 나타내는 수량형 변수다. 범주형 변수는 색깔 등으로 나타내는 것이 적당하다. 수량형 변수는 점 크기로 나타내는 것이 자연스러울 것이다. 다음 명령을 실행하면 그와 같은 플롯을 그릴 수 있다.

```
gapminder %>% filter(year==2007) %>%
  ggplot(aes(gdpPercap, lifeExp)) +
  geom_point(aes(size=pop, col=continent)) + scale_x_log10() +
  ggtitle("Gapminder data for 2007")
```

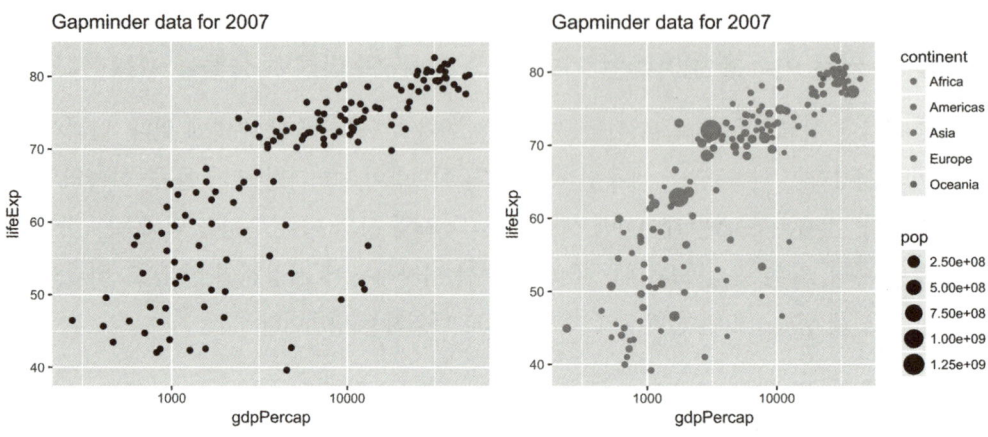

그림 4-11 2007년 국가별 평균 소득과 기대 수명 간의 관계

4.3.7 더 많은 변수를 보여주는 기술 2: facet_* 함수를 사용한다

이번에는 국가별로 평균 기대 수명의 연도별 추이를 살펴보자. group= 속성을 매핑하면 주어진 변수별로 선이 그어지는 geom_line( ) 레이어가 추가된다.

```
gapminder %>%
  ggplot(aes(year, lifeExp, group=country)) +
  geom_line()
```

만약에 이 시계열에 대륙(continent) 정보를 추가하려면 어떻게 하면 될까? 앞절에서 살펴본 대로 색깔 속성을 매핑할 수 있다.

```
gapminder %>%
  ggplot(aes(year, lifeExp, group=country, col=continent)) +
  geom_line()
```

하지만, 더 효율적인 방법은 각 대륙별로 별개의, 하지만 같은 규격의 플롯을 그리는 것이다. facet_wrap( ) 함수를 이용하면 된다.

```
gapminder %>%
  ggplot(aes(year, lifeExp, group=country)) +
  geom_line() +
  facet_wrap(~ continent)
```

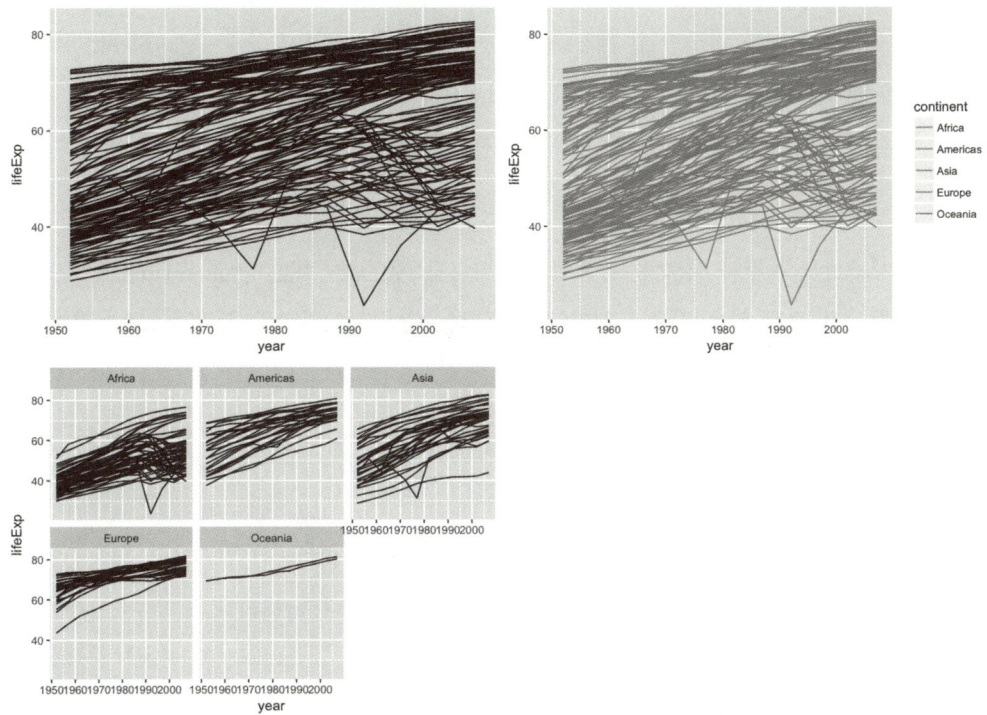

그림 4-12 평균 기대 수명의 연도별 추세

4.4 시각화 과정의 몇 가지 유용한 원칙

이처럼 기본적 기술을 익히면 대략 다음 과정으로 주어진 데이터를 시각화할 수 있게 된다.

1. 데이터에 대한 설명을 읽는다. 문맥을 파악한다.
2. glimpse( ) 함수로 데이터구조를 파악한다. 행의 개수는? 변수의 타입은?
3. pairs( ) 산점도행렬로 큰 그림을 본다. 언뜻 눈에 띄는 이상한 점이나 흥미로운 점이 없는지 살펴본다. 행의 수가 너무 클 경우에는 sample_n( ) 함수로 표본화한다. 변수의 수가 너무 큰 경우에는 10여 개 이하의 데이터별로 살펴본다.

4. 주요 변수를 하나씩 살펴본다. 수량형 변수는 히스토그램, 범주형 변수는 막대그래프를 사용한다. geom_histogram( )과 geom_bar( ) 함수를 이용한다.

5. 두 변수 간의 상관 관계를 살펴본다. 산점도나 상자그림을 사용한다. geom_point( )와 geom_boxplot( ) 함수를 이용한다.

6. 고차원의 관계를 연구한다. 제3, 제4의 변수를 geom_*의 속성에 추가해본다. 적절할 경우에는 facet_wrap( ) 함수를 사용한다.

7. 양질의 의미 있는 결과를 얻을 때까지 위의 과정을 반복한다.

8. 의미 있는 플롯은 문서화한다. 플롯을 생성한 코드도 버전 관리한다.

데이터의 시각화를 연구한 이론가 중 유명한 사람으로 에드워드 터프티(Edward Tufte)[2]가 있다. 터프티의 책들을 모두 읽을 필요는 없지만, 터프티는 데이터 시각화의 합리적이고 유용한 여러 원칙들을 제안한다.

1. 비교, 대조, 차이를 드러내라.
2. 인과 관계와 상관 관계를 보여라.
3. 한 도표에 여러 변수를 보여라. ggplot은 통합적으로 이것을 지원한다.
4. 텍스트, 숫자, 이미지, 그래프 같은 데이터들을 한 곳에 통합하라.
5. 사용된 데이터의 출처를 그래프 안이나 각주로 밝혀라.
6. 의미 있는 내용을 담아라.

그리고 터프티는 몇 가지 유익한 개념들을 소개하였다. 그중 하나는 '데이터-잉크 비율(data-ink ratio)'이다. 정보전달에 도움이 되지 않는 것들을 '차트 쓰레기(chart junk)'라고 혹평하였고, 정보 전달에 도움이 되지 않는 모든 요소들을 줄일 것을 권장하였다. 옳은 주장이다. 시각화는 영국잡지 〈이코노미스트〉의 차트에서 보듯이 미니멀리즘을 지향해야 한다. 터프티가 x, y 축도 없이 선으로만 이루어진 그래프에 '스파크라인(sparkline)'이라고 이름을 붙이고, 스파크라인의 사용을 권장한 것은 이 미니멀리즘과 무관하지 않다. ggplot2의 장점은 기본 모드가 이러한 터프티의 바람직한 철학을 지원하는 것이다.

---

[2] 에드워드 터프티(1942~. '터프트'가 아니라 '터프티'라고 읽는다. https://goo.gl/eVuJDD 참고)는 예일대의 전임 정치학, 통계학, 컴퓨터 공학 교수다. 여러 권의 책과 강연을 통해 정보디자인(information design)과 데이터 시각화의 개척자로 명성을 얻었다. 터프티의 책들은 표지가 예쁘고 그림이 많아서 소위 정보 시각화와 디자인을 공부한 사람들의 서재에 장식(!)으로 많이 꽂혀있다.

터프티는 조그만 도표를 동시에 여러 개 보여주는 'small multiple'을 권장했다. 동일한 범위의 x, y 축을 가진 산점도들이 가장 대표적인 예다. ggplot( )의 facet_wrap( )은 이 기법을 매우 쉽게 구현하게 해준다.

필자는 몇 가지 권장사항을 더 추가하고 싶다.

1. 의미 있는 변수명을 사용하라: 플롯의 x, y축 그리고 범례(legend)에 나타난 변수명이 의미 있는가? x, y, z, var1, $X1, X2$ 등의 이름은 의미가 없다. 적어도 gdpPercap, lifeExp 정도는 되어야 한다. gdp_per_capita, life_expectancy 등으로 약어를 피하면 더 좋다. 외부발표를 위해서라면 물론 더욱더 정식으로, 'GDP/Capita', 'Life Expectancy' 등으로 표현해야 한다. ggplot2은 기본적으로 입력 데이터세트의 변수명을 바로 사용하므로 입력 데이터세트의 변수명을 의미 있게 하는 것이 바람직한 관행이다. 그렇지 않으면 xlab( ), ylab( ), labs( ) 등의 함수를 사용한다.

2. 필요하면 제목을 추가하라: ggplot2는 기본적으로 제목을 붙이지 않는다. 만약 제목이 필요할 경우에는 ggtitle( )을 사용한다.

3. 설명이 필요없는 플롯을 지향하라: 축에 적절한 변수명이 표시되면 그리고 필요한 제목이 붙어 있으면 차트 자체로 충분히 의미를 전달하게 된다. 이것의 장점은 시각화를 생성한 컴퓨터 코드와 시각화 결과물 안에 모든 내용이 담겨있음을 의미한다. 그렇지 않으면 프리젠테이션에 별도의 문서로, 최악의 경우에는 시각화를 한 사람이나 발표자의 머리 속에만 플롯의 의미가 담겨있게 된다!

4. 적절할 경우에 조그만 도표를 동시에 여러 개 보여주는 'small multiple'을 활용하라. ggplot2에서는 facet_wrap( ), facet_grid( ) 등의 명령을 이용해 'small multiple'을 쉽게 생성할 수 있다.

5. 시각화 코드는 버전 컨트롤한다. 시각화되는 데이터를 준비하는 코드도 함께 버전 컨트롤되어야 한다.

6. 모든 데이터를 반드시 시각화해보라. 데이터 과학의 초보자가 범하는 실수 중 하나가 시각화를 통해 데이터를 충분히 살펴보지 않고 모형을 적용하는 것이다. 모형화 전에 시각화를 하고, 모형의 결과는 시각화를 통해 전달한다.

7. 데이터처리에 능숙해지도록 노력하라. 특히, dplyr 라이브러리를 익혀라. 효율적인 시각화의 70%는 데이터의 전처리라고 할 수 있다. 그룹별 요약 통계량 계산 등을 위해서는 dplyr를 능숙하게 다루는 것이 아주 유용하며, 이것은 거의 필수적이다.

연/습/문/제

CHAPTER 4

1. 캐글 웹사이트에서 다음 IMDB(Internet Movie Database) 영화 정보 데이터를 다운로드하도록 하자 (https://goo.gl/RO8lpm, 무료 캐글 계정이 필요하다).
   a. 이 데이터는 어떤 변수로 이루어져 있는가?
   b. 시각화를 통해 다음 질문에 답해보자(분석 예는 https://goo.gl/pYPzvi에서 찾을 수 있다).
      i. 연도별 리뷰받은 영화의 편수는?
      ii. 연도별 리뷰평점의 변화는?
      iii. 영상물 등급(content_rating)에 따라서 리뷰평점의 분포에 차이가 있는가?
      iv. 페이스북 좋아요 개수와 리뷰평점의 사이의 관계는?
   c. 이 데이터의 다른 흥미 있는 시각화는 어떤 것이 있을까?
2. 캐글 웹사이트에서 다음 포켓몬 데이터를 다운로드하자(https://goo.gl/sMPKtX, 무료 캐글 계정이 필요하다). 이 데이터를 시각화하라. https://goo.gl/3fxt2x을 참고하라.

참/고/문/헌

CHAPTER 4

1. Anscombe, F. J. (1973). "Graphs in Statistical Analysis". American Statistician. 27 (1): 17–21. JSTOR 2682899.
2. H. Wickham. ggplot2: Elegant Graphics for Data Analysis. Springer-Verlag New York, 2009.
3. Tufte, Edward R (1997), Visual Explanations: Images and Quantities, Evidence and Narrative. Cheshire, CT: Graphics Press, ISBN 0-9613921-2-6.
4. Tufte, Edward R (2001) [1983], The Visual Display of Quantitative Information (2nd ed.), Cheshire, CT: Graphics Press, ISBN 0-9613921-4-2.

CHAPTER 5

코딩 스타일

5.1 스타일 가이드와 협업

데이터 과학은 '컴퓨터 도구를 효율적으로 이용하여 적절한 통계학 방법을 사용하여 실제적인 문제에 답을 내리는 활동'이라고 하였다. 컴퓨터 도구의 효과적 이용의 큰 부분은 데이터 취득, 가공, 시각화, 모형화, 분석을 위한 코드 작성이다. 즉, 프로그래밍이다. 주로 R과 파이썬 코드를 작성하게 된다.

프로그래밍은 물론 주어진 문제를 풀어낼 수 있으면 된다. 그러나 동일한 입력에 동일한 결과를 출력하는 코드라도 가독성에는 차이가 있게 된다. 우선 다음 코드를 살펴보자. 이 함수가 하는 일은 무엇일까?

```
sc<-function(x,y,verbose=TRUE) {
n<-length(x)
if(n<=1||n!=length(y)) stop("Arguments x and y have different lengths: ",length(x),
                                                    " and ",length(y),".")
if(TRUE%in%is.na(x)||TRUE%in%is.na(y)) stop(" Arguments x and y must not have missing
                                                                values.")
cv<-var(x,y)
if(verbose) cat("Covariance = ",round(cv,4),".\n",sep= "")
return(cv)
}
```

이 코드에는 몇 가지 문제점이 있다.

- 주석이 없다. 입력값은 무엇을 의미하는지, 결과는 무엇인지 알 수 없다.
- 함수명이 무의미하다. sc 함수는 무엇일까? 전체 프로그램을 살펴보면 아마도 표본 공분산(sample covariance)의 약어인 듯하다. 하지만 이 함수가 다른 곳에서 사용된다면 함수가 하는 일을 알기 힘들다.
- 변수명이 무의미하다. 임시 변수인 cv는 아마도 공분산(covariance)을 나타낸 듯하다. 하지만 cv는 통계에서 coefficient of variance를 의미할 수도 있고, cross validation을 의미할 수도 있다!
- 들여쓰기가 되어 있지 않다.
- 너무 긴 줄들이 있다. 횡스크롤을 해야만 다 볼 수 있다.
- 띄어쓰기가 되어 있지 않다.

즉, 가독성이 떨어지는 코드다. 다음 코드와 비교해보자.

```r
CalculateSampleCovariance <- function(x, y, verbose = TRUE) {
  # Computes the sample covariance between two vectors.
  #
  # Args:
  #   x: One of two vectors whose sample covariance is to be calculated.
  #   y: The other vector. x and y must have the same length, greater than one,
  #      with no missing values.
  #   verbose: If TRUE, prints sample covariance; if not, not. Default is TRUE.
  #
  # Returns:
  #   The sample covariance between x and y.
  n <- length(x)
  # Error handling
  if (n <= 1 || n != length(y)) {
    stop("Arguments x and y have different lengths: ",
         length(x), " and ", length(y), ".")
  }
  if (TRUE %in% is.na(x) || TRUE %in% is.na(y)) {
    stop(" Arguments x and y must not have missing values.")
  }
  covariance <- var(x, y)
  if (verbose)
    cat("Covariance = ", round(covariance, 4), ".\n", sep = "")
  return(covariance)
}
```

위의 코드는 주석을 추가하고, 의미 있는 함수명과 변수명을 사용하고, 띄어쓰기를 하고, 너무 긴 줄을 피하도록 조건문(if 문)의 내용을 별도의 줄로 넘겼다. 이렇게 하니 가독성이 훨씬 좋아졌다.

참고로, 위의 두 코드는 R 입장에서는 완전히 동일한 코드다. 하지만 코드를 작성하고, 개선하고, 유지보수하는 것은 사람이다. 사람이 읽기에는 첫 번째 코드보다 두 번째 코드가 훨씬 우월하다. 글로 치면 '잘쓴 글'이다.

코딩 스타일(coding style)은 코드를 작성할 때의 편집 규약이다. 기계가 이해하기엔 결과적으로 동일하지만, 가독성을 높이고 코드의 유지보수를 쉽게 해주는 통일된 스타일이다. 코딩 스타일은 보통 다음 몇 가지에 대한 가이드라인을 제시한다.

- 코드 레이아웃: 줄바꾸기
- 변수명/함수명: 대문자가 섞인 카멜케이스(CamelCase)를 사용할 것인가, 아니면 밑줄을 사용한 스네이크케이스(snake_case)를 사용할 것인가? 동사를 사용할 것인가?
- 들여쓰기: 탭을 사용할 것인가, 아니면 스페이스를 사용할 것인가? 몇 글자를 들여쓸 것인가?

각 언어마다 인기 있는 코딩 스타일이 있다. C에서는 크게 커니건-리치(K&R) 스타일과 GNU 스타일이 있다. 파이썬은 나중에 살펴보겠지만 PEP 0008이란 것이 있다. R도 나중에 다룰 해들리 위컴과 구글 스타일이 있다.

코딩 스타일을 꼭 준수해야 할까? 그렇다! 코딩 스타일은 코드 유지보수에 큰 영향을 미치며, 좋지 않은 코딩 스타일에 익숙해질 경우 능률이 저하되거나, 타인과의 공동작업에서 혼란을 초래하게 된다. 효율적인 협업을 위해서는 필수적이다. 콘웨이는 "나중에 내 코드를 관리하는 사람은 내가 사는 곳을 알고 있는 싸이코라고 생각하라"고 언급하며 코딩 스타일과 베스트 프랙티스(best practices, 바람직한 관행을 의미한다)를 사용하는 것이 중요하다고 강조했다.

만약 혼자 하는 프로젝트라면 어떨까? 그래도 코딩 스타일을 준수해야 할까? 그렇다! 해들리의 말대로 모든 코드는 적어도 한 명 이상의 협업자를 가지고 있다. 그 사람은 바로 '미래의 나'다. 미래의 나를 편하게 하기 위해 꼭 코딩 스타일을 익히고 준수하도록 하자.

마지막으로, 코딩 스타일을 익히는 것은 구직에서도 중요하다. 데이터 과학자의 인터뷰에는 대부분 코딩 인터뷰가 들어가게 된다. 보통 R, 파이썬, 혹은 SQL 중 하나나 둘 이상을 사용하여 화이트보드에 써서 코딩하는 세션이 있다. 화이트보드가 아니라면 공유하는 온라인 에디터(Coderpad, Collabedit, 구글 독스 등을 다양한 회사들이 사용한다)에서 코드를 리얼타임으로 작성하게 된다. 이때 평가되는 내용은 코드가 올바르게 작동하는지, 얼마나 효율적인지 등과 더불어 얼마나 읽기 쉽게 작성되는지도 살펴보게 된다. 평소에 코딩 스타일 가이드를 준수한다면 그러한 인터뷰 준비에 도움될 것이다.

한 가지 주의할 사항은 어떤 관례도 절대적인 것이 아니다. 코딩 스타일은 기본적으로 주관적인 것이 있다. 자신에게 익숙한 가이드가 나아 보이는, 어떻게 보면 정치적 혹은 종교적 성격을 띠게 된다. 따라서 '스타일 X가 스타일 Y보다 우월하다'는 등의 고민으로 시간을 낭비할 필요는 없다. 중요한 것은 상식적으로 일관된 관례를 따르는 것이다. 어떤 조직이 나름대로의 일관된 관례를 가지고 있다면 그것을 따르도록 한다. 만약 관례가 없다면 이후에 소개하는 스타일 가이드를 사용하도록 하자. 무엇보다 조직 내의 일관성이 가장 중요하다.

코딩 스타일을 따르는 데 도움을 주는 도구들이 있다. 첫째, 지능적으로 들여쓰기를 지원하는 에디터를 사용하면 대부분의 들여쓰기는 해결된다. 서브라임, R 스튜디오 등이 그 예다. 둘째, 현재 코드가 얼마나 코딩 스타일을 준수하는지, 어떤 부분이 어떤 문제점이 있는지 보여주는 도구들이다. R에는 없지만, 파이썬에는 pylint라는 것이 있다. 다음 장에서 자세히 살펴볼 것이다. 이러한 도구의 사용을 통해, 그리고 서로 코드를 공유하고 리뷰하는 과정들을 통해 개인과 팀의 습관이 되는 것이 바람직하다.

5.2 R 코딩 스타일

R에서 가장 많이 사용되는 스타일 가이드는 다음 두 가지다.

1. 구글의 R 스타일 가이드(https://goo.gl/rAQXnt)
2. 해들리 위컴의 스타일 가이드(https://goo.gl/kWjlhw): 구글의 스타일 가이드에 기반을 두지만, 해들리가 약간 더 추가했다.

이 책에서는 해들리 위컴의 스타일 가이드를 따랐다. *로 표시된 항은 구글의 가이드와 다른 부분이다. +로 표시된 항은 해들리 위컴의 추가 사항이다.

1. R 스크립트 파일명은 .R 확장자로 끝낸다.
   a. * 파일명은 중간에 대시(-)나 밑줄(_)을 사용해도 좋다.
   b. + 파일명은 의미 있어야 한다.
   c. + 여러 개의 파일을 순차적으로 실행할 경우에는 숫자를 앞에 붙인다
      (예 0-download.R, 1-parse.R, 2-explore.R).
2. * 변수명은 variable_name, 함수명은 function_name, 상수는 CONSTANT_NAME 형태를 사용한다.
   a. variable.name, variableName, FunctionName, ConstantName 등은 사용하지 않는다.
   b. + 변수명은 명사, 함수명은 동사로 한다. 짧지만 의미 있는 이름을 사용한다
      (예 calculate_avg_clicks).
   c. + 가능한 한 기존 함수나 변수명과 중복되는 이름을 피한다(R에서는 내장함수/변수/수식의 개수가 많으므로 어렵다! 예를 들어 date, t, T, c 등은 모두 내장 키워드다).
3. 한 줄은 최대 80글자로 제한한다.
   a. 참고로, R 스튜디오에서는 80줄을 표시해주는 옵션이 있다.
4. 들여쓰기는 두 스페이스. 탭은 사용하지 않는다.
5. 띄어쓰기
   a. 이항 연산자(binary operators) =, +, -, % 등은 양쪽에 한 칸씩 비운다. 예외로, 함수 호출 시 옵션 지정에 사용하는 =는 빈칸 없이 사용해도 좋다.
   b. 콤마 다음에는 항상 한 칸을 띄어쓴다(예 x[1,]).
   c. 함수 호출 이외에 괄호 앞은 한 칸을 띄어쓴다(예 if (debug)).
   d. + 이항 연산자 ::과 :는 빈칸이 필요 없다(예 x = 1:10, dplyr::mutate).
6. 중괄호(curly braces, {})는 같은 줄에서 열고, 별도의 줄에서 닫는다. 이 절 끝의 예를 참조한다.
7. else 절은 중괄호로 감싸준다.
8. 할당은 <-를 사용한다.
   a. 할당에 =를 사용하지 않는다.
9. 세미콜론(;)을 사용하지 않는다.

5.2 R 코딩 스타일 95

10. 코드 레이아웃과 순서

    a. 저작권(copyright) 정보
    b. 저자 정보
    c. 파일 정보: 코드의 목적, 입력, 출력
    d. source( )와 library( ) 문
    e. 함수 정의
        i. * 함수가 많을 때는 별도의 스크립트, 예를 들어 my_functions.R을 사용해도 좋다. source("my_functions.R")로 읽어 들인다.
    f. 실행문들
    g. 유닛 테스트(unit tests)를 한다면 별도의 파일 originalfilename_test.R을 사용한다.

11. 주석은 # 다음에 한 칸을 띄고 시작한다. 인라인(inline) 주석은 # 전에 두 칸을 띈다.

12. 함수 정의와 호출: 함수 정의는 디폴트가 없는 인수들을 먼저 정의하고, 디폴트가 있는 인수를 나중에 정의한다.

13. 함수 주석: 함수를 정의하는 줄 바로 밑에 주석을 단다. 한 문장으로 함수를 기술하고, Args: 밑에 함수의 각 인자와 변수형을 기술하고, Returns: 밑에 리턴값을 기술한다.

14. R의 attach( ) 함수는 사용하지 않는다.

15. 함수 에러 시에는 stop( )을 호출한다.

16. (고급) R의 객체지향 방법은 S3와 S4가 있다. 가능한 한 S3를 사용한다. 절대 S3와 S4를 혼용하지 않는다.

도입부에서 소개한 예제 함수는 위의 스타일 가이드를 준수한 예다.

위의 코딩 스타일 가이드 중 몇 가지에 대해 부연설명을 하고자 한다. 우선, 할당 연산자로 <-를 사용하는 것을 살펴보자. 파이썬, 자바, C, 셸 스크립트 등의 대부분의 컴퓨터 언어는 할당 연산자로 =를 사용하지만, R은 특이하게도 <-를 사용한다. 사실 타이핑의 편의함으로 살펴보자면 =를 사용하는 것이 훨씬 낫다. 그리고 =를 사용해도 99%의 경우 기능상 아무 문제가 없다. 그렇다면 <-는 어떤 장점이 있는가? 시각적인 약간의 도움을 제외하고는 거의 없다!

할당 연산자 <-의 사용 이유는 결국은 R 개발자 커뮤니티의 관례. R 패키지 개발 가이드라인도 <-를 요구하고 있다. 전통보다는 인습이라고도 할 수 있지만, 커뮤니티의 관례는 그만큼

중요하다. 또 다른 이유라면 여러 프로그래밍 언어 중에서 '튀고자 하는' 잠재 욕구도 있을 것이다. 데이비드 로빈슨은 'R을 튀게 합시다(Keep R Weird)'라는 트윗으로 할당 연산자로 <-를 사용하는 비합리적인(?) 이유를 제시했다(그림 5-1).

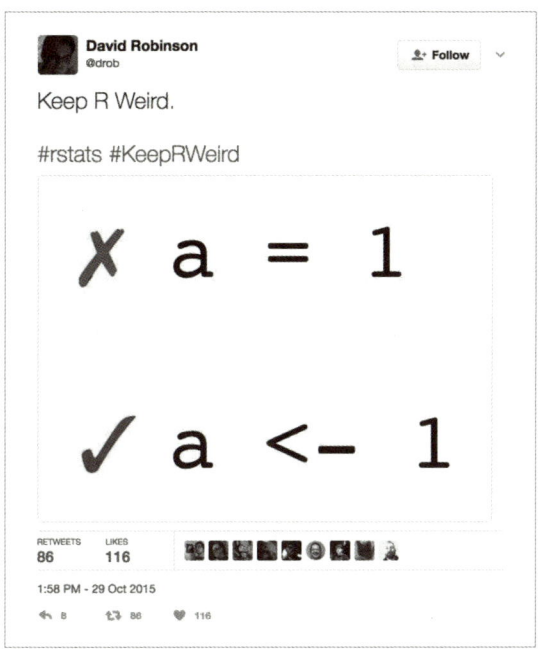

그림 5-1 할당 연산자로 <-를 사용하는 비합리적인(?) 이유
출처 https://goo.gl/NmJ8nP

R 스튜디오를 코딩 에디터로 사용하면 자동 들여쓰기(auto-indent)로 띄어쓰기 부분을 자동화해준다. 어떤 코드 블록의 들여쓰기를 보기좋게 바꿔주려면 R 스크립트 에디터 안에서 잘라붙이기(cut-and-paste)를 하면 올바른 들여쓰기로 바꿔준다. 만약 그렇지 않다면 설정에서 'Auto-indent code after paste'가 체크되어 있는지 확인하자(그림 5-2).

같은 설정화면에서 띄어쓰기에 2글자 빈칸을 사용하도록 되어 있음도 확인할 수 있다. 즉, 탭키를 치더라도 탭은 공백문자로 바뀌어 입력된다.

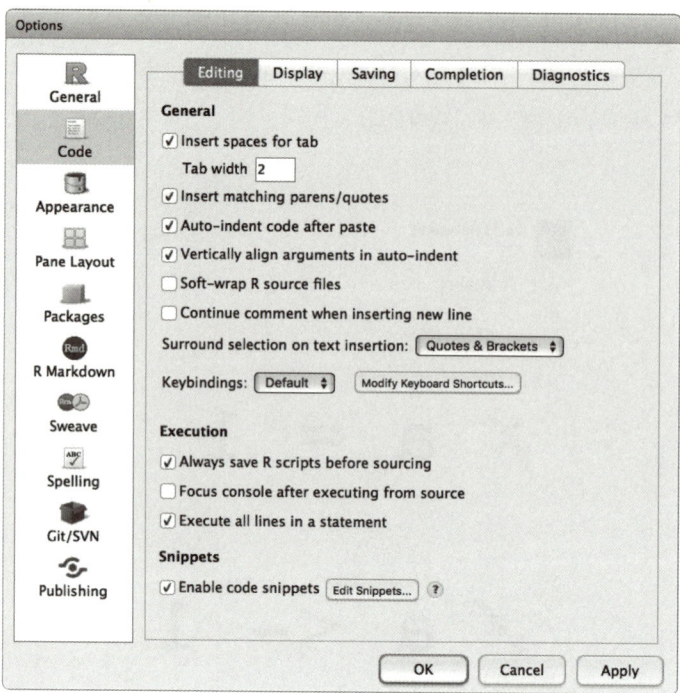

그림 5-2 R 스튜디오 Editing과 Display 설정 화면

5.3 파이썬 스타일 가이드와 도구

많이 사용되는 파이썬 스타일 가이드로는 다음 두 가지가 있다.

- PEP 0008: 파이썬 스타일 가이드(https://goo.gl/IFVmBf)
- 구글 파이썬 스타일 가이드(https://goo.gl/GqnRoa)

이 중 많이 사용되는 것은 PEP 0008이다.

R과는 달리 파이썬은 스타일 가이드를 준수하는 것을 돕는 많은 도구들이 있다. 가장 중요한 것은 pylint(http://www.pylint.org/)이다. 명령행에서 실행할 수도 있고(그림 5-3), sublimelinter 패키지를 통해 서브라임 에디터에서 사용할 수도 있다(그림 5-4).

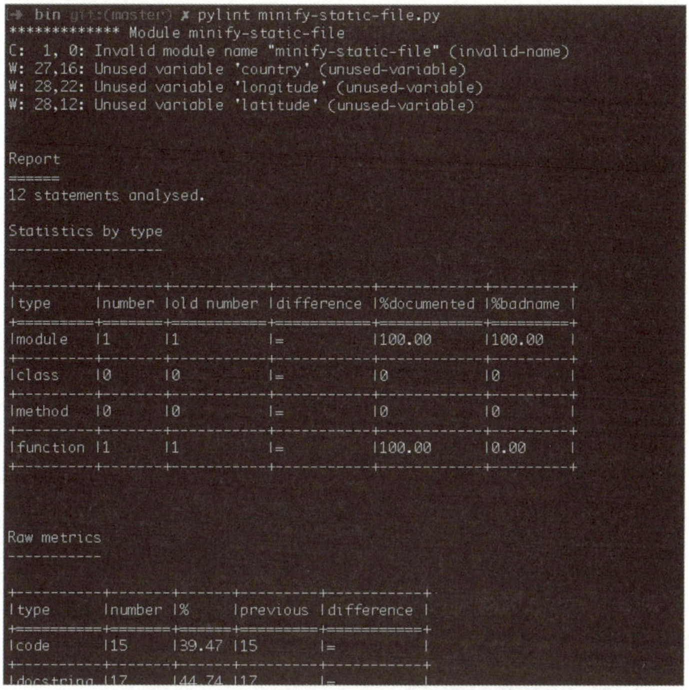

그림 5-3 pylint를 명령행에서 실행한 화면

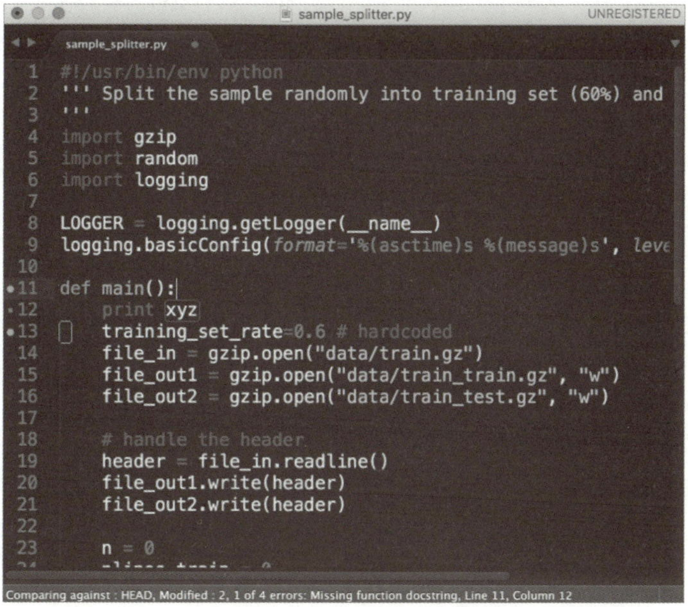

그림 5-4 pylint를 sublimelinter를 통해 sublime에서 실행한 화면

5.4 SQL 코딩 스타일

SQL 코딩에서는 다음 몇 가지를 준수하면 충분히 읽기 좋은 경우가 많다.

1. 아주 긴 줄을 피하라. 많은 변수를 나열하는 것보다 각 변수를 다른 줄에 표시하는 것이 낫다.
2. 들여쓰기를 활용하라. 네 글자가 많이 사용된다. 들여쓰기에는 탭이 아닌 공백문자를 사용한다.
3. SQL의 내장 키워드, 즉 SELECT, FROM, WHERE, GROUP BY 등은 줄을 바꿔서 시작한다.
4. 내장 키워드를 대문자로 쓰도록 권장하는 조직도 있으므로 조직 가이드라인을 따른다.

5.5 코딩 스타일 이외의 베스트 프랙티스

5.5.1 프로젝트별로 작업공간 활용

프로젝트 디렉터리(그리고 깃 리포)는 프로젝트별로 따로 관리한다. 프로젝트 디렉터리 이름이 보통 깃 리포 이름이 된다. 프로젝트/프로젝트 디렉터리 이름짓기에는 다음 관례를 따를 것을 추천한다.

- 소문자 사용
- 단어는 대시/하이픈(-)으로 구분(유일한 예외는 파이썬 모듈을 개발할 때다. 그때는 대시(-)가 아니라 밑줄(_)을 사용해야 한다).
- 큰 프로젝트라면 파일들을 다음 서브디렉터리에 나누어 관리한다(전체 파일이 몇 개 안 되는 작은 프로젝트라면 서브디렉터리는 불필요하다).
    - ./data: 데이터 파일
    - ./R: *.R 코드들
    - ./script: 파이썬 코드들

다음 두 문서를 참조했다.

- 스택오버플로우 Q&A: 깃 리포 이름 짓기 관행은?(https://goo.gl/0s6Mce)
- 스택오버플로우 Q&A: 깃 리포 이름을 대문자나 캐멀케이스(camel case)로 해도 되나요? (https://goo.gl/jztIZO)

5.5.2 깃 버전 관리

깃 버전 관리에 대해서는 다음 관례를 추천한다.

- 모든 프로젝트 코드는 버전 관리한다.
- 프로젝트는 디폴트로 '조직 내 공개'를 원칙으로 한다. 협업과 투명성을 위해서는 디폴트로 열어야 한다.
- 한 번 쓰고 버리는 코드도 버전 관리한다.
- 의미 있는 README.md 파일을 작성한다.
- 자주 커밋한다.
- 프로젝트가 크지 않다면 'git workflow' 같은 복잡한 방법을 사용할 필요는 없다.

참/고/문/헌

1. 구글의 R 스타일 가이드(https://goo.gl/rAQXnt)
2. 해들리 위컴의 스타일 가이드(https://goo.gl/kWjlhw)
3. PEP 8 파이썬 스타일 가이드(https://goo.gl/IFVmBf)

통계의 기본 개념 복습

6.1 통계, 올바른 분석을 위한 틀

타당한 분석과 올바른 분석 결과를 해석하기 위해서는 통계를 피할 수 없다. 이 책은 통계학 교재는 아니지만, 데이터 과학 실무에 꼭 알아두어야 할 통계 개념을 복습하고자 한다. 특히, 다음 개념에 대한 올바로 이해하는 것을 목표로 하자.

- P-값이란?
- 신뢰구간이란?
- 표본분포란?
- 통계학은 왜 어려운가?

이미 통계를 잘 알고 있는 독자에게는 복습의 기회가 되고, 아직 통계 경험이 적은 독자에게는 정확한 통계 개념의 중요성을 알게 되고 통계를 제대로 배울 동기를 부여하는 기회가 되길 바란다. 통계학을 배울 수 있는 초·중급 도서로는 Freedman, et al. (1978), Utts and Heckard (2007) 등이 있고, 중·고급 교재로는 Rice (1995), Bickel and Doksum (1977) 등이 있다.

6.1.1 수면제 효과 연구 예

구체적인 예를 통해 '통계의 세계관'과 중요한 핵심 개념이 어떤 것인지 알아보자. 1장에서 살펴본 sleep 데이터를 사용하자[Scheffé (1959)]. 이 데이터는 10명의 실험 자원자가 약 1과 2를 각각 먹었을 때 수면시간 증가를 기록한 것이다. 문제를 간단하게 만들기 위해 약 1을 먹었을 때 수면시간의 증가만을 추려내자(단위는 시간이다).

```
> y <- sleep$extra[sleep$group == 1]
> y
 [1]  0.7 -1.6 -0.2 -1.2 -0.1  3.4  3.7  0.8  0.0  2.0
```

R 명령으로 간단한 요약 통계값과 몇 가지 일변량 데이터의 시각화를 얻을 수 있다.

```
> summary(y)
   Min. 1st Qu.  Median    Mean 3rd Qu.    Max.
 -1.600  -0.175   0.350   0.750   1.700   3.700
> sd(y)
[1] 1.78901
> par(mfrow=c(2,2))
> hist(y)
> boxplot(y)
> qqnorm(y); qqline(y)
> hist(y, prob=TRUE)
> lines(density(y), lty=2)
```

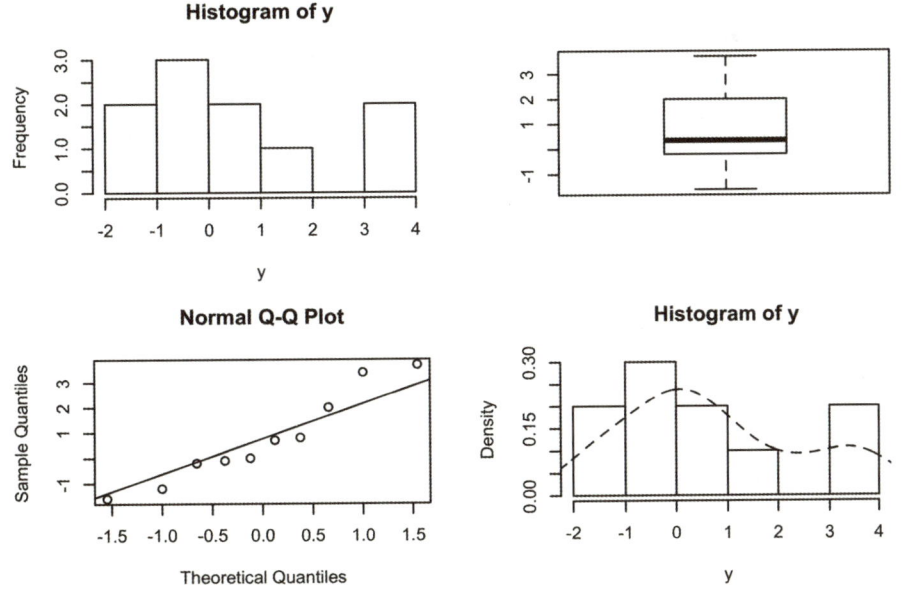

그림 6-1 수면시간 증가 분포 데이터의 시각화. 왼쪽 위부터 (1) 히스토그램 도수 분포, (2) 상자그림(box and whisker plot), (3) 정규분포 Q-Q(quantile-quantile) 플롯, (4) 커널밀도 추정치(kernel density estimate)

시각화로부터 알 수 있는 것은 분포의 모양과 데이터의 분포가 정규분포와 얼마나 유사한지 등이다. 데이터의 분포에서 약간의 bimodality(봉우리가 두 개 보이는 것)가 보이는 것 외에 그다지 특이할 만한 사항은 없다.

기술통계량(descriptive statistics)을 살펴보면 표본 10명 중 4명은 수면시간이 줄었고, 6명은 수면시간이 늘었다. 표본평균 수면시간 증가는 0.75시간이었고, 표본표준편차는 1.8시간이었다. 하지만 이 값들은 아직 단순한 숫자들일 뿐, 이 수면제의 효과에 대한 의미 있는 설명(narrative)으로 이어지지 않았다.

그러면 이 값들로부터 어떤 결론을 끌어낼 수 있을까? 우리의 목표는 크게 세 가지다. '이 수면제는 효과가 있는가(가설검정)?', '이 수면제의 효과는 얼마인가(신뢰구간)?', '누군가 다른 사람이 이 수면제를 복용하면 어떤 효과가 있을 것인가(예측)?'

이 질문에 대한 교과서적 방법은 가장 많이 사용되는 속칭 '일변량 t-검정(one-sample t-test)'이다. 이 분석의 실행은 R에서 한 줄이면 충분하다.

```
> t.test(y)

    One Sample t-test

data:  y
t = 1.3257, df = 9, p-value = 0.2176
alternative hypothesis: true mean is not equal to 0
95 percent confidence interval:
 -0.5297804  2.0297804
sample estimates:
mean of x
     0.75

> t.test(y, alternative="greater")

    One Sample t-test

data:  y
t = 1.3257, df = 9, p-value = 0.1088
alternative hypothesis: true mean is greater than 0
95 percent confidence interval:
 -0.2870553        Inf
sample estimates:
mean of x
     0.75
```

이처럼 주어진 데이터를 사용해 통계분석 패키지를 돌리는 것은 간단하다. 위의 몇몇 값들을 찾아내는 공식도 비교적 간단하다.

- t = 1.3257. 데이터로부터 계산된 t-통계량으로 공식은 $t=(\bar{x}-\mu_0)/\sqrt{s^2/n}$으로 주어진다. 여기서 $\bar{x}$는 표본평균, s는 표본표준편차, n은 관측치의 개수, 그리고 μ_0은 가설검정에서 비교의 기준이 되는 값이다.
- df = 9. t-통계량의 분포인 t 분포의 자유도(degrees of freedom)이다. 공식은 $df = n - 1$이다.
- p-value = 0.1088. 자유도 df = 9인 t-분포가 관측된 t 값보다 클 확률이다. 수식으로는 Pr(T > 1.3257)이다.

이처럼 계산과 공식은 어떻게 보면 쉽다. 하지만 마찬가지로 중요한 것은 이 값들을 어떻게 해석해야 하는가다. 이제 앞의 예를 통해 '통계의 세계관'이 어떤 것인지 하나씩 살펴보자.

6.2 첫째, 통계학은 숨겨진 진실을 추구한다

통계학은 알려지지 않은 참값이 있음을 가정한다. 이 알려지지 않은 참값을 멋진 말로 모수(population parameter)라고 한다. 위 수면제 예의 경우, 알려지지 않은 참값인 모수는 '수면제를 먹었을 때 증가한 평균 수면시간'이다. 모수는 보통 그리스 문자를 사용하여 나타낸다. '평균'자가 붙으면 보통 그리스 알파벳 'μ(뮤)'를 사용한다. 꼭 기억해야 할 것은, 모수의 값은 플라톤적인 진리, 즉 이데아로 불완전한 이 세상의 데이터로서는 완전히 알아낼 수 없는 것이다.

통계의 추정은 결국 불완전한, 잡음이 섞여있는 데이터로부터, 숨겨진 진실, 즉 모수의 값을 찾아내는 탐험이라고 볼 수 있다. 탐정처럼 단서를 사용하여 범인(?)을 찾아내는 것이다.

위의 문제에서 우리의 관심사는 크게 두 가지다. 이 수면제는 효과가 있는가? 효과의 크기는 어느 정도인가? 일반화하면 전자는, '모수의 값이 0과 다른가, 큰가, 작은가?'의 문제고, 후자는 '모수의 값은 어느 정도라고 어느 정도 정확성으로 말할 수 있는가?'의 문제다. 전자는 '가설검정(hypothesis testing)'이라고 하고, 후자는 '신뢰구간(confidence interval)'이라고 한다.

첫째, 가설검정을 살펴보자. 만약 참값 μ = 0이라면 이 수면제는 수면시간을 늘리는 효과가 없다. 반면, '이 수면제는 수면시간을 늘리는 데 효과가 있다'는 가설은 $\mu > 0$이라고 표현할 수 있다. 전자처럼 변화 없음, 효과 없음, 차이 없음 등을 나타내는 가설을 멋있는 말로 '귀무가설(null hypothesis)'이라고 한다. 특징 없는, 가치 없는, 효과 없는 가설이라는 뜻이다. 제약회사에게는 불행한 소식일 것이다. 반면, 후자처럼 변화 있음, 효과 있음, 차이 있음 등을 나타내는 가설을 '대립가설(alternative hypothesis)'이라고 한다.

참고로, 위와 같은 $\mu > 0$ 혹은 $\mu < 0$ 형태의 대립가설은 단측 대립가설(one-sided alternative)이라고 하며, $\mu \neq 0$ 형태의 대립가설은 양측 대립가설(two-sided alternative)이라고 한다. 모든 검정은 특별한 이유(과학적으로 양측검정이 불가능하거나 선행연구를 통해 단측검정을 해야 하는 걸 아는 경우)를 제외하고는 양측검정을 하는 것이 좋다.

6.2.1 법정 드라마의 비유

법정/경찰 드라마에서 많이 사용되는 대사 중 하나가 '유죄라고 증명될 때까지는 무죄'라는 대사다. 영어로는 'innocent until proven guilty'다. 정식명칭은 '무죄추정의 원칙(https://goo.gl/JA8ckh)'이다. 라틴어로 'Ei incumbit probatio qui dicit, non qui negat', 즉 증명할 책임은 (피고의 범죄를) 주장하는 사람 측에 있지, 범죄를 부인하는 사람 측에 있지 않다는 것이다. 그래서 법정 드라마에서 사용되는 또 다른 용어 중 하나가 '증거 불충분'이다. 심증이 있고 범인일 것 같더라도, 구체적이고 확실한 증거가 없으면 무죄가 되는 것이다.

귀무가설과 대립가설을 이해할 때는 이같은 법정 드라마를 상상하는 것이 도움이 된다. 앞서 귀무가설은 효과 없는, 차이 없는, 변화 없는 '현상유지'의 가설이라고 하였다. 법정이라면 귀무가설은 피고가 무죄라는 것이다. 대립가설은 이와 반대로 피고가 유죄라는 것이다. 가설검정에서는 '무죄추정의 원칙'처럼 충분한 데이터가 있을 때까지는 귀무가설을 부정할 수 없다.

가설검정에서 '증거'는 관측된 데이터다. 무죄에 대립되는 증거가 많으면 많을수록, 즉 귀무가설에 반하는 혹은 귀무가설 하에서는 관측되기 어려운 데이터값이 많아지면 많아질수록 유죄인 것을 선고하는 것이 쉬워진다.

또한, '증거 불충분'이라는 표현이 보여주듯이, 유죄인 증거가 없다는 것이 피고가 무죄인 것을 증명하는 것은 아니다. '무슨 말인가?'라고 생각할 수 있겠지만 유죄를 입증하는 증거가 없다고 해서 무죄를 입증하는 것은 아니라는 말이다(물론 법정 비유에서는 '무죄를 입증하는 증거'가 있다—그것은 알리바이다). 나중에 살펴보겠지만, 이것은 가설검정의 결과, 특히 'P-값'을 해석하는 데 무척 중요하다. 예를 들어, P-값이 크다는 것은 귀무가설에 반하는 증거가 불충분하다는 것이지 귀무가설을 증명하는 증거가 있다는 것이 아니다! 꼭 염두에 두도록 하자.

6.3 둘째, 통계학은 불확실성을 인정한다

그럼 위 수면제 예에서 실험 결과인 데이터에 비추어, 귀무가설과 대립가설 중에 어떤 것이 옳을까? 그리고 참값은 과연 얼마일까? 통계학은 이 질문에 다음과 같은 절대적인 대답을 주지 않는다.

- 이 수면제는 수면시간을 늘리는 효과가 있다.
- 평균 수면시간의 증가는 0.75시간이다.

대신 통계학은 다음과 같은 겸손한 대답을 내어놓는다.

- 이 수면제가 효과가 없는데 이렇게 큰 표본평균 수면시간 증가값이 관측될 확률은 11%다(P-값).
- 평균 수면시간의 증가에 대한 95% 신뢰구간은 −0.53, 2.03이다.

이처럼 통계학의 답은 언뜻 보면 불필요할 정도로 복잡하다. 하지만 이해하면 할수록 가장 겸손하게(불확실성을 인정한다), 하지만 정확하게(불확실성을 수량화한다), 추론을 하는 학문임을 알 수 있다.

그렇다면 이 추론은 어떻게 이루어지는 것일까?

6.4 셋째, 통계학은 관측된 데이터가 가능한 여러 값 중 하나라고 생각한다

자, 이제 기가 막힌 발상을 소개하고자 한다. 이것은 통계의 가장 중요한 개념이지만, 우리의 상식과는 약간(상당히?) 동떨어진 발상이므로 주의를 기울여 이해해보도록 하자. 그 발상은 다음과 같다. "우리가 현재 관측한 데이터는 모수의 어떤 값에서 관측될 수 있는 여러 가능한 데이터 중 하나다."

다시 말하지만, 이것은 자명한 발상이 아니다. 예를 들어, 수면제 효과 예에서, 모수가 0이라고 가정해보자. 즉, 이 수면제는 평균 수면시간 증가의 효과가 없다(다시 말하지만, 이것은 우리가 실제로는 절대 알 수 없는 사실이다). 그 가정/가설 하에서 10명의 실험대상자의 수면시간 증가값을 관측한다면 어떤 값들을 얻게 될까? 어려운 질문이다. 왜냐하면 개개인마다 그날 그날 수면시간의 자연스러운 변동이 있기 때문이다. 일단, 개개인의 수면시간 증가값의 평균이 0이고, 표준편차가 1.8(시간)인 종모양의 분포(bell shaped distribution)를 따른다고 가정해보자. 이 종모양의 분포가 유명한 정규분포(normal distribution) 혹은 가우스분포(Gaussian distribution)라는 것이다. 이 분포는 N(0, 1.8^2)이라고 쓰고, 이렇게 생겼다(그림 6-2).

```
> curve(dnorm(x, 0, 1.8), -4, 4)
```

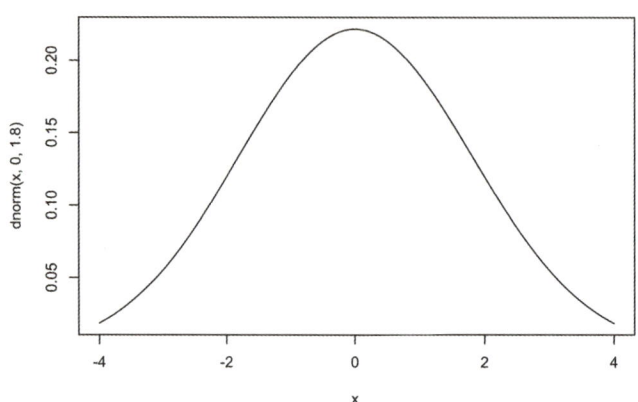

그림 6-2 효과가 없을 때 개인의 수면시간 증가의 분포에 대한 가정

그러면 이 가정 하에서 크기가 10개인 새로운 표본을 만들어낼 수 있다. 즉, 수면제를 복용한 '어떤' 10명의 수면시간의 증가 관측치다. 그리고 그 10명의 평균 수면시간 증가도 구할 수 있다. 그리고 그 값에 기반을 둔 새로운 t-통계량을 계산할 수 있다.

```
> options(digits = 3)
> set.seed(1606)
> (y_star <- rnorm(10, 0, 1.8))
 [1]  0.05  1.02 -1.83  0.60 -1.69  3.43 -2.11 -1.43  3.66  2.02
> mean(y_star-0); sd(y_star)
[1] 0.372
[1] 2.16
> (t_star <- mean(y_star-0) / (sd(y_star)/sqrt(length(y_star))))
[1] 0.546
```

즉, 전혀 효과가 없는 약이더라도, 개인의 수면시간은 늘기도 하고 줄기도 한다. 개인차가 있기 때문이다. 이 표본의 경우 평균 수면시간은 0.372, 표본표준편차는 2.16, 그리고 t-통계량 값은 0.546이 나왔다. 몇 번 더 해보자.

```
> (y_star <- rnorm(10, 0, 1.8))
 [1]  1.6091 -1.3576  2.0493 -2.1809 -0.5280  1.8927  0.5539 -0.0879
 [9]  3.1078 -0.8849
> mean(y_star-0); sd(y_star)
[1] 0.417
[1] 1.71
> (t_star <- mean(y_star-0) / (sd(y_star)/sqrt(length(y_star))))
[1] 0.773
> 
> (y_star <- rnorm(10, 0, 1.8))
 [1] -0.4769 -0.7535  1.0582  2.3119  1.7724 -0.0445 -2.9943  1.7512
 [9] -1.5613  2.6686
> mean(y_star-0); sd(y_star)
[1] 0.373
[1] 1.84
> (t_star <- mean(y_star-0) / (sd(y_star)/sqrt(length(y_star))))
[1] 0.64
```

이처럼, 주어진 가정 하에서 여러 현실을 만들어내 보는 것을 시뮬레이션(simulation)이라고 한다. 즉, 우리는 위의 몇 줄의 코드를 사용한 시뮬레이션을 통해 '효과 없는 수면제'로부터 3개의 '평행우주(parallel universe)' 데이터를 창조해보았다! 각 '평행우주'로부터 관측된 표본평균 값은 각각 0.372, 0.416, 0.373, 표본표준편차 값은 각각 2.16, 1.71, 1.84, 그리고 t-통계량 값은 각각 0.546, 0.773, 0.64였다.

컴퓨터를 이용해 쉽게 총 10,000개의 평행우주의 표본(각 표본은 10개의 관측치를 포함한다), 그리고 각 표본의 평균값, 표본표준편차, 그리고 t-통계량 값을 계산할 수 있다.

```
set.seed(1606)
B <- 1e4
n <- 10
xbars_star <- rep(NA, B)
sds_star <- rep(NA, B)
ts_star <- rep(NA, B)
for(b in 1:B){
  y_star <- rnorm(n, 0, 1.789)
  m <- mean(y_star)
  s <- sd(y_star)
  xbars_star[b] <- m
  sds_star[b] <- s
  ts_star[b] <- m / (s/sqrt(n))
}
```

이 시뮬레이션은 10,000개의 평행우주로부터 표본을 관찰하고, 그로부터 10,000개의 표본평균, 표본표준편차, t-통계량을 얻어낸 것이다. 다음 명령은 이 세 값들의 분포를 히스토그램으로 보여준다(그림 6-3).

```
opar <- par(mfrow=c(2,2))
hist(xbars_star, nclass=100)
abline(v = 0.75, col='red')
hist(sds_star, nclass=100)
abline(v = 1.789, col='red')
hist(ts_star, nclass=100)
abline(v = 1.3257, col='red')
qqnorm(ts_star); qqline(ts_star)
par(opar)
```

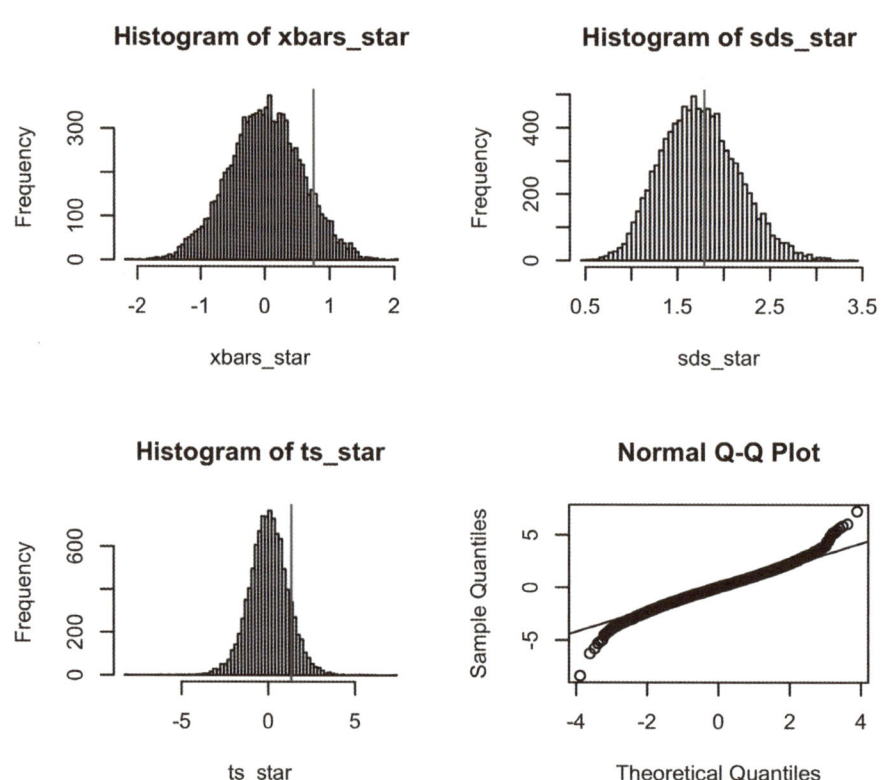

그림 6-3 실제로 수면제가 효과가 없다고 했을 때 크기가 10명일 때 표본의 추가 수면시간의 평균의 분포(왼쪽 위), 표본표준편차의 분포(오른쪽 위), t-통계량의 분포(왼쪽 아래), t-통계량의 정규분포 Q-Q 플롯(오른쪽 아래). B=10,000번의 시뮬레이션/평행우주를 생성하였다. 처음 세 플롯에서 빨간 선은 현재 관측된 표본의 표본평균, 표본표준편차, t-통계량 값을 나타낸다.

첫 그림은 이 다양한 시뮬레이션, 평행우주의 표본평균 값 분포가 종모양 분포에 가까운 것을 보여준다. 그리고 그 분포에서 우리 우주, 우리가 관측한 표본의 평균값 0.75(시간)가 상당히 오른쪽에 위치한 것을 알 수 있다. 두 번째 그림은 표본표준편차의 분포이다. 시뮬레이션의 참값 1.789를 중심으로 한 분포다. 종모양 분포와 비슷하지만 조금 오른쪽으로 치우친 분포다(참고로, 이론적으로는 표본표준편차의 제곱인 표본분산 s^2의 함수 $(n-1)*s^2/\sigma^2$는 카이제곱분포 $\chi^2(n-1)$을 따른다. 여기서 n=10은 표본 크기, $\sigma^2 = 1.789^2$은 참분산 값이다. https://en.wikipedia.org/wiki/Variance#Distribution_of_the_sample_variance를 참조하라). 마지막으로 t-통계량의 분포는 마찬가지로 종모양 분포와 가깝다. 우리가 관측한 t-통계량 값 1.3257은 상당히 오른쪽에 위치한다. 즉, 참 수면 증가 효과가 없다면 우리가 관측한 t-통계량 값만큼 큰 값이 일어날 확률은 그다지 크지 않다. 그 확률은 얼마나 작을까? 다음과 같이 계산해볼 수 있다.

```
> length(which(ts_star > 1.3257)) / B
[1] 0.111
```

즉, 단지 11.1%의 시뮬레이션 값들이 우리가 관측한 표본평균보다 크다.

지금까지의 논리를 따라 왔으면 여러분은 이제 P-값을 이해할 준비가 되었다. 왜냐하면 위에서 계산한 것, 즉 약의 효과가 없다는 귀무가설 하에서 여러 데이터를 생성했을 때 우리가 관측한 것만큼 큰 통계량 값이 나올 확률이 바로 P-값이기 때문이다. 시뮬레이션 결과 얻은 0.111과 앞서 t.test 명령의 결과로 얻은 0.1088은 거의 같고, 만약 무한대로 시뮬레이션을 행하면, 즉 B의 값이 커지면 커질수록, 시뮬레이션한 P-값은 0.1088에 가까워진다(참고로, 이러한 시뮬레이션은 강력하고 유용한 현대 통계 방법 중 하나인 부트스트랩(bootstrap) 기법의 핵심요소다. 관심 있는 사람은 [Efron & Tibshirani (1994)]를 참고하자).

6.5 스튜던트 t-분포와 t-검정이란?

P-값을 이야기하고 있지만, 잠깐 t-통계량과 t-분포에 관해 이야기해보자. 위에서 마지막으로 그린 그림은 정규 Q-Q 그림(normal quantile-quantile plot)이다. 점들이 직선에 가까울수록 정규분포에 가깝다. 세 번째 그림에서는 정규분포와 유사한 것처럼 보이지만, Q-Q 그림을 보면 꼬리부분에서 정규분포와 벗어나는 것을 볼 수 있다. 이것은 t-분포의 특징이다. 정규분포와 유사하지만, 꼬리가 좀 더 두터운 것이다.

t-통계량은 1908년 기네스 맥주회사에서 일하던 화학자 윌리엄 고셋(William Gosset)이 맥주의 품질을 모니터하기 위한 방법으로 개발하였다. 직원의 논문 출판을 금지하던 회사 방침상 '스튜던트'란 가명으로 결과를 발표하여 '스튜던트 t-통계량'으로 알려지게 되었다.

t-통계량을 이해하기 위해서는 우선 z-통계량을 이해해야 한다. 데이터가

$$X_i \sim {}_{iid} N(\mu, \sigma^2)$$

같은 모형으로부터 추출되었을 때 만약 귀무가설 $\mu = \mu_0$이 사실이라면 z-통계량은

$$Z = \frac{\bar{X} - \mu_0}{\sqrt{\sigma^2/n}} \sim N(0,1)$$

즉, 표준정규분포(standard normal distribution)를 따르게 된다. z-통계량의 문제점은 모분산 σ^2을 알 수 없다는 것이다.

t-통계량은 단순히 위의 모분산 σ^2을 표본분산 s^2으로 추정한 통계량이다.

$$t = \frac{\bar{X} - \mu_0}{\sqrt{s^2/n}} \sim t_v$$

귀무가설 $\mu = \mu_0$가 사실이라면 이 통계량은 어떤 분포를 따를까? $N(0,1)$ 분포와 유사하지만 완전히 같지는 않다. 그리고 그 다른 정도는 '자유도(degrees of freedom)' $v = n - 1$에 따라 달라진다. 자유도가 커질수록 정규분포에 접근해가며, 자유도가 작아질수록 양쪽 꼬리가 두터워지는 것을 알 수 있다(그림 6-4).

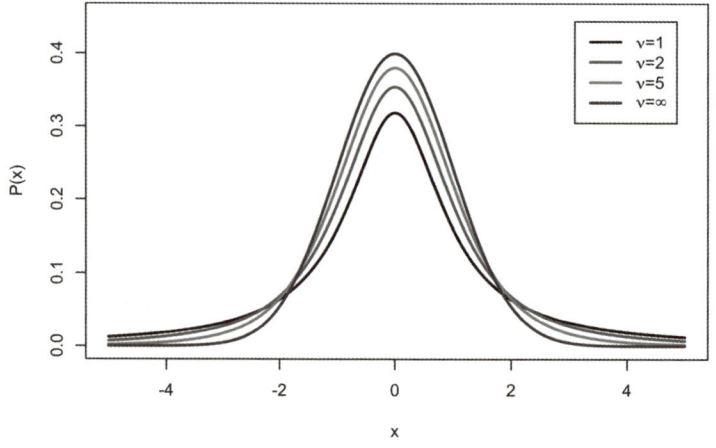

그림 6-4 **다양한 자유도 값에 따른 t 확률밀도함수**

t-검정(t-test)은 검정통계량이 스튜던트의 t-분포를 따르는 통계절차를 말한다. 가장 간단한 예는 이 절에서 살펴본 모평균의 가설검정이다. 좀더 복잡한 예는 분산분석의 특이한 예인 두 집단의 평균의 비교(two-sample t-test), 회귀분석과 분산분석의 선형 모형의 모수에 대한 검정이다. 다음 장에서 구체적으로 살펴볼 것이다.

이론적으로, 일변량 t-검정이 유효하기 위해서는 다음 조건이 충족되어야 한다.

- 조건 1: 각 관측치가 독립이고,
- 조건 2: 동일한 분포를 따르며,
- 조건 3: 그 분포는 정규분포 $N(\mu, \sigma^2)$이다.

이 중, 조건 1과 2는 중요하지만 가장 만족하기 어려운 조건인 조건 3은 그다지 중요하지 않다고 알려져 있다. 분포에 이상치가 없는 한, 각 관측치가 종모양의 정규분포가 아니더라도, t-검정의 결과는 상당히 유효하다. 이에 대한 이론적 논의는 빅켈(Bickel)과 독섬(Doksum)이 집필한 ≪Mathematical Statistics: Basic Ideas and Selected Topics≫ 등의 서적을 참고하자.

6.6 P-값을 이해하면 통계가 보인다

데이터 과학의 통계 분야 인터뷰에서 많이 물어보는 질문 중 하나가 P-값을 정의하라는 것과 다양한 가설검정 상황에서 비전문가들이 이해하기 쉽게 P-값을 설명하라는 것이다. 즉, 데이터 과학자는 P-값을 정확히 이해하고 P-값의 의미를 '지식의 저주'를 피하여 비전문가들에게 전달해야 한다.

우선 P-값의 정의부터 살펴보자. 기술적으로 P-값은 '귀무가설 하에서, 관찰된 통계량만큼의 극단적인 값이 관찰될 확률(The p-value is defined as the probability, under the assumption of the null hypothesis, of obtaining a result equal to or more extreme than what was actually observed), 즉 주어진 데이터가 얼마나 가능한지의 확률이다.

높은 P-값, 예를 들어 P = 0.5(두 번에 한 번꼴): 귀무가설 하에서도 주어진 데이터만큼 크거나 작은 것이 충분히 관측될 만하다. 귀무가설에 대한 반박증거가 부족하다(증거 불충분).

낮은 P-값. 예를 들어, P = 0.000001(백만 번에 한 번꼴): 귀무가설 하에서는 주어진 데이터만큼 극단적인 데이터가 관측되는 것은 거의 불가능하다. 귀무가설을 반박할 수 있다(유죄선고).

자, 이제 앞서 R의 t-검정 명령을 실행한 P = 0.1088을 비전문가에게 설명할 수 있는가? 한 번 시도해보자. 약 1분 동안 답을 적어보자.

적어보았는가? 만약 'P = 0.1088은 만약 약효가 없다면 우리가 관측한 정도의 데이터만큼 큰 t-통계량 값을 관측할 확률은 10.9%라는 것이다' 정도의 답을 자신있게 적을 수 있다면 좋다.

가설검정의 내용은 실질적으로 이것이 전부다! 이 P-값을 가지고 어떠한 결론을 내리든 맞을 수도 있고, 틀릴 수도 있는 것이다. '약효가 있다'고 결론을 내린다면 실제는 효과가 없는데 약효가 있다고 잘못된 결론을 내릴 확률이 10.9%인 것을 알 수 있다. 이러한 오류를 '타입 1 오류(Type I error)'라고 한다.[1] 법정 비유를 다시 생각해보면 무죄인 피고를 유죄라고 선고할 확률이 10.9%인 것이다. 당신이 판사라면 어떻게 결론을 내리겠는가? 10.9%가 너무 큰가 아니면 너무 작은가?

6.7 P-값의 오해와 남용

가설검정과 P-값은 많은 응용 분야에서 중요한 도구로 사용된다. 하지만 통계적 세계관이 그렇게 자명하지 않으므로 P-값은 오해되거나 남용되는 경우가 있다. 실제 적용 예에서 범하기 쉬운 오해 / 오류를 정리해보았다.

6.7.1 P-값보다 유의성만 보고하는 오류

전통적 가설검정 절차는, 가설검정 이전에 유의수준(significance level) α를 정해두고(1%, 5%, 10% 등의 값이 많이 사용된다), 만약 데이터로부터 계산된 P-값이 α보다 작으면 유의수준 α에서 통계적으로 유의하게 효과가 있다고 결론을 내리고, P-값 > α이면 그렇지 않는 것이었다. 심지어 P-값을 보고하지 않는 경우도 있었다. 이러한 전통 혹은 인습의 이유는 몇 가지다.

---

[1] 참고로, 이번 장에서 다루지 않겠지만 '타입 2 오류(Type II error)'는 귀무가설이 틀렸는데 귀무가설을 기각하지 않는 경우다. 본문의 예를 사용하면 사실은 약효가 있는데, 약효가 있다고 결론을 내리지 못한 경우, 피고가 사실은 죄가 있는데 죄가 없다고 결론을 내린 경우다.

첫 번째 이유는 컴퓨터 도구 없이 손으로 하는 계산이 편해서다. 컴퓨터 도구가 발달하기 이전에는 데이터마다 정확한 P-값을 구하기 위해 통계분포 테이블에 의존하였다(그림 6-5). 정확한 P-값을 찾는 것보다 P가 5% 혹은 1%보다 큰지 작은지를 점검하는 것이 더 간편하였다. 하지만 컴퓨터 도구로 정확한 P-값을 쉽게 구할 수 있는 지금은 정당한 의미가 없다.

두 번째 이유는 '간단하게 결과를 요약'하는 데 5%보다 크다, 1%보다 작다 등등으로 보고하는 것이 간편하였기 때문이다. 다항 회귀분석 등처럼, 여러 모수를 검정할 때 출력값에서 1% 수준에서 유의한 값은 *를, 0.1% 수준에서 유의한 값은 ** 등으로 나타내주는 것 등은 유익하다(하지만 그런 출력은 P-값 자체도 보여준다. *, **, ***, + 등의 심볼은 시각적으로 여러 모수 중 유의한 효과를 찾기 위한 도구일 뿐이다).

세 번째 이유는 P-값 자체의 의미를 전달하는 것보다 5%나 1%에서 유의하다, 유의하지 않다 등으로 단정적으로 결과를 주는 것이 쉬웠기 때문일 것이다. 위에서 살펴본 것처럼 P-값의 의미를 제대로 이해하는 것은 노력을 필요로 한다. 하지만 '효과가 유의하게 있다', '유의한 효과가 없다' 등으로 이야기하면 말하는 사람이나 듣는 사람이나 큰 노력 없이 대화가 가능하다.

이유야 어찌 되었건, 1%, 5% 등의 기준값에 절대적 의미를 부여하는 것은 말이 되지 않는다. 예를 들어, 5% 기준을 사용하여 P-값이 5.1%면 효과가 없고, 4.9%면 효과가 있다고 하는 것은 설득력이 없다. 그리고 과거 일부 학술지가 기준으로 삼았던 '우리 학술지는 1% 기준으로 의미 있는 연구결과만 출판합니다'라고 하는 것은 자의적이고, P-값은 작지만 의미 없는 연구를 출판하고, P-값은 크지만 의미 있는 연구를 제외하는 실수를 초래하게 된다.

반드시 P-값 자체를 보고하도록 하자. 그리고 아래에서 살펴볼 것처럼, 신뢰구간도 보고하도록 하자.

Cumulative from mean (0 to Z) [edit]

This table gives a probability that a statistic is between 0 (the mean) and Z.

$$f(z) = \Phi(z) - \frac{1}{2}$$

The values correspond to the shaded area for given Z

z	+0.00	+0.01	+0.02	+0.03	+0.04	+0.05	+0.06	+0.07	+0.08	+0.09
0.0	0.00000	0.00399	0.00798	0.01197	0.01595	0.01994	0.02392	0.02790	0.03188	0.03586
0.1	0.03983	0.04380	0.04776	0.05172	0.05567	0.05966	0.06360	0.06749	0.07142	0.07535
0.2	0.07926	0.08317	0.08706	0.09095	0.09483	0.09871	0.10257	0.10642	0.11026	0.11409
0.3	0.11791	0.12172	0.12552	0.12930	0.13307	0.13683	0.14058	0.14431	0.14803	0.15173
0.4	0.15542	0.15910	0.16276	0.16640	0.17003	0.17364	0.17724	0.18082	0.18439	0.18793
0.5	0.19146	0.19497	0.19847	0.20194	0.20540	0.20884	0.21226	0.21566	0.21904	0.22240
0.6	0.22575	0.22907	0.23237	0.23565	0.23891	0.24215	0.24537	0.24857	0.25175	0.25490
0.7	0.25804	0.26115	0.26424	0.26730	0.27035	0.27337	0.27637	0.27935	0.28230	0.28524
0.8	0.28814	0.29103	0.29389	0.29673	0.29955	0.30234	0.30511	0.30785	0.31057	0.31327
0.9	0.31594	0.31859	0.32121	0.32381	0.32639	0.32894	0.33147	0.33398	0.33646	0.33891
1.0	0.34134	0.34375	0.34614	0.34849	0.35083	0.35314	0.35543	0.35769	0.35993	0.36214
1.1	0.36433	0.36650	0.36864	0.37076	0.37286	0.37493	0.37698	0.37900	0.38100	0.38298
1.2	0.38493	0.38686	0.38877	0.39065	0.39251	0.39435	0.39617	0.39796	0.39973	0.40147
1.3	0.40320	0.40490	0.40658	0.40824	0.40988	0.41149	0.41308	0.41466	0.41621	0.41774
1.4	0.41924	0.42073	0.42220	0.42364	0.42507	0.42647	0.42785	0.42922	0.43056	0.43189
1.5	0.43319	0.43448	0.43574	0.43699	0.43822	0.43943	0.44062	0.44179	0.44295	0.44408
1.6	0.44520	0.44630	0.44738	0.44845	0.44950	0.45053	0.45154	0.45254	0.45352	0.45449
1.7	0.45543	0.45637	0.45728	0.45818	0.45907	0.45994	0.46080	0.46164	0.46246	0.46327
1.8	0.46407	0.46485	0.46562	0.46638	0.46712	0.46784	0.46856	0.46926	0.46995	0.47062
1.9	0.47128	0.47193	0.47257	0.47320	0.47381	0.47441	0.47500	0.47558	0.47615	0.47670
2.0	0.47725	0.47778	0.47831	0.47882	0.47932	0.47982	0.48030	0.48077	0.48124	0.48169
2.1	0.48214	0.48257	0.48300	0.48341	0.48382	0.48422	0.48461	0.48500	0.48537	0.48574
2.2	0.48610	0.48645	0.48679	0.48713	0.48745	0.48778	0.48809	0.48840	0.48870	0.48899
2.3	0.48928	0.48956	0.48983	0.49010	0.49036	0.49061	0.49086	0.49111	0.49134	0.49158
2.4	0.49180	0.49202	0.49224	0.49245	0.49266	0.49286	0.49305	0.49324	0.49343	0.49361
2.5	0.49379	0.49396	0.49413	0.49430	0.49446	0.49461	0.49477	0.49492	0.49506	0.49520
2.6	0.49534	0.49547	0.49560	0.49573	0.49585	0.49598	0.49609	0.49621	0.49632	0.49643
2.7	0.49653	0.49664	0.49674	0.49683	0.49693	0.49702	0.49711	0.49720	0.49728	0.49736
2.8	0.49744	0.49752	0.49760	0.49767	0.49774	0.49781	0.49788	0.49795	0.49801	0.49807
2.9	0.49813	0.49819	0.49825	0.49831	0.49836	0.49841	0.49846	0.49851	0.49856	0.49861
3.0	0.49865	0.49869	0.49874	0.49878	0.49882	0.49886	0.49889	0.49893	0.49896	0.49900

The first column is the number of degrees of freedom.

One-sided	75%	80%	85%	90%	95%	97.5%	99%	99.5%	99.75%	99.9%	99.95%
Two-sided	50%	60%	70%	80%	90%	95%	98%	99%	99.5%	99.8%	99.9%
1	1.000	1.376	1.963	3.078	6.314	12.71	31.82	63.66	127.3	318.3	636.6
2	0.816	1.080	1.386	1.886	2.920	4.303	6.965	9.925	14.09	22.33	31.60
3	0.765	0.978	1.250	1.638	2.353	3.182	4.541	5.841	7.453	10.21	12.92
4	0.741	0.941	1.190	1.533	2.132	2.776	3.747	4.604	5.598	7.173	8.610
5	0.727	0.920	1.156	1.476	2.015	2.571	3.365	4.032	4.773	5.893	6.869
6	0.718	0.906	1.134	1.440	1.943	2.447	3.143	3.707	4.317	5.208	5.959
7	0.711	0.896	1.119	1.415	1.895	2.365	2.998	3.499	4.029	4.785	5.408
8	0.706	0.889	1.108	1.397	1.860	2.306	2.896	3.355	3.833	4.501	5.041
9	0.703	0.883	1.100	1.383	1.833	2.262	2.821	3.250	3.690	4.297	4.781
10	0.700	0.879	1.093	1.372	1.812	2.228	2.764	3.169	3.581	4.144	4.587
11	0.697	0.876	1.088	1.363	1.796	2.201	2.718	3.106	3.497	4.025	4.437
12	0.695	0.873	1.083	1.356	1.782	2.179	2.681	3.055	3.428	3.930	4.318
13	0.694	0.870	1.079	1.350	1.771	2.160	2.650	3.012	3.372	3.852	4.221
14	0.692	0.868	1.076	1.345	1.761	2.145	2.624	2.977	3.326	3.787	4.140
15	0.691	0.866	1.074	1.341	1.753	2.131	2.602	2.947	3.286	3.733	4.073
16	0.690	0.865	1.071	1.337	1.746	2.120	2.583	2.921	3.252	3.686	4.015
17	0.689	0.863	1.069	1.333	1.740	2.110	2.567	2.898	3.222	3.646	3.965
18	0.688	0.862	1.067	1.330	1.734	2.101	2.552	2.878	3.197	3.610	3.922
19	0.688	0.861	1.066	1.328	1.729	2.093	2.539	2.861	3.174	3.579	3.883
20	0.687	0.860	1.064	1.325	1.725	2.086	2.528	2.845	3.153	3.552	3.850
21	0.686	0.859	1.063	1.323	1.721	2.080	2.518	2.831	3.135	3.527	3.819
22	0.686	0.858	1.061	1.321	1.717	2.074	2.508	2.819	3.119	3.505	3.792
23	0.685	0.858	1.060	1.319	1.714	2.069	2.500	2.807	3.104	3.485	3.767
24	0.685	0.857	1.059	1.318	1.711	2.064	2.492	2.797	3.091	3.467	3.745
25	0.684	0.856	1.058	1.316	1.708	2.060	2.485	2.787	3.078	3.450	3.725
26	0.684	0.856	1.058	1.315	1.706	2.056	2.479	2.779	3.067	3.435	3.707
27	0.684	0.855	1.057	1.314	1.703	2.052	2.473	2.771	3.057	3.421	3.690
28	0.683	0.855	1.056	1.313	1.701	2.048	2.467	2.763	3.047	3.408	3.674
29	0.683	0.854	1.055	1.311	1.699	2.045	2.462	2.756	3.038	3.396	3.659
30	0.683	0.854	1.055	1.310	1.697	2.042	2.457	2.750	3.030	3.385	3.646
40	0.681	0.851	1.050	1.303	1.684	2.021	2.423	2.704	2.971	3.307	3.551
50	0.679	0.849	1.047	1.299	1.676	2.009	2.403	2.678	2.937	3.261	3.496
60	0.679	0.848	1.045	1.296	1.671	2.000	2.390	2.660	2.915	3.232	3.460
80	0.678	0.846	1.043	1.292	1.664	1.990	2.374	2.639	2.887	3.195	3.416
100	0.677	0.845	1.042	1.290	1.660	1.984	2.364	2.626	2.871	3.174	3.390
120	0.677	0.845	1.041	1.289	1.658	1.980	2.358	2.617	2.860	3.160	3.373
∞	0.674	0.842	1.036	1.282	1.645	1.960	2.326	2.576	2.807	3.090	3.291

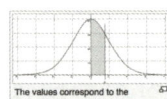

그림 6-5 추억의 통계 테이블. 정규분포를 위한 z-테이블(왼쪽)과 t-검정을 위한 t-테이블(오른쪽)

출처 https://goo.gl/A90Sme, https://goo.gl/mfrXrl

6.7.2 P-값을 모수에 대한 확률로 이해하는 오류

예를 들어, 위의 수면제 데이터 분석 결과에 대해 사람들에게 P-값의 의미를 질문하면 비전문가뿐 아니라 전문가마저도, '효과가 없다는 귀무가설이 맞을 확률', '효과가 있다는 대립가설이 틀릴 확률' 등으로 설명하는 경우가 많다. 직관적인 이해에는 도움이 될 수 있겠지만, 부정확하고 위험할 수 있는 이해다.

우선 '모수가 어쩌고 저쩌고 할 확률'을 이야기하는 것은 전통적 가설검정에서는 사용할 수 없는 표현이다. 왜냐하면 모수는 '알려지지 않은(랜덤변수가 아닌!) 상수'이기 때문이다. 상수에 대해서는 확률을 운운하지 않는다. 상수는 어떤 값을 가질 확률이 100%이기 때문이다! 데이터가, 데이터 값이 확률변수다. 모수는 랜덤변수가 아닌 상수다. 물론, 베이지안(Bayesian statistics) 방법론에서는 예외다. 베이지안에서는 모수도 랜덤변수로 간주하기 때문이다. 하지만 베이지안에서는 P-값이라는 용어를 쓰지 않는다!

6.7.3 높은 P-값을 귀무가설이 옳다는 증거로 이해하는 오류

높은 P-값은 대립가설을 입증하는 증거가 불충분함을 의미한다. 실제로 대립가설이 옳고, 효과가 아주 강해도, 데이터 관측치가 적으면 P-값이 높을 수 있다! 즉, 높은 P-값은 증거/데이터 불충분으로 이해해야 한다. 즉, 가설검정에서 귀무가설을 '증명'하는 것은 불가능하다. 넌센스처럼 보이지만, 그것이 게임의 규칙이다!

영어 표현을 생각해보면 법정 비유를 더 적용할 수 있다. 왜냐하면 영어로 법정에서의 결론은 'guilty vs not gulity'다. 즉, 실제 알리바이를 제시하더라도 결론은 'innocent'가 아니라 'not guilty'라는 표현을 사용한다.

높은 P-값을 가진 연구의 의미가 없다고 생각하는 오류도 이와 동일한 오류다.

6.7.4 낮은 P-값이 항상 의미 있다고 이해하는 오류

그렇다면 낮은 P-값은 대립가설에 대한 증거를, 효과를 입증하는 것일까? '수학적으로는' 그렇다. 그것이 실제적으로도 의미가 있을까? 꼭 그렇지는 않다. 예를 들어, 앞서 수면제 효과 예에서, 표본의 평균 수면시간 증가가 1초(!), 즉 1/3600시간이라고 하자(표본 크기는 10일 수도, 1,000일 수도, 1,000,000일 수도 있다). 전혀 의미 없는 수면시간 증가다. 그렇지 않은가?

하지만, 놀라운 것은 표본 크기가 충분히 크다면 낮은 P-값을 얻을 수 있다! 정확히는 2억 2천 8백만 정도의 표본 크기면 된다. 좀 더 자세히 살펴보자(수학이 좀 나온다. 건너 뛰어도 된다). 우리 예에서 P-값은 P(Z > xbar/(1.8/sqrt(n)))이니까, P(Z > (1/3600)/(1.8/sqrt(n))) = 0.01 식을 n에 대해 풀면 된다. 즉, 1/3600 = 2.33 * 1.8/sqrt(n), sqrt(n) = 2.33 * 1.8 * 3600, n = (2.33 * 1.8 * 3600)^2을 풀면 된다.

이처럼, 표본평균 차이가 동일하면 데이터 크기가 커지면 커질수록 P-값은 작아진다. 전문용어로, 가설검정의 민감도(sensitivity)가 높아진다. 민감해지면 아무리 작은 차이라도 발견해내고, 알람을 울려대는 것이다.

이 예에서 보듯이 실용적 유의성은 통계적 유의성과 다르다. P-값을 우상화하지 않도록 하자.

물론 수면제 예에서 이런 커다란 표본을 얻는 것은 불가능하다. 한 실험당 100원만 들어도 200억 원이다! 그러니까 염려할 필요가 없는 것 아닌가? 그렇지 않다! 현대의 소위 '빅데이터' 하에서는 백만, 천만, 억 개의 관측치를 얻는 것이 어렵지도 드물지도 않다.

그러면 이 오류를 어떻게 피할 수 있을까? 크게 두 가지 방법이 있다. 첫째는 데이터 크기를 살펴보는 것이다. 표본 크기가 아주 크지는 않은가? 둘째는 표본평균의 증가 값 자체를 살펴보는 것이다. 신뢰구간을 구해보는 것도 좋다. 실질적으로 의미 있는 차이인가(practically significant)? 만약 표본 크기가 너무 크고, 표본평균의 증가 값 자체가 너무 작다면 낮은 P-값 자체로는 의미가 없다. 낮은 P-값만으로 샴페인을 너무 일찍 터뜨리지 말자.

6.7.5 P-값만을 고려하고, 신뢰구간을 사용하지 않는 오류

위에서 언급한 것처럼, P-값 자체는 통계적 유의성(statistical significance)이라는 쓸모 있지만 실용적인 의미는 직접 전달하지 않는 수치다. P-값과 더불어 신뢰구간(confidence interval)을 사용하자. 앞의 수면제 효과 예에서, 95% 신뢰구간은 $(-0.530, 2.03)$시간으로 주어졌다.

6.7.6 미국통계학회의 P-값의 사용에 관한 성명서

P-값의 잘못된 이해와 사용의 문제가 워낙 심각해서 최근 미국통계학회에서는 P-값의 올바른 사용과 해석을 위한 여섯 가지 지침을 발표할 정도였다. 우리가 앞서 살펴본 내용들과 중첩되는 내용이 많은데, 그 지침들은 다음과 같다.

1. P-값은 (통계적 유의성보다는) 가정된 모형이 데이터와 별로 맞지 않음을 나타낼 수 있다 (P-values can indicate how incompatible the data are with a specified statistical model).

2. P-값은 주어진 가설이 참인 확률이나, 데이터가 랜덤하게 생성된 확률이 아니다 (P-values do not measure the probability that the studied hypothesis is true, or the probability that the data were produced by random chance alone).

3. 과학적 연구 결과와 비즈니스, 정책결정 과정은 P-값이 어떤 경계값보다 크거나 작은 것에 근거해서는 안 된다(Scientific conclusions and business or policy decisions should not be based only on whether a p-value passes a specific threshold).

4. 제대로 된 추론을 위해서는 연구과정 전반에 대한 보고서와 투명성이 필요하다(Proper inference requires full reporting and transparency).

5. P-값이나 통계적 유의성은 효과의 크기나 결과의 중요성을 나타내지 않는다(A p-value, or statistical significance, does not measure the size of an effect or the importance of a result).

6. P-값 자체만으로는 모형이나 가설에 대한 증거가 되지 못한다(By itself, a p-value does not provide a good measure of evidence regarding a model or hypothesis).

관심 있는 분은 보고서 'The ASA's statement on p-values: context, process, and purpose (미국 통계학회에서 P-값에 대한 성명을 낸 배경, 과정, 의도, https://goo.gl/hf4OMA)'나 짧은 요약 'Statement on Statistical Significance and P-값(통계유의성과 P-값에 대한 성명서, https://goo.gl/pgzhjG)'를 읽어볼 것을 권한다.

6.8 신뢰구간의 의미

자, 그럼 P-값의 의미에 이어서, 신뢰구간의 의미를 생각해보자. 95% 신뢰구간의 의미는 무엇인가? 언뜻 보면 자명해 보이는 신뢰구간도 실제로 정확히 설명하는 사람이 많지 않다. 많은 사람들이 생각하는 것은 '모수가 주어진 신뢰구간에 포함될 확률, 즉 평균 수면시간 증가가 −0.53에서 2.03 사이일 확률이 95%다.' 상당히 비슷하지만 정확하지 않다. 무엇보다도 모수는 값을 모르는 상수지 확률변수가 아니므로 '모수가 xxx할 확률'이라고 이야기할 수 없다. 이미 구해진 신뢰구간은 참 모수를 포함하든가 아니면 포함하지 않든가, 둘 중 하나다!

95% 신뢰구간의 정확한 정의는 '같은 모형에서 반복해서 표본을 얻고, 신뢰구간을 얻을 때 신뢰구간이 참 모수값을 포함할 확률이 95%가 되도록 만들어진 구간(Were this procedure to be repeated on multiple samples, the calculated confidence interval (which would differ for each sample) would encompass the true population parameter 95% of the time.)'이다. 헷갈리지 않은가? 왜 이리 복잡하게 설명하는지…. 하지만, 앞서 P-값과 마찬가지로, 이 의미를 이해하는 것이 통계적 세계관의 근간이다. 좀더 자세히 설명해보겠다.

어쨌건, 다시 평행우주의 우주관으로 돌아가자. 알려지지 않은 모수의 값, 평균 수면시간 증가가 1시간이라고 하자. 여기서 세 평행우주를 만들어보고, 각각의 표본에 95% 신뢰구간을 만들어보자.

```
> set.seed(1606)
> (y_star <- rnorm(10, 1, 1.8))
 [1]  1.050  2.020 -0.826  1.600 -0.693  4.433 -1.112 -0.426  4.658  3.020
> t.test(y_star)$conf.int
[1] -0.172  2.917
> (y_star <- rnorm(10, 1, 1.8))
 [1]  2.609 -0.358  3.049 -1.181  0.472  2.893  1.554  0.912  4.108  0.115
> t.test(y_star)$conf.int
[1] 0.195 2.639
> (y_star <- rnorm(10, 1, 1.8))
 [1]  0.523  0.246  2.058  3.312  2.772  0.955 -1.994  2.751 -0.561  3.669
```

```
> t.test(y_star)$conf.int
[1] 0.0541 2.6923
>
```

이 세 우주에서 95%의 신뢰구간은 참값 1.0을 다 포함하고 있다. 다행히도! 하지만 이런 행운은 95%, 즉 100번에 95번꼴로 일어난다. 100번에 5번꼴로, 우리의 95% 신뢰구간은 참값을 포함하지 않는다. 좀더 많은 평행우주를 시뮬레이션해보자(그림 6-6).

```
set.seed(1606)
B <- 1e2
conf_intervals <-
  data.frame(b=rep(NA, B),
             lower=rep(NA, B),
             xbar=rep(NA, B),
             upper=rep(NA, B))
true_mu <- 1.0
for(b in 1:B){
  (y_star <- rnorm(10, true_mu, 1.8))
  conf_intervals[b, ] = c(b=b,
                          lower=t.test(y_star)$conf.int[1],
                          xbar=mean(y_star),
                          upper=t.test(y_star)$conf.int[2])
}
conf_intervals <- conf_intervals %>%
  mutate(lucky = (lower <= true_mu & true_mu <= upper))

glimpse(conf_intervals)
table(conf_intervals$lucky)
conf_intervals %>% ggplot(aes(b, xbar, col=lucky)) +
  geom_point() +
  geom_errorbar(aes(ymin=lower, ymax=upper)) +
  geom_hline(yintercept=true_mu, col='red')
```

이 시뮬레이션에서는 100번의 평행우주 중에서 94번의 95% 신뢰구간이 참값을 포함했다. 물론, 이것을 무척 많이 반복하면 할수록 참값을 포함하는 95% 신뢰구간의 비율은 95%에 가까워진다.

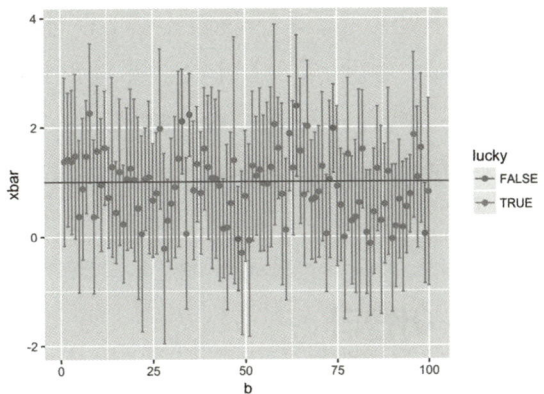

그림 6-6 참 수면시간 증가가 1시간일 때 100번의 다른 데이터(평행우주)를 시뮬레이션했을 때 각 데이터에서의 95% 신뢰구간. 참값(1.0)을 포함하지 않은 신뢰구간은 빨간색으로 표시되었다.

6.8.1 신뢰구간의 이해를 돕는 다른 표현

참고로 '같은 모형'이라는 말을 지나치게 제한적으로 생각할 필요는 없다. 예를 들면 내가 95% 신뢰구간을 이용해서 100편의 논문을 사용했다면 평균적으로 5개의 논문에서 결론은 잘못되었다고 할 수 있고 혹은 한 여론조사회사에서 100번의 여론조사(각각 다른 주제)를 했다면 이 중 (평균적으로) 5번은 신뢰구간이 참값을 포함하지 않는다고 설명할 수 있다.

6.8.2 나의 현재는 95%인가, 5%인가?

이제 시뮬레이션을 뒤로 하고, 앞의 수면제 효과 예의, 95% 신뢰구간 (−0.530, 2.03)으로 돌아가보자. 참 수면시간 증가가 −0.53과 2.03 시간 사이일 확률이 95%, 그렇지 않을 확률이 5%이다. 그렇다면 둘 중 어느 것이 현재의 진실일까? 알 수 없다! 확률이 그런 것이다. 95%의 확률은 높지만 100%가 아니다. 불운하게도 참값을 포함하지 않을 확률이 5%나 되는 것이다. 문제는, 현재 내가 가지고 있는 구간이 그 100개 중 95개에 속한 것인지 5개에 속한 것인지 알 수 없다는 것이다!

이와 관련된 흥미 있는 인용구가 있다. 광고와 마케팅의 선구자 중 하나로 알려진 존 워너메이커(John Wanamaker)는 광고의 효과 측정이 얼마나 어려운지를 다음과 같이 이야기하였다. "광고에 지출하는 비용 중 절반은 낭비된다. 문제는 어느 절반인지는 모른다는 것이다(Half the money I spend on advertising is wasted; the trouble is I don't know which half)."

6.9 넷째, 통계학은 어렵다

저자는 동료 A씨에게 "통계적인 의사 결정이 왜 어려운 것 같나?"라고 질문한 적이 있다. 그의 대답은 사람의 생각은 100%이기 때문이라는 것이다. 일리가 있는 말이다. 확률적인 생각은 어렵다. 수학이 도리어 쉽다. 맞거나 틀리거나 100%이기 때문이다. 불확실성을 정량화하는 기막힌 학문이 확률 통계다.

통계학이 인류 문화 중 극히 최근에 발견되고 개발된 학문인 것을 기억할 필요가 있다. 유클리드의 기하학은 기원전, 뉴턴과 라이프치히의 미적분학은 17세기에 개발되었다. 물리학에서의 뉴턴역학도 마찬가지다. 하지만 현대적 의미의 통계학이 발전한 것은 19세기 후반이 되어서다. 그것은 확률, 평행우주, 가능한 다양한 결과 등의 생각이 그만큼 자명하고 직관적인 것은 아님을 반증한다.

다니엘 카네만(Daniel Kahneman)은 2002년에 노벨경제학상을 받은 심리학자이자 경제학자다. 카네만은 사람의 생각하는 방법을 시스템 1과 시스템 2로 구분했다. 시스템 1은 빠른 생각(fast thinking)으로 자동적이고, 본능적이고, 감정적이며, 선입견이 많고, 무의식적이다. 이에 반해 시스템 2는 느린 생각(slow thinking)으로 힘들고, 자주 할 수 없고, 논리적이고, 계산적이며, 의식적이다. 사람은 오랜 진화의 과정으로 인해 빠르고 직관적인 시스템 1이 발달했지만 통계학은 시스템 2로 우리의 평이한 본성과는 거리가 있다. 이것이 바로 통계학이 어려운 이유다.

영국 글래스고대학교의 통계학 교수 스티븐 센(Stephen Senn)은 "통계학은 어려운데 쉽다고 생각하는 사람(의사)들이 많다(Statistics — A subject which most statisticians find difficult but in which nearly all physicians are expert)"며 통계의 정확한 이해 없이 통계를 오용/남용하는 경향을 꼬집었다(이 인용 외에 여러 다양한 통계 관련 인용을 https://goo.gl/4PIKIA에서 볼 수 있다).

평행우주의 비유, 법정의 비유 등이 이러한 어려운 통계 개념을 조금이나마 직관적으로 다가오게 하는 데 도움이 되길 바란다. 그만큼 정확한 통계의 사용은 유용하기 때문이다.

6.10 모집단, 모수, 표본

앞서 통계학은 알려지지 않은 모수를 잡음이 섞인 데이터를 이용해 평행우주적인 세계관으로 확률적으로 추적해가는 과정임을 보였다. 앞의 예를 발전시켜 몇 가지 개념을 더 정의해보겠다.

- 모집단(population): 데이터가 (랜덤하게) 표본화되었다고 가정하는 분포/집단
- 모수(population parameter): 모집단을 정의하는 값을 모르는 상수
- 표본(sample): 모집단으로부터 (랜덤하게) 추출된 일부 관측치
- 통계량(statistics): 모수를 추정하기 위해 데이터로부터 계산된 값
- 귀무가설(null hypothesis): 모수에 대한 기존(status quo)의 사실 혹은 디폴트 값
- 대립가설(alternative hypothesis): 모수에 대해 귀무가설과 대립하여 증명하고 싶은 사실
- 가설검정(hypothesis testing): 통계량을 사용해 귀무가설을 기각하는 절차
- 타입 1 오류(Type 1 error): 가설검정 절차가 참인 귀무가설을 기각하는 사건
- 타입 2 오류(Type 2 error): 가설검정 절차가 거짓인 귀무가설을 기각하지 않는 사건
- 유의수준(significance level): 타입 1 오류를 범할 확률의 허용치
- P-값: 만약 귀무가설이 참일 때 데이터가 보여준 정도로 특이한 값이 관측될 확률

수면시간 증가 문제의 예에 적용한다면 다음처럼 될 것이다.

- 모집단(population): 무한히 많은 수면환자들
- 모수(parameter): 무한히 많은 수면환자들의 평균 수면시간 증가
- 표본(sample): 10명의 랜덤하게 무작위로 추출한 사람들
- 통계량(statistic): 표본의 평균 수면시간 증가
- 귀무가설(null hypothesis): 주어진 수면제는 수면시간 증가에 효과가 없다.
- 대립가설(alternative hypothesis): 주어진 수면제는 수면시간 증가에 효과가 있다.
- 타입 1 오류(Type 1 error): 실제로 수면제 효과가 없을 때 효과가 있다고 결론짓는 오류
- 타입 2 오류(Type 2 error): 실제로 수면제 효과가 있을 때 효과가 있다고 결론짓지 못하는 오류
- P-값: 실제로 수면제의 효과가 없을 때 평균 수면시간 증가가 데이터가 보여준 것만큼 클 확률

여기서 표본통계량의 값은 각 평행우주마다 다를 것이다. 여러 평행우주들 사이에서 표본통계량의 다른 값의 분포를 '표본분포(sampling distribution)'라고 한다(그림 6-7).

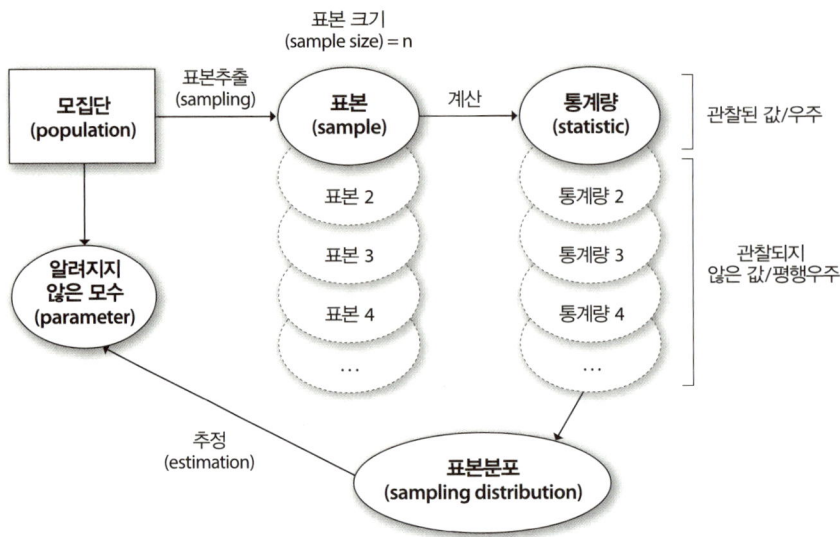

그림 6-7 모집단, 모수, 표본, 통계량, 표본분포의 관계

6.10.1 표본분포의 예

조금 수학적으로 표현해보자. 만약 모집단에서 각 사람의 수면시간 증가가 평균이 μ, 표준편차가 σ라고 하면 10명의 표본의 평균 수면시간 증가는 대략 종모양의 분포를 가진, 평균은 μ, 표준편차는 $\sigma/\sqrt{10}$인 표본분포를 따른다. 우리가 앞서 살펴본 시뮬레이션은 $\mu = 0$, $\sigma = 1.8$인 경우였다. 그림 6-8에 나타난 표본평균의 표본분포는 대략 종모양이고, 평균은 0, 표준편차는 $1.8/\sqrt{10} = 0.569$인 것을 확인할 수 있다.

6.10.2 중심극한정리

위에서 우리는 시뮬레이션에서 개인의 수면시간 증가가 종모양을 따른다고 가정하였다. 하지만, 신기하게도 개인의 수면시간 증가가 어떤 분포를 따르든(!) 표본평균은 대략 종모양을 따르게 된다!

다시 말하지만, 표본평균은 대략 종모양을 따른다! 쉽게 다음의 시뮬레이션으로 확인할 수 있다. 한 극단적인 예로 개인별 수면시간 증가가 같은 확률로 0시간, 혹은 1시간이라 해보자. 즉,

공정한 동전을 던져 앞면이면 수면시간이 늘지 않고, 뒷면이면 수면시간이 느는 것이다. 그럴 때 10명의 수면시간의 평균은 어떤 모양을 따를까? 우선 0, 1/10, … , 9/10, 10/10의 11가지 값들밖에 가지지 못함을 알 수 있다. 그런데 그 분포를 살펴보면 종모양에 가깝다!

```
hist(c(0, 1), nclass=100, prob=TRUE, main='Individual sleep time increase')
set.seed(1606)
B <- 1e4
n <- 10
xbars_star <- rep(NA, B)
for(b in 1:B){
  xbars_star[b] <- mean(sample(c(0,1), size=n, replace=TRUE))
}
hist(xbars_star, nclass=100, main='Sample mean of 10 obs')
```

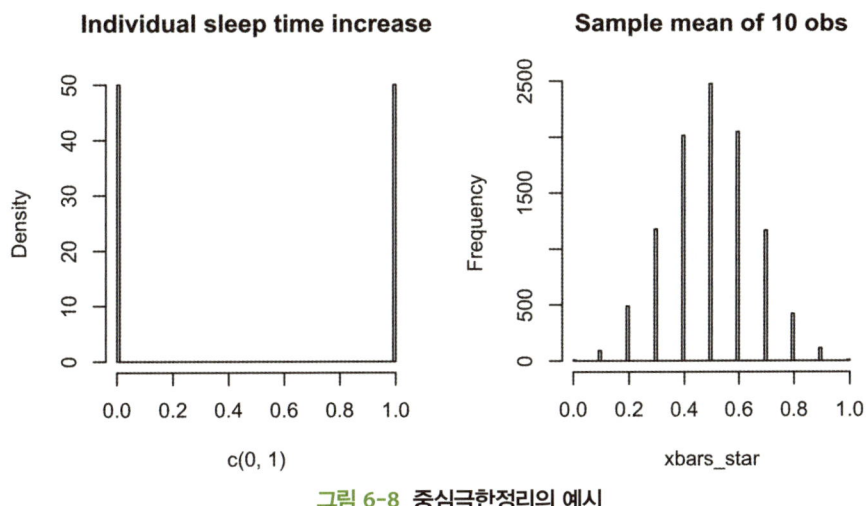

그림 6-8 **중심극한정리의 예시**

이 특이한 현상을 중심극한정리(central limit theorem)라고 한다. 확률론의 가장 중요한 결과 중 하나다. 중심극한정리 덕분에, 많은 데이터가 정규분포에 기반을 둔 비교적 적은 수의 모형과 방법으로 분석될 수 있다.

종모양 분포, 즉 정규분포는 수학적으로도 신기한 분포다. 그 분포함수에는 pi, exp 등의 상수가 등장한다.

$$f(x) = \frac{1}{\sqrt{2\sigma^2 \pi}} \exp\left(-\frac{(x-\mu)^2}{2\sigma^2}\right)$$

(여기서 μ는 평균을, σ^2은 분산을 나타낸다.)

6.11 모수추정의 정확도는 sqrt(n)에 비례한다

95% 신뢰구간의 크기는 1/sqrt(n)에 비례한다. 즉, 표본의 크기가 커지면 커질수록 신뢰구간의 크기는 줄어들고, 그 줄어드는 속도는 sqrt(n)이다.

이것은 무척 중요한, 기억해두어야 할 내용이다. 예를 들어, 앞서 수면시간 증가의 예에서, 신뢰구간의 크기는 총 2.56(시간)이었다. 즉, 표본평균 0.75 ± 1.28이었다.

```
> diff(t.test(y)$conf.int)
[1] 2.56
> mean(y)
[1] 0.75
> diff(t.test(y)$conf.int)/2
[1] 1.28
```

만약 이 신뢰구간의 크기가 너무 커 1/10, 즉 0.256시간으로 줄이려면 어떻게 해야 할까? 즉, 우리 추정치의 정확도를 높이려면 어떻게 해야 할까?

통계적으로 유일한 방법은 표본 크기를 늘리는 방법 외에는 없다! 상식적으로 자명한 사실이다. 데이터 크기가 커지면 추정은 더 정확해질 것이다. 그렇다면 과연 얼마나 늘려야 할까? 5배? 10배? 100배? 1000배??

비교적 간단한 대답은 $\sqrt{n}$ 을 사용하는 것이다. 신뢰구간은 다음 공식으로 주어진다.

$$\left(\bar{x} - z^* \frac{\sigma}{\sqrt{n}}, \bar{x} + z^* \frac{\sigma}{\sqrt{n}}\right) \quad \text{(표준편차 } \sigma\text{가 알려진 경우)}$$

$$\left(\bar{x} - t^* \frac{s}{\sqrt{n}}, \bar{x} + t^* \frac{s}{\sqrt{n}}\right) \quad \text{(표준편차 } \sigma\text{가 알려지지 않고, 표본표준편차 } s\text{로 추정된 경우)}$$

여기서 z^*와 t^*는 95%의 신뢰구간을 만들어주기 위한 상수고, s는 표본표준편차다. 표본수를 늘인다고 s의 값이 크게 변화하지 않으며, 단지 모집단의 표준편차 σ에 가까워질 뿐이다. 이 값들은 바꿀 수 없는 모집단의 특성이다. 즉, 신뢰구간의 크기는 $2 * z * s / \sqrt{n}$ 이다. 이것을 1/10로 줄이려면 n이 100배 커져야 한다. 즉, 100배 큰 표본을 구해야 한다.

이러한 표본 크기 결정의 문제, 즉 'xxx만큼의 정확도를 얻기 위해서는 얼마나 큰 표본이 필요한가?'는 수많은 실험 계획과 표본조사에서 무척 중요한 문제이다. 바로 비용 문제와 직결되기 때문이다. 반드시 전문가의 자문을 받도록 하자.

6.11.1 sqrt(n)과 '빅데이터'의 가치

추정치의 정확도가 표본의 크기의 제곱근에 반비례한다는 것, 즉 $1/\sqrt{n}$과 비례한다는 것은 꼭 기억하자. 이 관계는 추정의 문제에서 데이터의 가치에 대한 생각거리를 제공한다. 무엇보다 중요한 것은 '추정의 정확도는 데이터량의 증가와 비례하지 않는다'는 것이다. 대신, '추정의 정확도는 데이터량의 제곱근의 증가량과 비례한다.'

이 관계를 시각적으로 살펴보자. 그림 6-9의 왼쪽 그림은 표본 크기와 신뢰구간의 크기의 관계를 보여준다. 표본의 크기가 1일 때의 신뢰구간의 크기를 1이라고 한다면 표본 크기가 10으로 커졌을 때 0.316, 100일 경우에는 0.1, 1000일 경우에는 0.0316 등등이다. 즉, 데이터가 한 개밖에 없을 때 10개의 새 관측치를 추가할 때는 신뢰구간의 크기가 1에서 0.316으로 69%나 줄었다. 하지만, 100개의 관측치가 있을 때 10개의 관측치를 추가할 때의 신뢰구간 크기의 감소는 단지 4.7%에 불과하다. 즉, '10개의 관측값의 추가적 가치'는 점점 줄어드는 것이다. 그림 6-9의 오른쪽 그림은 이 관계를 나타낸다.

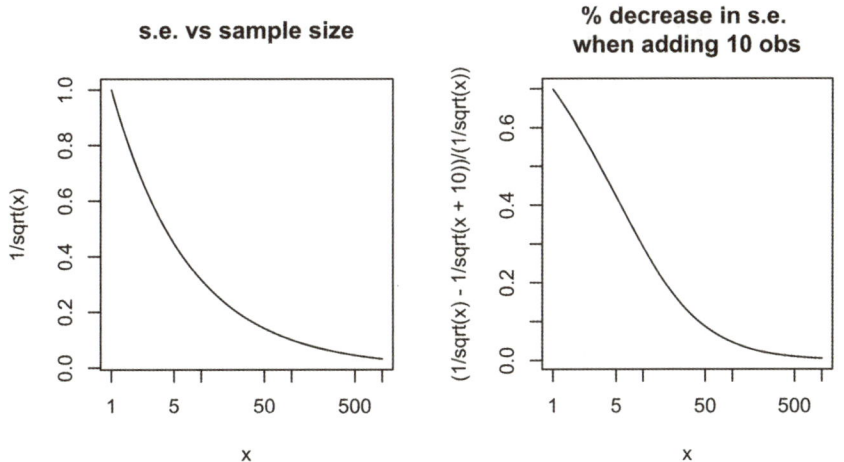

그림 6-9 표본 크기와 신뢰구간의 크기의 관계(왼쪽)와 10개의 관측치를 추가할 때 신뢰구간의 상대적 감소 (오른쪽)

경제학에는 한계효용체감의 법칙(a law of diminishing marginal utility)이라는 것이 있다. 예를 들어, 격렬한 운동을 한 뒤 처음 마신 스포츠 음료 한 캔은 큰 효용을 줄 것이지만, 두 번째 마시는 한 캔의 효용과 기쁨은 적을 것이고, 3병째, 4병째로 갈수록 효용은 줄어들고, 도리어 거북함만 더할 것이다(https://goo.gl/eK1w9G).

'더 큰 데이터'의 가치도 비슷한 한계효용체감의 법칙을 따른다. 처음 n개의 관측치는 큰 효용을 주지만(정확도를 많이 증가시켜 주지만), 추가적인 n개의 관측치로 인한 정확도의 증가는 점점 줄어든다. 많은 경우에 데이터를 저장하고, 계산하는 것은 컴퓨터의 발달로 쉬워졌지만, 데이터를 수집하는 것은 비용이 많이 드는 경우가 많다. 따라서 우리는 다음과 같은 결론을 얻을 수 있다.

'비교적 단순한 추정의 문제에서 빅데이터의 가치는 점점 줄어든다.'

여기서 '비교적 단순한'이란 단서를 단 것은 모평균, 모비율 등 하나의 모수만을 추정하는 단순한 문제들에서만 그렇다는 것이다. 지지율 조사, (성공확률이 아주 낮지는 않은) 성공률 비교 등이 그렇다. 이에 반해, 모형이 복잡해지면, 즉 추정할 모수가 많아지면 데이터는 많으면 많을수록 좋다. 딥러닝, 머신번역, 추천 시스템 개발 등이 그 예다. 나중에 판별 모형, 예측 모형 등에서 이 문제를 다시 살펴볼 것이다.

6.12 모든 모형은 틀리지만 일부는 쓸모가 있다

앞에서 우리는 t-검정에서 실질적으로 다음과 같은 모형을 가정하였다.

"i번째 실험대상의 수면시간 증가는 각각 독립이고, 동일한 분포를 따르며, 그 분포는 정규분포이다(increases in sleep duration of n individuals are independent and identically distributed as normal)."

수학적으로는 다음처럼 쓸 수 있다.

$$X_i \sim {}^{iid} N(\mu, \sigma^2), i = 1, \ldots, n$$

이러한 가정들이 만족되면 앞서 공부한 P-값, 신뢰구간 등은 정확한 의미를 띠게 된다. 물론, 이 가정들은 이상적인 것들이며, 다음과 같이 가정들이 어긋나는 다양한 상황이 발생할 수 있다.

1. 각 실험대상이 독립이 아닐 수 있다. (예 갑돌이와 을돌이가 일란성 쌍둥이라서 반응이 완전히 똑같을 수 있는 것이다.)
2. 각 실험대상이 동일한 분포를 따르지 않을 수 있다. (예 갑돌이와 을순이는 남성과 여성으로 수면시간 증가가 다를 수 있다.)

3. 분포가 정규분포가 아닐 수 있다. (예 한쪽으로 치우친 분포일 수 있다.)

이러한 가정들이 아주 심하게 어긋난다면 우리가 계산한 P-값, 신뢰구간 등은 그 의미를 잃게 된다. 모두 이러한 가정의 산물이기 때문이다!

통계학자 조지 박스(George Box)는 "근본적으로, 모든 모형은 다 틀리지만 일부 모형은 쓸모가 있다(essentially, all models are wrong, but some are useful)"는 말로 이 통찰을 표현했다. 데이터 과학자로서 반드시 기억해야 할 명언이다.

실제적으로 이 명언을 어떻게 적용해야 할까? 크게 두 가지다. 첫째, 모형이라는 것이 쓸모는 있지만 결국은 가상의 설정이라는 겸손함을 가져야 한다. 둘째, '가정을 확인하라'는 것이다. 정확히 어떤 모형이 사용되었는가? 그 모형의 결과가 의미 있으려면 어떠한 가정이 만족되어야 하는가?

이러한 겸손함과 세심함을 기억하고 있으면 모형을 잘못 적용하는 잘못을 피할 수 있을 것이다.

6.13 이 장을 마치며

믿기 어렵겠지만 필자가 고등학교 시절 수학에서 가장 힘들어하고 정이 안 가던 내용이 교과과정 마지막에 등장한 확률통계였다! 통계 개념이 암기식이 아니라 몸에 와닿기 시작한 것은 대학원생 정도부터였다. 필자의 부족함도 있겠지만 통계 개념이 직관적으로 이해하기 쉽지 않음을 반증하는 것이라 생각된다.

그러한 필자의 경험에 비추어서도, 이 장이 통계에 익숙하지 않은 독자에게는 어려운 장이었을 것으로 생각된다. 한 번에 다 이해하지 않아도 좋다! 일단 다음 장으로 넘어가고, 나중에 힘내서 다시 한 번 도전해보자. 유익할 것이라 믿는다. 특히, 여러분이 익혔으면 하는 핵심 내용은 다음 세 가지다.

1. 통계학의 평행우주론
2. P-값의 정의와 올바른 사용
3. 신뢰구간의 정의

참/고/문/헌

CHAPTER 6

1. Freedman, David, Robert Pisani, and Roger Purves. *Statistics*. New York: Norton, 1978. Print.
2. Utts, Jessica M., and R. F. Heckard. *Mind on Statistics*. Belmont, CA: Duxbury, Thomson Brooks/Cole, 2007. Print.
3. Rice, John A. *Mathematical Statistics and Data Analysis*. Belmont, CA: Duxbury, 1995. Print.
4. Bickel, Peter J., and Kjell A. Doksum. *Mathematical Statistics: Basic Ideas and Selected Topics*. San Francisco: Holden-Day, 1977. Print.
5. Scheffé, Henry (1959) *The Analysis of Variance*. New York, NY: Wiley.
6. Ronald L. Wasserstein & Nicole A. Lazar. 'The ASA's statement on p-values: context, process, and purpose(http://amstat.tandfonline.com/doi/abs/10.1080/00031305.2016.1154108)'.
7. "통계유의성과 P-값에 대한 성명서(Statement on Statistical Significance and P-Values, https://www.amstat.org/newsroom/pressreleases/P-ValueStatement.pdf).

CHAPTER 7
데이터 종류에 따른 분석 기법

7.1 데이터형, 분석 기법, R 함수

앞장에서 복습한 통계의 기본 개념, 그리고 데이터 가공/시각화 코딩 기술을 바탕으로 다양한 데이터 형태에 적합한 분석 기법을 살펴보자. 파레토의 80:20 법칙을 데이터 과학에서의 통계 기법–실제 문제 간의 관계에 적용해보면 다음처럼 기술할 수 있다.

> 80%의 실제 문제는 20% 정도의 통계 기법으로 처리할 수 있다.

이 책은 이 80%의 실제 문제에 사용되는 20%의 기본적 통계 기법만을 다루고자 한다. 그 통계 기법들은 크게 선형 모형, 일반화 선형 모형, 그리고 고차원 통계학습 모형인 라쏘 모형, 랜덤 포레스트 정도다. 이 외의 다양한 머신러닝 모형들과 방법론들은 추후의 서적에서 다루기로 기약하자.

이 장은 다소 어렵고 딱딱하게 느껴질 수 있지만 데이터 과학에 있어서 기반이 되는 중요한 부분임을 명심하고 익혀보도록 하자.

그럼 시작해보자. 우선 데이터형, 분석 기법, R 함수를 다음 표로 개괄해보았다. 각 절은 이 표의 각 행에 해당한다.

데이터형	분석 기법과 R 함수	모형
0. 모든 데이터	데이터 내용, 구조 파악(glimpse) 요약 통계량(summary) 단순시각화(plot, pairs)	
1. 수량형 변수	분포시각(hist, boxplot, density) 요약 통계량(mean, median) t-검정 t.test( )	$X_i \sim_{iid} N(\mu, \sigma^2)$
2. 범주형 변수(성공-실패)	도수 분포 table( ), xtabs( ) 바그래프 barplot( ) 이항검정 binom.test( )	$X \sim \text{Binom}(n, p)$
3. 수량형 x, 수량형 y	산점도 plot( ) 상관계수 cor( ) 단순회귀 lm( ) 로버스트 회귀 lqs( ) 비모수회귀	$(Y\|X=x) \sim_{iid} N(\mu(x), \sigma^2)$
4. 범주형 x, 수량형 y	병렬상자그림 boxplot( ) 분산분석(ANOVA) lm(y~x)	$Y_{ij} \sim_{iid} N(\mu_i, \sigma^2)$
5. 수량형 x, 범주형(성공-실패) y	산점도/병렬상자그림 plot( ), boxplot( ) 로지스틱 회귀분석 glm(family='binom')	$Y=1\|X=x \sim \text{Binom}(1, p(x))$

참고로, 모든 예에서 데이터는 데이터 프레임인 것을 가정하였다. 그리고 **dplyr** 패키지의 **tbl_df( )** 함수를 이용하여 보기 좋은 형태로 변환할 것을 추천한다. 예를 들어, ggplot2 패키지의 mpg 데이터를 사용하고자 한다면 다음을 실행하면 된다.

```
> library(ggplot2)
> library(dplyr)
> mpg <- tbl_df(mpg)
> mpg
# A tibble: 234 × 11
  manufacturer    model displ year   cyl    trans  drv
         <chr>    <chr> <dbl> <int> <int>   <chr> <chr>
1         audi       a4   1.8  1999     4  auto(l5)    f
2         audi       a4   1.8  1999     4 manual(m5)   f
3         audi       a4   2.0  2008     4 manual(m6)   f
4         audi       a4   2.0  2008     4   auto(av)   f
5         audi       a4   2.8  1999     6  auto(l5)    f
6         audi       a4   2.8  1999     6 manual(m5)   f
7         audi       a4   3.1  2008     6   auto(av)   f
8         audi a4 quattro  1.8  1999     4 manual(m5)   4
9         audi a4 quattro  1.8  1999     4  auto(l5)    4
```

```
10      audi a4 quattro   2.0  2008      4 manual(m6)       4
# ... with 224 more rows, and 4 more variables: cty <int>,
#   hwy <int>, fl <chr>, class <chr>
```

7.2 모든 데이터에 행해야 할 분석

우선 각각의 변수형을 다루기 전에, 어떤 변수든 기본적으로 행할 분석들이 있다.

1. 데이터 내용, 구조, 타입을 파악한다. dplyr::glimpse( ) 함수가 유용하다. 베이스 패키지 함수에는 데이터 구조를 파악할 수 있는 str( ), 데이터 첫 줄을 보여주는 head( ) 등이 유용하다.
2. 데이터의 요약 통계량을 파악한다. summary( )가 유용하다.
3. 결측치가 있는지 살펴본다. summary( ) 함수는 결측치의 개수를 보여준다.
4. 무작정 시각화를 해본다. plot( ), pairs( )를 돌려보면 좋다. 데이터의 관측치가 많을 경우에는 실행시간이 길으니 dplyr::sample_n( ) 함수 등을 사용해 표본화한다. 데이터의 변수가 많을(> 10) 때는 10열씩 구분하여 살펴보는 것도 유용하다.

예를 들어, mpg 데이터에 대해서는 다음을 실행해볼 수 있다.

```
> library(dplyr)
> library(ggplot2)
> glimpse(mpg)
Observations: 234
Variables: 11
$ manufacturer <chr> "audi", "audi", "audi", "audi", "audi",...
$ model        <chr> "a4", "a4", "a4", "a4", "a4", "a4", "a4...
$ displ        <dbl> 1.8, 1.8, 2.0, 2.0, 2.8, 2.8, 3.1, 1.8,...
$ year         <int> 1999, 1999, 2008, 2008, 1999, 1999, 200...
$ cyl          <int> 4, 4, 4, 4, 6, 6, 6, 4, 4, 4, 4, 6, 6, ...
$ trans        <chr> "auto(l5)", "manual(m5)", "manual(m6)",...
$ drv          <chr> "f", "f", "f", "f", "f", "f", "f", "4",...
$ cty          <int> 18, 21, 20, 21, 16, 18, 18, 18, 16, 20,...
$ hwy          <int> 29, 29, 31, 30, 26, 26, 27, 26, 25, 28,...
$ fl           <chr> "p", "p", "p", "p", "p", "p", "p",...
$ class        <chr> "compact", "compact", "compact", "compa...

> head(mpg)
# A tibble: 6 × 11
  manufacturer model displ  year   cyl      trans   drv   cty
```

```
         <chr> <chr> <dbl> <int> <int>      <chr> <chr> <int>
1         audi    a4   1.8  1999     4    auto(l5)   f    18
2         audi    a4   1.8  1999     4   manual(m5)  f    21
3         audi    a4   2.0  2008     4   manual(m6)  f    20
4         audi    a4   2.0  2008     4    auto(av)   f    21
5         audi    a4   2.8  1999     6    auto(l5)   f    16
6         audi    a4   2.8  1999     6   manual(m5)  f    18
# ... with 3 more variables: hwy <int>, fl <chr>, class <chr>

> summary(mpg)
 manufacturer         model                displ
 Length:234         Length:234         Min.   :1.600
 Class :character   Class :character   1st Qu.:2.400
 Mode  :character   Mode  :character   Median :3.300
                                       Mean   :3.472
                                       3rd Qu.:4.600
                                       Max.   :7.000
...
```

7.3 수량형 변수의 분석

일변량 변수에 대한 통계량 분석은 크게 다음과 같다.

1. 데이터 분포의 시각화: 히스토그램, 상자그림, 확률밀도함수 시각화를 통해 분포를 살펴본다. 바쁘다면 베이스 패키지의 hist( ), boxplot( ) 함수가 유용하다. 하지만 ggplot( ) + geom_{histogram, density}( ) 등의 함수를 사용할 것을 추천한다.

2. 요약 통계량 계산: summary( ), mean( ), median( ), var( ), sd( ), mad( ), quantile( ) 등이 있다.

3. 데이터의 정규성 검사: qqplot, qqline( ) 함수는 분포가 정규분포와 얼마나 유사한지 검사하는 데 사용된다.

4. 가설검정과 신뢰구간: t.test( ) 함수를 사용하면 일변량 t-검정과 신뢰구간을 구할 수 있다. 실제로 데이터의 분포가 정규분포가 아니라도 큰 문제가 되지 않는다.

5. 이상점 찾아보기: 로버스트 통계량 계산

다음 예로서 mpg$hwy 데이터의 구조와 내용을 파악해보자(그림 7-1).

```
> summary(mpg$hwy)
   Min. 1st Qu.  Median          Mean 3rd Qu.    Max.
  12.00   18.00   24.00   23.44   27.00   44.00
> mean(mpg$hwy)
[1] 23.44017
> median(mpg$hwy)
[1] 24
> range(mpg$hwy)
[1] 12 44
> quantile(mpg$hwy)
  0%  25%  50%  75% 100%
  12   18   24   27   44
>
> opar <- par(mfrow=c(2,2))
> hist(mpg$hwy)
> boxplot(mpg$hwy)
> qqnorm(mpg$hwy)
> qqline(mpg$hwy)
> par(opar)
>
```

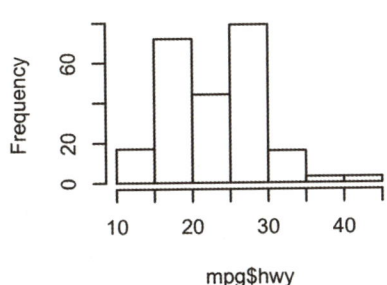
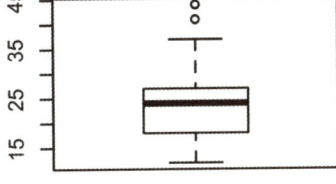
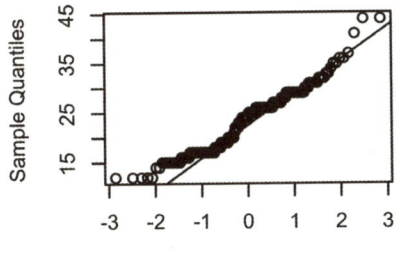

그림 7-1 mpg$hwy 데이터의 분포

7.3.1 일변량 t-검정

일변량 연속형 변수에 흔하게 사용되는 통계 추정절차는 t-검정이다. 다음과 같은 단측검정 (one-sided hypothesis testing)을 시행하고자 한다고 해보자.

$$H0: mu \leq 22.9 \text{ vs. } H1: mu > 22.9$$

위의 가설검정은 R의 t.test( ) 명령으로 간단하게 시행할 수 있다.

```
> hwy <- mpg$hwy
> n <- length(hwy)
> mu0 <- 22.9
> t.test(hwy, mu=mu0, alternative = "greater")

        One Sample t-test

data:  hwy
t = 1.3877, df = 233, p-value = 0.08328
alternative hypothesis: true mean is greater than 22.9
95 percent confidence interval:
 22.79733      Inf
sample estimates:
mean of x
 23.44017
```

결과는 P-value = 0.083이다. 만약 실제 모 평균 고속도로 연비가 22.9라면 우리가 관측한 것만큼 큰 표본평균값과 t 통계량(t = 1.3877)이 관측될 확률이 8.3%라는 것이다. 따라서 유의수준 alpha = 10%라면 고속도로 연비가 22.9보다 크다고 결론지을 수 있지만, 유의수준이 5%라면 고속도로 연비가 22.9보다 크다고 결론지을 만한 증거가 충분하지 않다고 할 수 있다(물론, 앞장에서 배운 P-값의 올바른 해석과 사용을 염두에 두어야 한다! 특히 '과학적 연구결과와 비즈니스, 정책결정 과정은 P-값이 어떤 경계값보다 크거나 작은 것에 근거해서는 안 된다.')

신뢰구간은 어떨까? t.test( ) 함수에서 alternative="greater"나 "less" 없이 디폴트인 "two.sided"로 실행하면 95% 신뢰구간을 구해준다. 다음 출력결과에서 신뢰구간은 [22.6, 24.2]임을 알 수 있다(퀴즈: 99% 신뢰구간은 무엇일까? 90% 신뢰구간은? ?t.test 명령의 도움말의 conf.level= 옵션을 사용하자).

```
> t.test(hwy)

    One Sample t-test

data:  hwy
t = 60.216, df = 233, p-value < 2.2e-16
alternative hypothesis: true mean is not equal to 0
95 percent confidence interval:
 22.67324 24.20710
sample estimates:
mean of x
 23.44017
```

7.3.2 이상점과 로버스트 통계 방법

이상점(outliers)은 여러 이유로 다른 관측치와 매우 다른 값을 가진 관측치다. 이상점을 찾아내는 가장 쉬운 방법은 상자그림을 살펴보는 것이다. 상자그림의 상자는 25% 백분위수(25th percentile)와 75% 백분위수(75th percentile), 즉 Q1과 Q3를 나타낸다. 상자그림에서 이상점은 [Q1 − 1.5 ∗ IQR, Q3 + 1.5 ∗ IQR] 구간 바깥의 값들이다. IQR은 inter-quartile range(= Q3 − Q1)를 나타낸다. 즉, 상자에서 1.5 ∗ IQR보다 먼 값들로, 각각의 점들로 표시된다. '수염(whisker)'은 이상점이 아닌 가장 크고 작은 값들까지만 이어진다.

이상점이 발생하는 가장 흔한 이유 중 하나는 데이터입력 오류(0 하나를 더 입력해넣는다 등)다. 만약 데이터입력 오류가 아니라면 왜 이상점이 발생했는지 알아내도록 하자(퀴즈: mpg$hwy 변수에서 이상점의 개수는? 이 이상점이 발생한 이유는 무엇이라고 생각하는가?).

로버스트 통계 방법(robust statistical methods)은 이상점의 영향을 적게 받는 절차다. 기본적으로는 평균 대신 중앙값(median), 표준편차(Standard Deviation, SD) 대신 MAD(Median Absolute Deviance)를 사용하면 된다.

```
> c(mean(hwy), sd(hwy))
[1] 23.440171  5.954643
> c(median(hwy), mad(hwy))
[1] 24.000  7.413
```

7.4 성공-실패값 범주형 변수의 분석

이 장에서는 범주형 변수의 대표격인 '성공' 또는 '실패' 범주만을 가진 데이터의 분석을 다루도록 하겠다. 여론조사의 예에서는 '찬성' 또는 '반대'의 예가 이것이다. 웹사이트 운용에서는 '클릭' 또는 '클릭하지 않음'에 해당한다.

이러한 형태의 데이터를 접하면 다음과 같이 분석해주면 된다.

1. 요약 통계량 계산: table( ), xtabs( ) 등이 있다. prop.table( ) 함수는 도수를 상대도수 (relative frequency)로 바꿔준다. 이들 중 table( ) 함수는 도수 분포를 계산해준다. 결과는 table 클래스 객체다. xtabs( ) 함수는 마찬가지로 도수 분포를 계산해주지만 포뮬라(formula) 인터페이스를 사용할 수 있고, 결과는 xtabs 클래스 속성도 가지게 된다. prop.table( ) 함수를 사용하면 상대도수를 구할 수 있다.
2. 데이터 분포의 시각화: barplot( )이 유용하다.
3. 가설검정과 신뢰구간: binom.test( ) 함수를 사용하면 '성공률'에 대한 검정과 신뢰구간을 구할 수 있다.

일변량 범주형 변수 중 일상생활에서 가장 흔하게 접할 수 있는 여론조사를 예로 들자. 전국 성인들 사이에서의 대통령 지지율을 알고 싶다고 하자. 모집단, 즉 전국의 성인이 천만 명이라고 하자. 거기서 랜덤하게 선정한 n = 100명의 사람에게 '지지함' 또는 '지지하지 않음'을 택하도록 했다고 하자. 그렇다면 데이터는 다음처럼 수집될 것이다.

응답자 번호	응답
1	지지
…	…
n	지지하지 않음

참 지지율(천만 명 중)이 p = 50%라고 하자. 쉽게 다음과 같은 가상의 데이터를 시뮬레이션할 수 있다. 편의상 지지 여부 관측치는 0 = "no", 1 = "yes" 레벨을 가진 팩터 변수로 생성하였다.

```
> set.seed(1606)
> n <- 100
> p <- 0.5
> x <- rbinom(n, 1, p)
> x <- factor(x, levels = c(0,1), labels = c("no", "yes"))
```

```
> x
  [1] yes yes yes yes no  no  yes no  no  yes yes no  no  yes ...
 [97] yes yes no  yes
Levels: no yes
> table(x)
x
 no yes
 46  54
> prop.table(table(x))
x
  no  yes
0.46 0.54
> barplot(table(x))
```

우리는 실제 '지지율'이 50%인 것을 알고 있지만, 일단 우리가 그것을 모른다고 가정해보자. 그리고 다음의 가설을 검정한다고 해보자.

$$H0: p = 0.5 \text{ vs } H1: p! \neq 0.5$$

R에서 binom.test로 쉽게 신뢰구간과 가설검정을 시행할 수 있다.

```
> binom.test(x=length(x[x=='yes']), n = length(x), p = 0.5, alternative = "two.sided")

    Exact binomial test

data:  length(x[x == "yes"]) and length(x)
number of successes = 54, number of trials = 100, p-value = 0.4841
alternative hypothesis: true probability of success is not equal to 0.5
95 percent confidence interval:
 0.4374116 0.6401566
sample estimates:
probability of success
                  0.54
```

위의 결과에서 보듯이 95% 신뢰구간은 [0.437, 0.640]으로 구해졌다.

그리고 앞서 살펴본 가설에 대해서 P-값은 0.4841로 주어졌다. 즉, 귀무가설 H0: p = 0.5가 참일 때 주어진 데이터만큼 극단적 데이터를 관측할 확률은 48%로 (당연하게도!) 아주 높은 편이다. 따라서 귀무가설을 기각할 증거는 희박하다고 할 수 있다.

7.4.1 오차한계, 표본 크기, sqrt(n)의 힘

오차한계(margin of error)는 주어진 신뢰수준에서 신뢰구간의 크기의 절반으로 주어진다. 즉, 위의 예에서는 (0.640 - 0.437)/2 = 0.101이다. 속칭 10% 오차한계인 셈이다(https://goo.gl/3lt9Ba 참조).

만약 54/100가 아니라 표본이 100배 큰 10000이고, 이 중 5,400이 '성공'이라면 어떨까? 추정값은 아직도 0.54일 것이다. 하지만 신뢰구간은 어떻게 될까?

```
> binom.test(x=5400, n = 10000)

    Exact binomial test

data:  5400 and 10000
number of successes = 5400, number of trials = 10000, p-value = 1.304e-15
alternative hypothesis: true probability of success is not equal to 0.5
95 percent confidence interval:
 0.5301711 0.5498056
sample estimates:
probability of success
                  0.54
```

이처럼, 95% 신뢰구간은 이제 [0.530, 0.550]이 되었다. 오차한계는 0.00982, 즉 약 1%로 10배 줄었다. 표본 크기는 100배 늘고, 오차한계는 10배 줄었다. 낯익은 결과가 아닌가? 그렇다, 제곱근이다! 이처럼, 동일한 95% 신뢰수준에서 오차한계는 표본 크기의 제곱근에 비례해서 줄어든다. 이항 신뢰구간을 나타내는 식은 다음과 같이 주어진다.

$$\hat{p} \pm z_{1-\alpha/2} \sqrt{\frac{1}{n} \hat{p}(1-\hat{p})}$$

이 식을 이용하면 우리는 쉽게 표본 크기가 100, 200, 300, ...으로 커짐에 따라서 오차한계가 sqrt(n)의 속도로 줄어드는 것을 알 수 있다. 가장 오차한계가 큰 경우인 p^이 0.5일 경우를 가정하면 n이 커짐에 따른 오차한계는 다음처럼 주어진다.

```
> n <- c(100, 1000, 2000, 10000, 1e6)
> data.frame(n=n, moe=round(1.96 * sqrt(1/(4 * n)),4))
      n    moe
1 1e+02 0.0980
2 1e+03 0.0310
3 2e+03 0.0219
4 1e+04 0.0098
```

```
5 1e+06 0.0010
> curve(1.96 * sqrt(1/(4 * x)), 10, 10000, log='x')
> grid()
```

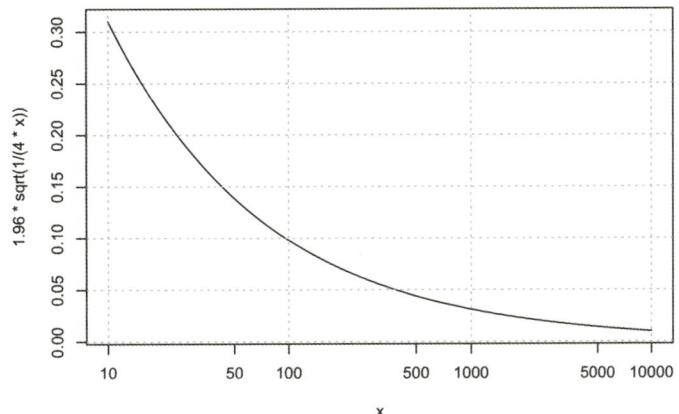

그림 7-2 표본 크기에 따른 오차한계의 감소

신문기사의 여론조사는 보통 표본 크기와 오차한계를 보고한다. 이런 오차한계를 염두에 두면 좀 더 정확하게 여론조사 결과를 해석할 수 있다. 예를 들어, 미국 오바마 대통령의 지지율 조사를 살펴보자(https://goo.gl/Or2TPD, 6/11 접속). Gallup과 FOX의 차이는 59%-57%로 큰 차이가 있어 보이지만 표본 크기가 약 1000일 경우의 오차한계는 3.1%임을 감안할 때 오차 범위 내에 있다고 볼 수 있다.

President Barack Obama [edit]

Last polls for President Barack Obama:[14][15][16][17]

Polling group	Date	Approval	Disapproval	Unsure	Sample size
Gallup Poll[d]	January 17–19, 2017	59%	37%	4%	≈1,500
Rasmussen Reports[e]	January 15–17, 2017	62%	38%	0%	≈1,500
Fox News[f]	January 15–17, 2017	57%	39%	7%	1,006
ABC News/The Washington Post	January 12–15, 2017	60%	38%	2%	1,005
CNN/ORC	January 12–15, 2017	60%	39%	1%	1,000
Monmouth University	January 12–15, 2017	58%	38%	6%	801
NBC/The Wall Street Journal[g]	January 12–15, 2017	56%	40%	4%	1,000
Quinnipiac University	January 5–9, 2017	55%	39%	5%	899
Pew Research Center	January 4–9, 2017	55%	40%	5%	1,502
CBS News	December 9–13, 2016	56%	36%	8%	1,259
Bloomberg Politics[h]	December 2–5, 2016	54%	42%	4%	999

그림 7-3 미국 대통령 지지율에 대한 다른 여론조사 결과의 차이

7.5 설명변수와 반응변수

두 변수 사이의 관계를 연구할 때는 각 변수를 설명변수(explanatory variable) X와 반응변수(response variable) Y로 구분하는 것이 유용하다. 보통 인과 관계에서 원인이 되는 것으로 믿어지는 변수를 X로, 결과가 되는 변수를 Y로 놓는다. 예를 들어, 아버지와 아들의 키를 살펴본다면 아버지의 키는 X로, 아들의 키는 Y로 놓는 것이 자연스럽다. 약의 효과 연구에서는, 약의 종류와 복용량은 X, 효과는 Y가 자연스럽다. 부동산의 데이터에서는 집의 크기는 X, 집의 가격은 Y이다. 웹사이트 최적화에서는 배너 색깔은 X, 클릭 여부는 Y다.

설명변수 X는 예측변수(predictor variable) 혹은 독립변수(independent variable)라고도 불린다. 반응변수 Y는 종속변수(dependent variable)라고도 불린다.

X, Y 변수는 각각 수량형 혹은 범주형일 수 있다. 따라서 다음 네 가지 조합이 가능하다.

설명변수 X	반응변수 Y	예
수량형	수량형	아버지 키로 아들 키 예측
범주형	수량형	수면제의 종류로 수면시간 증가 예측
수량형	범주형	온도에 따른 로켓 부품의 고장 여부
범주형	범주형	배너 색깔로 클릭 여부 예측

나머지 절에서는 각 X, Y 변수 종류의 조합에 따라 어떤 분석 방법을 사용할지 공부해보자.

7.6 수량형 X, 수량형 Y의 분석

이 절에서는 첫 번째 조합인 수량형 X 변수와 수량형 Y 변수의 관계를 연구하는 방법을 알아보자. 다음 절차를 따를 것을 권장한다.

1. 산점도를 통해 관계의 모양을 파악한다. plot( )이나 ggplot2의 geom_point( )를 사용한다. 중복치가 많을 때는 jitter를 사용한다. 데이터수가 너무 많을 때는 alpha= 옵션을 사용하거나 표본화한다. 관계가 선형인지, 강한지 약한지, 이상치는 있는지 등을 파악한다.
2. 상관계수를 계산한다. 상관계수는 선형 관계의 강도만을 재는 것을 염두에 둔다.

3. 선형 모형을 적합한다. 모형의 적합도와 모수의 의미를 살펴본다. 잔차의 분포를 살펴본다. 잔차에 이상점은 있는가? 잔차가 예측변수에 따라서 다른 분산을 갖지는 않은가?
4. 이상치가 있을 때는 로버스트 회귀분석을 사용한다.
5. 비선형 데이터에는 LOESS 등의 평활법을 사용한다.

7.6.1 산점도

두 연속형 변수 X와 Y가 있을 때의 시각화는 앞장에서 살펴보았듯이 산점도가 기본이다.

```
ggplot(mpg, aes(cty, hwy)) + geom_jitter() + geom_smooth(method="lm")
```

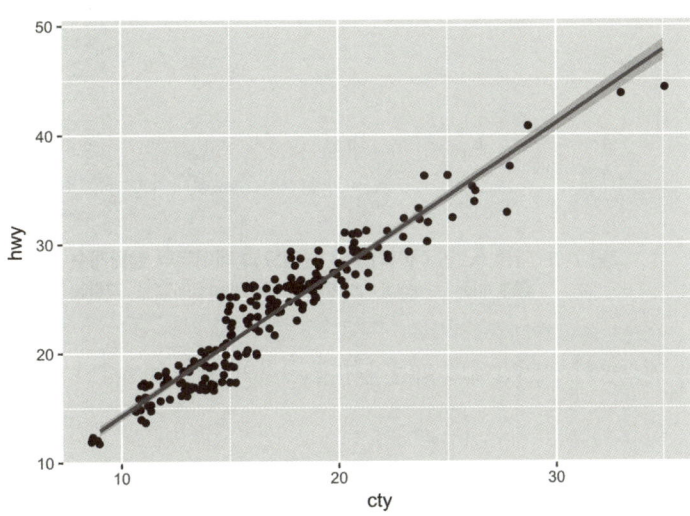

그림 7-4 cty와 hwy의 산점도와 적합된 단순 선형 모형

7.6.2 상관계수

cor( ) 함수는 상관계수(correlation coefficient)를 계산해준다. 기본적으로 피어슨(Pearson) 상관계수를 계산해주는데, 공식은 다음과 같다.

$$r = \frac{\sum_{i=1}^{n}(x_i - \overline{x})(y_i - \overline{y})}{\sqrt{\sum_{i=1}^{n}(x_i - \overline{x})^2}\sqrt{\sum_{i=1}^{n}(y_i - \overline{y})^2}}$$

피어슨 상관계수는 두 변량의 '선형(linear)' 관계의 강도를 -1(완벽한 선형 감소 관계)에서 1(완벽한 선형 증가 관계) 사이의 숫자로 나타낸다. 0은 선형 관계가 없음을 나타낸다.

산점도를 그리지 않고 상관계수만 보는 것은 위험하다. 그림 7-5를 보자. 가장 상단의 그림처럼 선형 관계의 강도는 상관계수에 잘 나타난다. 하지만 가운데 줄에서 보듯이 상관계수는 경사를 얘기해주지 않는다(마치 P-값이 신뢰구간을 얘기해주지 않는 것과 유사하다). 또한, 가장 하단의 그림에서 보듯이 다양한 비선형적 관계와 데이터의 군집성 등의 패턴은 전혀 잡아내지 못한다!

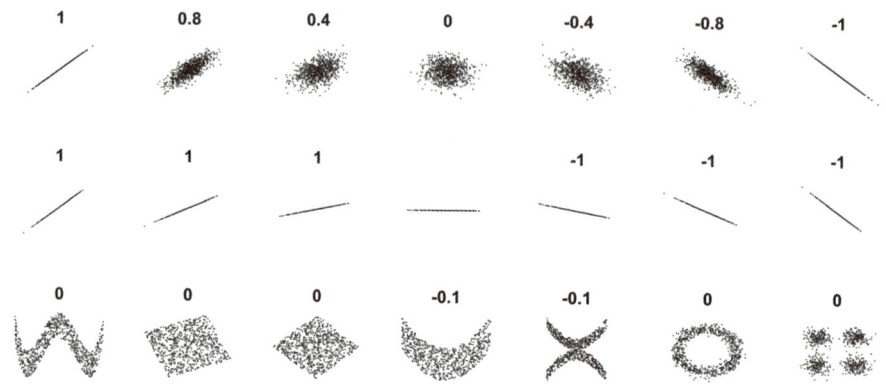

그림 7-5 다른 (x, y) 데이터들의 산점도와 데이터의 상관계수
출처 https://goo.gl/tFi2zY 항목의 https://goo.gl/x729Mr. 그림을 생성한 R 코드도 볼 수 있다.

4장에서 살펴본 앤스콤의 사인방예도 마찬가지다. 시각화 없이 통계량만 살펴보는 것은 위험하다!

상관계수는 또한 이상치의 영향을 많이 받으므로 로버스트한 방법인 켄달(Kendall)의 τ(타우)나 스피어맨(Spearman)의 ρ(로) 통계량을 계산하는 것도 좋은 방법이다. 켄달의 타우를 계산하기 위한 공식은 다음과 같다.

$$\tau = \frac{(concordant\ 관측치\ 개수) - (discordant\ 관측치\ 개수)}{n(n-1)/2}$$

이 중 concordant는 ($x_i > x_j$이고 $y_i > y_j$)이거나 ($x_i < x_j$이고 $y_i < y_j$)인 경우를 의미하고, discordant는 그 반대의 경우, 즉 ($x_i > x_j$이고 $y_i < y_j$)이거나 ($x_i < x_j$이고 $y_i > y_j$)인 경우다. 스피어맨의 로는 순위상관계수(rank correlation coefficient)라고 불린다. 이름이 나타내듯이 각 x_i와 y_i를 순위(rank) 1, ..., n 값으로 바꿔준 후, 피어슨 상관계수를 계산해준 값이다. 원래 x_i와 y_i 값이 아무리 극단적이더라도 1, ..., n 사이의 값으로 제한되므로 이상값의 영향을 덜

받는 로버스트 통계량이 된다.

켄달의 타우와 스피어맨의 로를 계산하려면 다음처럼 cor( ) 함수의 method="kendall" 옵션과 method="spearman" 옵션을 지정하면 된다.

```
> cor(mpg$cty, mpg$hwy)
[1] 0.9559159
> with(mpg, cor(cty, hwy))
[1] 0.9559159
> with(mpg, cor(cty, hwy, method = "kendall"))
[1] 0.8628045
> with(mpg, cor(cty, hwy, method = "spearman"))
[1] 0.9542104
```

7.6.3 선형회귀 모형 적합

여러 설명변수 $X_1, ..., X_p$를 사용하여 수량형 반응변수 Y를 예측하기 위한 가장 간단하지만 유용한 모형은 선형회귀 모형(linear regression model)이다.

$$Y_i \sim \beta_0 + \beta_1 x_{i1} + ... + \beta_p x_{ip} + \varepsilon_i, \varepsilon_i \sim_{iid} N(0, \sigma^2)$$

여기서 x_{ij}는 j번째 설명변수의 i번째 관측치를 나타낸다. iid는 독립이고 동일한 분포를 따름(independent and identically distributed)을 나타낸다. 모수는 절편(intercept) β_0, 경사(slope) $\beta_1, \beta_2, ..., \beta_p$, 오차항(error term)의 분포의 분산 σ^2이다. 설명변수의 개수가 하나밖에 없을 때, 즉 $p = 1$일 때 이 모형은 하나의 설명변수와 하나의 반응변수로 이루어진 가장 단순한 선형회귀 모형이 된다.

$$Y_i \sim \beta_0 + \beta_1 x_i + \epsilon_i, \epsilon_i \sim_{iid} N(0, \sigma^2)$$

이처럼 하나의 X 변수로 이루어진 모형을 단순 회귀분석 모형(simple regression model)이라고 한다.

lm( )과 summary.lm( ) 함수는 위의 선형 모형을 최소제곱법(least squares method)으로 추정한다. 즉, 잔차의 제곱합을 최소화하는 다음 문제를 풀어서 추정치를 구한다.

$$(\hat{\beta}_0, \hat{\beta}_1) = \arg\min_{\beta_0, \beta_1} \sum_{i=1}^{n} [y_i - (\beta_0 + \beta_1 x_i)]^2$$

lm.summary( )은 각 추정치와 더불어 각 모수값이 0인지 아닌지에 대한 가설검정 결과를 보여준다. 즉, 절편에 대한 H0: $\beta_0 = 0$ vs H1: $\beta_0 \neq 0$, 그리고 보다 중요하게, 경사에 대한 H0: $\beta_1 = 0$ vs H1: $\beta_1 \neq 0$에 대한 가설검정 결과를 보여준다. 앞서 언급한 대로, 이 가설들도 t-검정으로 주어진다! 따라서 추정값(Estimate), 표준오차(Standard Error), 그리고 그 비율로서의 t-값(t value = Estimate/Standard Error), 그리고 적절한 자유도에 대한 P-값($Pr(T > |t|)$)을 보여주게 된다. 다음 결과를 살펴보자.

```
> (hwy_lm <- lm(hwy ~ cty, data=mpg))
> summary(hwy_lm)

Call:
lm(formula = hwy ~ cty, data = mpg)

Residuals:
    Min     1Q Median     3Q    Max
-5.3408 -1.2790 0.0214 1.0338 4.0461

Coefficients:
            Estimate Std. Error t value Pr(>|t|)
(Intercept)  0.89204    0.46895   1.902   0.0584 .
cty          1.33746    0.02697  49.585   <2e-16 ***
---
Signif. codes:  0 '***' 0.001 '**' 0.01 '*' 0.05 '.' 0.1 ' ' 1

Residual standard error: 1.752 on 232 degrees of freedom
Multiple R-squared:  0.9138,    Adjusted R-squared:  0.9134
F-statistic:  2459 on 1 and 232 DF,  p-value: < 2.2e-16
```

즉, 적합된 모형은 다음과 같다.

$$\text{hwy} = 0.892 + 1.337 * \text{cty}$$

hwy 값에 대한 cty의 선형 효과는 통계적으로 유의하다. 추정값은 1.337, 표준오차는 0.027, t-값은 49.5(!), P-값은 2e-16, 즉 실질적으로 0이다. 즉, 만약 hwy가 cty와 선형 관계가 전혀 없었더라면 우리가 관측한 만큼의 t-값을 관측하는 것은 실질적으로 불가능하다! 따라서 우리의 데이터는 귀무가설이 참이 아니라는 증거가 되는 것이다.

적합된 추정치는 보통 햇(hat, ˆ)을 붙인다. 위에서 $\hat{\beta}_0 = 0.892$, $\hat{\beta}_1 = 1.337$이다.

7.6.4 모형 적합도 검정

위의 R 출력 결과의 마지막 두 줄은 각 모수뿐 아니라 모형 전체의 설명력을 나타낸다. 모형의 적합도(goodness of fit)를 나타내는 통계량이라 볼 수 있다. 모형의 적합도를 이해하기 위해서는 먼저 선형 모형에서 제곱합(sum of squares)의 분할을 이해하는 것이 도움이 된다. 회귀분석을 비롯한 선형 모형에서 총 제곱합(total sum of squares) $SST = \sum_{i=1}^{n}(y_i - \bar{y})^2$은 모형화 전의 반응변수의 변동을, 회귀 제곱합(regression sum of square) $SSR = \sum_{i=1}^{n}(\hat{y}_i - \bar{y})^2$은 회귀분석 모형으로 설명되는 반응변수의 변동을, 잔차제곱합(error sum of squares) $SSE = \sum_{i=1}^{n}(y_i - \hat{y}_i)^2$은 모형으로 설명되지 않는 반응변수의 변동을 나타낸다. 최소제곱법으로 $\hat{\beta}_j$ 그리고 $\hat{y}_i$를 추정할 때 총 제곱합은 다음처럼 분할된다.

$$SST = SSR + SSE$$

위의 R 출력 결과에서 처음 나타나는 Multiple R-squared R^2값은

$$R^2 = \frac{SSR}{SST}$$

로 주어지며, 결정계수(coefficient of determination)라고 불린다. 반응변수의 총 변동 중 얼마만큼이 선형 모형으로 설명이 되는지 나타낸다. 0에서 1 사이의 값이고, 1에 가까울수록 설명변수의 설명력이 높음을 나타낸다.

즉, 연비 데이터 예에서, R^2은 반응변수인 고속도로 연비 hwy의 총 변동 중 얼마만큼이 시내주행 연비 cty로 설명될 수 있는지를 나타낸다. 출력된 $R^2 = 0.9138$로 반응변수의 총 변동 중 91.38%가 선형회귀 모형으로 설명되므로 상당히 (선형)관계가 강함을 알 수 있다(참고로, 지금의 예처럼 X 변수가 하나밖에 없을 경우에, 즉 단순회귀 모형일 경우에는 R^2의 값은 피어슨 상관계수 cor(cty, hwy)의 제곱과 같다).

그 다음에 나타나는 Adjusted R-squared를 이해하기 위해서는 약간의 설명이 더 필요하다. 수학적으로 증명 가능한 사실은, 회귀 모형에서는 설명변수를 모형에 추가할 때마다, 즉 설명변수의 개수가 늘어날 때마다 R^2 값은 항상 증가한다는 것이다! 직관적이지는 않지만, 반응변수와 전혀 상관이 없는 변수를 X 변수에 추가해도 R^2은 증가하는 것이다! 예를 들면 고속도로 연비 데이터에서, 실험 당시의 주식시장 주가나, 실험한 사람의 키를 넣어주어도 R^2은 증가하는 것이다. 따라서 무작정 아무 X 변수나 추가해서 R-squared 값을 높이는 반칙(?)을 할 수 있다. 따라서 R^2만을 모형 평가에 사용하면 무조건 X 변수가 많은 모형이 이기게 된다.

Adjusted R-squared는 R^2의 이러한 문제점을 보완하기 위해 다음처럼 약간의 수정을 가한 값이다.

$$\text{Adjusted } R^2 = 1-(1-R^2)\frac{n-1}{n-p-1} = R^2 - (1-R^2)\frac{p}{n-p-1}$$

즉, X 변수의 개수 p가 커지면 적당한 양의 벌점을 주어서, 앞서 이야기한 것처럼 무작정 X 변수를 추가해서 R-squared 값을 높이는 반칙을 방지해주는 역할을 해준다. 합리적인 모형을 선택하기 위해 사용되는 기초적인 통계량 중 하나다.

F-statistic은 H0: 평균(절편) 외에 '다른 모수는 효과가 없다 vs H1: H0이 아니다'라는 가설에 대한 검정통계량이다. 현재처럼 설명변수가 하나밖에 없는 경우에는 경사에 대한 t-검정과 동일함을 알 수 있다. 하지만 나중에 살펴보듯이, 설명변수가 여러 개라면 모든 설명변수를 아울러서 유의성을 검정하는 통계량이다.

7.6.5 선형회귀 모형 예측

predict( ) 함수는 반응변수의 예측값 $\hat{y}_i = \hat{\beta}_0 + \hat{\beta}_1 x_i$를 계산한다. 디폴트는 적합에 사용한 데이터로 계산한다. 다른 데이터를 제공하려면 newdata= 옵션을 사용한다. resid( ) 함수는 잔차(residual) $e_i = y_i - \hat{y}_i$을 계산한다.

다음 예는 주어진 데이터에 대한 추정량과 잔차뿐 아니라 새로운 데이터 cty = 10, 20, 30에 대한 값에 대한 예측값, 그리고 예측오차(prediction error)를 계산한다.

```
> predict(hwy_lm)
...
> resid(hwy_lm)
...
> predict(hwy_lm, newdata = data.frame(cty=c(10, 20, 30)))
        1        2        3
14.26660 27.64115 41.01571
> predict(hwy_lm, newdata = data.frame(cty=c(10, 20, 30)),
+        se.fit=TRUE)
$fit
        1        2        3
14.26660 27.64115 41.01571
```

```
$se.fit
        1         2         3
0.2176003 0.1424778 0.3725052

$df
[1] 232

$residual.scale
[1] 1.752289
```

7.6.6 선형회귀 모형의 가정 진단

이론적으로 선형회귀 결과가 의미 있으려면 다음의 여러 가지 조건이 충족되어야 한다.

1. x와 y의 관계가 선형이다.
2. 잔차의 분포가 독립이다.
3. 잔차의 분포가 동일하다.
4. 잔차의 분포가 $N(0, \sigma^2)$이다.

앞서 일변량 수치변수에서의 t-검정에 대한 논의와 유사하게, 가장 만족하기 어려운 조건 4는 다행히도(!) 아주 중요하지는 않다. 하지만 조건 3이 어긋나는 경우, 특히 분산이 x 값에 따라 변하는 것은 추정치와 오차의 유효성에 영향을 준다. 이러한 오차 분포를 '이분산성 오차 분포(heteroscedastic error distribution)'라고 부른다(반대로 오차의 분산이 x 값에 따라 일정한 것은 'homoscedastic'하다고 한다). 이러한 경우에는 보통 가중회귀분석(weighted regression) 기법을 사용하면 된다. 그리고 조건 1, 2가 어긋난다면 모든 모수가 의미가 왜곡되게 되므로 시각적으로 잔차의 분포가 x 변수에 따라, 그리고 y 변수에 따라 변하는지를 살펴볼 필요가 있다. 이러한 검토를 회귀분석 진단(regression diagnostic)이라고 한다. 자세한 내용은 Belsley, Kuh, and Welsch (1980) 등을 참조하자.

R에서는 lm 클래스 객체에 plot( )을 실행하면 내부적으로 plot.lm( )이 실행되면서, 이러한 선형 모형 진단 플롯들을 그려준다. 자세한 내용은 ?plot.lm을 참고하자(그림 7-6).

```
> class(hwy_lm)
[1] "lm"
> opar <- par(mfrow = c(2,2), oma = c(0, 0, 1.1, 0))
> plot(hwy_lm, las = 1)        # Residuals, Fitted, ...
> par(opar)
>
```

회귀분석 진단 중 중요한 수치 중 하나는 레버리지(leverage)다. 이를 이해하기 위해 회귀분석 모형을 약간 행렬/선형대수적으로 설명해보자. 적합된 $\hat{\beta}$, y 벡터값은 다음처럼 표현될 수 있다.

$$\hat{\beta} = (X^T X)^{-1} X^T y$$
$$\hat{y} = X\hat{\beta} = X(X^T X)^{-1} X^T y = Hy$$

여기서, y, $\hat{y}$는 길이가 n인 벡터이고, $\hat{\beta}$는 길이가 $p+1$인 벡터, X는 각 행 i가 $p+1$ 차원의 관측치 $[1, x_{i1}, ..., x_{ip}]$인 $n*(p+1)$ 차원 행렬이다. 회귀분석은 선형대수적으로 n차원의 점 $y = (y_1, ..., y_n)$을 X 행렬의 열들로 생성(span)되는 p 차원의 평면에 투영(projection)해서 $\hat{y}$를 얻는 작업이다. 위의 수식을 살펴보면 투영행렬(projection matrix)은 바로 $n*n$ 차원의 행렬 $H = X(X^T X)^{-1} X^T$이다. 이 행렬은 영향행렬(influence matrix) 혹은 hat matrix라고도 불린다. 레버리지 h_{ii}는 바로 이 행렬의 i번째 대각원소(diagonal element)다. 만약 h_{ii} 값이 크면 y_i 값의 작은 변화에도 적합값 $\hat{y}_i$가 y_i 방향으로 더 많이 '끌려가게' 된다. 즉, 더 많이 영향(influence)을 받게 되는 것이다.

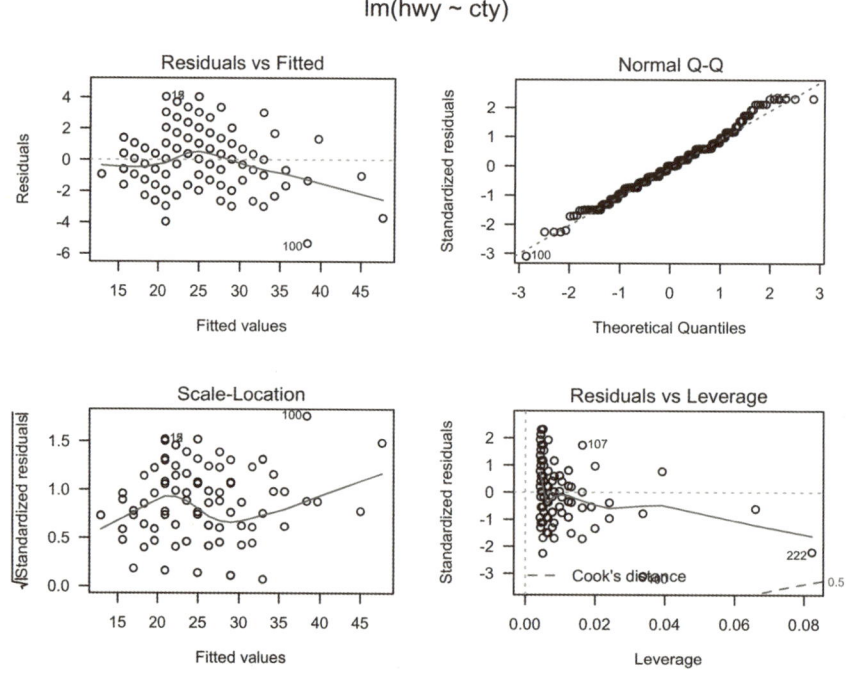

그림 7-6 선형 모형 진단 플롯. 'Residuals vs Fitted' 그림은 잔차의 분포가 예측값과 독립적인지를 확인하는 데 사용된다. 'Normal Q-Q' 그림은 표준화된 잔차의 분포가 정규분포에 가까운지를 확인한다. 'Scale-Location' 그림은 잔차의 절댓값의 제곱근(sqrt($|e_i|$))과 예측값 사이의 관계를 보여준다. Residuals vs Leverage는 표준화된 잔차와 레버리지 간의 관계를 보여준다.

7.6.7 로버스트 선형회귀분석

수량형 변수에 이상치가 있을 경우에는 로버스트 통계 방법을 사용하는 것이 유용할 수 있다. 앞서 수량 변수 분석에서, 평균 대신 중앙값을, 표준편차 대신 MAD를 사용하는 것이 가장 간단한 예였다.

이와 마찬가지로, 선형회귀분석의 모수의 추정값은 잔차의 분포에서 이상치가 있을 때 지나치게 민감하게 반응하게 된다. 이것은 모수를 추정할 때 최소제곱 방법(least squares)을 사용하기 때문이다. 이상치에 민감하지 않은 추정 방법이 필요할 때는 로버스트 회귀분석 방법론을 사용한다. CRAN의 https://goo.gl/uttsPB의 로버스트 통계 task view에 여러 링크가 소개되어 있다.

다양한 로버스트 선형회귀분석 방법 중 한 가지 예로 MASS 패키지의 lqs() 함수를 살펴보자. MASS::lqs() 함수는 데이터 중 '좋은' 관측치만 적합에 사용한다. n 관측치와 p 독립변수가 있을 때 'lqs'는 제곱오차의 floor((n+p+1)/2) 퀀타일(quantile)을 최소화한다. 실행 예는 ?lqs의 예에서 따왔다. 사용한 데이터는 암모니아를 질산(nitric acid)으로 산화(oxidation)하는 화학공정에서 21가지 다른 냉각기류(Air Flow), 냉각수 온도(Water Temp), 산농도(Acid Concentration) 값에 따른 에너지 손실(stack loss)로 이루어진 'stackloss' 데이터다. ?stackloss 도움말을 참고하자.

```
> library(MASS)
> set.seed(123) # make reproducible
> lqs(stack.loss ~ ., data = stackloss) # 로버스트
Call:
lqs.formula(formula = stack.loss ~ ., data = stackloss)

Coefficients:
(Intercept)      Air.Flow     Water.Temp     Acid.Conc.
 -3.631e+01     7.292e-01     4.167e-01     -8.131e-17

Scale estimates 0.9149 1.0148
```

로버스트 방법인 lqs()로부터 얻은 위의 결과를, 최소제곱법 방법인 lm()으로 계산된 아래의 결과와 비교해보자.

```
> lm(stack.loss ~ ., data = stackloss) # 보통 선형 모형

Call:
lm(formula = stack.loss ~ ., data = stackloss)
```

```
Coefficients:
(Intercept)    Air.Flow    Water.Temp    Acid.Conc.
   -39.9197      0.7156        1.2953       -0.1521
```

두 방법이 상당히 큰 차이를 보이는 것을 알 수 있다. 특히, 최소제곱법의 결과에 비해, 로버스트 방법에 의한 결과에서는 산농도(Acid.Conc.) 변수의 효과는 거의 없다.

7.6.8 비선형/비모수적 방법, 평활법과 LOESS

앞서 상관계수는 선형 관계의 강도만을 측정함을 보았다. 선형회귀분석은 이와 마찬가지로 모형 자체가 '선형' 관계를 가정한다. 비선형적인 x-y 관계를 추정해내기 위해서는 $y = \exp(a + bx)$ 모형 같은 비선형회귀분석(nonlinear regression)을 사용하거나 $y = a + bx + cx^2 + dx^3$ 같은 다항회귀분석(polynomial regression)을 사용하기도 한다. 하지만 이러한 모형들보다 손쉽게 사용할 수 있는 것은 모형에 아무 가정도 하지 않는 평활법(smoothing)이다. 즉,

$$y_i = f(x_i) + \epsilon_i, \epsilon_i \sim {}_{iid}(0, \sigma^2)$$

여기서 $f(x)$는 '매끄러운'(보통 두 번 미분 가능한 것으로 정의한다) 함수면 된다. 선형함수일 필요가 없다. 그리고 $_{iid}(0, \sigma^2)$은 잔차 분포로 평균이 0, 분산이 σ^2인 분포를 나타낸다. 정규분포 $N(0, \sigma^2)$일 필요가 없다.

다양한 평활법 중 국소 회귀(local regression) 방법인 LOESS(locally weighted scatterplot smoothing)가 많이 사용된다(https://goo.gl/zPC7WD). LOESS는 기본적으로 각 예측변수 x_0 값에서 가까운 k개의 (x_i, y_i) 관측치들을 사용하여 2차 다항회귀 모형을 적합하여 $\hat{f}(x_0)$를 추정하고, 이것을 다양한 x_0 값에 대해 반복하는 것이다. 크기가 변하는 윈도우(window)를 왼쪽에서 오른쪽으로 이동하며 로컬(local)하게 간단한 모형을 적합하는 것이 아이디어다. 여기서 평활의 정도인 파라미터 k 값은 교차검증(cross-validation)으로 최적화한다(그림 7-7).

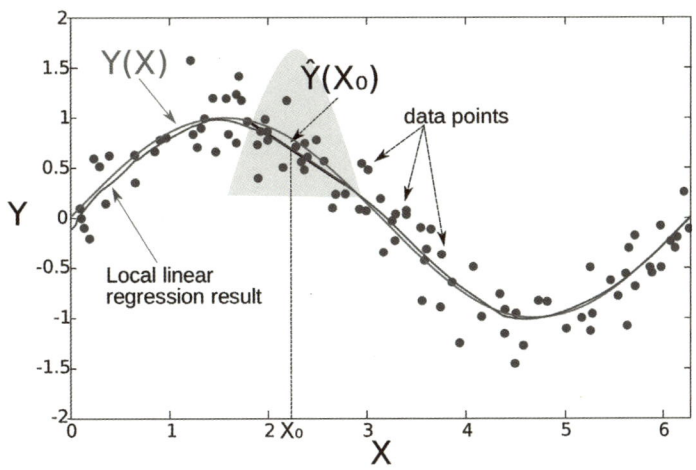

그림 7-7 **LOESS 모형의 적합 예시.** 그림의 $\hat{Y}(X)$는 본문의 추정값 $\hat{f}(x)$를, $Y(X)$는 참 함수값 $f(x)$를 나타낸다.
출처 https://goo.gl/UFgxNo

R에서는 loess( ) 함수로 간단히 실행할 수 있다.

```
plot(hwy ~ displ, data=mpg)
mpg_lo <- loess(hwy ~ displ, data=mpg)
mpg_lo
summary(mpg_lo)
```

R 베이스 그래픽을 이용한 시각화는 약간 복잡하다(그림 7-8의 왼쪽).

```
xs <- seq(2,7,length.out = 100)
mpg_pre <- predict(mpg_lo, newdata=data.frame(displ=xs), se=TRUE)
lines(xs, mpg_pre$fit)
lines(xs, mpg_pre$fit - 1.96*mpg_pre$se.fit, lty=2)
lines(xs, mpg_pre$fit + 1.96*mpg_pre$se.fit, lty=2)
```

만약 시각화만 필요하다면 geom_smooth( )로 훨씬 간편하고 보기 좋게 생성할 수 있다(그림 7-8의 오른쪽).

```
ggplot(mpg, aes(displ, hwy)) +
  geom_point() +
  geom_smooth()
```

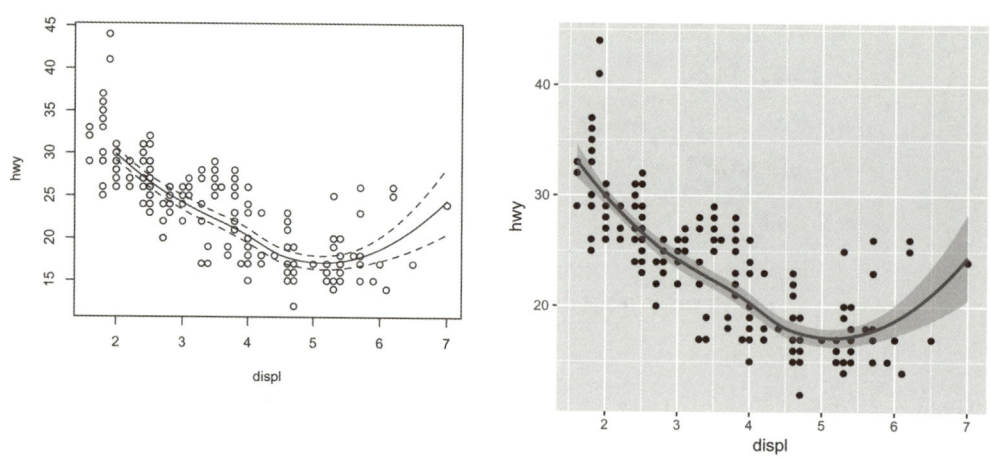

그림 7-8 mpg 데이터에 LOESS를 적합한 결과. 베이스 그래픽(왼쪽)과 ggplot2의 geom_smooth( )(오른쪽)

7.7 범주형 x, 수량형 y

mpg 데이터에서 5개의 차종 간에 연비의 차이가 있는지, 3개의 혈압약 간에 혈압의 감소량이 차이가 있는지 등의 문제를 생각해보자. 차종, 3개의 혈압약 등은 범주형 설명변수로 볼 수 있다. 연비, 혈압감소 등은 수량형 반응변수로 볼 수 있다.

이러한 데이터를 분석할 때는 다음 방법들을 사용하면 된다.

1. 병렬상자그림(side-by-side boxplot)을 이용하여 데이터를 시각화한다. 집단 간에 평균과 중앙값의 차이가 존재하는지, 이상치는 존재하는지, 각 집단의 분산은 유사한지 등을 살펴보도록 하자.
2. lm( ) 함수로 ANOVA 선형 모형을 적합한다. summary.lm( ) 함수로 심도 있는 결과를 얻는다.
3. plot.lm( )으로 잔차의 분포를 살펴본다. 이상점은 없는가? 모형의 가정은 만족하는가?

7.7.1 분산분석(ANOVA)

이처럼 설명변수가 범주형이고, 반응변수가 수량형일 경우에는 선형 모형의 특별한 예인 분산분석(analysis of variance, ANOVA)을 사용한다(집단의 개수가 2개일 경우에 사용하는 two-sample t-test는 특별한 경우다). 수학적으로는 다음처럼 표현할 수 있다. 범주 변수 x의 값에 따라 데이터는 그룹 $i = 1, ..., p$로 나누고, 각 그룹에 $j = 1, ..., n_i$개의 관측치가 있을 때 분산분석 모형은 직관적으로는

$$Y_{ij} = \beta_i + \epsilon_{ij}, \epsilon_{ij} \sim_{iid} N(0, \sigma^2)$$

로 쓸 수 있다. 하지만 수학적으로 좀 더 깨끗하게 (선형 모형답게!) 표시하는 방법은 0-1의 원소로 이루어진 $n*p$ 차원 디자인행렬(design matrix) 혹은 모델행렬(model matrix) $\{X_{ij}, i = 1, ..., n, j = 1, ... p\}$를 사용하는 것이다. 그러면 다음과 같이 모형을 쓸 수 있다.

$$Y_i = \beta_0 + \beta_1 x_{i1} + ... + \beta_p x_{ip} + \epsilon_i, \epsilon_i \sim_{iid} N(0, \sigma^2)$$

여기서 iid는 독립이고 동일한 분포를 따름(independent and identically distributed)을 나타낸다. 모수는 $\beta_0, \beta_1, ..., \beta_p$ 그리고 오차항(error term)의 분포의 분산 σ^2이다. 참고로, X_{ij} 행렬이 어떻게 생성되는지의 기본은 분산분석/선형 모형 교재를 통하여 학습할 것을 권한다. 이와 관련하여 대조(contrast)도 중요한 개념이다. R에서는 ?model.matrix와 ?contrasts를 참고하자. 반드시 선형 모형/분산분석 공부를 심도있게 하도록 한다.

7.7.2 선형 모형, t-검정의 위대함

한 가지 기억해둘 것은 앞서 살펴본 회귀분석이나, 지금 살펴보는 ANOVA 분산분석이나 수학적으로는 동일한 선형 모형이라는 것이다. R에서는 한 함수 lm( )으로 모든 경우를 적합한다. predict.lm( ), resid.lm( ), plot.lm( ) 함수의 사용도 유사하다. 그리고 모수에 대한 검정 절차로 사용하는 t-검정도 동일하고, 모형의 적합도를 평가하는 Multiple R^2, Adjusted-R^2, F-test 등도 동일하다! 선형 모형은 이처럼 매우 매우 중요하다.

7.7.3 분산분석 예

자, 이제 mpg 데이터를 예로 살펴보자.

4장에서 이미 다음 병렬상자그림을 그려 보았다.

```
mpg %>% ggplot(aes(class, hwy)) + geom_boxplot()
```

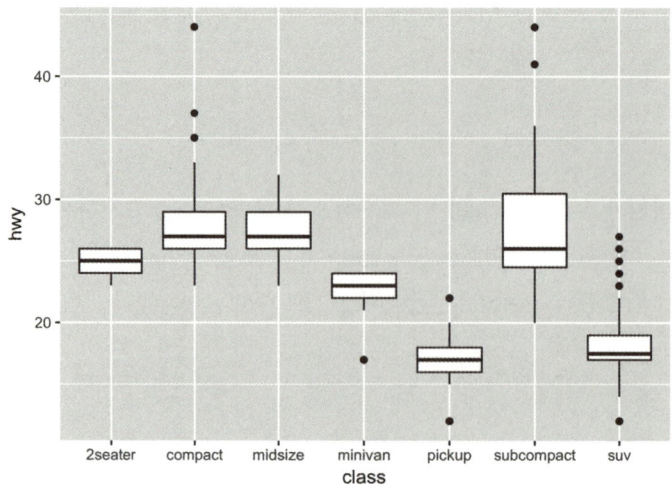

그림 7-9 class에 따른 hwy 변수의 분포

분산분석은 lm( ) 함수로 간단히 실행할 수 있다.

```
> (hwy_lm2 <- lm(hwy ~ class, data=mpg))
...
> summary(hwy_lm2)

Call:
lm(formula = hwy ~ class, data = mpg)

Residuals:
    Min      1Q  Median      3Q     Max
-8.1429 -1.8788 -0.2927  1.1803 15.8571

Coefficients:
                 Estimate Std. Error t value Pr(>|t|)
(Intercept)        24.800      1.507  16.454  < 2e-16 ***
classcompact        3.498      1.585   2.206   0.0284 *
classmidsize        2.493      1.596   1.561   0.1198
classminivan       -2.436      1.818  -1.340   0.1815
classpickup        -7.921      1.617  -4.898 1.84e-06 ***
classsubcompact     3.343      1.611   2.075   0.0391 *
classsuv           -6.671      1.567  -4.258 3.03e-05 ***
---
Signif. codes:  0 '***' 0.001 '**' 0.01 '*' 0.05 '.' 0.1 ' ' 1

Residual standard error: 3.37 on 227 degrees of freedom
Multiple R-squared:  0.6879,    Adjusted R-squared:  0.6797
F-statistic: 83.39 on 6 and 227 DF,  p-value: < 2.2e-16
```

위의 분산분석의 결과는 앞서 회귀분석에서 lm( ) 함수를 실행했을 때의 결과와 비슷하다. 우선 모수의 추정치로부터, 적합된 모형은 다음과 같음을 알 수 있다.

$$\hat{y} = 24.8 + 3.50 * 1(\text{class=compact}) + 2.49 * 1(\text{class = midsize}) + \ldots - 6.67 * 1(\text{class=suv})$$

각 범주는 classcompact, …, classsuv 형태로 이름이 붙여져 있고, 추정치(estimate), 표준오차(Std Error), t-값(= estimate / Std Error), 그리고 P-값을 알 수 있다. 범례에 표시되어 있듯이, 통계적 유의성은 다양한 기호로 나타내서 유의한 범주/변수를 쉽게 알 수 있도록 하였다. P-값이 0이면 ***, 0.001보다 작으면 **, 0.1보다 작으면 .로 나타내는 식이다. 쉽게 픽업(classpickup)과 SUV(classsuv)가 다른 집단보다는 유의하게 다른 평균 연비를 가지고 있음을 알 수 있다.

위의 결과 중에서 classpickup 집단의 효과를 설명해보자. 모수 추정값은 −7.92다. 즉, class = pickup이면 연비가 평균 7.92만큼 감소한다는 것이다. 그리고 그 표준오차는 1.62로, 95% 신뢰구간은 −7.92 ± 1.96 * 1.62, 즉 [−11.1, −4.74] 정도로 주어진다(여기서 편의상 z 경계값인 1.96을 사용했다. 자유도는 227로 매우 크므로 t-값은 실질적으로 z-값과 거의 같다). 당연한 것이지만 H0: $\beta_{\text{pickup}} = 0$ vs H1: not H0의 가설에 대한 P-값은 거의 0이다. 즉, 만약 픽업 자동차 집단이 실제 연비 차이가 없을 때 우리가 관찰한 데이터의 t-값만큼 극단적 값을 관찰할 확률은 거의 없다. 따라서 현재 데이터는 귀무가설이 참이 아니라는 강력한 증거다.

회귀분석과 마찬가지로, 마지막 두 줄은 모형의 적합도를 나타낸다. Multiple R-squared: 0.6879 값은 연비의 총 변동량 중 자동차 클래스로 설명되는 변동량의 비율이 69%임을 나타낸다. Adjusted R-squared: 0.6797 값은 모형의 복잡도, 즉 총 6개의 모수를 사용했음을 감안하여 그 비율을 68%로 줄여서 보고한다. F-statistic: 83.39와 p-value: < 2.2e-16은 H0: 연비에 클래스 집단의 효과가 전혀 없다 vs H0: not H1에 대한 검정결과를 보고해준다. 당연하지만, 회귀분석의 예처럼, 새로운 x 값에 대한 예측/추정값은 predict( ) 함수로 얻을 수 있다.

```
> predict(hwy_lm2, newdata=data.frame(class="pickup"))
       1
16.87879
```

7.7.4 분산분석의 진단

이론적으로, 분산분석 결과가 의미 있기 위해서는 다음 여러 가지 가정이 충족되어야 한다.

1. 잔차의 분포가 독립이다.
2. 잔차의 분산이 동일하다.
3. 잔차의 분포가 $N(0, \sigma^2)$이다.

회귀분석의 예에서의 설명을 참고하도록 하자. 마찬가지로 가장 중요한 것은 분포의 독립성과 이상치의 유무다. 진단플롯은 plot.lm( ) 함수로 얻을 수 있다(그림 7-10).

```
opar <- par(mfrow = c(2,2), oma = c(0, 0, 1.1, 0))
plot(hwy_lm2, las = 1)              # Residuals, Fitted, ...
par(opar)
```

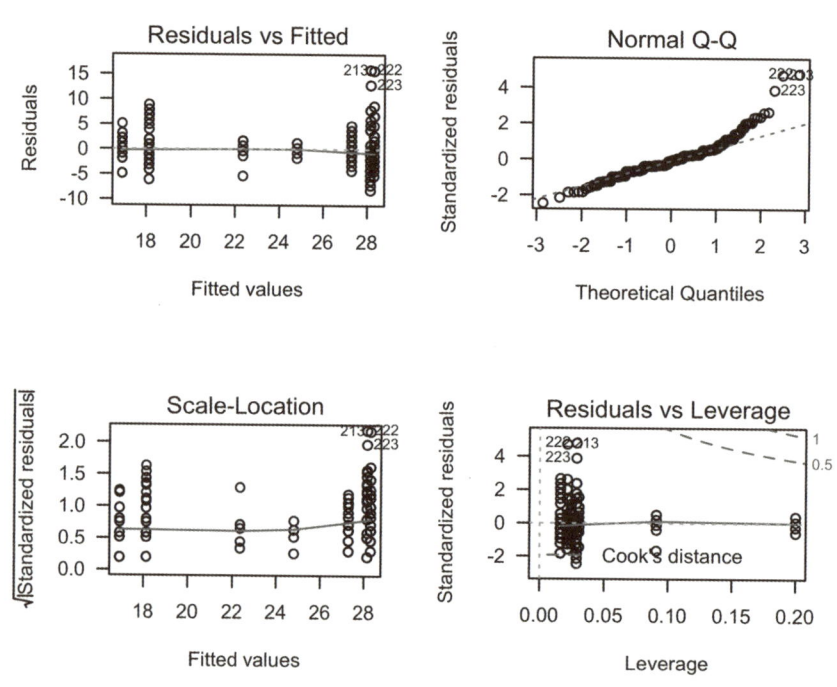

그림 7-10 hwy ~ class 모형에 대한 진단 플롯들

7.8 수량형 x, 범주형 y(성공-실패)

1986년 우주왕복선 챌린저호가 발사된 지 73초만에 폭발하여 대서양에 추락하고 7명의 승무원이 전원 사망한 사고는 미국우주사의 최대비극 중 하나다. 폭발의 원인은 오른쪽 고체연료 부스터의 부품인 O링이 망가졌기 때문이라고 밝혀졌다. O링이 셔틀 출발 시처럼 낮은 온도에서 작동하도록 설계되지 않았던 것이다(https://goo.gl/W0BEU). 온도와 O링의 실패 여부의 관계는 수량형 x, 성공-실패 값을 가진 범주형 y로 볼 수 있다(물론 여기서 y 변수의 '성공'은 O링의 '실패'를 의미한다).

이러한 데이터를 분석할 때는 다음의 방법들을 사용하면 된다.

1. X와 (jitter된) Y 변수의 산점도를 그려본다. 그리고 Y 변수의 그룹별로 X 변수의 병렬 상자그림을 그려본다. Y 변수 값에 따라 X 변수의 분포가 차이가 있는지, 두 변수 간에 어떤 관계가 있는지, 이상치는 존재하는지, 표본 로그오즈(log odds, 성공확률이 μ라고 할 때 $\log(\mu/(1-\mu))$를 로그오즈라 한다)와 x의 산점도에 선형 패턴이 있는지 등을 살펴보도록 하자.
2. glm( ) 함수로 일반화 선형 모형을 적합한다. summary.glm( ) 함수로 심도 있는 결과를 얻는다.
3. plot.glm( )으로 잔차의 분포를 살펴본다. 이상점은 없는가? 모형의 가정은 만족하는가?

7.8.1 일반화 선형 모형, 로짓/로지스틱 함수*

(이 절은 좀 수학적이고 어려운 내용을 다룬다. 처음 읽을 때는 넘어가도 된다. 하지만 다음 장에서 다룰 빅데이터 분류분석을 제대로 이해하기 위해서는 알아두어야 한다. 그러므로 나중에라도 힘을 내서 다시 꼭 읽어보도록 하자.)

성공-실패 범주형 y 변수와 수량형(그리고 범주형) 설명변수를 가진 데이터는 전통적인 선형 모형으로 다룰 수 없다. 왜냐하면 전통적인 선형 모형은 반응변수 y의 범위가 무한대이기 때문이다. 대신 일반화 선형 모형(Generalized Linear Model, GLM), 특히 이항분포 패밀리(binomial family)를 사용하여야 한다. 간단히 표현하면 다음과 같다.

Y~ Bernoulli(p). 즉 반응변수는 0('실패'), 혹은 1('성공')의 값을 가지는 베르누이 확률변수다. Y가 '성공'일 확률은 0과 1 사이의 값으로, 설명변수 x의 함수 형태인 $\mu(x)$로 나타낸다.

$$\Pr(Y=1 \mid x) = \mu(x)$$

확률값 $\mu(x)$는 선형예측(linear predictor)함수인 $x\beta$와 로짓(logit)함수로 연결되어 있다.

$$\text{logit}(\mu) = \log\left(\frac{\mu}{1-\mu}\right) = \eta(x) = x\beta$$

로짓함수의 형태는 그림 7-11(왼쪽)을 참조하자. Y의 성공확률 $\mu(x)$는 0과 1 사이의 실수지만, 그 확률에 로짓 변환을 해주면 $(-\infty, +\infty)$ 범위의 값이 된다. 그 로짓 변환된 값을 설명변수의 선형함수로 모형화하는 것이 이항분포에 적용된 GLM 모형의 골자다. GLM에서 로짓변환 함수의 역할을 하는 함수를 링크(link)함수라고 한다.

모수벡터 β의 추정값 $\hat{\beta}$은 최대우도법(Maximum Likelihood Estimation, MLE)으로 계산하게 된다. 최소제곱법 같은 단순한 해의 공식이 존재하지 않는다. 따라서 우도함수를 뉴턴-랍슨(Newton-Raphson) 방법으로 반복적으로 최소화하는 'IRLS(Iteratively Reweighted Least Squares)' 방법을 사용하여 해를 구한다.

추정값 $\hat{\beta}$이 얻어지면 반응변수의 기대값은 어떻게 추정할까? 일단 '선형추정' 값인 $\hat{\eta} = \hat{\eta}(x) = x\hat{\beta}$는 무한한 범위를 가진다. 이를 확률값으로 변환하기 위해서는 로짓 링크함수의 역함수[로지스틱(logistic) 함수라고 불린다. 그림 7-11(오른쪽)을 참고하자]를 사용하여 다시 [0, 1] 사이의 확률 값으로 되돌린다. 즉, 주어진 x 값에 대한 '성공확률'의 추정값은 다음처럼 계산된다.

$$\hat{\mu}(x) = \text{logit}^{-1}(\hat{\eta}) = \text{logistic}(\hat{\eta}) = \frac{1}{1+\exp(-\hat{\eta})} = \frac{\exp(\hat{\eta})}{\exp(\hat{\eta})+1}$$

이처럼 이항분포와 로짓링크 함수(로지스틱 역함수)를 사용한 GLM 모형을 로지스틱 회귀 모형(logistic regression)이라고도 한다.

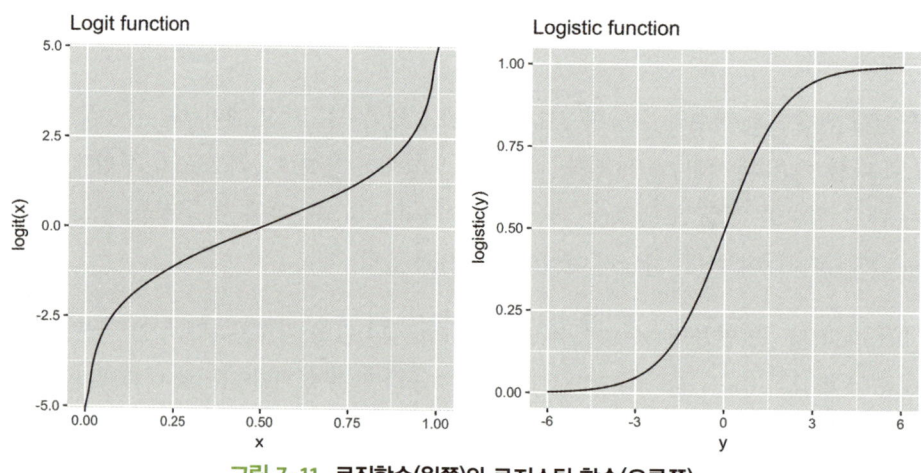

그림 7-11 로짓함수(왼쪽)와 로지스틱 함수(오른쪽)

7.8.2 챌린저 데이터 분석

자, 이제 위에서 익힌 접근방법으로 챌린저 O링 데이터를 분석해보자. 우선 챌린저 O링 데이터를 다운로드하도록 하자(인터넷에 연결되어 있어야 한다).

```
> chall <- read.csv('https://raw.githubusercontent.com/stedy/Machine-Learning-with-R-
                                      datasets/master/challenger.csv')
> chall <- tbl_df(chall)
> glimpse(chall)
Observations: 23
Variables: 5
$ o_ring_ct   (int) 6, 6, 6, 6, 6, 6, 6, 6, 6, 6, 6, 6...
$ distress_ct (int) 0, 1, 0, 0, 0, 0, 0, 0, 1, 1, 1, 0, 0...
$ temperature (int) 66, 70, 69, 68, 67, 72, 73, 70, 57, 6...
$ pressure    (int) 50, 50, 50, 50, 50, 50, 100, 100, 200...
$ launch_id   (int) 1, 2, 3, 4, 5, 6, 7, 8, 9, 10, 11, 12...
```

여러 변수들 중 온도와 O링 실패변수만 고려하도록 하자. 각 발사 시(launch_id)에 각 6개의 O링 중에서(o_ring_ct) 몇 개의 O링이 실패했는지를(distress_ct) 기록하고 있다.

우선 이 데이터를 시각화해보면 온도와 실패한 O링 개수 간의 의미 있는 관계를 관찰할 수 있다(그림 7-12).

```
chall %>% ggplot(aes(temperature, distress_ct)) +
  geom_point()
chall %>% ggplot(aes(factor(distress_ct), temperature)) +
  geom_boxplot()
```

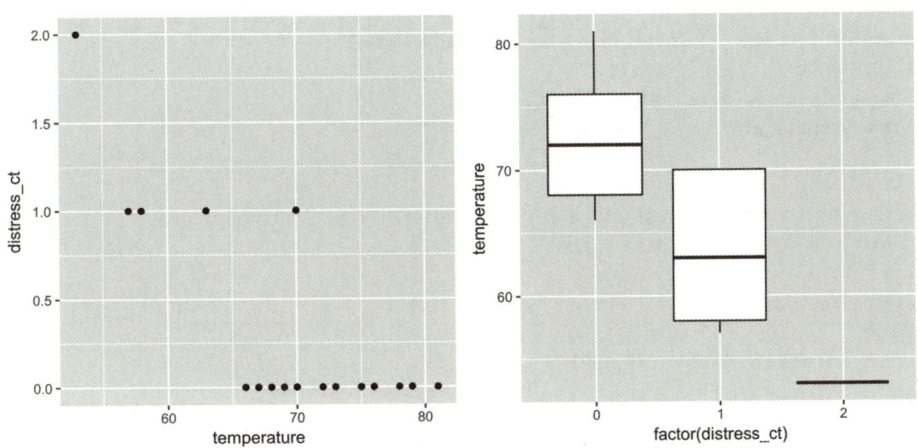

그림 7-12 **temperature**와 **distress_ct**의 산점도(왼쪽)와 y-x 상자그림(오른쪽)

이제 R의 glm( ) 함수로 모형을 추정해보자. 약간 복잡하지만, glm( ) 함수 안에서 family= 'binomial'이 주어졌을 때 반응변수는 몇 가지 방법으로 표현될 수 있다.

1. 반응변수 y_i가 0에서 1 사이의 숫자이면 $y_i = s_i/a_i$로 간주된다. s_i = '성공' 횟수, a_i = '시도' 횟수다. a_i는 weights= 옵션에 정의해야 한다. 모든 s_i = 0 혹은 1이면 weights를 지정하지 않아도 된다(a_i = 1로 간주된다).

2. 반응변수가 0-1 숫자 벡터일 경우에는 #1처럼 간주된다. 물론, weights=1이다. TRUE/FALSE 논리 벡터이면 0=FALSE ='실패'로, 1=TRUE='성공'으로 간주된다. 2-레벨 이상의 팩터(factor)변수는 첫 번째 레벨은 '실패'로, 나머지 레벨은 '성공'으로 간주된다.

3. 반응변수가 2-차원 매트릭스이면 첫 열은 '성공' 횟수 s_i를, 두 번째 열은 '실패' 횟수 $a_i - s_i$를 나타낸다. weights= 옵션이 필요 없다.

위의 예에서 데이터는 #3 방법으로 나타내었다. 첫 열 "distress_ct" = s_i이므로 O링의 실패를 '성공'으로 정의하였다. glm( ) 함수로 로지스틱 모형을 적합하는 코드는 간단히 다음과 같이 작성할 수 있다.

```
> (chall_glm <-
+    glm(cbind(distress_ct, o_ring_ct - distress_ct) ~
+        temperature, data=chall, family='binomial'))

Call:  glm(formula = cbind(distress_ct, o_ring_ct - distress_ct) ~ temperature,
    family = "binomial", data = chall)

Coefficients:
(Intercept)  temperature
     8.8169      -0.1795

Degrees of Freedom: 22 Total (i.e. Null);  21 Residual
Null Deviance:        20.71
Residual Deviance: 9.527      AIC: 24.87
> summary(chall_glm)

Call:
glm(formula = cbind(distress_ct, o_ring_ct - distress_ct) ~ temperature,
    family = "binomial", data = chall)

Deviance Residuals:
    Min       1Q   Median       3Q      Max
-0.7526  -0.5533  -0.3388  -0.1901   1.5388

Coefficients:
            Estimate Std. Error z value Pr(>|z|)
```

```
(Intercept)   8.81692     3.60697   2.444   0.01451 *
temperature  -0.17949     0.05822  -3.083   0.00205 **
---
Signif. codes:  0 '***' 0.001 '**' 0.01 '*' 0.05 '.' 0.1 ' ' 1

(Dispersion parameter for binomial family taken to be 1)

    Null deviance: 20.706  on 22  degrees of freedom
Residual deviance:  9.527  on 21  degrees of freedom
AIC: 24.865

Number of Fisher Scoring iterations: 6
```

우선 가장 마지막 출력인 'Number of Fisher Scoring iterations: 6'을 살펴보자. 앞서, GLM은 해의 공식이 존재하지 않으므로 수치적인 방법으로 답을 점근적으로 찾아낸다고 하였다. 이 반복횟수가 6번이었다는 것이다. 수렴 속도가 느리면 glm 실행 시에 경고 메시지가 뜨는 경우도 있다.

이제 모형의 적합 결과를 차례대로 살펴보자. GLM 모형에서 $\eta(x) = x\beta$ 부분을 주어진 데이터에 대해 풀어 쓰면,

$$\eta(x) = x\beta = \beta_0 + \beta_{\text{temp}} \, \text{temperature}$$

그리고 적합된 모형은 다음처럼 쓸 수 있다.

$$\hat{\eta}(x) = x\hat{\beta} = \hat{\beta}_0 + \hat{\beta}_{\text{temp}} \, \text{temperature} = 8.82 - 0.179 \, \text{temperature}$$

temperature 변수의 효과 β_{temp}는 P-값이 0.002로 유의미한 것으로 밝혀졌다. 만약 'temperature는 O링의 실패에 영향이 없다'는 귀무가설이 옳다면 우리가 관측한 데이터만큼의 극단적인 t-값이 관찰될 확률은 단지 0.002, 즉 0.2%밖에 되지 않으므로 귀무가설은 아마 사실이 아닐 것이다.

temperature의 효과 −0.179는 어떻게 해석해야 할까? 이것은 온도가 1도 상승할 때 속칭 로그오즈비(log odds ratio)가 0.179만큼 감소한다고 볼 수 있다. 만약 μ_1과 μ_2가 각각 온도값 x_0와 x_{0+1}에서의 '성공'확률이라고 한다면 로그오즈비는 다음과 같다.

$$\log(R) = \log \frac{\mu_1/(1-\mu_1)}{\mu_2/(1-\mu_2)}$$

로그오즈비도 직관적으로 이해하기는 쉽지 않다. 따라서 다음에서 살펴보듯이 적합된 모형의 시각화가 필수적이다.

7.8.3 GLM의 모형 적합도

위의 R 출력에서 다음 마지막 2~4줄은 모형의 적합도(goodness of fit)를 나타낸다.

```
    Null deviance: 20.706  on 22  degrees of freedom
Residual deviance:  9.527  on 21  degrees of freedom
AIC: 24.865
```

'deviance'는 선형 모형에서의 잔차의 제곱합을 일반화한 것이다. 최대우도법에 의해 구해진 추정치에 대해 모형의 적합도를 우도함수(likelihood function)로 나타낸 것이다. 몇 가지 다른 정의가 있지만(https://goo.gl/kVotuV), R에서는 다음처럼 주어진다[Hastie & Pregibon (1992)].

$$\text{Null Deviance} = 2(\text{LL}(\text{Saturated Model}) - \text{LL}(\text{Null Model})) \text{ on } df = df_{\text{Sat}} - df_{\text{Null}}$$
$$\text{Residual Deviance} = 2(\text{LL}(\text{Saturated Model}) - \text{LL}(\text{Proposed Model})) \ df = df_{\text{Sat}} - df_{\text{Res}}$$

여기서 LL은 각 모형에서 최대화된 로그우도(maximized log likelihood)를 나타낸다(https://goo.gl/GOS6ng). 즉, Null deviance는 모형을 적합하기 전의 deviance다. Residual deviance는 모형을 적합한 후의 deviance다. 그 둘 사이가 '충분히' 줄었다면 이 모형은 적합하다고 판단하는 것이다. 귀무가설, 즉 모형이 적합하지 않다는 가정 하에서는 두 deviance의 차이는 대략 chi-squared 분포를 따른다. 위의 예에서는 두 deviance 간의 차이는 20.7 − 9.52 = 11.2다. 자유도 1인 카이제곱 분포에서 이 값은 아주 아주 큰, 나오기 어려운 값이다(1 − pchisq(11.2, 1)를 실행해보면 된다). 따라서 모형 적합의 P-값은 실질적으로 0이며, 이 모형은 데이터를 의미 있게 설명한다고 결론을 내릴 수 있다.

마지막에 출력된 AIC 값은 'Akaike Information Criterion'를 나타낸다. 수식적으로는 = 2 k − 2 ln(L)로 주어진다. 여기서 k는 모형 모수의 개수로 복잡도를 나타내고, L은 주어진 모형으로 최대화한 우도다(https://goo.gl/w42U1j). 모형 A와 B를 비교한다고 해보자. 어떤 것이 좋은 모형일까? 데이터를 잘 설명하는 것이 하나고(우도함수 L을 크게 하거나 −2 ln(L)을 작게 한다), 다른 하나는 간단한 것이다(모형의 복잡도 2k를 작게 한다). AIC는 이 둘을 합친 모형 선택기준이라고 생각하면 된다. 보통 모형이 복잡해지면 −ln(L)은 작아지지만 k가 커지고, 간단해지면 그 반대다. 적당한 중간점을 찾아주는 것이 AIC의 목표다. 나중에 8장(빅데이터 분류분석 I: 기본 개념과 로지스틱 모형)에서 다시 살펴보도록 하자.

7.8.4 로지스틱 모형 예측, 링크와 반응변수

적합된 모형에서 만약 temperature = 30(화씨온도)이라면 '성공확률'은 얼마일까? (이 값은 챌린저호의 발사 당시 조건이다. 셔틀의 발사가 허용되는 최저 온도에 가까웠다!) predict.glm( ) 함수로 예측해보자.

```
> predict(chall_glm, data.frame(temperature=30))
       1
3.432159
```

(chall_glm 객체의 클래스가 glm이므로 위의 predict( ) 함수를 실행하면 내부적으로는 predict.glm( ) 함수가 호출된다.) 결과는 [0,1] 사이의 값이 아니므로 확률값이 아님을 알 수 있다. 왜일까? ?predict.glm으로 도움말을 읽어보자. predict.glm( )은 type = c("link", "response", "terms") 옵션이 있고 디폴트인 "link"는 선형예측값 $X\hat{\beta}$를 출력하기 때문이다. 즉, 위의 결과는 $\hat{\beta}_0 + \hat{\beta}_1 x =$ 8.82 − 0.179 * 30 값이다.

선형예측값이 아닌 확률값을 얻으려면 이 값의 로지스틱 변환을 하든지, predict.glm( )에서 type="response" 옵션을 사용하면 된다.

```
> exp(3.45) / (exp(3.45) +1)
[1] 0.9692311
> predict(chall_glm, data.frame(temperature=30), type='response')
       1
0.9686946
```

7.8.5 로지스틱 모형 적합결과의 시각화

결과를 시각화하기 위해 다음처럼 베이스 그래픽을 사용할 수 있다(그림 7-13).

```
logistic <- function(x){exp(x)/(exp(x)+1)}
plot(c(20,85), c(0,1), type = "n", xlab = "temperature", ...
plot(c(20,85), c(0,1), type = "n", xlab = "temperature",
     ylab = "prob")
tp <- seq(20, 85, 1)
chall_glm_pred <-
  predict(chall_glm,
          data.frame(temperature = tp),
          se.fit = TRUE)
```

```
lines(tp, logistic(chall_glm_pred$fit))
lines(tp, logistic(chall_glm_pred$fit - 1.96 * chall_glm_pred$se.fit), lty=2)
lines(tp, logistic(chall_glm_pred$fit + 1.96 * chall_glm_pred$se.fit), lty=2)
abline(v=30, lty=2, col='blue')
```

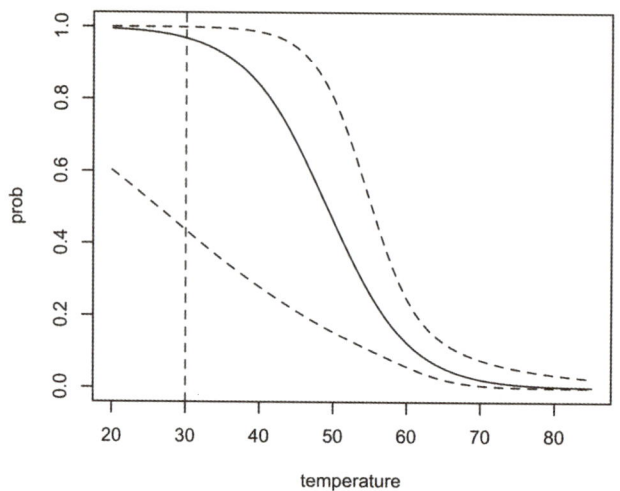

그림 7-13 셔틀의 O링의 실패 확률과 온도와의 관계

7.8.6 범주형 y 변수의 범주가 셋 이상일 경우

많은 실제 분류 문제가 성공-실패의 두 범주로 이루어진 반응변수를 다루지만, 셋 이상의 범주를 다루는 문제도 다루게 된다. 대표적으로는 손으로 쓴 숫자 이미지 파일로부터 0, 1, …, 9를 판단해내는 문제를 들 수 있다. 이 경우 흔히 쓰이는 방법은 0과 {1, …, 9} 간의 분류문제를 풀고, 1과 {0, 2, 3, …, 9} 간의 분류문제를 풀고, …, 9와 {0, …, 8} 간의 분류문제를 푼 후, 가장 예측 확률이 높은 클래스로 추정을 하는 'one-vs-rest(OvR, 'one-vs-all'이라고도 한다)' 방법이 흔히 쓰인다. 클래스 개수가 K라고 할 때 K개의 분류문제를 풀어야 한다(https://goo.gl/V1l6Mz). 또 다른 방법은 'one-vs-one'(OvO)이다. 이 방법은 $K(K-1)/2$개의 모든 두 클래스 조합에 대해 분류문제를 풀고 예측 시에는 가장 예측 확률이 높은 클래스로 추정을 하게 된다.

실행속도 면에서 'one-vs-rest'는 모형의 개수는 K로 적지만 각 모형에서 관측치 개수가 n으로 큰 편이다. 이에 반해, 'one-vs-one'은 모형의 개수는 $K(K-1)/2$로 많지만 각 모형에서 관측치 개수는 (모든 클래스가 비슷한 확률로 발생한다면) 평균 $2*n/K$ 정도로 줄어들게 된다. 사용되는 모형, 데이터의 분포, K의 분포에 따라 one-vs-rest와 one-vs-one의 적합속도와 정확도는 차이가 나게 된다.

이 방법에 대한 자세한 내용과 문제점, 다른 해결 방법에 대한 자세한 내용은 비숍(Bishop)의
≪Pattern Recognition and Machine Learning≫ 교재를 참고할 것을 권한다.

7.8.7 GLM 모형의 일반화

이 장에서 살펴본 성공-실패 범주형 반응변수를 위한 로지스틱 회귀 모형은 GLM 모형의 특수한 경우 중 하나다. glm 모형은 이 이외에 다양한 분포 '패밀리'와 링크함수를 지원한다. 이 장에서는 자세히 다루지 않지만 많이 사용되는 패밀리와 링크함수는 대략 다음과 같다.

패밀리	디폴트 링크함수	적용 예
binomial	link="logit"	성공-실패 반응변수
gaussian	link="identity"	선형 모형이다! lm( ) 함수와 같다.
Gamma	link="inverse"	양의 값을 가지는 수량형 반응변수 (예 강우량, 웹서버에 걸리는 로드양, 전자제품이 고장날 때까지 걸리는 시간, 점원이 10명의 손님을 처리하는 데 걸리는 시간 등)
poisson	link="log"	0, 1, 2, … 값을 가진, '개수'를 나타내는 반응변수 (예 일일 교통사고 횟수, 단위지역의 연간 지진발생 횟수 등)

GLM은 큰 분야다. 푸아송 회귀분석, 이항 회귀분석 등의 모형을 사용할 때도 과분산(over-dispersion) 등의 문제를 접할 경우가 많다. 예를 들어, 푸아송 모형은 기댓값과 분산이 같아야 하는데, 실제로 분산이 기댓값보다 큰 경우가 많다. 주어진 데이터에 GLM을 더 적절하게 적용하기 위해서는 Agresti의 ≪Categorical Data Analysis≫나 Nelder & McCullaugh의 ≪GLM≫ 등을 참고할 것을 권한다.

7.9 더 복잡한 데이터의 분석, 머신러닝, 데이터 마이닝

지금까지 하나 혹은 두 x, y 변수의 관계를 분석하는 방법을 살펴보았다. 이 방법들을 잘 조합하여 다양하고 복잡한 데이터를 처리할 수 있다. 하지만 변수의 개수가 셋 이상이 되면 이 방법들로는 충분하지 않게 된다. 좀 더 다양한 개념과 방법을 익혀야 한다.

변수의 수가 많을 때의 분석은 크게 다음 분석들로 나눌 수 있다.

- 지도학습(supervised learning): 반응변수를 예측해내는 것이 목적이다.
  - 회귀 예측분석(regression): 수량형 반응변수를 예측한다.
  - 분류분석(classification): 범주형 반응변수를 예측한다.
- 비지도학습(unsupervised learning): 변수들 간의 혹은 관측치 간의 관계를 밝혀내는 것이 목적이다.
  - 군집분석(clustering): 관측치들을 변수들 간의 유사성으로 그룹핑한다.
  - 차원감소(dimensionality reduction): 변수들을 관측치들 간의 유사성을 이용해서 적은 수로 줄여준다.
  - 피처 가공(feature engineering 혹은 피처 추출(feature extraction)): 주어진 변수로부터 지도학습의 입력변수로 사용할 수 있는 특징값을 변환하거나 생성한다.

이후 장에서는 분류분석, 그리고 예측분석을 살펴볼 것이다. 군집분석과 차원감소법은 이 책에서는 다루지 않겠다.

참고로, 이 방법론들은 컴퓨터과학의 인공지능(Artificial Intelligence, AI)의 한 분야인 머신러닝(machine learning), 그리고 데이터 마이닝(data mining)의 연구분야이기도 하다. 일반적으로 머신러닝은 지도학습을, 데이터 마이닝은 비지도학습, 그리고 탐색적 데이터 분석을 지칭할 경우가 많지만, 경계가 확실한 것은 아니다. 파이썬에서 많이 사용하는 머신러닝 라이브러리 scikit-learn의 웹페이지에서는 주어진 데이터와 질문에 적절한 방법을 선택하는 플로우차트를 제공하고 있다(그림 7-14). 100% 정확한 내용은 아니지만 다양한 방법론들을 잘 정리해놓았으니 도움이 되길 바란다.

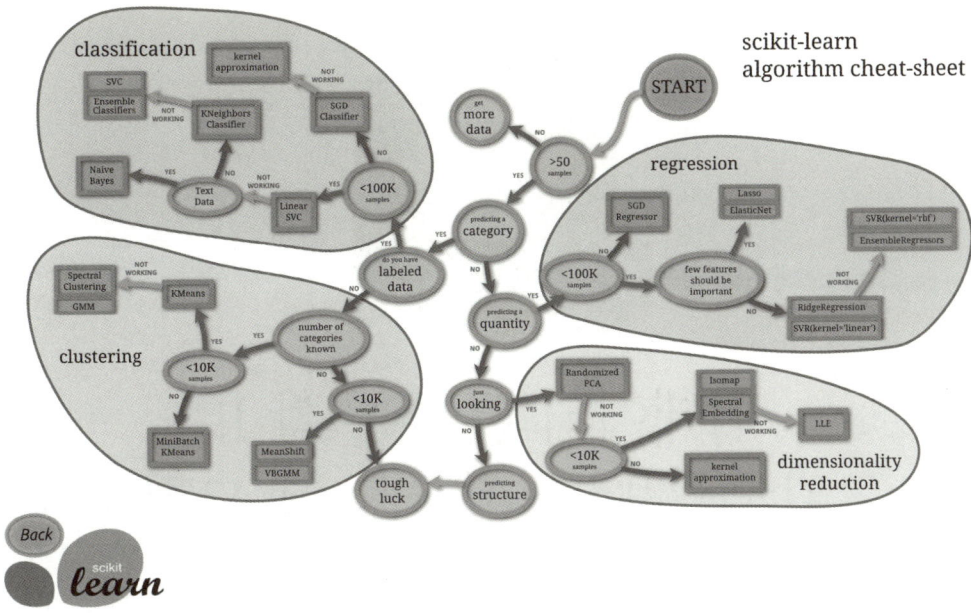

그림 7-14 주어진 데이터와 질문에 적절한 scikit-learn 방법을 선택하는 플로우차트
출처 https://goo.gl/cKPQJH

참/고/문/헌
CHAPTER 7

1. Venables, W. N. and Ripley, B. D. (2002) Modern Applied Statistics with S. New York: Springer.
2. Games, G., Witten, D., Hastie, T., and Tibshirani, R. (2013) An Introduction to Statistical Learning with applications in R, www.StatLearning.com, Springer-Verlag, New York.
3. Chambers, J. M. (1992) Linear models. Chapter 4 of Statistical Models in S eds J. M. Chambers and T. J. Hastie, Wadsworth & Brooks/Cole.
4. Wilkinson, G. N. and Rogers, C. E. (1973) Symbolic descriptions of factorial models for analysis of variance. Applied Statistics, 22, 392–9.
5. Belsley, D. A., Kuh, E. and Welsch, R. E. (1980) Regression Diagnostics. New York: Wiley.
6. Cook, R. D. and Weisberg, S. (1982) Residuals and Influence in Regression. London: Chapman and Hall.
7. McCullagh, P. and Nelder, J. A. (1989) Generalized Linear Models. London: Chapman and Hall.
8. Hastie, T. J. and Pregibon, D. (1992) *Generalized linear models*. Chapter 6 of *Statistical Models in S* eds J. M. Chambers and T. J. Hastie, Wadsworth & Brooks/Cole.
9. Firth, D. (1991) Generalized Linear Models. In Hinkley, D. V. and Reid, N. and Snell, E. J., eds: Pp. 55–82 in Statistical Theory and Modelling. In Honour of Sir David Cox, FRS. London: Chapman and Hall.

빅데이터 분류분석 I: 기본 개념과 로지스틱 모형

8.1 분류분석이란?

앞에서 설명했듯이, 지도학습(supervised learning)이란, 주어진 설명변수로부터 반응변수를 예측해내는 작업이다. 그리고 분류분석(classification)이란, 주어진 입력변수에 근거하여 범주형 반응변수를 예측하는 작업이다. 이에 반해 회귀분석(regression prediction)이란, 연속형과 수치형 반응변수를 예측하는 작업이다. 8~11장에서는 분류분석을, 13~14장에서는 회귀분석을 다루도록 하겠다.

분류분석의 몇 가지 예를 들면 다음과 같다.

- 신용카드 사용자의 다양한 변수를 사용하여 사용자가 디폴트(default, 채무불이행)할 확률을 계산한다.
- 투자할 회사의 다양한 속성변수를 사용하여 투자가 성공할 확률을 계산한다.
- 웹 방문자 정보, 사이트 정보, 방문시간 등을 사용하여 특정 광고를 클릭할 확률을 계산한다.

각 경우마다 반응변수는 두 값, 즉 성공-실패 중 하나다. 일반적으로 '성공'은 1로, '실패'는 0으로 나타낸다. 즉, 디폴트 예측에서는 $y = 1$(디폴트) 혹은 $y = 0$(디폴트가 아님), 투자 예측에서는 $y = 1$(투자 성공), $y = 0$(투자 실패), 온라인 광고 클릭 예측에서는 $y = 1$(클릭) 혹은 $y = 0$(클릭 안 함) 등이다.

그리고 설명변수는 보통 여러 다양한 수치형 변수(카드 소유자 나이, 투자회사의 지난 분기 이익, 웹사이트 방문 횟수), 그리고 범주형 변수(카드소유자의 성별, 투자회사의 사업영역, 웹사이트 기사 내용) 등으로 혼합되어 있다.

8.1.1 이항분류분석의 목적

조금 수학적이지만, 다음의 표기법을 사용하도록 하자.

- $i = 1, ..., n$: 관측치 인덱스. 총 n개의 관측치가 있다.
- $y_i = 1, 0$: i번째 관측치의 성공-실패 반응변수
- $j = 1, ..., p$: 예측변수 인덱스. 총 p개의 설명변수가 있다.
- x_{ij}: i번째 관측치의 j번째 설명변수

위의 y_i 변수의 정의에서 보듯이, 우리는 성공-실패 두 가지 값을 가지는 반응변수만을 고려할 것이다. 즉, 이항분류분석(binary classification) 문제만을 다룰 것이다.

분류분석의 목적은 크게 두 가지, 즉 (1) 미래의 데이터에 대한 정확한 예측, 그리고 (2) 변수 간의 관계의 이해로 구분해 생각할 수 있다.

먼저 첫 번째 목적인 '미래의 데이터에 대한 정확한 예측'을 생각해보자. 이는 기존의 데이터 $i = 1, ..., n$을 이용하여 아직 관측되지 않은 미래의 관측치 y_i를 '가장 정확히' 예측해내는 함수 $f(x_1, ..., x_p)$를 만들어내는 것이다. 만약 미래의 데이터 $y_1, ..., y_m$에 대해서 예측치가 $\hat{y}_1, ..., \hat{y}_m$(각 0-1 값을 가진다), 혹은 예측성공확률이 $\hat{\mu}_1, ..., \hat{\mu}_m$(각 [0,1] 구간의 값이다)이라고 한다면 '정확도'는 여러 함수로 나타낼 수 있다. 다음 절에서 이항편차, ROC 곡선, AUC 등의 정확도 지표를 알아볼 것이다.

예측분석의 또 다른 중요한 목적은 설명변수와 반응변수 간의 관계에 대한 이해를 돕는 것이다. 이것에는 설명변수 $x_1, ..., x_p$ 사이의 관계를 밝히고, 설명변수들 중에서 y에 대한 예측력이 가장 중요한 변수를 찾아내는 작업도 포함한다. 이 장의 후반부의 실제 예에서 더 구체적으로 살펴보도록 하자.

8.1.2 정확도 지표, 이항편차, 혼동행렬, ROC 곡선, AUC

미래의 데이터 $y_i = 0, 1$에 대해 우리의 예측이 [0, 1] 구간 사이의 확률값 $\hat{\mu}_i$이라고 하자. 앞장에서 GLM과 로지스틱 모형을 설명하며 소개한 $\hat{\mu}_i$와 동일하다. 이항편차(binomial deviance)는 다음 수식으로 주어진다.

$$D = 2 \sum_{i=1}^{n} [y_i \log(y_i/\hat{\mu}_i) + (1 - y_i) \log((1 - y_i)/(1 - \hat{\mu}_i)]$$

만약 모든 미래 관측값에 대해 $y_i = \hat{\mu}_i$라고 하면 D 값은 0이 된다. 만약 항상 $y_i \neq \hat{\mu}_i$라면 D 값은 무한대가 된다. 따라서 D가 작을수록 정확한 모형이다.

이 책에서는 다음과 같은 R 함수를 정의하여 사용할 것이다.

```
binomial_deviance <- function(y_obs, yhat){
  epsilon = 0.0001
  yhat = ifelse(yhat < epsilon, epsilon, yhat)
  yhat = ifelse(yhat > 1-epsilon, 1-epsilon, yhat)
  a = ifelse(y_obs==0, 0, y_obs * log(y_obs/yhat))
  b = ifelse(y_obs==1, 0, (1-y_obs) * log((1-y_obs)/(1-yhat)))
  return(2*sum(a + b))
}
```

여기서 yhat은 0-1 값을 가진 $\hat{y}_i$나 [0, 1] 구간 안의 확률값 $\hat{\mu}_i$에 모두 사용할 수 있다. 참고로, 이 함수는 반응변수 yhat이 0과 1이 될 때 NaN, infinity 등의 값을 얻는 것을 방지하고 있다.

머신러닝 혹은 통계학습에서 관측값 y_i와 예측값 $\hat{y}_i$의 관계는 다음 혼동행렬(confusion matrix) 혹은 오차행렬(error matrix)로 요약할 수 있다. 행은 실제 클래스(actual class) 값, 열은 예측된 클래스(predicted class) 값을 나타내고, 행렬 값은 각 경우에 해당하는 관측치 개수를 나타낸다. 2 클래스 문제에서는 다음과 같은 2*2 행렬로 나타낼 수 있다.

표 8-1 혼동행렬의 정의

	$\hat{y}_i = 1$	$\hat{y}_i = 0$	
$y_i = 1$	TP = True Positive	FN = False Negative	P = all Positives = TP + FN
$y_i = 0$	FP = False Positive	TN = True Negative	N = all Negatives = FP + TN
	Phat = TP + FP	Nhat = FN + TN	Total

혼동행렬로부터 다양한 메트릭을 계산할 수 있다.

- 정밀도(precision) = TP / Phat
- 재현율(recall) = sensitivity = True Positive Rate = TPR = TP / P
- False Positive Rate = FPR = FP / N
- specificity = True Negative Rate(TNR) = TN / N
- 정확도(accuracy) = ACC = (TP + TN) / (P + N)
- F1 score = 2 TP / (2 TP + FP + FN): 정밀도와 재현율의 조화평균(harmonic mean)

나중에 살펴보겠지만, 대부분의 분류분석기는 $\hat{y}_i = 0, 1$을 직접 산출하지 않는다. 대신에 [0,1] 구간 사이의 값을 가진 예측 확률값 $\hat{\mu}_i$을 계산한다. 이처럼 예측이 성공확률 값으로 주어졌을 때 분계점(threshold, cutoff)을 바꿔감에 따라 다른 최종 예측값을 얻게 된다. 즉, 다음처럼 계산한다.

$$\hat{y}_i = 1, \text{ if } \hat{\mu}_i > 분계점$$
$$\hat{y}_i = 0, \text{ if } \hat{\mu}_i <= 분계점$$

수신기 작동 특성(Receiver Operating Characteristic, ROC) 곡선은 이처럼 분계점을 변화하면서 TPR과 FPR을 그린 곡선이다.

즉, 분계점에 따라 다른 분류분석 결과와 척도값을 낳는다. 특히, TPR과 FPR의 값이 변화하게 된다. 분계점을 낮추면 TPR과 FPR이 동시에, 하지만 다른 속도로 증가하게 된다. 어떤 분류분석기든 분계점이 1이면 모든 관측치를 False로 예측하고, TPR = FPR = 0이 된다. 반대로, 분계점이 0이면 모든 관측치를 True로 예측하고, TPR = FPR = 1이 된다. 분계점을 0에서 1로 변화시키며, FPR을 x축에, TPR을 y축에 나타낸 것이 ROC 곡선이다. R에서는 ROCR 라이브러리를 사용하면 간편하게 그릴 수 있다. 앞의 예제에서 살펴볼 것이다.

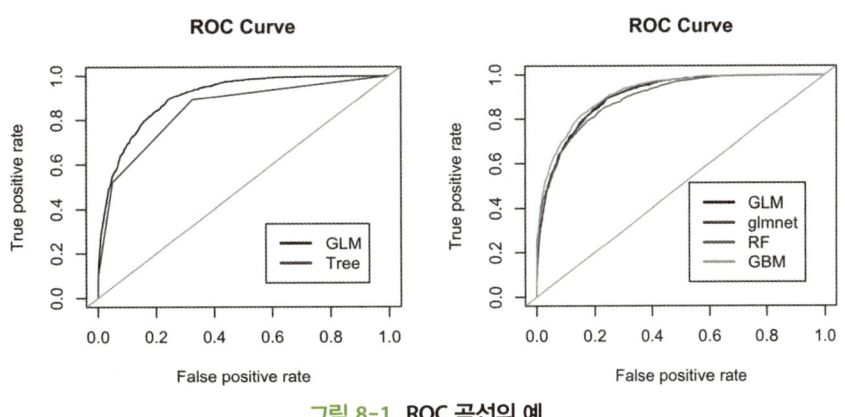

그림 8-1 ROC 곡선의 예

ROC 곡선은 모형의 예측 능력의 비교에 사용된다. 주어진 FPR(가로축) 값에 대해 TPR(세로축)이 높을수록 더 정확한 것이므로 ROC 곡선이 위에 있는 모형이 더 예측 능력이 좋다.

ROC 곡선 아래의 영역(Area Under ROC Curve, AUC)은 모형의 정확도를 하나의 숫자로 요약하기 위한 지표다. ROC 곡선 아래에 있는 영역의 면적이다. 0에서 1 사이의 값을 가지며, 1에 가까울수록 평균 예측력이 높음을 나타낸다.

ROC 곡선에서 대각선은 쓸모없는 '랜덤한 분류분석기'를 나타낸다. 쓸모없는 예측, 즉 순전히 랜덤하게 성공/실패를 예측하는 모형은 어떤 분계점에서도 TPR = FPR이므로 ROC 평면 상에서 대각선에 해당하는 것이다. 이러한 랜덤한 분류분석기보다 나으려면 TPR > FPR, 즉 대각선보다 위에 있어야 한다. 쓸모없는 랜덤 분류분석기의 AUC 값은 얼마일까? 0.5다. 즉, 아주 황당하게 성능이 나쁜 분류분석기가 아니라면 AUC 값은 0.5에서 1.0 사이다. 1.0에 가까울수록 좋은 분류분석기다.

8.1.3 모형의 복잡도, 편향-분산 트레이드오프, 모형 평가, 모형 선택, 교차검증

분류분석에서 사용 가능한 예측변수의 개수가 1,000개라고 생각해보자. 더 많은 X 변수를 포함할 때 다음과 같은 현상이 일어난다.

1. 모형의 복잡도(model complexity)가 증가한다.
2. 모형의 편향(bias) $E(\hat{f}(X)) - f(X)$가 줄어든다. 즉, 무한히 많은 데이터가 있다면 더 많은 변수를 포함하는 것이 더 편향이 없는(unbiased) 결과를 준다.
3. 모형의 분산(variance) $Var(\hat{f}(x))$이 증가한다. 정밀도(precision)가 줄어든다고 할 수 있다. 즉, 유한한 데이터를 사용할 때 추정할 모수의 개수가 늘어나며, 모수 추정의 정확도가 줄어든다.
4. 모형 적합에 사용된 데이터상에서 정확도 지표는 계속 개선된다(훈련셋 에러가 줄어든다).
5. 모형 적합에 사용되지 않은 데이터에서는 정확도 지표가 초반에는 개선되다가, 나중에는 악화된다. 왜냐하면 모형이 너무 모형에 사용된 데이터에 맞춰져서 아직 관측되지 않은 새로운 데이터에는 적합하지 않아지게 된다. 즉, '과적합(overfitting)'이 일어난다. 편향-분산 트레이드오프(bias-variance tradeoff)다.

모형의 복잡도, 훈련셋 오차율, 테스트셋 오차율, 편향, 분산 사이의 관계에 대해서는 다음 그림을 참고하자.

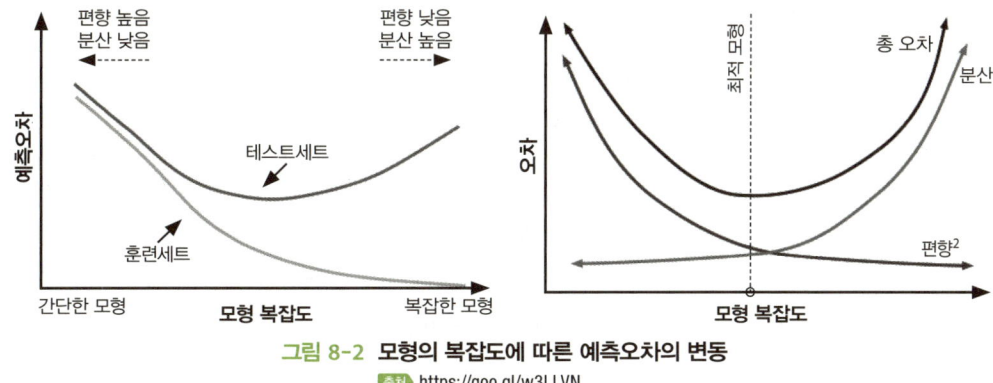

그림 8-2 모형의 복잡도에 따른 예측오차의 변동
출처) https://goo.gl/w3LLVN

모형의 복잡도와 관련된 다양한 변인들의 관계는 또한 다음 표처럼 요약할 수 있다.

표 8-2 모형의 복잡도와 모형의 일반화 능력

모형의 복잡도	포함된 변수의 개수	우도	훈련세트 R^2	훈련세트 에러	테스트세트 에러	예측 능력	모형 해석 용이도	편향	분산
감소	적다	감소	작다	크다	크다		쉽다	크다	작다
'적당'	'적당'	'적당'			최저	좋다			
증가	많다	증가	크다	작다	크다		어렵다	작다	크다

따라서 무한한 데이터가 존재하지 않는 현실에서는 무작정 사용 가능한 모든 변수를 사용해서는 안 된다. 그렇다면 얼마나 많은 변수를 사용해야 할까? 그리고 다양한 모형들 중 어떤 것들을 사용해야 할까? 이러한 질문은 모형 적합에 사용된 데이터를 이용해서 답해서는 안 되며, 좀 더 조심스럽게 접근해야 한다.

모형 평가(model assessment)와 모형 선택(model selection)은 데이터를 효율적으로 사용해 과적합을 방지하고, 일반화 능력(generalization ability)이 좋은 모형을 선택하는 것을 돕는다. 정확한 모형 평가를 위해서는 데이터를 개념적으로 다음의 세 가지 형태로 구분해야 한다.

- 훈련 데이터세트 혹은 훈련세트(training dataset)는 모형의 적합과 모수의 추정에 사용된다.
- 검증 데이터세트 혹은 검증세트(validation dataset)는 파라미터 튜닝과 변수 선택과 모형 선택에 사용된다. 검증 데이터세트에서의 오류확률은 테스트 오류확률을 추정하는 데 사용되지만, 일반적으로 테스트 오류확률보다 적다! 왜냐하면 검증 데이터세트가 모형 튜닝에 사용되므로 과적합이 일어나기 때문이다.

- 테스트 데이터세트 혹은 테스트세트(test dataset)는 모형 적합과 모형 선택이 끝난 후 최종 모형의 오류확률(error rate)를 측정/추정하기 위해 사용된다. 테스트 데이터를 절대 모형의 선택과 튜닝에 사용해서는 안 된다.

모형 선택과 평가를 위한 간단한 방법은 ❶ 데이터를 랜덤하게, 예를 들어 50:25:25 혹은 60:20:20의 비율로 훈련/검증/테스트 데이터세트로 나누고, ❷ 훈련 데이터를 이용해 모형을 적합하고, ❸ 검증 데이터세트를 이용해 적합한 모형 중 최종 모형을 선택한 후, ❹ 테스트 데이터세트를 사용해 최종 모형의 성능을 측정하는 것이다.

훈련-검증 데이터세트를 항상 처음부터 나누지 않고 교차검증을 시행하기도 한다. 많이 사용되는 k-폴드(k-fold) 교차검증은 데이터를 k개의 그룹으로 나눈 후 각각의 그룹을 차례로 검증세트로 사용하여 정확도 지표를 계산한 후, k개의 정확도 지표의 평균으로 최종 오차를 추정한다.

그리고 최종 모형은 모든 데이터를 사용하기도 한다. 즉, 모형 평가와 선택이 모두 끝난 후에 적합된 변수들과 튜닝 파라미터를 가지고 훈련 데이터까지 합쳐서 최종회귀계수를 계산하기도 한다.

8.1.4 빅데이터, n, p, 비정형 데이터

이 장의 제목은 단순히 '분류분석'이 아니라 '빅데이터 분류분석'이다. 빅데이터는 컴퓨터공학 면에서는 데이터의 양이 방대하므로 컴퓨터 한 대에서 저장 및 처리가 되지 않으므로 여러 대에서 분산하여 저장 및 처리해야 함을 일컫는다.

과연 얼마나 크면 빅데이터라 불릴 만할까? 보통 컴퓨터 메모리에 로드될 만하면 빅데이터라 하기는 조금 어렵다. 컴퓨터 메모리는 현재 8GB, 16GB 정도가 가장 흔하다. 아마존 클라우드 서비스에서 시간제로 빌려서 사용하려면 2017년 6월 현재 최대 256GB(m4.16xlarge 인스턴스 타입)까지 지원하는 것을 알 수 있다(출처: https://goo.gl/59jXy).

데이터 과학, 특히 분류-예측분석에서 빅데이터는 관측치 개수(n)가 많거나 설명변수의 숫자(p)가 큰 것을 의미한다. 많은 예측분석 알고리즘이 데이터 전체를 메모리에 올려서 처리해야 한다. 얼마만큼 큰 n, p이면 메모리에 올리는 것이 힘들까? 가장 간단한 것은 실행해보는 것이다! R을 사용한다면 효율성을 위해 read.table 패키지 등을 사용한다. 그리고 너무 오래 걸리는 것 같으면 데이터 일부를 표본화하여 로드되는지 알아보고, 시간을 측정하여 데이터 크기에 따른 읽기/처리 속도 등을 계산하는 것도 좋은 방법이다. 만약 그러한 노력에도 불구하고 R로 분석이 힘들다면, 파이썬의 머신러닝 패키지를 사용하는 것도 시도해볼 만하다. 또한, 데이터 전체를 메모리에 올리지 않고, 즉 배치(batch) 처리하지 않고, 순차적으로 데이터를 읽어 들여 모형을 개선해나가는 알고리즘인 확률적 경사 하강법(Stochastic Gradient Descent, SGD)을 사용하는 특화된 소프트웨어인 Vowpal Wabbit 등을 사용할 수도 있다.

이 책에서는 R을 사용하는 분석만 다루겠다. 만약 $n * p < 1\,\text{billion}$(10억 개) 이하라면 R을 사용하여 처리하는 것으로 충분한 경우가 많다. 왜일까? $n = 10M$, $p = 100$인 경우를 생각해보자. 즉, 설명변수의 수가 100개이고, 관측치 개수가 10M이다. 각 설명변수는 4바이트 부동소수점(floating point) 값이고 압축을 하지 않는다고 가정하자. 그러면 필요한 메모리 총량은 $100 * 4 * 10M = 4GB$다. 이 정도면 많은 컴퓨터에서 제공할 수 있는 메모리 양이다. 물론, 이 값은 어림값이다. 데이터 형태, 분석 소프트웨어의 데이터 저장방식, 압축 여부 등에 따라 달라질 것이다.

텍스트, 음성, 이미지, 비디오 등의 비정형 데이터는 어떻게 보아야 할까? 비정형 데이터는 p를 굉장히 쉽게 크게 만드는 데이터형이라고 볼 수 있다. 왜냐하면 비정형 데이터는 결국 설명변수 벡터로 변환되기 때문이며, 많은 경우 변환된 설명변수 벡터 크기(p)는 매우 크다. 예를 들어, 8*8의 그레이스케일(grayscale) 비트맵 이미지에서 숫자를 판독하는 문제라면 그리고 각각의 픽셀의 밝기를 $0, \ldots, 16$ 사이의 정수 값으로 나타낸다면 이 이미지는 64개의 예측변수로 변환될 것이다. 만약 $256 * 256$ 크기의 이미지라면 $p = 65{,}536$이 된다. 만약 마찬가지 이미지로 이루어진 30 fps(frame per second)의 비디오라면 일초 분량 데이터의 크기는 $p = 1{,}966{,}080$이 된다! 이러한 비정형 데이터는 결국 전처리를 통해서 적은 수의 변수로 줄여주는 것, 즉 피처화(featurization) 혹은 차원축소(dimensionality reduction) 등의 작업이 분석의 핵심이 된다.

이 책에서는 비정형 데이터는 깊이 다루지 않겠다. 하지만 기억해야 할 것은 많은 경우 피처화를 거친 후에는 결국 이 책에서 다루는 형태의 예측문제가 된다는 것이다. 이 책의 내용을 숙지하고, 예측분석을 확실히 이해한다면 비정형 데이터의 분석을 배워나가고 확장하는 것에도 도움이 될 것이다.

8.1.5 분류분석 문제 접근법

분류분석 문제를 접하면 다음 방법론을 적용할 것을 권한다. 일단 큰 그림은 다음과 같다.

1. 훈련세트로 (전체 데이터의 60%) 다양한 모형을 적합한다.
2. 검증세트로 (전체 데이터의 20%) 모형을 평가, 비교하고, 최종 모형을 선택한다.
3. 테스트세트로 (전체 데이터의 20%) 선발된 최종 모형의 일반화 능력을 계산한다.

좀 더 세부적인 단계를 기술하면 다음과 같다.

1. 데이터의 구조를 파악한다. y 변수의 인코딩, x 변수의 변수형 등을 연구한다.
2. 데이터를 랜덤하게 훈련세트, 검증세트, 테스트세트로 나눈다. 엄격한 룰은 없지만 훈련세트 60%, 검증세트 20%, 테스트세트 20%로 나누는 60-20-20 분할이 흔히 사용된다. 50-25-25 분할을 사용하기도 한다. 마지막 단계(일반화 능력 계산) 이전까지, 모든 모델 개발 작업은 모두 훈련세트를 사용하여 작업한다. 훈련세트의 일부는 교차검증을 이용하여 검증세트로 사용되기도 한다.
3. 시각화와 간단한 통계로 y 변수와 x 변수 간의 관계를 파악한다. 어떤 x 변수가 반응변수와 상관 관계가 높은가? 이상치는 없는가? 변환이 필요한 x 변수는 없는가?
4. 시각화와 간단한 통계로 x 변수들 간의 관계를 파악한다. 상관 관계가 아주 높은 것은 없는가? 비선형적인 관계는 없는가? 이상치는 없는가?
5. 다양한 분류분석 모형을 적합해본다. 이 책에서는 다음 방법들을 다룰 것이다.
    a. 로지스틱 분석
    b. 라쏘
    c. 트리 모형
    d. 랜덤 포레스트
    e. 부스팅
6. 각 분류분석 모형에서 다음 내용을 살펴보자.
    a. 변수의 유의성: 모형이 말이 되는가? 기대한 변수가 중요한 변수로 선정되었는가?
    b. 적절한 시각화: 로지스틱 분석, 트리 모형 등 모형마다 도움이 되는 시각화를 제공한다.
    c. 모형의 정확도: 교차검증을 이용하여 검증세트에서 계산하여야 한다.
7. 검증세트를 사용하여 최종 모형을 선택한다. 즉, 다양한 모형을 검증세트를 사용해 평가하고, 가장 예측 성능이 좋은 모형을 최종 모형으로 선발한다.

8. 테스트세트를 사용하여 최종 선발된 모형의 일반화 능력을 살펴본다. 다시 말하지만, 테스트세트는 모형 적합 과정에 사용되어서는 안 된다! 즉, 테스트세트는 숨겨 두었다가 이 때에만 꺼내서 사용해야 한다.

이 장의 나머지에서는 각 단계에 대해 구체적으로 살펴보도록 하자.

8.2 환경 준비

혹시 필요한 패키지가 설치되지 않았다면 다음처럼 설치하면 된다.

```r
install.packages(c("dplyr", "ggplot2", "ISLR", "MASS", "glmnet",
                   "randomForest", "gbm", "rpart", "boot"))
```

R 스튜디오에서 이번 장의 분류분석을 위한 프로젝트를 생성하자('File > New Projects...' 메뉴를 사용하면 된다). 깃허브에서 이 책의 코드를 다운로드했다면 ch08-classification 디렉터리에 이미 프로젝트를 만들어두었으니 ch08-classification.Rproj를 더블클릭하면 된다. 8장의 코드는 ch08-classification-1.R에, 9장의 코드는 ch09-classification-2.R에 들어 있다.

분석 코드 처음에 필요한 패키지를 다음처럼 한 번에 로드해도 되고, 필요할 때마다 필요한 패키지만 로드해도 된다.

```r
library(dplyr)
library(ggplot2)
library(ISLR)
library(MASS)
library(glmnet)
library(randomForest)
library(gbm)
library(rpart)
library(boot)
```

8.3 분류분석 예제: 중산층 여부 예측하기

8.3.1 데이터 다운로드하기

이번 장에서는 UCI 머신러닝 예제 데이터 아카이브의 'Adult' 데이터를 사용하도록 하겠다(출처: https://goo.gl/yVK0qq). 웹페이지에서 볼 수 있듯이, 이 데이터는 관측치: $n = 48842$, 변수개수: $p = 14$고 결측치를 포함한 데이터다. 분류분석의 목적은 14개의 설명변수에 근거해서 연소득이 $50k가 넘는지를 예측해내는 것이다($Y = 1$ if >50K, <=50K). 설명변수에는 다음과 같은 값들이 있다.

- age: continuous.
- workclass: Private, Self-emp-not-inc, Self-emp-inc, Federal-gov, Local-gov, State-gov, Without-pay, Never-worked.
- fnlwgt: continuous.
- education: Bachelors, Some-college, 11th, HS-grad, Prof-school, Assoc-acdm, Assoc-voc, 9th, 7th-8th, 12th, Masters, 1st-4th, 10th, Doctorate, 5th-6th, Preschool.
- education-num: continuous.
- marital-status: Married-civ-spouse, Divorced, Never-married, Separated, Widowed, Married-spouse-absent, Married-AF-spouse.
- occupation: Tech-support, Craft-repair, Other-service, Sales, Exec-managerial, Prof-specialty, Handlers-cleaners, Machine-op-inspect, Adm-clerical, Farming-fishing, Transport-moving, Priv-house-serv, Protective-serv, Armed-Forces.
- relationship: Wife, Own-child, Husband, Not-in-family, Other-relative, Unmarried.
- race: White, Asian-Pac-Islander, Amer-Indian-Eskimo, Other, Black.
- sex: Female, Male.
- capital-gain: continuous.
- capital-loss: continuous.
- hours-per-week: continuous.
- native-country: United-States, Cambodia, England, Puerto-Rico, Canada, Germany, Outlying-US(Guam-USVI-etc), India, Japan, Greece, South, China, Cuba, Iran, Honduras, Philippines, Italy, Poland, Jamaica, Vietnam, Mexico, Portugal,

Ireland, France, Dominican-Republic, Laos, Ecuador, Taiwan, Haiti, Colombia, Hungary, Guatemala, Nicaragua, Scotland, Thailand, Yugoslavia, El-Salvador, Trinidad&Tobago, Peru, Hong, Holland-Netherlands.

웹페이지에서 데이터를 다운로드할 수 있다. adult.data(4MB)와 adult.names 파일을 stat-methods 디렉터리에 다운로드하도록 하자.

유닉스나 맥에서는 인터넷 접속 시에 다음 명령을 실행하면 커맨드 명령에서 바로 다운로드할 수 있다.

```
cd ~/stat-methods
curl https://archive.ics.uci.edu/ml/machine-learning-databases/adult/adult.data > adult.data
curl https://archive.ics.uci.edu/ml/machine-learning-databases/adult/adult.names > adult.names
```

R에 데이터 파일을 읽어 들이고 변수명을 지정하자(strip.white = TRUE 옵션은 데이터 파일에서 콤마 다음의 공백문자를 제거한다).

```
adult <- read.csv("adult.data", header = FALSE, strip.white = TRUE)
names(adult) <- c('age', 'workclass', 'fnlwgt', 'education',
                  'education_num', 'marital_status', 'occupation',
                  'relationship', 'race', 'sex',
                  'capital_gain', 'capital_loss',
                  'hours_per_week', 'native_country',
                  'wage')
```

그리고 glimpse( ) 명령으로 데이터 구조를 살펴보자.

```
> glimpse(adult)
Observations: 32,561
Variables: 15
$ age             (int) 39, 50, 38, 53, 28, 37, 49, 52, 31, 42,...
$ workclass       (fctr) State-gov, Self-emp-not-inc, Privat...
$ fnlwgt          (int) 77516, 83311, 215646, 234721, 338409, 2...
$ education       (fctr) Bachelors, Bachelors, HS-grad, 11t...
$ education-num   (int) 13, 13, 9, 7, 13, 14, 5, 9, 14, 13, 10,...
$ marital-status  (fctr) Never-married, Married-civ-spouse, ...
$ occupation      (fctr) Adm-clerical, Exec-managerial, Hand...
$ relationship    (fctr) Not-in-family, Husband, Not-in-fami...
$ race            (fctr) White, White, White, Black, Black...
```

```
$ sex             (fctr) Male, Male, Male, Male, Female, ...
$ capital-gain    (int)  2174, 0, 0, 0, 0, 0, 0, 0, 14084, 5178,...
$ capital-loss    (int)  0, 0, 0, 0, 0, 0, 0, 0, 0, 0, 0, ...
$ hours-per-week  (int)  40, 13, 40, 40, 40, 40, 16, 45, 50, 40,...
$ native-country  (fctr) United-States, United-States, Unite...
$ wage            (fctr) <=50K, <=50K, <=50K, <=50K, <=50K...
```

분석의 목표는 다른 변수를 사용해 마지막 변수 wage를 예측하는 것이다.

데이터의 기초 통계를 다음처럼 살펴볼 수 있다.

```
summary(adult)
```

웹페이지와 glimpse( ), summary( ) 함수 등의 결과를 통해 절반 정도의 설명변수는 범주형 변수임을 알 수 있다. read.csv( ) 함수는 그 변수들을 factor 타입으로 바꿔준 것을 알 수 있다.

8.3.2 범주형 반응변수의 factor 레벨

반응변수의 변수형도 알아두자. 다음 명령에서 보듯이 wage 변수는 factor 타입으로 "<=50K"와 ">50K"의 레벨을 가지고 있으며, 각 레벨은 내부적으로는 수치값 1과 2에 대응한다.

```
> levels(adult$wage)
[1] " <=50K" " >50K"
```

이 정보가 중요한 이유는 다양한 분류분석 함수들이 범주형 반응변수를 조금씩 다르게 다루기 때문이다. 예를 들어,

1. glm( ) 함수에서 binomial 패밀리를 사용할 때 범주형 반응변수가 사용되면 첫째 레벨이 'Failure', 이외의 모든 레벨이 'Success'로 간주된다. 따라서 wage에서 첫째 레벨 '<=50K'는 실패로, '>50K'는 성공으로 간주된다. 우리가 원하는 대로이므로 별문제는 없다.

2. glmnet( ), cv.glmnet( ) 함수에서 binomial 패밀리를 사용할 때 범주형 반응변수는 두 레벨을 가져야만 하고, 첫째 레벨은 'Failure', 둘째 레벨은 'Success'다. 즉, 레벨이 둘밖에 없는 경우에는 glm( ) 함수와 마찬가지다.

3. randomForest( ) 함수에서 범주형 반응변수는 여러 레벨을 가져도 된다. 예측은 각각의 레벨에 대해 확률값으로 주어진다. 따라서 예측함수 predict.randomForest(type='prob')는 행렬 형태로 주어진다.

4. gbm( ) 함수에서 범주형 변수는 distribution='bernoulli' 옵션으로 다룰 수 있다. 이 경우 0은 실패, 1은 성공으로 간주된다. 레벨이 여럿일 경우에는 distribution='multinomial'을 사용한다. 이 경우에는 현재 {1, 2} 값을 {0, 1} 값으로 바꿔줘야 한다. 해당 절에서 다시 살펴보도록 하자.

8.3.3 범주형 설명변수에서 문제의 복잡도

앞서 '빅데이터' 절에서 잠깐 언급했듯이, p는 문제의 복잡도를 나타낸다. adult 데이터의 경우 복잡도는 얼마일까? 14개의 설명변수가 있으므로 $p = 13$일까?

그렇지 않다! 왜냐하면 설명변수들은 모형의 적합을 위해서는 '모형행렬(model matrix)'이라고 불리는 수치값으로만(!) 이루어진 행렬로 변환되어야 하기 때문이다. 수치형 설명변수는 하나의 모형행렬에서 하나의 열로 충분하다. 하지만 범주형 변수, 예를 들어 A, B, C 세 레벨로 이루어진 변수라면 한 열로 표현되지 않는다! 왜냐하면 만약 {A, B, C}를 예를 들어 {0, 1, 2}의 수치로 변환한다면 이 열은 수치변수로 취급되기 때문에 A-B의 차이와 B-C의 차이는 동일하게 취급된다. 하지만 우리가 바라는 것은 A, B, C 각각의 y에 대한 효과가 서로 무관하게 아무 값이나 가질 수 있기를 바란다. 수학적인 이유로, k개의 레벨을 가진 범주형 변수를 제대로 모형행렬에 나타내려면 $k - 1$개의 열이 필요하다. 즉, A, B, C의 경우에는 $k = 3$이므로 $k - 1 = 2$개의 열이 필요한 것이다.

R에서 model.matrix 함수를 사용하면 주어진 범주형 변수로부터 모형행렬을 생성할 수 있다. adult 데이터의 race 변수를 예로 살펴보자. 다음 실행 결과에서 볼 수 있듯이, race의 범주, 혹은 레벨 수는 $k = 5$다. 그리고 sex 변수의 레벨 수는 $k = 2$다.

```
> levels(adult$race)
[1] " Amer-Indian-Eskimo" " Asian-Pac-Islander"
[3] " Black"              " Other"
[5] " White"
> adult$race[1:5]
[1] White White White Black Black
5 Levels:  Amer-Indian-Eskimo  Asian-Pac-Islander ...  White
> levels(adult$sex)
```

```
[1] " Female" " Male"
> adult$sex[1:5]
[1] Male    Male    Male    Male    Female
Levels: Female Male
```

이제 race, sex 그리고 수치변수 age를 포함한 모형행렬을 생성해보자.

```
> x <- model.matrix( ~ race + sex + age, adult)
> glimpse(x)
Observations: 32,561
Variables: 7
$ (Intercept)             (dbl) 1, 1, 1, 1, 1, 1, 1, 1, 1, 1, ...
$ race Asian-Pac-Islander (dbl) 0, 0, 0, 0, 0, 0, 0, 0, 0, 0, ...
$ race Black              (dbl) 0, 0, 0, 1, 1, 0, 1, 0, 0, 0, ...
$ race Other              (dbl) 0, 0, 0, 0, 0, 0, 0, 0, 0, 0, ...
$ race White              (dbl) 1, 1, 1, 0, 0, 1, 0, 1, 1, 1, ...
$ sex Male                (dbl) 1, 1, 1, 1, 0, 0, 0, 1, 0, 1, ...
$ age                     (dbl) 39, 50, 38, 53, 28, 37, 49, 52...
> colnames(x)
[1] "(Intercept)"          "race Asian-Pac-Islander"
[3] "race Black"           "race Other"
[5] "race White"           "sex Male"
[7] "age"
```

이 차이를 좀 더 구체적으로 살펴보려면 다음을 실행하자.

```
x_orig <- adult %>% dplyr::select(sex, race, age)
View(x_orig)

x_mod <- model.matrix( ~ sex + race + age, adult)
View(x_mod)
```

위에서 알 수 있듯이, 절편항(intercept)이 자동으로 생성된다. race 변수 자체는 첫 번째 레벨인 Amer-Indian-Eskimo를 제외한 나머지 $k - 1 = 4$ 레벨들로 이루어진 열들이 생성되었음을 볼 수 있다. sex 변수도 첫 번째 레벨인 Female을 제외한 $k - 1 = 1$ 레벨로 이루어진 열이 생성되었다. 하지만 원래 수치형 변수였던 age는 그대로 하나의 열로 표현된다.

이제 이 문제의 실제 p를 찾아내도록 하자. 한 가지 방법은 모든 범주형 설명변수의 레벨 수 $k_1, k_2, \ldots$를 찾아낸 후 $(k_1 - 1) + (k_2 - 1) + \ldots$를 계산한 후 수치형 설명변수의 수를 더한 다음, 절편항 1을 더해주면 된다. 좀 더 간단한 방법은 model.matrix( ) 함수를 직접 실행하는 것이다.

```
> x <- model.matrix( ~ . - wage, adult)
> dim(x)
[1] 32561    101
```

즉, adult 데이터의 실제 $p = 101$이다.

8.4 훈련, 검증, 테스트세트의 구분

앞에서 언급했듯이, 예측 모형의 일반화 능력을 제대로 평가하기 위해서는 테스트세트가 필요하며, 이 테스트세트는 최종적으로 모형의 성능평가에만 사용되어야 하고, 모형 개발 과정에서는 절대 사용되어서는 안 된다.

따라서 우선 adult 데이터를 훈련/검증/테스트 세트로 나누는 작업을 먼저 시행하자. 이 장의 마지막에서 이 데이터들로 모형의 일반화 능력을 평가할 것이다.

```
set.seed(1601)
n <- nrow(adult)
idx <- 1:n
training_idx <- sample(idx, n * .60)
idx <- setdiff(idx, training_idx)
validate_idx <- sample(idx, n * .20)
test_idx <- setdiff(idx, validate_idx)
length(training_idx)
length(validate_idx)
length(test_idx)
training <- adult[training_idx,]
validation <- adult[validate_idx,]
test <- adult[test_idx,]
```

8.4.1 재현가능성

여기서 set.seed( ) 명령을 사용한 이유는, 이 명령을 다시 실행해도 동일한 훈련/검증/테스트 세트를 얻기 위해서다. 재현 가능한(reproducible) 연구의 기본이다. 시드 값 자체는 큰 의미가 없다. 연구소나 개인의 취향대로 정하면 된다. 저자는 연구 시의 연도와 월수의 결합으로 시드를 정하곤 한다. 즉, 2016년 1월은 1601, 2018년 10월은 1810, 이런 식이다.

8.5 시각화

adult 데이터는 무척 흥미 있고 풍부한 데이터다. X 변수들 간의 상호관계, 그리고 각 변수들과 Y 변수의 관계들에 관해 수많은 질문을 던져볼 수 있다. 어떤 모형도 적합하기 전에, 혹은 적합한 후에라도, 다양한 시각화로 데이터를 탐색해볼 수 있다. 우선 나이와 중산층 여부의 관계를 한 번 살펴보자(그림 8-3).

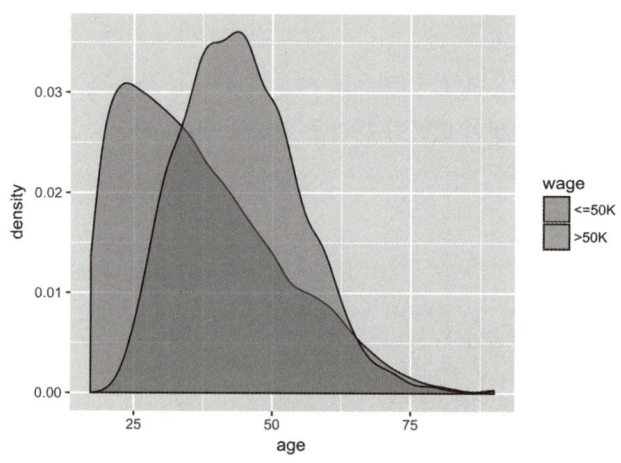

그림 8-3 나이와 중산층 여부의 관계

파란 영역(>50k)이 빨간 영역(<=50k)보다 더 높은 나이대에는, 중산층인 사람들이 그렇지 않은 사람보다 많은 것을 나타낸다. 당연하지만 20~25세 사이에는 거의 중산층인 사람들이 없다. 파란 영역은 25세 이후에 꾸준히 증가하여 30대 초반에는 반 이상의 사람이 중산층 이상의 수입을 얻는 것을 볼 수 있다. 이 추세는 꾸준히 계속되다가 60세 정도에 그 비율이 비슷해진다. 도리어 62.5~77세 사이에는 수입이 중산층 이하인 사람이 도리어 좀 더 많아지는 것을 볼 수 있다.

이 그림에서 알 수 있는 한 가지는, 중산층 이상의 수입 여부와 나이의 관계는 꼭 선형적이지는 않다는 것이다. 왜냐하면 각 나이대에서 중산층 이상의 수입을 얻는 여부 (파란 영역의 비율)는 작은 값에서 커지다가, 다시 작아지는 추세인 것을 볼 수 있기 때문이다. 로지스틱 모형이나 라쏘 등의 선형 모형은 이러한 관계를 잡아내지 못한다. 나중에 다룰 예측 모형분석에서 더 자세히 알아보겠지만, 이러한 비선형적 관계를 반영하는 방법은 크게 두 가지다. 랜덤 포레스트나 gbm 같은 비모수적인 방법을 사용하거나 또는 로지스틱이나 라쏘 등의 선형 모형을 사용하되, 비선형 함수로 변환된 혹은 범주화된(10대, 20대, 30대, ... 등으로) 설명변수를 사용하는 것이다. 이렇듯이 시각화는 설명변수와 반응변수 간의 비선형적 관계를 찾아내는 데 사용될 수 있다.

좀더 여러 변수를 고려해보자. 예를 들어, 인종, 성별, 나이 세 변수와 중산층 여부와의 관계는 어떨까? 다음 명령을 실행한 결과를 살펴보자(그림 8-4).

```
training %>%
  filter(race %in% c('Black', 'White')) %>%
  ggplot(aes(age, fill=wage)) +
  geom_density(alpha=.5) +
  ylim(0, 0.1) +
  facet_grid(race ~ sex, scales = 'free_y')
```

이 그림에서 관찰할 수 있는 것은 나이-중산층 여부의 관계가 남성일 경우에는 흑인이나 백인이나 유사하다는 것(오른쪽 패널)이다. 하지만 여성일 경우(왼쪽 패널), 흑인의 경우 중장년층에서만 중산층의 비율이 높고 노년층의 경우에는 대부분 소득이 낮은 것을 볼 수 있다. 백인 여성의 경우는 28~70세 동안에 >50K 비율이 높지만, 흑인 여성의 경우에는 그 연령대가 32~55세 정도에 불과하다. 물론, 이 그림은 다른 다양한 변수들, 교육, 직업, 등등은 포함하지 않은 결과다.

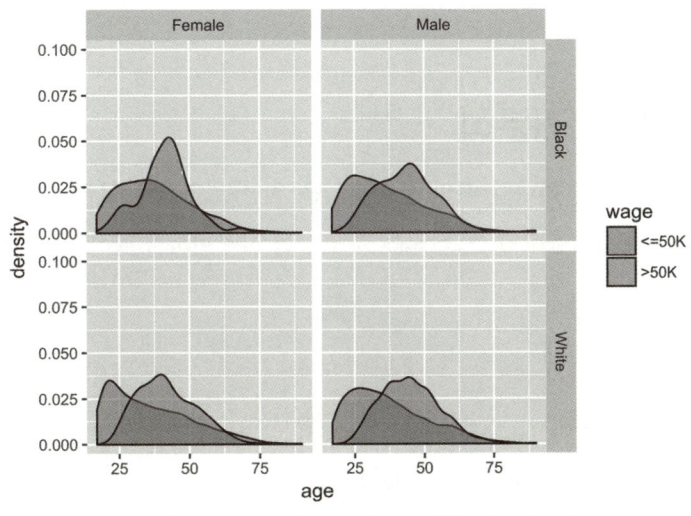

그림 8-4 나이, 인종, 성별과 중산층 여부의 관계

총 교육기간도 고려해보자(그림 8-5). 당연하지만, 교육기간이 길어지고 학력이 높아질수록 중산층 이상의 비율이 높아지는 것을 볼 수 있다.

```
training %>%
  ggplot(aes(education_num, fill=wage)) +
  geom_bar()
```

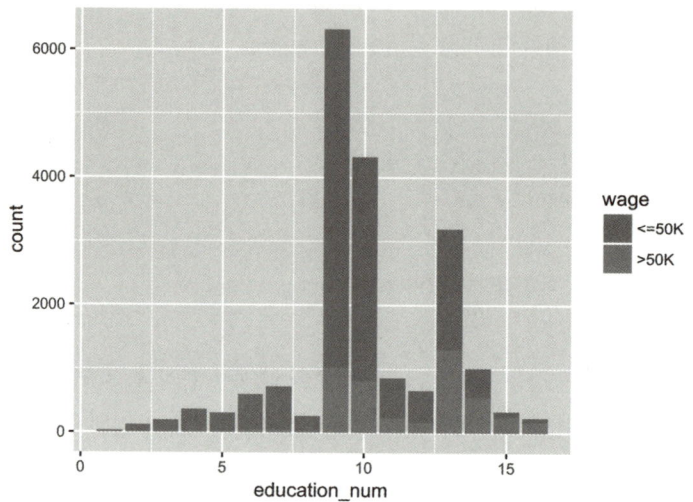

그림 8-5 교육기간과 중산층 이상의 수입 여부와의 관계

독자에게 적어도 다섯 개 이상의 의미 있는 시각화를 시도해볼 것을 권하고 싶다.

8.6 로지스틱 회귀분석

앞장에서 이미 설명변수가 하나일 때의 분류분석을 위한 로지스틱 회귀 모형을 살펴보았다. glm(, family=binomial)을 사용하면 된다. 모든 X 변수를 사용하도록 하자.

8.6.1 모형 적합

```
> ad_glm_full <- glm(wage ~ ., data=training, family=binomial)
Warning message:
glm.fit: fitted probabilities numerically 0 or 1 occurred
```

여기서 경고 메시지가 뜨는 이유는 일부 설명변수의 조합에서 반응변수가 완벽하게 0이거나 1일 경우가 있기 때문이다. 이것은 데이터의 양에 비해 설명변수의 양이 클 때, 즉 p는 많은데 n이 적을 경우에 발생하기 쉽다. 데이터의 양에 비해 모형이 너무 복잡한 것이다! 이러한 문제를 해결하는 몇 가지 방법은 다음과 같다(https://goo.gl/RPSa52 참조).

1. 다음 절에서 설명할 glmnet 같은 정규화된 모형(regularized model)을 사용한다.
2. 모형을 변경한다. 변수 선택을 시도한다. 범주형 변수의 경우에는 레벨을 줄여본다.
3. 베이지안 분석을 한다.
4. 내버려 둔다. 신뢰구간은 왜곡되지만 모형 자체는 쓸 만할 수 있다.

예측 모형의 성능 자체에 큰 영향을 주지는 않으므로 이 절에서는 더 깊이 연구하지는 않겠다.

이제 적합된 모형에서 어떤 변수들이 통계적으로 유의하게 나타나는지를 살펴보자.

```
> summary(ad_glm_full)

Call:
glm(formula = wage ~ ., family = binomial, data = training)

Deviance Residuals:
    Min       1Q   Median       3Q      Max
-4.3219  -0.5022  -0.1818  -0.0232   3.4924

Coefficients: (2 not defined because of singularities)
                            Estimate Std. Error z value Pr(>|z|)
(Intercept)                -9.170e+00  4.883e-01 -18.780  < 2e-16 ***
age                         2.494e-02  1.837e-03  13.576  < 2e-16 ***
workclass Federal-gov       1.130e+00  1.710e-01   6.610 3.85e-11 ***
workclass Local-gov         4.648e-01  1.561e-01   2.978 0.002899 **
workclass Never-worked     -1.008e+01  1.026e+03  -0.010 0.992163
workclass Private           6.540e-01  1.388e-01   4.710 2.47e-06 ***
workclass Self-emp-inc      8.126e-01  1.663e-01   4.886 1.03e-06 ***
workclass Self-emp-not-inc  1.754e-01  1.523e-01   1.152 0.249294
workclass State-gov         3.818e-01  1.694e-01   2.254 0.024186 *
workclass Without-pay      -1.405e+01  6.400e+02  -0.022 0.982490
fnlwgt                      6.543e-07  1.934e-07   3.383 0.000717 ***
education 11th              8.948e-02  2.345e-01   0.382 0.702830
education 12th              5.778e-01  2.876e-01   2.009 0.044519 *
education 1st-4th          -4.257e-01  5.476e-01  -0.777 0.436939
education 5th-6th          -2.906e-02  3.529e-01  -0.082 0.934366
education 7th-8th          -4.746e-01  2.627e-01  -1.807 0.070785 .
```

```
education 9th                              -1.139e-01  2.877e-01   -0.396 0.692328
education Assoc-acdm                        1.348e+00  1.965e-01    6.862 6.78e-12 ***
education Assoc-voc                         1.403e+00  1.877e-01    7.478 7.57e-14 ***
education Bachelors                         1.933e+00  1.750e-01   11.046  < 2e-16 ***
education Doctorate                         2.994e+00  2.406e-01   12.445  < 2e-16 ***
education HS-grad                           8.167e-01  1.704e-01    4.791 1.66e-06 ***
education Masters                           2.308e+00  1.866e-01   12.371  < 2e-16 ***
education Preschool                        -1.271e+01  3.305e+02   -0.038 0.969316
education Prof-school                       2.842e+00  2.233e-01   12.729  < 2e-16 ***
education Some-college                      1.145e+00  1.730e-01    6.615 3.72e-11 ***
`education-num`                                    NA         NA       NA       NA
`marital-status` Married-AF-spouse          2.662e+00  6.203e-01    4.292 1.77e-05 ***
`marital-status` Married-civ-spouse         2.167e+00  2.901e-01    7.472 7.87e-14 ***
`marital-status` Married-spouse-absent      1.311e-01  2.436e-01    0.538 0.590539
`marital-status` Never-married             -4.845e-01  9.753e-02   -4.968 6.77e-07 ***
`marital-status` Separated                 -3.393e-01  2.038e-01   -1.665 0.095940 .
`marital-status` Widowed                    2.293e-01  1.680e-01    1.365 0.172362
occupation Adm-clerical                     8.836e-02  1.109e-01    0.797 0.425626
occupation Armed-Forces                    -1.101e+00  1.561e+00   -0.705 0.480792
occupation Craft-repair                     1.299e-01  9.422e-02    1.379 0.167917
occupation Exec-managerial                  8.132e-01  9.710e-02    8.375  < 2e-16 ***
occupation Farming-fishing                 -1.054e+00  1.619e-01   -6.509 7.55e-11 ***
occupation Handlers-cleaners               -5.333e-01  1.610e-01   -3.313 0.000922 ***
occupation Machine-op-inspct               -2.036e-01  1.178e-01   -1.728 0.083993 .
occupation Other-service                   -9.272e-01  1.436e-01   -6.456 1.07e-10 ***
occupation Priv-house-serv                 -1.388e+01  1.880e+02   -0.074 0.941156
occupation Prof-specialty                   5.701e-01  1.044e-01    5.458 4.81e-08 ***
occupation Protective-serv                  5.461e-01  1.464e-01    3.729 0.000192 ***
occupation Sales                            3.587e-01  1.004e-01    3.574 0.000352 ***
occupation Tech-support                     6.292e-01  1.343e-01    4.685 2.80e-06 ***
occupation Transport-moving                        NA         NA       NA       NA
relationship Not-in-family                  5.484e-01  2.869e-01    1.912 0.055904 .
relationship Other-relative                -3.667e-01  2.659e-01   -1.379 0.167866
relationship Own-child                     -6.608e-01  2.861e-01   -2.310 0.020879 *
relationship Unmarried                      3.850e-01  3.056e-01    1.260 0.207769
relationship Wife                           1.439e+00  1.150e-01   12.512  < 2e-16 ***
race Asian-Pac-Islander                     8.441e-01  3.025e-01    2.791 0.005263 **
race Black                                  5.101e-01  2.637e-01    1.935 0.053047 .
race Other                                  4.151e-01  3.879e-01    1.070 0.284571
race White                                  7.219e-01  2.506e-01    2.880 0.003973 **
sex Male                                    8.522e-01  8.833e-02    9.647  < 2e-16 ***
`capital-gain`                              3.209e-04  1.156e-05   27.752  < 2e-16 ***
`capital-loss`                              6.826e-04  4.201e-05   16.250  < 2e-16 ***
`hours-per-week`                            3.037e-02  1.825e-03   16.647  < 2e-16 ***
`native-country` Cambodia                   1.274e+00  7.144e-01    1.783 0.074631 .
`native-country` Canada                     4.411e-01  3.341e-01    1.320 0.186739
`native-country` China                     -5.993e-01  4.459e-01   -1.344 0.178966
`native-country` Columbia                  -2.370e+00  1.099e+00   -2.156 0.031104 *
`native-country` Cuba                       6.214e-01  3.661e-01    1.697 0.089642 .
`native-country` Dominican-Republic        -1.342e+01  2.810e+02   -0.048 0.961929
```

```
`native-country`Ecuador                          3.969e-01  7.985e-01   0.497 0.619125
`native-country`El-Salvador                     -2.895e-01  5.766e-01  -0.502 0.615537
`native-country`England                          6.242e-01  3.714e-01   1.681 0.092784 .
`native-country`France                           4.782e-01  6.229e-01   0.768 0.442625
`native-country`Germany                          5.033e-01  3.256e-01   1.546 0.122168
`native-country`Greece                          -7.785e-01  6.227e-01  -1.250 0.211226
`native-country`Guatemala                        5.775e-01  7.666e-01   0.753 0.451252
`native-country`Haiti                            4.815e-01  9.106e-01   0.529 0.596998
`native-country`Holand-Netherlands              -1.240e+01  2.400e+03  -0.005 0.995878
`native-country`Honduras                        -1.248e+01  6.641e+02  -0.019 0.985001
`native-country`Hong                             3.003e-01  7.622e-01   0.394 0.693556
`native-country`Hungary                          3.478e-01  8.326e-01   0.418 0.676092
`native-country`India                           -4.798e-01  3.629e-01  -1.322 0.186087
`native-country`Iran                            -2.824e-02  5.078e-01  -0.056 0.955643
`native-country`Ireland                          1.117e+00  7.929e-01   1.408 0.159056
`native-country`Italy                            8.597e-01  3.821e-01   2.250 0.024459 *
`native-country`Jamaica                         -2.360e-01  5.515e-01  -0.428 0.668786
`native-country`Japan                            6.854e-01  4.662e-01   1.470 0.141470
`native-country`Laos                            -4.044e-01  8.836e-01  -0.458 0.647188
`native-country`Mexico                          -5.102e-01  2.853e-01  -1.788 0.073755 .
`native-country`Nicaragua                       -8.417e-01  1.070e+00  -0.787 0.431508
`native-country`Outlying-US(Guam-USVI-etc)      -1.352e+01  6.345e+02  -0.021 0.983001
`native-country`Peru                            -6.066e-01  8.749e-01  -0.693 0.488079
`native-country`Philippines                      6.470e-01  3.146e-01   2.056 0.039749 *
`native-country`Poland                           2.378e-01  4.669e-01   0.509 0.610492
`native-country`Portugal                        -2.944e-01  7.173e-01  -0.410 0.681449
`native-country`Puerto-Rico                      8.435e-03  4.378e-01   0.019 0.984629
`native-country`Scotland                         3.319e-01  8.263e-01   0.402 0.687909
`native-country`South                           -4.107e-01  4.704e-01  -0.873 0.382636
`native-country`Taiwan                           2.182e-01  5.180e-01   0.421 0.673609
`native-country`Thailand                        -7.370e-01  9.648e-01  -0.764 0.444932
`native-country`Trinadad&Tobago                  6.906e-02  9.159e-01   0.075 0.939895
`native-country`United-States                    3.501e-01  1.524e-01   2.297 0.021610 *
`native-country`Vietnam                         -7.633e-01  6.210e-01  -1.229 0.218955
`native-country`Yugoslavia                       3.509e-01  8.724e-01   0.402 0.687502
---
Signif. codes:  0 '***' 0.001 '**' 0.01 '*' 0.05 '.' 0.1 ' ' 1

(Dispersion parameter for binomial family taken to be 1)

    Null deviance: 28622  on 26047  degrees of freedom
Residual deviance: 16373  on 25949  degrees of freedom
AIC: 16571

Number of Fisher Scoring iterations: 15
```

8.6.2 완벽한 상관 관계, collinearity

이 명령도 경고 메시지가 뜬다. "Coefficients: (2 not defined because of singularities)" 이 메시지가 뜨는 이유는 두 변수 education-num과 occupation Transport-moving이 다른 일부 변수의 조합과 정확하게 일치하기 때문이다. 이 변수들의 모수 추정값은 NA로 나타난다. 이러한 변수들을 'collinear'하다고 한다. 왜 이 두 변수들은 collinear하게 되었을까? 첫 번째 변수 education-num의 경우에는 간단하다. 왜냐하면 범주형 education 변수와 같은 내용이기 때문이다. 두 번째 변수 occupation Transport-moving은 조금 덜 자명하다. 다음 변수를 실행하면 어떤 다른 X 변수들과 완벽한 상관이 있는지 알아낼 수 있다.

```
alias(ad_glm_full)
```

이 경고 메시지도 모형의 예측 능력에는 큰 상관이 없으므로 자세히 다루지는 않도록 하겠다.

8.6.3 유의한 변수 살펴보기, 시각화

summary.glm( )의 출력에 의하면 다음 변수가 특히 유의미한 것으로 나타난다.

```
age                                  2.494e-02  1.837e-03  13.576  < 2e-16 ***
workclass Federal-gov                1.130e+00  1.710e-01   6.610 3.85e-11 ***
workclass Private                    6.540e-01  1.388e-01   4.710 2.47e-06 ***
workclass Self-emp-inc               8.126e-01  1.663e-01   4.886 1.03e-06 ***
fnlwgt                               6.543e-07  1.934e-07   3.383 0.000717 ***
education Assoc-acdm                 1.348e+00  1.965e-01   6.862 6.78e-12 ***
education Assoc-voc                  1.403e+00  1.877e-01   7.478 7.57e-14 ***
education Bachelors                  1.933e+00  1.750e-01  11.046  < 2e-16 ***
education Doctorate                  2.994e+00  2.406e-01  12.445  < 2e-16 ***
education HS-grad                    8.167e-01  1.704e-01   4.791 1.66e-06 ***
education Masters                    2.308e+00  1.866e-01  12.371  < 2e-16 ***
education Prof-school                2.842e+00  2.233e-01  12.729  < 2e-16 ***
education Some-college               1.145e+00  1.730e-01   6.615 3.72e-11 ***
`marital-status` Married-AF-spouse   2.662e+00  6.203e-01   4.292 1.77e-05 ***
`marital-status` Married-civ-spouse  2.167e+00  2.901e-01   7.472 7.87e-14 ***
`marital-status` Never-married      -4.845e-01  9.753e-02  -4.968 6.77e-07 ***
occupation Exec-managerial           8.132e-01  9.710e-02   8.375  < 2e-16 ***
occupation Farming-fishing          -1.054e+00  1.619e-01  -6.509 7.55e-11 ***
occupation Handlers-cleaners        -5.333e-01  1.610e-01  -3.313 0.000922 ***
occupation Other-service            -9.272e-01  1.436e-01  -6.456 1.07e-10 ***
occupation Prof-specialty            5.701e-01  1.044e-01   5.458 4.81e-08 ***
occupation Protective-serv           5.461e-01  1.464e-01   3.729 0.000192 ***
```

```
occupation Sales                3.587e-01  1.004e-01   3.574 0.000352 ***
occupation Tech-support         6.292e-01  1.343e-01   4.685 2.80e-06 ***
relationship Wife               1.439e+00  1.150e-01  12.512  < 2e-16 ***
race Asian-Pac-Islander         8.441e-01  3.025e-01   2.791 0.005263 **
race White                      7.219e-01  2.506e-01   2.880 0.003973 **
sex Male                        8.522e-01  8.833e-02   9.647  < 2e-16 ***
`capital-gain`                  3.209e-04  1.156e-05  27.752  < 2e-16 ***
`capital-loss`                  6.826e-04  4.201e-05  16.250  < 2e-16 ***
`hours-per-week`                3.037e-02  1.825e-03  16.647  < 2e-16 ***
```

앞서 '시각화' 절에서 살펴본 기법을 사용하여 이 중 몇 가지 변수와 y 간의 관계를 시각화할 것을 권한다.

8.6.4 glm 예측, 분계점

glm 함수를 사용하여 적합된 모형의 예측값을 얻으려면 앞장에서 살펴본 것과 같이 predict. glm(, type='response') 함수를 사용한다. 처음 다섯 값에 대한 예측 확률값은 다음과 같다.

```
> predict(ad_glm_full, newdata = adult[1:5,], type="response")
         1          2          3          4          5
0.13671029 0.38687179 0.03056990 0.08392464 0.70263237
```

앞서 설명했듯이, 예측값은 0에서 1 사이의 값을 가진 확률 예측값이다. 최종 예측값은 주어진 분계점(threshold) 값에 따라 달라진다. 수식으로는 최종 예측값 = 1(확률 예측값 > 분계점)로 주어진다. 다음 표를 참조하자.

표 8-3 예측확률과 다른 분계점 값에 따른 최종 예측값

관측치 ID	예측확률	분계점=0.1 일 때 최종 예측	분계점=0.5 일 때 최종 예측	분계점=0.9 일 때 최종 예측
1	0.137	1	0	0
5	0.703	1	1	0

8.6.5 예측 정확도 지표

다음처럼 검증세트에서의 에러확률을 살펴보자. 일단 반응변수와 예측변수를 추출한다.

```
> y_obs <- ifelse(validation$wage == ">50K", 1, 0)
> yhat_lm <- predict(ad_glm_full, newdata=validation, type='response')
```

간단한 시각화로, 예측값과 실제 간의 관계를 살펴볼 수 있다. 일단 다른 관측값 사이에 확률 예측값의 분포가 확실히 다른 것을 볼 수 있다(그림 8-6).

```
library(gridExtra)

p1 <- ggplot(data.frame(y_obs, yhat_lm),
             aes(y_obs, yhat_lm, group=y_obs,
                 fill=factor(y_obs))) +
  geom_boxplot()
p2 <- ggplot(data.frame(y_obs, yhat_lm),
             aes(yhat_lm, fill=factor(y_obs))) +
  geom_density(alpha=.5)
grid.arrange(p1, p2, ncol=2)
```

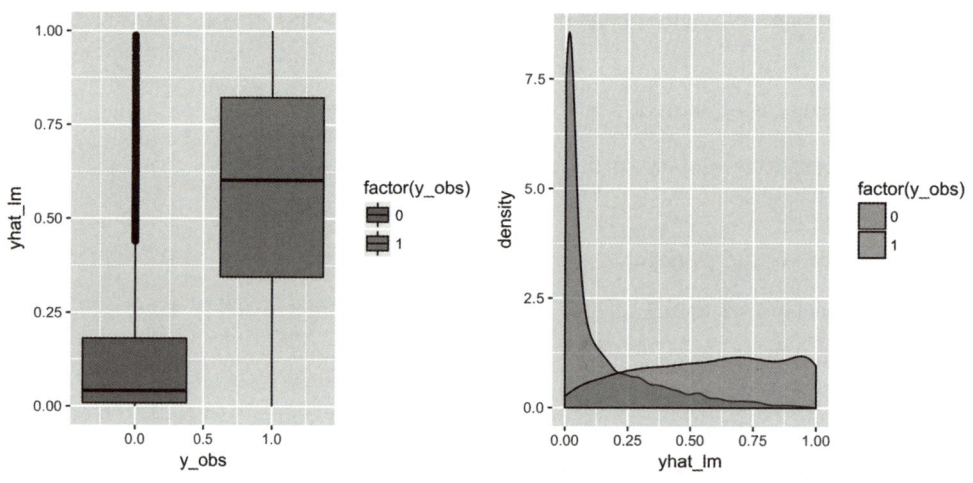

그림 8-6 예측값(yhat_lm)과 관측값(y_obs) 간의 관계

예측의 정확도 지표인 이항편차는 다음과 같다.

```
> binomial_deviance(y_obs, yhat_lm)
[1] 4250.203
```

ROC 곡선을 얻기 위해 다음 명령을 실행하면 된다. AUC 명령도 ROCR 패키지의 performance( ) 함수로 알아낼 수 있다.

```
> library(ROCR)
> pred_lm <- prediction(yhat_lm, y_obs)
> perf_lm <- performance(pred_lm, measure = "tpr", x.measure = "fpr")
> plot(perf_lm, col='black', main="ROC Curve for GLM")
> abline(0,1)
> performance(pred_lm, "auc")@y.values[[1]]
[1] 0.9054624
```

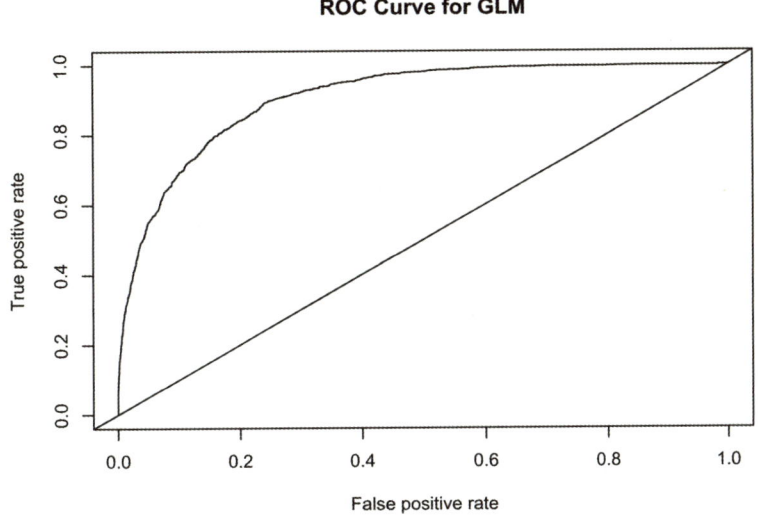

그림 8-7 선형 모형에 대한 ROC 곡선

8.7 이 장을 마치며

이 장에서는 분류분석의 중요한 기본 개념과 고전적인 분류분석 방법인 로지스틱 모형의 적용을 살펴보았다. 다음 장에서는 이어서 좀 더 현대적인 방법인 라쏘 모형과 랜덤 포레스트를 살펴볼 것이다.

연/습/문/제

1. https://goo.gl/hmyTre에서 고차원 분류분석 데이터를 찾아서 로지스틱 분류분석을 실행하고, 결과를 슬라이드 10여 장 내외로 요약하라.

참/고/문/헌

1. Games, G., Witten, D., Hastie, T., and Tibshirani, R. (2013) An Introduction to Statistical Learning with applications in R, www.StatLearning.com, Springer-Verlag, New York.
2. Venables, W. N. and Ripley, B. D. (2002) Modern Applied Statistics with S. Fourth edition. Springer.
3. McCullagh, P. and Nelder, J. A. (1989) Generalized Linear Models. London: Chapman and Hall.
4. Hastie, T. J. and Pregibon, D. (1992) *Generalized linear models*. Chapter 6 of *Statistical Models in S* eds J. M. Chambers and T. J. Hastie, Wadsworth & Brooks/Cole.
5. Firth, D. (1991) Generalized Linear Models. In Hinkley, D. V. and Reid, N. and Snell, E. J., eds: Pp. 55-82 in Statistical Theory and Modelling. In Honour of Sir David Cox, FRS. London: Chapman and Hall.

CHAPTER 9

빅데이터 분류분석 II: 라쏘와 랜덤 포레스트

앞장에서는 분류분석의 중요한 기본 개념과 고전적인 분류분석 방법인 로지스틱 모형의 적용을 살펴보았다. 이 장에서는 좀 더 현대적인 방법인 라쏘(LASSO) 모형, 랜덤 포레스트(random forest), 그래디언트 부스팅(gradient boosting) 모형을 살펴볼 것이다.

9.1 glmnet 함수를 통한 라쏘 모형, 능형회귀, 변수 선택

9.1.1 라쏘, 능형 모형, 일래스틱넷, glmnet

앞서 살펴보았듯이, GLM 모형은 다음 수식을 풀어서 MLE(Maximum Likelihood Estimator, 최대우도추정치) $\hat{\beta}$을 찾는다.

$$\min_{\beta} \frac{1}{n} \sum_{i=1}^{n} \left[-l(y_i, x_i \beta)\right]$$

여기서 $l(y_i, x_i\beta)$는 관측치 i의 로그우도 값이다. 만약 설명변수 x의 개수가 아주 많다면 어떻게 될까? 예를 들어, 1000개의 X 변수가 있다면? GLM은 상관없이 모든 x 변수에 대한 모수를 계산해준다. 이러한 복잡한 모형은 크게 두 가지 문제점이 있다. 첫째, 모형의 해석 가능성이 떨어지게 된다. 둘째, 모형의 예측 능력이 떨어지게 된다. 따라서 boot 패키지의 cv.glm( ) 등의 함수를 사용해 유의미한 변수를 선택하여 최종 모형을 선택해주어야 한다.

이러한 모형의 복잡도를 감안해주는 또 다른 방법은 (−우도) 대신에 (−우도 + 모형의 복잡도)를 최소화하는 것이다. 즉, 다음 함수를 최소화하는 것이다.

$$\min_{\beta} (-\text{우도}(\beta, X, Y) + \text{모형의 복잡도}(\beta))$$

이러한 방법을 penalized maximum likelihood라고 한다. 여기서 모형의 복잡도를 나타내는 항을 벌점(penalty) 혹은 regularization term이라고도 한다. 라쏘 회귀(LASSO regression)는 모형의 복잡도로 L1-norm $\|\beta\|_2^2 = |\beta_1| + \ldots + |\beta_p|$를 사용한다.

$$\min_{\beta} \frac{1}{n} \sum_{i=1}^{n} [-l(y_i, x_i\beta) + \lambda \|\beta\|]$$

능형회귀(ridge regression)는 모형의 복잡도로 L2-norm $\|\beta\|_2^2 = \beta_1^2 + \ldots + \beta_p^2$를 사용한다.

$$\min_{\beta} \frac{1}{n} \sum_{i=1}^{n} [-l(y_i, x_i\beta) + \lambda \|\beta\|_2^2]$$

일래스틱넷(elasticnet) 모형은 라쏘 모형과 능형 모형을 일반화한 다음 모형을 푼다.

$$\min_{\beta} \frac{1}{n} \sum_{i=1}^{n} [-l(y_i, x_i\beta) + \lambda [(1-\alpha)\|\beta\|_2^2 + \alpha\|\beta\|]]$$

물론 해는 α, λ의 함수다. α는 [0, 1] 사이의 값이며, 파라미터 α인 일래스틱넷 모형이라 한다. 만약에 $\alpha = 1$이면 라쏘 모델이고, $\alpha = 0$이면 능형(ridge) 모형이다. 파라미터 λ값은 벌점의 정도를 조절한다.

$\lambda = 0$이면 일반 MLE 해가 되고, λ가 커질수록 더 '정규화된(regularized)' 모형이 된다. 즉, 능형 모형일 경우에는 추정모수 값을 원점에 가깝게 해주고, 라쏘일 경우에는 더 많은 추정모수 값을 0으로 만들어준다. 즉, 라쏘의 경우에는 최종 모형이 소수의 변수만을 포함하게 되므로 실질적으로 변수 선택 방법으로 사용할 수 있다.

이 장에서 사용할 glmnet은 이 모형을 효율적으로 계산해주는 알고리즘이다. 통계학습 권위자들인 제롬 프리드먼(Jerome Friedman), 트레버 해스티(Trevor Hastie), 롭 티브시라니(Rob Tibshirani), 노아 사이먼(Noah Simon)의 작품이다. 더 자세한 내용은 https://goo.gl/DkhDv8을 참고하자.

9.1.2 glmnet과 모형행렬

앞장에서 살펴보았듯이, 설명변수 중 범주형 변수가 있을 경우, glm( ) 함수는 자동으로 모형행렬을 생성해주었다. 이와 달리, glmnet( ) 함수는 모형행렬을 수동으로 만들어주어야 한다. 앞장에서 살펴본 model.matrix( ) 함수를 사용하면 된다. 절편항은 필요하지 않으므로 '−1'을 모형식(formula)에 지정하도록 한다.

```
> xx <- model.matrix(wage ~ .-1, adult)
> x <- xx[training_idx, ]
> y <- ifelse(training$wage == ">50K", 1, 0)
> dim(x)
[1] 19536   101
```

이미 살펴보았듯이, 모수의 개수는 연속형 X 변수의 합과 (각 인자 변수의 레벨의 개수 − 1) 의 총합이다.

모형 적합은 glmnet( ) 함수를 사용한다.

```
ad_glmnet_fit <- glmnet(x, y)
```

디폴트로 $\alpha = 1$, 즉 라쏘 모형이 적합된다. plot.glmnet( ) 함수는 coefficient profile 플롯, 혹은 모수 패스를 보여준다(그림 9-1).

```
plot(ad_glmnet_fit)
```

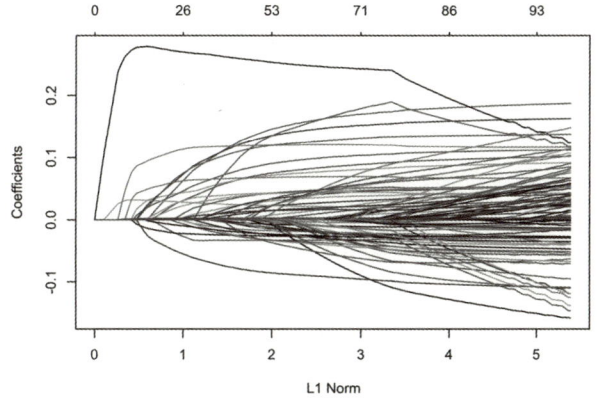

그림 9-1 **Wage 데이터에 glmnet의 적합 결과의 모수 프로파일**

이 그림에서 x축은 lambda가 변함에 따라서 전체 모수벡터의 L1-norm 값을 나타낸다. 각각의 곡선은 한 변수(혹은 인자 변수의 레벨)의 모수(coefficient)의 추정값이다. 플롯 상단의 숫자는 주어진 L1 Norm에 해당하는, 0이 아닌 모수의 개수를 보여준다. 실질적인 모형의 자유도다.

print( ) 함수의 결과는 변해가는 lambda 값에 따른 DF(degrees of freedom, 자유도)와 %Dev(변이의 얼마나 많은 부분이 현재 모델로 설명되는가)를 보여준다.

```
> ad_glmnet_fit

Call:  glmnet(x = x, y = y)

      Df    %Dev    Lambda
 [1,]  0  0.00000  0.1879000
 [2,]  1  0.03302  0.1713000
 [3,]  1  0.06043  0.1560000
 [4,]  1  0.08319  0.1422000
 [5,]  2  0.11280  0.1295000
...
[76,] 95  0.36790  0.0001753
[77,] 97  0.36790  0.0001597
[78,] 97  0.36790  0.0001455
>
```

행들은 Lambda, 즉 복잡도 벌점이 줄어드는 순서로 정렬되어 있다. 첫 행은 가장 복잡도 벌점이 크므로 가장 간단한 'y = 상수' 모형이 적합되었다. 모형의 자유도, 혹은 사용된 변수의 개수 Df = 0이고, %Dev = 0이다. 가장 간단하고, 쓸모 없는(!) 모형이다.

가장 마지막 행은 가장 복잡도 벌점이 작으므로 가장 복잡한 모형이 적합되었다. 즉, 사용 가능한 거의 모든(Df = 97) 변수가 사용되었다. %Dev = 0.3670이다.

위의 플롯과 테이블에서 예를 들어 Df = 1, 2가 되는 Lambda 값에 해당하는 모수 추정값들을 보고자 한다면 다음을 실행하면 된다.

```
> coef(ad_glmnet_fit, s = c(.1713, .1295))
102 x 2 sparse Matrix of class "dgCMatrix"
                                    1           2
(Intercept)                   0.22324268  0.154062004
(Intercept)                       .            .
age                               .            .
workclassFederal-gov              .            .
...
educationSome-college             .            .
```

```
education_num                           .         0.003112064
marital_statusMarried-AF-spouse         .         .
marital_statusMarried-civ-spouse        0.03341216 0.115932495
marital_statusMarried-spouse-absent     .         .
marital_statusNever-married             .         .
...
native_countryUnited-States             .         .
native_countryVietnam                   .         .
native_countryYugoslavia                .         .
```

이로부터, Lambda = 0.1713일 때의 모형은 다음과 같고,

$$eta = 0.22324268 + 0.03341216 * marital\_statusMarried\text{-}civ\text{-}spouse$$

Lambda = 0.1295일 때의 모형은 다음과 같음을 알 수 있다.

$$eta = 0.154062004 + 0.115932495 * marital\_statusMarried\text{-}civ\text{-}spouse \\ + 0.003112064 * education\_num$$

9.1.3 자동 모형 선택, cv.glmnet

이처럼 glmnet( ) 함수의 결과는 다양한 lambda 값에 대한 다른 모형들이다. 이 중 어떠한 모형을 사용하는 것이 좋을까? 사용자는 많은 경우 자동으로 모형을 선택해줄 것을 바란다. 이를 위해서는 교차검증을 시행하는 **cv.glmnet( )** 함수를 사용한다. family="binomial" 옵션으로 로지스틱 모형을 적합하게 된다(그림 9-2).

```
ad_cvfit <- cv.glmnet(x, y, family = "binomial")
plot(ad_cvfit)
```

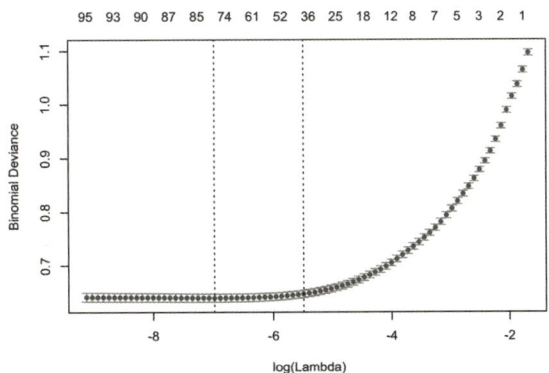

그림 9-2 adult 데이터에 로지스틱 glmnet을 적합했을 때의 교차검증 결과

그림 9-2의 교차검증 결과를 살펴보자. x축은 λ 값이며, 그림 상단에는 0이 아닌 (선택된) 변수의 숫자가 써있다. 왼쪽으로 갈수록 복잡한 모형이며(모든 X 변수를 포함한), 오른쪽으로 갈수록 간단한 모형(상수 평균만 적합한)이다. 모형의 정확도는 앞서 살펴본 이항편차로 주어진다. 값이 작을수록 정확한 모형이다.

각 λ 값에서, k-fold 교차검증은 k-개의 테스트 오차값을 산출하고 그값들의 표준편차 값이 오차 범위(error bar)로 나타나 있다. 빨간 점은 주어진 λ 에서의 k개의 교차검증의 평균값이다.

최적의 λ 값은 두 종류가 있다. 첫째, 교차검증 오차의 평균값을 최소화하는 lambda.min과 둘째, 교차검증 오차의 평균값이 최소값으로부터 1-표준편차 이상 떨어지지 않은 가장 간단한 (가장 오른쪽에 있는) lambda.1se이다. 최적의 예측력을 위해서는 lambda.min을 사용하고, 해석 가능한 모형을 위해서는 lambda.1se를 사용하는 것이 좋다. 이 최적의 λ 값의 로그값은 각각 다음과 같다.

```
> log(ad_cvfit$lambda.min)
[1] -7.439681
> log(ad_cvfit$lambda.1se)
[1] -5.765073
```

이 값들은 위 그림에서 두 점선의 위치와 일치한다. lambda.1se 상에서 선택된 모수의 값들을 보려면 s= 옵션에 lambda.1se를 다음처럼 지정해주면 된다.

```
coef(ad_cvfit, s=ad_cvfit$lambda.1se)
coef(ad_cvfit, s="lambda.1se")
```

선택된 모수의 개수는 lambda.min에서는 49, lambda.1se에서는 26이다.

```
> length(which(coef(ad_cvfit, s="lambda.min")>0))
[1] 49
> length(which(coef(ad_cvfit, s="lambda.1se")>0))
[1] 26
```

9.1.4 α 값의 선택

위에서 살펴본 것처럼, cv.glmnet을 이용한 교차검증은 주어진 α 값에 최적의 λ 값을 찾아준다. glmnet 함수는 디폴트로 $\alpha = 1$, 즉 라쏘를 사용한다. 만약 다른 α 값을 살펴보려면 수동으로 cv.glmnet 함수를 다양한 α 값에 실행한 후에, 그 값들을 비교하면 된다. 다음은 $\alpha = 0$, 1, 0.5 세 값을 비교해보았다.

```
set.seed(1607)
foldid <- sample(1:10, size=length(y), replace=TRUE)
cv1 <- cv.glmnet(x, y, foldid=foldid, alpha=1, family='binomial')
cv.5 <- cv.glmnet(x, y, foldid=foldid, alpha=.5, family='binomial')
cv0 <- cv.glmnet(x, y, foldid=foldid, alpha=0, family='binomial')

par(mfrow=c(2,2))
plot(cv1, main="Alpha=1.0")
plot(cv.5, main="Alpha=0.5")
plot(cv0, main="Alpha=0.0")
plot(log(cv1$lambda), cv1$cvm, pch=19, col="red",
     xlab="log(Lambda)", ylab=cv1$name, main="alpha=1.0")
points(log(cv.5$lambda), cv.5$cvm, pch=19, col="grey")
points(log(cv0$lambda), cv0$cvm, pch=19, col="blue")
legend("topleft", legend=c("alpha= 1", "alpha= .5", "alpha 0"),
       pch=19, col=c("red","grey","blue"))
```

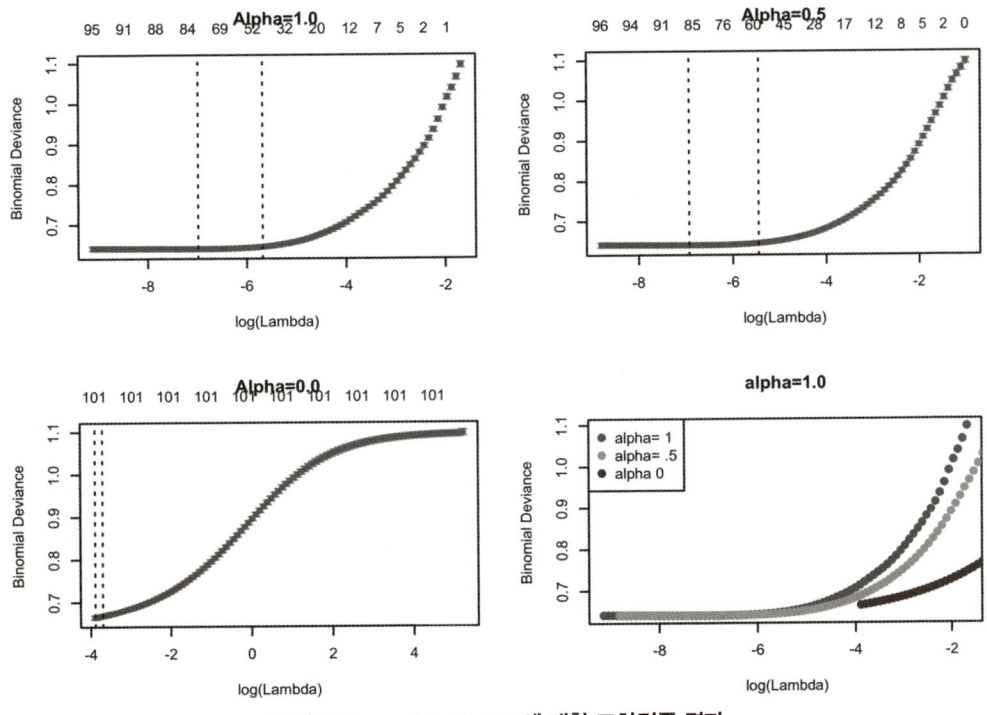

그림 9-3 α = 1.0, 0.5, 0.0에 대한 교차검증 결과

결과 그림에서 알 수 있듯이 세 가지 모형 간의 실질적인 예측 능력 차이는 없다. 하지만 $\alpha = 0$ 일 경우, 즉 능형회귀에는 항상 모든 변수가 선택되는 (복잡한 모형) 것을 알 수 있다. $\alpha = 1.0$, 즉 라쏘 모형을 최종 모형으로 선택해도 문제가 없음을 알 수 있다.

9.1.5 예측, predict.glmnet

주어진 lambda 값에서 예측을 해주는 함수는 predict.cv.glmnet이다. 관측치 1-5에 대한 예측값을 얻으려면 다음을 실행한다. predict.glm( ) 함수와 마찬가지로, type="response"를 지정해 주면 확률 예측값이, 그렇지 않으면 (type="link"를 지정한 것처럼) 링크함수 값이 출력된다.

```
> predict(ad_cvfit, s="lambda.1se", newx = x[1:5,], type='response')
           1
1 0.29681091
2 0.01935728
3 0.01804871
4 0.34772204
5 0.50320891
```

9.1.6 모형 평가

앞서 GLM의 경우와 마찬가지로, 검증세트를 사용해서 glmnet 모형의 예측값을 계산해보자. 앞서와 마찬가지로, 이항편차, ROC 곡선, 그리고 AUC를 구하도록 하자.

```
> y_obs <- ifelse(validation$wage == ">50K", 1, 0)
> yhat_glmnet <- predict(ad_cvfit, s="lambda.1se", newx=xx[validate_idx,],
                                                           type='response')
> # yhat_glmnet <- predict(ad_cvfit, s="lambda.min", newx=xx[validate_idx,],
                                                           type='response')
> yhat_glmnet <- yhat_glmnet[,1] # change to a vectro from [n*1] matrix
> binomial_deviance(y_obs, yhat_glmnet)
[1] 4257.118
> pred_glmnet <- prediction(yhat_glmnet, y_obs)
> perf_glmnet <- performance(pred_glmnet, measure="tpr", x.measure="fpr")
> plot(perf_lm, col='black', main="ROC Curve")
> plot(perf_glmnet, col='blue', add=TRUE)
> abline(0,1)
> legend('bottomright', inset=.1,
+        legend=c("GLM", "glmnet"),
+        col=c('black', 'blue'), lty=1, lwd=2)
> performance(pred_glmnet, "auc")@y.values[[1]]
[1] 0.9058884
```

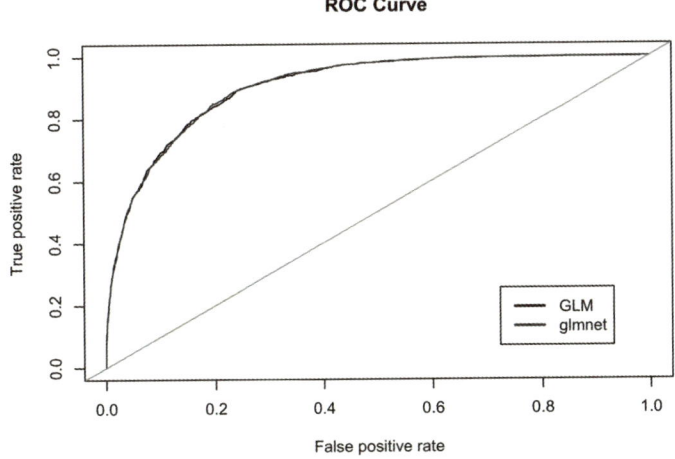

그림 9-4 glmnet 모형의 ROC 곡선. GLM 모형의 값과 함께 그려져 있다.

glmnet의 이항편차와 AUC는 GLM 모형의 결과와 거의 같음을 알 수 있다. ROC 곡선도 마찬가지다. 즉, glmnet은 비교적 적은 26개의 변수만을 사용해서, 101개의 모든 변수를 사용한 (복잡한 모형인) GLM 모형과 같은 예측 성능을 내는 것을 알 수 있다.

9.2 나무 모형

9.2.1 나무 모형이란?

나무 모형(tree model)은 예측변수 $X_1, ..., X_p$로 이루어진 p차원 공간을 재귀적으로(recursively) 분할하여 얻은 사각형 영역 $R_1, ..., R_M$을 예측에 사용한다. 각 분할(partition)에서는 p개의 X 변수 중 하나의 X 변수만 사용된다. 예측변수 값 x에 대한 y의 예측값은 각 x가 속한 R_j 안에 설명변수 x_i가 속한 모든 관측치 y_i들의 평균(상수)이다(그림 9-5). 즉,

$$\hat{f}(x) = \sum_{m=1}^{M} \hat{y}_{R_m} 1(x \in R_m), \hat{y}_{R_m} = \text{avg}\{y_i : x_i \in R_m\}$$

나무 적합 알고리즘은 다음과 같다(Breiman et al. (1984)와 Therneau & Atkinson (2015) 참조).

1. 먼저 그리디(greedy)한 방법으로 재귀적 이항나무분할(recurisve binary tree splitting)을 행하고, (보통 모든 노드에 포함된 관측치의 개수가 몇 개 이하가 될 때까지 분할하게 된다.)
2. 가지치기(pruning)를 하여 여러 모형을 생성한 후,
3. 내부적으로 K-fold CV를 행하여 최적의 모형을 선택한다.

이항나무분할은 각 분할 시에 RSS(Residual Sum of Squares, 회귀분석의 경우)나 지니지수(Gini index, 분류분석의 경우)를 최대한 줄여주도록 이루어진다. 분류분석에서 지니지수는 다음 공식으로 주어진다.

$$G = p(1-p)$$

여기서 p는 '성공'인 관측치들의 비율이다. 한 잎새에 순전히 '성공'인 관측치만 있거나($p = 1$) '실패'인 관측치만 있으면($p = 0$), G = 0이다. 반대로 '성공'과 '실패'가 반반씩 있다면($p = 1/2$) G는 최대값인 $G = 1/4$을 가지게 된다. 따라서 지니지수는 비순도(Gini impurity index) 지수라고도 불린다. 따라서 나무분할 단계에서는 가능한 한 잎새가 순전히 성공 혹은 실패 관측치로만 이루어지도록 순도(purity)를 높이는 방향으로 이루어지게 된다.

나무 모형은 회귀분석(regression trees)과 분류분석(classification tree)에 모두 사용할 수 있다. 분류분석에 사용되는 나무 모형을 의사결정 나무 모형(decision tree)이라고도 한다. 나중에 살펴보겠지만, 나무 모형은 해석이 쉽다는 장점이 있지만 그 자체만으로는 정확도가 그다지 높지 않은 경우가 많다.

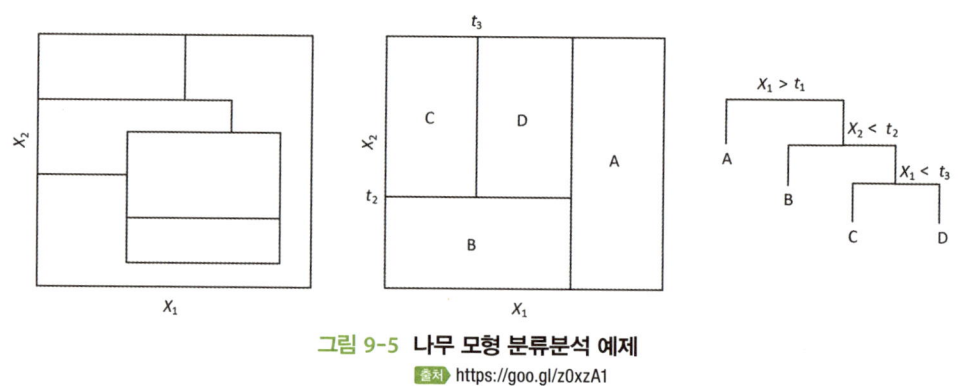

그림 9-5 **나무 모형 분류분석 예제**
출처 https://goo.gl/z0xzA1

9.2.2 나무 모형 적합

rpart::rpart( ) 함수로 의사결정 나무 모형을 적합하자.

```
> cvr_tr <- rpart(wage ~ ., data = training)
> cvr_tr
n= 19536
node), split, n, loss, yval, (yprob)
```

```
       * denotes terminal node
 1) root 19536 4645 <=50K (0.76223382 0.23776618)
   2) relationship=Not-in-family,Other-relative,Own-child,Unmarried 10704  714 <=50K
                                                                (0.93329596 0.06670404)
     4) capital_gain< 7073.5 10503  520 <=50K (0.95049034 0.04950966) *
     5) capital_gain>=7073.5 201    7 >50K (0.03482587 0.96517413) *
   3) relationship=Husband,Wife 8832 3931 <=50K (0.55491395 0.44508605)
     6) education=10th,11th,12th,1st-4th,5th-6th,7th-8th,9th,Assoc-acdm,Assoc-voc,
         HS-grad,Preschool,Some-college 6246 2089 <=50K (0.66554595 0.33445405)
      12) capital_gain< 5095.5 5919 1769 <=50K (0.70113195 0.29886805) *
      13) capital_gain>=5095.5 327    7 >50K (0.02140673 0.97859327) *
     7) education=Bachelors,Doctorate,Masters,Prof-school 2586  744 >50K
                                                                (0.28770302 0.71229698) *
>
```

적합된 모형에 대한 더 자세한 정보를 보려면 printcp( )와 summary.rpart( ) 함수를 사용한다.

```
printcp(cvr_tr)
summary(cvr_tr)
```

적합결과는 나무 모양으로 플롯할 수 있다. plot.rpart( )가 호출된다(그림 9-6).

```
> opar <- par(mfrow = c(1,1), xpd = NA)
> plot(cvr_tr)
> text(cvr_tr, use.n = TRUE)
> par(opar)
```

위에서 use.n = TRUE 옵션은 각 노드에 속한 관측치 개수를 표시해준다.

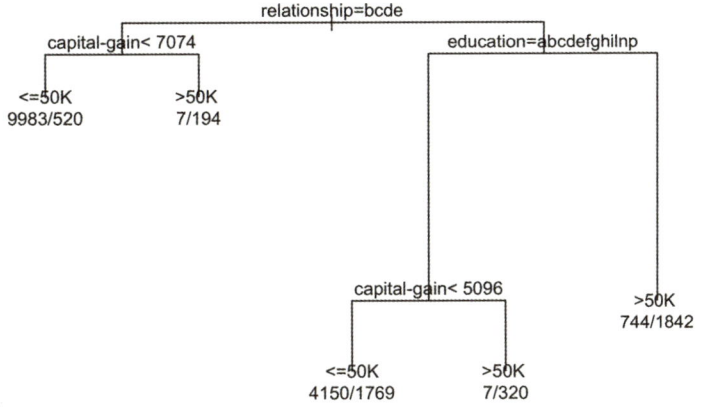

그림 9-6 예제 데이터에 의사결정 나무 모형을 적합한 결과

이처럼 glm( )이나 glmnet( )에서 유의한 변수와는 다른 비선형 모형이 적합된다. 또한, 각 가지치기는 한 범주형 변수의 여러 값의 모임(이를테면 relationship=Not-in-family, Other-relative, Own-child, Unmarried)에 따라 이루어지기도 한다.

9.2.3 나무 모형 평가

나무 모형은 비교적 단순한 모형으로 많은 경우 정확도가 그렇게 높지 않다. 나무 모형 자체로 사용되기보다는 보통 랜덤 포레스트와 GBM 등의 좀 더 복잡한 방법의 구성요소로 사용된다.

이 절에서는 나무 모형의 정확도를 이항편차, ROC 곡선, AUC 등으로 나타내보도록 하자(그림 9-7).

```
> yhat_tr <- predict(cvr_tr, validation)
> yhat_tr <- yhat_tr[,">50K"]
> binomial_deviance(y_obs, yhat_tr)
[1] 4883.147
> pred_tr <- prediction(yhat_tr, y_obs)
> perf_tr <- performance(pred_tr, measure = "tpr", x.measure = "fpr")
> plot(perf_lm, col='black', main="ROC Curve")
> plot(perf_tr, col='blue', add=TRUE)
> abline(0,1)
> legend('bottomright', inset=.1,
+        legend = c("GLM", "Tree"),
+        col=c('black', 'blue'), lty=1, lwd=2)
> performance(pred_tr, "auc")@y.values[[1]]
[1] 0.8481774
```

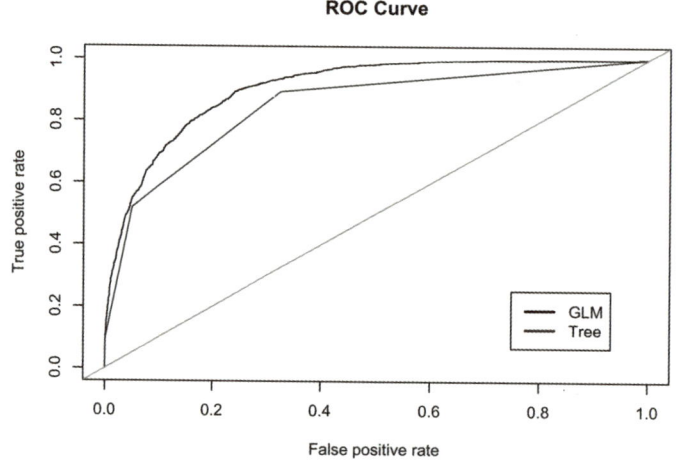

그림 9-7 나무 모형의 ROC 곡선

나무 모형은 그 모형의 단순성 때문에 ROC 곡선도 부드러운 곡선이 아닌 꺾어진 직선으로 나타나는 것을 볼 수 있다. GLM, glmnet 결과들에 비해 높은 이항편차와 낮은 AUC 값으로부터, 예측 능력은 낮은 것을 알 수 있다.

9.3 랜덤 포레스트

9.3.1 배깅과 랜덤 포레스트란?

배깅(bagging or bootstrap aggregation)은 훈련세트로부터 $b = 1, \ldots, B$개의 부트스트랩(bootstrap) 샘플을 얻은 후, 각각의 샘플에 비교적 간단한(나무 모형이 많이 쓰인다) 모형을 적합하여 $\hat{f}^{*(b)}(x)$을 얻은 후 최종 예측값으로

$$\hat{f}_{bag}(x) = \frac{1}{B}\sum_{b=1}^{B} \hat{f}^{*(b)}(x) \text{ (회귀분석)},$$

$$\hat{f}_{bag}(x) = \{\hat{f}^{*(b)}(x), b = 1, \ldots, B\} \text{로부터의 다수결 투표 (분류분석)}$$

을 사용한다. 분산을 줄여주는 효과가 있다. $B = 100$이 흔히 사용된다. 배깅은 B가 크다고 과적합을 하지 않는다.

'out-of-bag(OOB)' 샘플은 b번째 부트스트랩 샘플에 사용되지 않은 관측치, 즉 $\hat{f}^{*(b)}(x)$ 모형 적합에 사용되지 않은 관측치들이다. $1, \ldots, b$번째 $\hat{f}^{*(b)}(x)$을 평균내어서 얻은 $\hat{f}_{bag}(x)$으로 OOB 샘플의 관측치를 예측한 것을 OOB 예측값이라고 한다. OOB 예측값으로 OOB MSE 혹은 OOB 오차율을 얻을 수 있다. 정확하지는 않지만 비교적 간편하게 leave-one-out CV와 유사한 교차검증을 행하는 방법이다.

랜덤 포레스트(random forests)는 배깅과 비슷하다. 각 부트스트랩 샘플에 나무 모형을 적합할 때 매번 가지를 나눌 때마다 p개의 변수 중 랜덤하게 선택한 m개의 변수만을 고려한다(보통 분류 문제일 경우에는 $m = \text{sqrt}(p)$를, 회귀분석 예측문제에서는 $m = p/3$를 추천한다). 이것은 각 부트스트랩 모형이 서로 다른 변수를 포함하도록 강제하고, 소수의 강력한 예측변수가 모든 나무 모형에 나타나서 모든 나무 모형이 유사하게 되는 것을 방지한다. 즉, 각 나무의 상관 관계를 제거한다 (decorrelate). 랜덤 포레스트 역시 배깅과 마찬가지로, B가 크다고 과적합을 하지는 않는다.

변수 중요도(variable importance)는 각 변수가 RSS(Residual Sum of Squares, 회귀분석의 경우)나 지니지수(Gini index, 분류분석의 경우)를 감소시킨 공헌도를 B개의 나무에서 평균낸 값이다.

9.3.2 랜덤 포레스트 적용

랜덤 포레스트 분류분석을 시행해보자. 랜덤 포레스트는 이름의 랜덤(random)이 의미하듯, 매 실행 시마다 랜덤하게 관측치와 변수를 선택하므로 실행 결과가 조금씩 달라지게 된다. 따라서 재현 가능한 연구를 위해 set.seed( ) 명령을 사용한다.

```
> set.seed(1607)
> ad_rf <- randomForest(wage ~ ., training)
> ad_rf

Call:
 randomForest(formula = wage ~ ., data = training)
               Type of random forest: classification
                     Number of trees: 500
No. of variables tried at each split: 3

        OOB estimate of  error rate: 17.19%
Confusion matrix:
      <=50K >50K class.error
<=50K 14827   64 0.004297898
>50K   3295 1350 0.709364909

> plot(ad_rf)
```

print.rndomForest( ) 함수는 모형의 정확도를 혼동행렬(confusion matrix)로 보여준다. plot.randomForest( ) 함수는 나무 수가 증가함에 따른 OOB 오차의 감소를 보여준다(그림 9-8). 나무 수가 100 정도일 때 이미 나무 수에 따른 OOB 오차의 감소가 거의 없는 것을 볼 수 있다. 즉, 100여 개의 나무만 사용하면 충분한 정확도를 얻을 수 있음을 나타낸다.

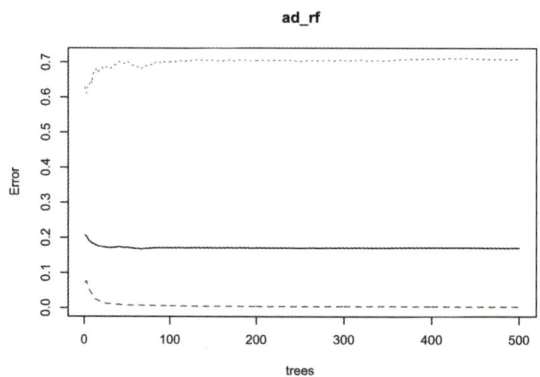

그림 9-8 adult 데이터에 랜덤 포레스트 분류분석을 시행할 때 나무 수에 따른 오차의 감소추세. x축은 랜덤 포레스트에서 사용된 나무 수를, y축은 각 나무 수에서 계산된 OOB 오차율을 나타낸다. 실선은 오차율을, 점선은 오차율의 오차 범위를 나타낸다.

랜덤 포레스트 모형에서 설명변수 X들 중에서 설명력이 높은 것들을 찾아내려면 변수중요도(variable importance)를 계산한다. 분류분석의 경우에는 평균지니지수감소량(mean decrease in Gini index), 회귀분석의 경우에는 평균잔차제곱합감소량(mean decrease in RSS)이 쓰인다. R에서는 randomForest::importance( ) 함수를 사용하면 간단히 계산할 수 있다.

```
> tmp <- importance(ad_rf)
> head(round(tmp[order(-tmp[,1]), 1, drop=FALSE], 2), n=10)
               MeanDecreaseGini
capital_gain           747.41
age                    698.16
fnlwgt                 662.49
relationship           643.47
marital_status         622.30
occupation             599.36
hours_per_week         425.47
education_num          414.43
education              385.18
workclass              246.66
```

varImpPlot( ) 함수는 변수중요도를 그림으로 보여준다.

```
> varImpPlot(ad_rf)
```

출력과 플롯을 통해 capital_gain, age, relationship 등의 변수가 특히 유의함을 알 수 있다.

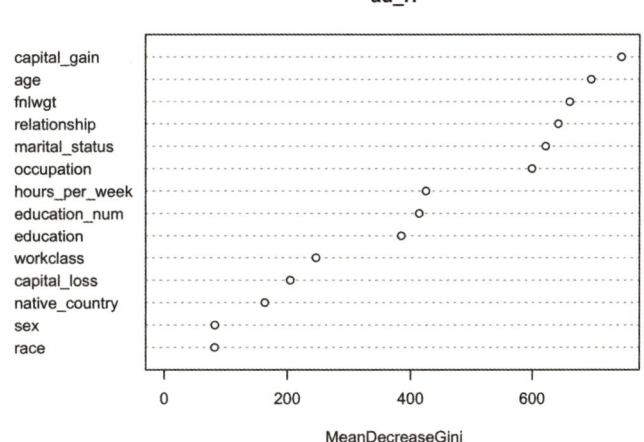

그림 9-9 랜덤 포레스트 모형에서 varImpPlot( ) 함수로 살펴본 변수의 공헌도. y축은 설명변수를, x축은 각 설명변수의 평균지니지수감소량 값을 나타낸다.

9.3.3 랜덤 포레스트 예측

예측을 위해서는 predict.randomForest( ) 함수를 사용한다. type="response" 옵션은 예측 결과를(0.5를 threshold로 사용한다), type="prob"은 클래스 확률행렬(!)을 출력한다. 처음 다섯 관측치에 각 타입의 예측값은 다음과 같다.

```
> predict(ad_rf, newdata = adult[1:5,])
    1     2     3     4     5
 <=50K <=50K <=50K <=50K <=50K
Levels: <=50K >50K
> predict(ad_rf, newdata = adult[1:5,], type="prob")
   <=50K  >50K
1  0.984 0.016
2  0.784 0.216
3  0.994 0.006
4  0.944 0.056
5  0.832 0.168
attr(,"class")
[1] "matrix" "votes"
```

자세한 사항은 ?predict.randomForest를 살펴보자.

9.3.4 모형 평가

랜덤 포레스트 모형의 예측 능력을 이항편차, ROC 곡선, AUC 등으로 살펴보고, GLM과 glmnet 모형과 비교해보자(그림 9-10).

```
> yhat_rf <- predict(ad_rf, newdata=validation, type='prob')[,'>50K']
> binomial_deviance(y_obs, yhat_rf)
[1] 5046.519
> pred_rf <- prediction(yhat_rf, y_obs)
> perf_rf <- performance(pred_rf, measure="tpr", x.measure="fpr")
> plot(perf_lm, col='black', main="ROC Curve")
> plot(perf_glmnet, add=TRUE, col='blue')
> plot(perf_rf, add=TRUE, col='red')
> abline(0,1)
> legend('bottomright', inset=.1,
+        legend = c("GLM", "glmnet", "RF"),
+        col=c('black', 'blue', 'red'), lty=1, lwd=2)
> performance(pred_rf, "auc")@y.values[[1]]
[1] 0.8481774
```

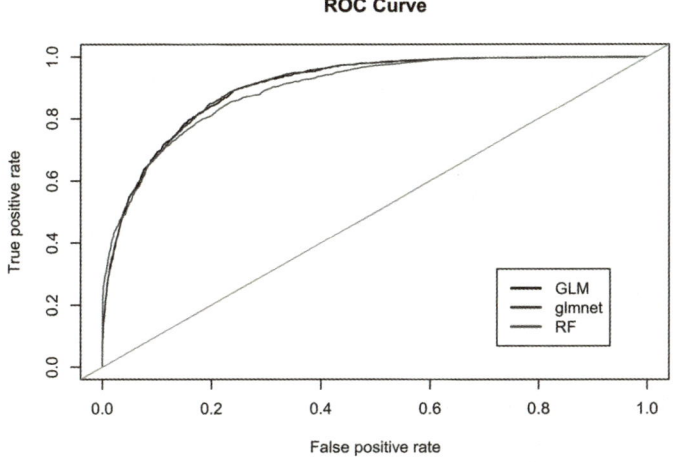

그림 9-10 랜덤 포레스트 모형의 ROC 곡선

수치상으로는 이항편차, AUC 모두 GLM, glmnet 모형에 비해서는 떨어짐을 알 수 있다. 하지만, 주목할 것은 ROC 곡선의 모양이다. ROC 곡선의 왼쪽 영역, 즉 false positive rate가 작은 영역을 살펴보자. '예측이 상대적으로 쉬운 관측치'라고 볼 수 있는데, 이 영역에서 RF는 다른 모형보다 true positive rate가 더 높다!

하지만, RF는 ROC 곡선의 다른 영역, 즉 false positive rate가 높은 영역에서는 glmnet에 비해 true positive rate가 낮고, 결과적으로 전체적 AUC 값은 더 작은 것으로 나타난다. 만약 예측의 목적이 '아주 작은 관측치에 대해 높은 true positive rate를 내는 것'이 목적이라면 random forest를 사용하는 것이 더 좋을 수 있다.

9.3.5 예측 확률값 자체의 비교

ROC 곡선의 모양의 차이를 연구할 때 유용한 기법 중 하나는 여러 모형의 예측 확률값 자체를 비교하는 것이다. glmnet과 RF의 예측 확률값 자체의 분포를 다음 명령으로 비교해보자(그림 9-11).

```
p1 <- data.frame(yhat_glmnet, yhat_rf) %>%
  ggplot(aes(yhat_glmnet, yhat_rf)) +
  geom_point(alpha=.5) +
  geom_abline() +
  geom_smooth()
p2 <- reshape2::melt(data.frame(yhat_glmnet, yhat_rf)) %>%
```

```
    ggplot(aes(value, fill=variable)) +
    geom_density(alpha=.5)
grid.arrange(p1, p2, ncol=2)
```

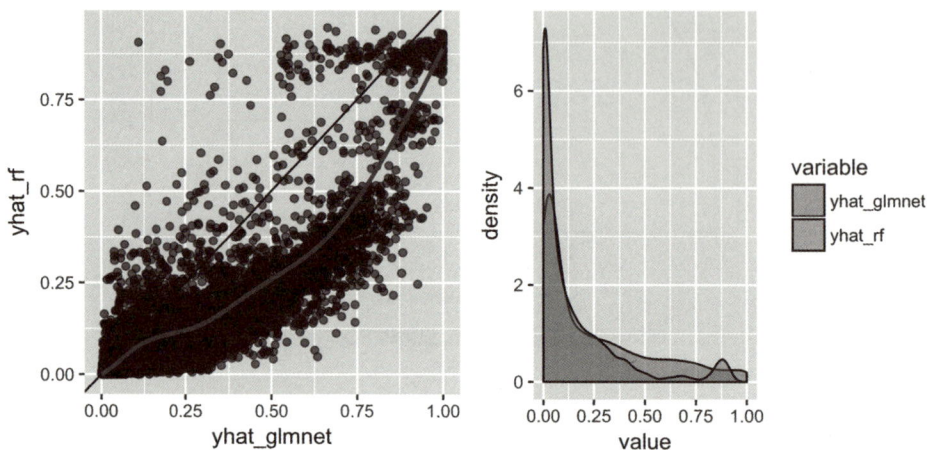

그림 9-11 **glmnet의 예측 확률값과 RF의 예측 확률값의 산점도(왼쪽)와 분포(오른쪽)의 비교**

이 그림에서 알 수 있는 것은, RF는 예측 확률값이 대부분 0과 1에 위치하는 극단적으로 분포됨에 반해, glmnet은 예측 확률의 분포가 좀 더 균등하다는 것이다. 물론, 이것이 ROC 곡선의 모양의 차이를 설명해주지는 않지만, 두 모형의 예측 확률값이 다른 형태의 분포를 띤다는 것은 예측 모형 설계 시에 기억해야 할 중요한 사항이다.

9.4 부스팅

9.4.1 부스팅이란?

부스팅(boosting)은 배깅과 유사하지만 각 나무가 순차적으로 생성된다. 각 단계마다 부트스트랩 샘플이 아니라, 지금 현재 모형의 잔차에 새 나무를 적합하는 것이다. 천천히 모형을 개선해나가므로 상당히 많은 나무를 적합해야 한다. 모형 개선의 속도는 축소 조절모수(shrinkage parameter) λ(= 0.01, 0.001 등이 사용된다)와 개별 나무의 가지치는 횟수 d(= 1이 많이 쓰인다)에 의해 좌우된다. 부스팅에서는 B가 너무 크면 과적합이 일어난다! 교차검증으로 B를 선택한다.

R에서는 gbm이란 패키지로 제공된다. 패키지의 완전한 이름은 'Generalized Boosted Regression Modeling'이지만 gbm이란 이름은 Friedman의 'gradient boosting machine'에서 유

래한다. 부스팅의 과정에 대한 자세한 설명은 Meir(2002) 혹은 Bishop(2006)의 Figure 14.2를 참고하자.

9.4.2 gbm 모형 적용

앞 절에서 부스팅 모형에 대해 살펴보았다. R에서는 gbm 패키지를 사용하여 적합할 수 있다. 다음 명령은 일반 랩톱컴퓨터에서 실행되는 데 10분 가량이 걸린다.

```
set.seed(1607)
adult_gbm <- training %>% mutate(wage=ifelse(wage == ">50K", 1, 0))
ad_gbm <- gbm(wage ~ ., data=adult_gbm,
            distribution="bernoulli",
            n.trees=50000, cv.folds=3, verbose=TRUE)
(best_iter <- gbm.perf(ad_gbm, method="cv"))

ad_gbm2 <- gbm.more(ad_gbm, n.new.trees=10000)
(best_iter <- gbm.perf(ad_gbm2, method="cv"))
```

gbm 명령 실행 시에 기억해두면 좋은 몇 가지는 다음과 같다.

1. 장 도입부에서 설명하였듯이, gbm(distribution='bernoulli') 함수는 0-1 반응변수를 사용하므로 wage=0,1 변수형을 가진 adult_gbm 데이터 프레임을 사용하였다.

2. gbm( ) 함수 안에서 교차검증을 시행하는 것을 권장한다. cv.folds= 옵션을 정해주면 된다. K를 너무 크게 하면 시간이 오래 걸리므로 K = 3에서 5 정도를 사용한다.

3. verbose=TRUE를 선택하면 계산 과정 매 단계를 화면에 출력해준다. 적합에 오랜 시간이 걸리는 경우가 많으므로 이 옵션을 사용하면 좋다(아니면 R이 크래쉬되었다고 생각할 수도 있으니까).

4. gbm은 랜덤한 알고리즘이다. 재현가능성을 위해 set.seed( )를 사용하자.

5. gbm.perf( ) 함수에서 method="cv" 옵션을 사용하면 교차검증 오차를 최소화하는 트리 숫자를 리턴한다.

6. gbm은 보통 상당히 많은 반복 후에 모형의 성능이 좋아지는 것을 알 수 있다. 따라서 n.trees= 옵션은 충분히 크게 잡아주어야 한다.

7. gbm을 한 번 실행했을 때 반복횟수가 부족하면 gbm.more( ) 함수를 사용하여 반복을 추가할 수 있다. gbm.more( ) 함수의 결과는 교차검증 오차가 제공되지 않는 단점이 있다.

그림 9-12는 gbm.more( ) 실행에서 얻은 베르누이 편차(bernoulli deviance)값의 추세곡선을 보여준다.

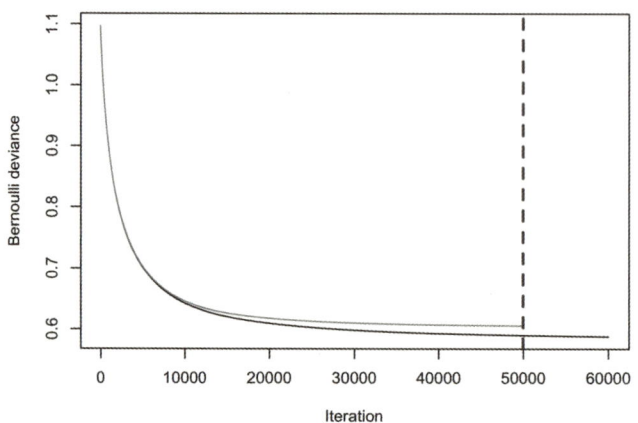

그림 9-12 부스팅 반복수에 따른 교차검증 베르누이 편차값의 추세. 검정 선은 적합세트에서의 오차(train. error), 초록 선은 검증오차(valid.error)를 나타낸다. 검증오차를 최소화하는 반복수는 점선으로 표시되어 있다.

최적 반복수는 다음으로 주어진다.

```
> (best_iter <- gbm.perf(ad_gbm, method="cv"))
[1] 49967
```

다행히 교차검증(CV)이 제공되는 5만 회의 반복이 끝나기 전에 최적 반복수가 구해졌다. 이것이 다행인 이유는 gbm.more( ) 함수로 추가로 실행하는 반복에서는 교차검증 결과가 제공되지 않고 단지 훈련세트에서의 오차값만 제공되기 때문이다. 도입부에서 설명하였듯이, gbm은 과적합이 발생할 수 있으므로 CV 오차값을 충분히 많은 반복수에서 계산하는 것이 안전하다.

9.4.3 부스팅 예측

예측값을 얻기 위해서는 predict.gbm( ) 함수를 사용한다. 다른 여러 함수와 마찬가지로 type= 'response'를 사용하면 성공 확률값을, 옵션을 지정하지 않으면 type='link' 결과를 얻게 된다.

```
> predict(ad_gbm, n.trees=best_iter, newdata=adult_gbm[1:5,], type='response')
[1] 0.31300123 0.02590696 0.02471730 0.62233027 0.51648717
```

다른 여러 모형과는 달리 **gbm**에서의 예측은 값비싼 계산을 필요로 한다. 왜냐하면 수만 개의 반복된 모형의 모수를 모두 저장해두고 최종 결과는 수만 개의(이 경우는 49,967개의) 계산결과의 가중합으로 계산되기 때문이다. 물론, 컴퓨터에서는 몇 초만에 계산되지만, 수백분의 일초 안에 실시간으로 예측을 적용해야 하는 온라인 광고 등의 적용 예에서는 사용하기 어려울 수도 있다. 참고로 R에서는 위의 ad_gbm 객체는 모든 적합된 모수를 저장하므로 크기가 41MB나 된다.

9.4.4 부스팅 모형 평가

GBM 모형은 이처럼 적합에 시간이 걸리는 비교적 복잡한 모형이지만, 많은 예에서 좋은 성능을 보여준다. 우리가 살펴보는 예에서도 예외는 아니어서 이항편차, AUC 모두 다른 모든 분류분석 방법보다 우수한 값을 보여준다(그림 9-13).

```
> yhat_gbm <- predict(ad_gbm, n.trees=best_iter, newdata=validation, type='response')
> binomial_deviance(y_obs, yhat_gbm)
[1] 3938.482
> pred_gbm <- prediction(yhat_gbm, y_obs)
> perf_gbm <- performance(pred_gbm, measure="tpr", x.measure="fpr")
> plot(perf_lm, col='black', main="ROC Curve")
> plot(perf_glmnet, add=TRUE, col='blue')
> plot(perf_rf, add=TRUE, col='red')
> plot(perf_gbm, add=TRUE, col='cyan')
> abline(0,1)
> legend('bottomright', inset=.1,
+        legend=c("GLM", "glmnet", "RF", "GBM"),
+        col=c('black', 'blue', 'red', 'cyan'), lty=1, lwd=2)
> performance(pred_gbm, "auc")@y.values[[1]]
[1] 0.9177431
```

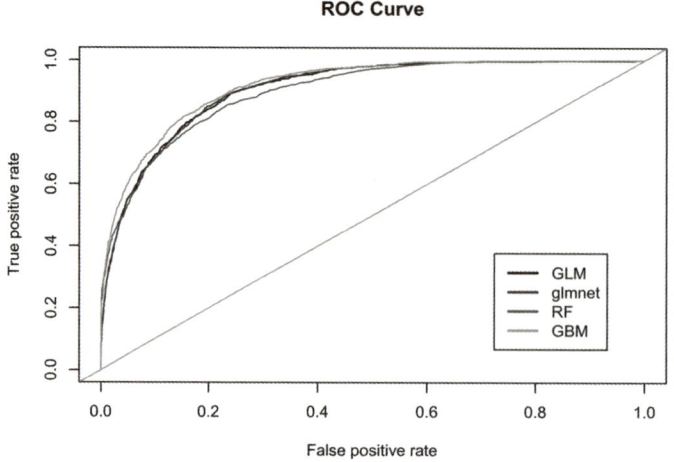

그림 9-13 분류분석 방법들의 예제 데이터에서의 ROC 곡선

9.5 모형 비교, 최종 모형 선택, 일반화 능력 평가

9.5.1 모형 비교와 최종 모형 선택

우리는 지금까지 훈련세트를 사용해 다양한 모형을 적합하였다. 그리고 그 모형의 성능을 검증세트로 계산하였다. 다음처럼 지금까지 살펴본 모형의 검증세트에서의 성능은 다음처럼 요약할 수 있다.

```
  method          auc binomial_deviance
1     lm 0.9054624          4250.203
2 glmnet 0.9058884          4257.118
3     rf 0.8970867          5046.519
4    gbm 0.9177431          3938.482
```

이 결과로부터 gbm이 가장 검증세트에서의 예측 능력이 좋음을 알 수 있다(가장 작은 이항편차, 그리고 가장 큰 AUC).

9.5.2 모형의 예측 확률값의 분포 비교

AUC와 이항편차를 사용해 최종 모형을 선택하는 것은 기계적인 방법이다. 이와 더불어 ROC 곡선의 모양과 예측 확률의 분포 형태를 확인하는 것도 좋은 습관이다. 다음 명령을 실행하면 각 방법의 예측 확률값의 관계와 상관계수를 시각화할 수 있다(그림 9-14).

```
# example(pairs)에서 따옴
panel.cor <- function(x, y, digits = 2, prefix = "", cex.cor, ...){
  usr <- par("usr"); on.exit(par(usr))
  par(usr = c(0, 1, 0, 1))
  r <- abs(cor(x, y))
  txt <- format(c(r, 0.123456789), digits = digits)[1]
  txt <- paste0(prefix, txt)
  if(missing(cex.cor)) cex.cor <- 0.8/strwidth(txt)
  text(0.5, 0.5, txt, cex = cex.cor * r)
}

pairs(data.frame(y_obs=y_obs,
                 yhat_lm=yhat_lm,
                 yhat_glmnet=c(yhat_glmnet),
                 yhat_rf=yhat_rf,
                 yhat_gbm=yhat_gbm),
      lower.panel=function(x,y){ points(x,y); abline(0, 1, col='red')},
      upper.panel = panel.cor)
```

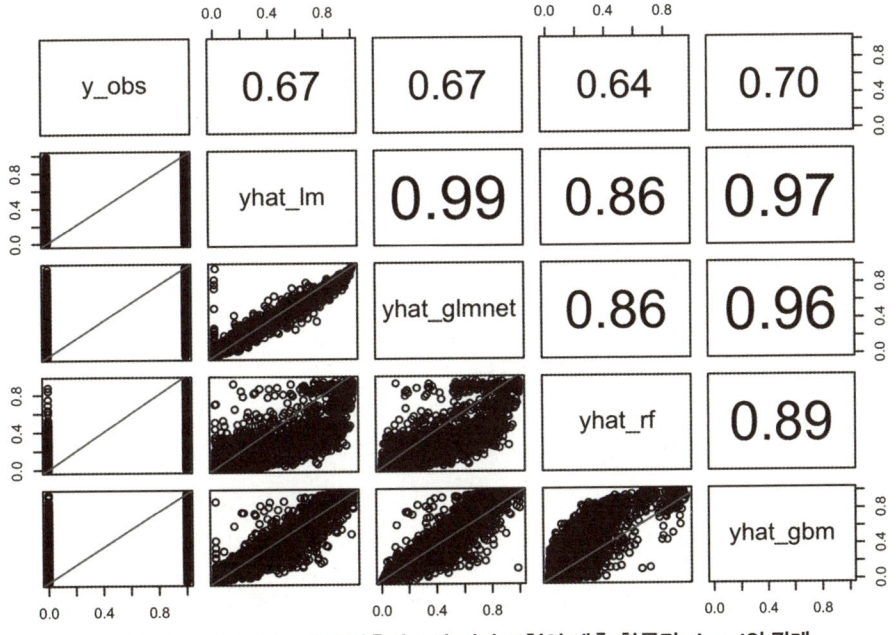

그림 9-14 테스트세트에서 관측치 yi와 여러 모형의 예측 확률값 yhat_i의 관계

이 산점도에서 알 수 있는 몇 가지 사실은 다음과 같다.

1. 예측 모형 중 gbm의 예측 확률값이 관측된 y 값과의 상관계수가 가장 높다(0.70). gbm 모형이 가장 예측력이 높은 것에 비추어보면 자연스러운 현상이다.
2. GLM과 glmnet의 결과는 매우 유사하다(상관계수 = 0.99).
3. RF는 상관계수가 0.85~0.89 정도로 다른 모형과 비교적 덜 유사하다. 이에 반해, 다른 모형들끼리는 상관계수가 0.96~0.99로 유사하다.

9.5.3 테스트세트를 이용한 일반화 능력 계산

만약 새로운 데이터를 접하게 되었을 때 이 gbm 모형의 일반화 능력은 어느 정도일까? 이 질문에 답하려면 마침내 그동안 치워 두었던 test 데이터를 사용하면 된다. 다시 말하지만, 모형의 선택에 사용된 검증세트는 절대 일반화 능력을 측정하는 데 사용될 수 없으며, 오직 처음부터 따로 떼어 두었던 테스트세트를 사용해야만 한다.

```
> y_obs_test <- ifelse(test$wage == ">50K", 1, 0)
> yhat_gbm_test <- predict(ad_gbm, n.trees=best_iter, newdata=test, type='response')
> binomial_deviance(y_obs_test, yhat_gbm_test)
[1] 3851.665
> pred_gbm_test <- prediction(yhat_gbm_test, y_obs_test)
> performance(pred_gbm_test, "auc")@y.values[[1]]
[1] 0.9198788
```

즉, 새로운 데이터에 대한 gbm 모형의 예측 능력은 이항편차 = 3852, AUC = 0.920이다.

9.6 우리가 다루지 않은 것들

지금까지 두 개 장을 통해서 분류분석의 기본 개념과 많이 사용되는 몇 가지 모형을 다루었다. 이 방법들을 사용하여 실제 분류분석 문제에서 어느 정도의 정확도를 달성할 수 있다. 파레토의 80:20 원칙이 여기에도 적용되어서, 20% 정도의 노력으로 80% 정도의 정확도를 달성할 수 있는 것이다. 정확도를 더 높이는 것은 더 복잡하고 다양한 기술들을 필요로 한다. 이 책에서는 분량 관계상 다루지 않겠지만 몇 가지 중요한 기술과 개념들을 소개하면 다음과 같다.

참고로, CRAN의 통계학습/머신러닝 태스크뷰(task view)를 한 번 훑어볼 것을 권한다(출처: https://goo.gl/yvwvso). 이 책에서 소개한 방법론들 이외에 SVM(Support Vector Machine)과 커널 방법(kernel methods), 유전자 알고리즘(genetic algorithm), 연관법칙(association rules), 퍼지논리 시스템(fuzzy rule based systems) 등의 다양한 방법론과 패키지들을 소개하고 있다.

9.6.1 변수 차원 축소(dimensionality reduction)

설명변수의 차원(p)이 높을 때 주성분분석(Principal Component Analysis, PCA) 등을 사용하여 설명변수를 변환하고 그중 소수의 주성분을 설명변수로 사용하는 기법이다.

R에서는 pls 패키지의 pcr( ) 함수로 제공된다. 튜닝 파라미터는 ncomp이다.

PCA와 이와 관련된 SVD(Singular Value Decomposition)는 분류/예측분석뿐만 아니라 데이터의 요약과 시각화에도 유용한 기법이다. princomp( ), prcomp( ) 함수와 svd( ) 등의 함수를 사용하면 된다. 연관된 시각화 기법으로는 cmdscale( ) 함수로 구현된 MDS(Multidimensional Scaling) 방법이 있다.

9.6.2 k-NN(k-nearest neighbor) 방법

p-차원의 설명변수 공간에서 관측치 사이의 유사도(similarity)를 정의하고 새로운 변수에 대해서, 훈련세트에서 가장 '유사한' k개의 관측치를 찾아내서 그 관측치의 예측값(y)의 평균으로 예측하는 기법이다.

R에서는 베이스 패키지에서 knn( ) 함수로 제공한다. 튜닝 파라미터는 k다.

9.6.3 뉴럴넷과 딥러닝

뉴럴넷(neural network)은 입력변수들을 한 층으로(input layer) 나타내고, 반응변수들을 또 다른 층(output layer)으로 나타낸 후, 이들을 연결하는 하나 혹은 그 이상의 감춰진 중간 층(hidden layers)을 설정하고, 이들 층 간의 관계를 활성화 함수(activation function)로 모형화한다. 활성화 함수로는 로지스틱 함수 $f(x) = 1/(1 + e^{-x})$나 ReLU(rectified linear unit) 함수 $f(x) = \max(x, 0)$ 등을 사용한다(https://goo.gl/ycU9M1). 각 연결관계들마다 모수를 사용하므로 최종적으로 몇십 개-몇백 개의 모수를 사용하게 된다. 목적은 이 유연한 모형을 사용하여 임의의 비선형 함수를 근사하는 것이다.

전통적인 뉴럴넷은 R에서는 nnet 패키지의 nnet( ) 함수를 사용하여 적합할 수 있다. 튜닝 파라미터는 size, decay다.

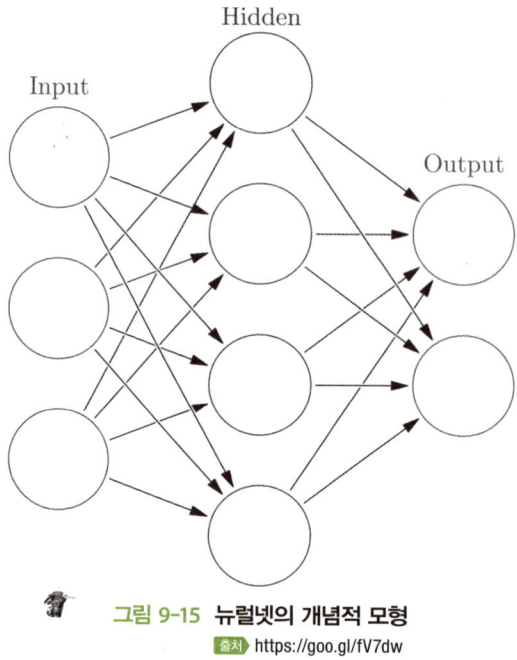

그림 9-15 **뉴럴넷의 개념적 모형**
출처 https://goo.gl/fV7dw

최근 언론에서 각광받고 있는 딥러닝(deep learning)은 기본적인 뉴럴넷을 더 발전시켜 더 복잡하고 깊은(deep) 그래프를 사용하여 데이터를 더 고차원으로 추상화한 모형들이다. 방대한 영역이지만 R에서는 deepnet 패키지의 dnn( ) 함수를 이용해 기본적인 맛을 볼 수 있다. 현재 각광받는 딥러닝 라이브러리들에는 다음과 같은 것들이 있다.

- 파이썬
    - Theano(http://deeplearning.net/software/theano/)
    - Keras(https://keras.io/)
    - TensorFlow(https://www.tensorflow.org/)
- 기타
    - C++에서 사용하는 Caffe(http://caffe.berkeleyvision.org/)
    - Lua에서 사용하는 Torch(http://torch.ch/)

활발히 개발 중이고 변화하는 영역이므로 위키피디어의 딥러닝 소프트웨어 비교 페이지 (https://goo.gl/6yV0ib) 등에서 최근 동향을 살펴볼 수 있다.

9.6.4 베이지안 방법

베이지안(Bayesian) 방법은 자체로 책 몇 권이 나올 수 있는 방대한 분야다. 분류/예측분석에 사용 가능한 가장 간단하고 유명한 방법은 나이브 베이즈 분류기(naive Bayes classifier)다. R에서는 klaR 패키지의 nb( ) 함수 등으로 구현되어 있다.

좀 더 복잡한 베이지안 분류/예측분석들로는 베이지안 일반 선형 모델(Bayesian Generalized Linear Model), 베이지안 능형 회귀(Bayesian Ridge Regression), 베이지안 가법 회귀 트리(Bayesian Additive Regression Trees) 등이 있다.

9.6.5 캐럿 패키지

캐럿(CARET, Classification And REgression Training) 패키지는 분류/예측 모형과정을 적합하고 평가하는 것을 돕는 도구의 모임이다. 홈페이지(http://topepo.github.io/caret/index.html)에서 더 자세한 내용을 볼 수 있다. 다음 기능들을 지원한다.

1. 데이터를 훈련/검증/테스트세트로 나누기(data splitting)
2. 변수들의 변환과 정제(clean up)를 돕는 후처리(pre-processing)
3. 변수 선택(feature selection)
4. 리샘플링을 사용한 모형 튜닝(model tuning using resampling)
5. 변수 중요도 추정(variable importance estimation)

캐럿은 R의 다양한 패키지에서 제공하는 다양한 예측 알고리즘을 사용할 수 있다. 지원하는 모델 리스트는 https://goo.gl/tdoPql에서 볼 수 있다. 캐럿을 실행하다 보면 살펴보려는 모형에 해당하는 패키지가 설치되지 않았다는 메시지를 접하기가 쉽다. 이러한 불편함을 피하기 위해 캐럿에서 추천하는 모형 패키지들을 모두 설치하려면 앞장에서 언급했듯이 install.package( ) 실행 시에 dependencies = "Suggests"를 추가해주면 된다.

```
> install.packages("caret", dependencies = c("Depends", "Suggests"))
```

연/습/문/제   CHAPTER 9

1. https://goo.gl/hmyTre에서 고차원 분류분석 데이터를 찾아서 본문에 설명한 분석을 실행하고, 결과를 슬라이드 10여 장 내외로 요약하라.

참/고/문/헌   CHAPTER 9

1. Games, G., Witten, D., Hastie, T., and Tibshirani, R. (2013) An Introduction to Statistical Learning with applications in R, www.StatLearning.com, Springer-Verlag, New York.
2. J. Aitchison and I. R. Dunsmore (1975) Statistical Prediction Analysis. Cambridge University Press, Tables 11.1–3.
3. Venables, W. N. and Ripley, B. D. (2002) Modern Applied Statistics with S. Fourth edition. Springer.
4. Breiman L., Friedman J. H., Olshen R. A., and Stone, C. J. (1984) *Classification and Regression Trees*. Wadsworth.
5. Therneau T. M., and Atkinson E. J. (2015) An Introduction to Recursive Partitioning Using the RPART Routines. https://cran.r-project.org/web/packages/rpart/vignettes/longintro.pdf.
6. Leo Breiman. http://www.stat.berkeley.edu/~breiman/RandomForests/.
7. Ron Meir, Boosting Tutorial, http://webee.technion.ac.il/people/rmeir/BoostingTutorial.pdf (2002).
8. Bishop, Christopher M. Pattern Recognition and Machine Learning. New York: Springer, 2006.
9. Trevor Hastie and Junyang Qian. Glmnet Vignette. June 26, 2014. http://web.stanford.edu/~hastie/glmnet/glmnet_alpha.html.

빅데이터 분류분석 III: 암 예측

앞의 8장과 9장에서는 중산층 여부 예측데이터를 이용하여 빅데이터 분류분석의 기법을 배워보았다. 데이터의 종류가 달라지더라도, 데이터 가공, 시각화, 기초 분석, 예측 모형 구축과 평가 과정은 큰 변화 없이 적용할 수 있다. 이 장과 다음 장에서는 의학 분야에서 암 예측의 문제(10장), 웹 기술 분야에서 스팸 메일 예측의 문제(11장)에 분류분석을 적용해보자. 10장과 11장의 코드, 출력 내용, 분석 내용이 8장과 9장에서 살펴본 내용과 비슷한 것을 알 수 있을 것이다.

10.1 위스콘신 유방암 데이터

이 장에서는 위스콘신 유방암 데이터(Wisconsin Breast Cancer data)를 분석해보자. 미세바늘로 흡입한(Fine Needle Aspirate, FNA) 세포들을 디지털 이미지화한 후, 각 이미지를 이미지분석 소프트웨어로 분석한 결과를 예측변수로 사용하여 종양이 악성인지 양성인지를 판별해내는 분류분석 문제다.

데이터는 https://goo.gl/IzaXS에서 다운로드할 수 있다. 총 569개의 관측치가 있다. 각 관측치는 특정 이미지에 해당한다. 특정 이미지는 악성 혹은 양성 종양에 해당한다. 각 이미지를 분석하여 여러 개의 세포핵(cell nucleus)을 찾아낸 후, 각 세포핵에서 다음 10개의 특징값(features)을 계산하게 된다.

1. radius: 반지름
2. texture: 그레이스케일 값의 표준편차
3. perimeter: 둘레
4. area: 면적
5. smoothness: 반지름의 국소적 변화 정도(local variation)
6. compactness: (perimeter^2 / area − 1.0)
7. concavity: 오목한 정도(severity of concave portions of the contour)
8. concave_points: 오목한 점들의 개수(number of concave portions of the contour)
9. symmetry: 대칭도
10. fractal dimension: 프랙탈 차원("coastline approximation" − 1). https://goo.gl/Sw0M9z를 참고하라.

그 다음에 각 이미지에서 발견된 모든 세포핵의 각각의 특징값들의 평균, 표준편차, 가장 큰 3 값의 평균[극단값('worst')이라고 하자]을 계산하게 된다. 10개의 특징값이 있으므로 총 30개의 설명변수를 얻게 된다. 따라서 데이터의 최종 변수 리스트는 다음과 같다.

1. ID 숫자(분석에 사용하지 않을 것이다.)
2. diagnosis: 진단. M = 악성(malignant), B = 양성(benign)
3. 3~32열은 30개의 설명변수다. 예를 들어, 3열은 평균 반지름, 13열은 반지름의 표준편차, 23열은 반지름의 극단값이다.

분석의 목적은 30개의 설명변수를 사용해 진단값이 악성인지 양성인지 예측하는 것이다.

10.2 환경 준비와 기초 분석

R 스튜디오에서 breast-cancer라는 프로젝트를 생성하자(R 스튜디오에서 'File > New Projects…' 메뉴를 사용하면 된다). R 코드는 프로젝트 디렉터리 내의 breast-cancer.R의 스크립트에 써서 실행하도록 하자. 이 책의 소스코드 깃허브 페이지를 사용한다면 breast-cancer.Rproj 파일에 이미 R스튜디오 프로젝트를 만들어두었으니 바로 열어서 사용하면 된다.

스크립트의 앞부분에서 우선 필요한 패키지를 로드한다.

```
library(dplyr)
library(ggplot2)
library(MASS)
library(glmnet)
library(randomForest)
library(gbm)
library(rpart)
library(boot)
library(data.table)
library(ROCR)
library(gridExtra)
```

데이터 파일은 유닉스 터미널을 사용한다면 앞에서처럼 curl 명령을 사용해서 다운로드하면 된다. 참고로, 맥이나 리눅스 사용자도 같은 방법으로 다운로드하면 된다. 혹은 터미널을 켤 필요 없이 R 스크립트 안에서 다음처럼 실행해도 된다.

```
if (!file.exists("wdbc.data")){
  system('curl http://archive.ics.uci.edu/ml/machine-learning-databases/breast-cancer-
                              wisconsin/wdbc.data > wdbc.data')
  system('curl http://archive.ics.uci.edu/ml/machine-learning-databases/breast-cancer-
                              wisconsin/wdbc.names > wdbc.names')
}
```

R에 데이터 파일을 읽어 들이고 변수명을 할당하도록 하자.

```
data <- tbl_df(read.table("wdbc.data", strip.white = TRUE,
                    sep=",", header = FALSE))
feature_names <- c('radius', 'texture', 'perimeter', 'area', 'smoothness',
                   'compactness', 'concavity', 'concave_points', 'symmetry', 'fractal_
                                                                                 dim')
names(data) <-
  c('id', 'class',
    paste0('mean_', feature_names),
    paste0('se_', feature_names),
    paste0('worst_', feature_names))
```

glimpse( ) 명령으로 데이터 구조를 살펴보자.

```
> glimpse(data)
Observations: 569
Variables: 32
$ id                <int> 842302, 842517, 8...
```

```
$ class              <fctr> M, M, M, M, M...
$ mean_radius        <dbl> 17.99, 20.57, 19....
$ mean_texture       <dbl> 10.38, 17.77, 21....
$ mean_perimeter     <dbl> 122.80, 132.90, 1...
$ mean_area          <dbl> 1001.0, 1326.0, 1...
$ mean_smoothness    <dbl> 0.11840, 0.08474,...
$ mean_compactness   <dbl> 0.27760, 0.07864,...
$ mean_concavity     <dbl> 0.30010, 0.08690,...
$ mean_concave_points <dbl> 0.14710, 0.07017,...
$ mean_symmetry      <dbl> 0.2419, 0.1812, 0...
$ mean_fractal_dim   <dbl> 0.07871, 0.05667,...
$ se_radius          <dbl> 1.0950, 0.5435, 0...
$ se_texture         <dbl> 0.9053, 0.7339, 0...
$ se_perimeter       <dbl> 8.589, 3.398, 4.5...
$ se_area            <dbl> 153.40, 74.08, 94...
$ se_smoothness      <dbl> 0.006399, 0.00522...
$ se_compactness     <dbl> 0.049040, 0.01308...
$ se_concavity       <dbl> 0.05373, 0.01860,...
$ se_concave_points  <dbl> 0.015870, 0.01340...
$ se_symmetry        <dbl> 0.03003, 0.01389,...
$ se_fractal_dim     <dbl> 0.006193, 0.00353...
$ worst_radius       <dbl> 25.38, 24.99, 23....
$ worst_texture      <dbl> 17.33, 23.41, 25....
$ worst_perimeter    <dbl> 184.60, 158.80, 1...
$ worst_area         <dbl> 2019.0, 1956.0, 1...
$ worst_smoothness   <dbl> 0.1622, 0.1238, 0...
$ worst_compactness  <dbl> 0.6656, 0.1866, 0...
$ worst_concavity    <dbl> 0.7119, 0.2416, 0...
$ worst_concave_points <dbl> 0.26540, 0.18600,...
$ worst_symmetry     <dbl> 0.4601, 0.2750, 0...
$ worst_fractal_dim  <dbl> 0.11890, 0.08902,..
```

데이터의 기초 통계를 다음처럼 살펴볼 수 있다.

```
summary(data)
```

분석 전에 몇 가지 처리를 더 하도록 하자. 첫째, id 변수는 사용하지 않으므로 제거하도록 하자. 둘째, class 변수는 범주형 변수로 변환하여야 한다. 앞장에서 이야기한 것처럼 0은 실패, 1은 성공을 의미하도록 하는 것이 좋다. 악성 종양을 '성공' 값으로 간주하도록 하겠다. 즉, 원래 class='M'(malignant; 악성)일 때는 1, class='B'(benign; 양성)일 때는 0의 값을 가지도록 하자. 다음 코드를 실행하면 된다.

```
# 1. id 변수 제거
```

```
data <- data %>% dplyr::select(-id)
# 2. class 변수를 인자 변수로 변환
data$class <- factor(ifelse(data$class == 'B', 0, 1))
```

처리 후의 데이터의 형태를 glimpse(data)로 다시 확인해보도록 하자.

10.3 데이터의 시각화

분류분석을 본격적으로 시작하기 전에 데이터를 간단하게 시각화해보자. 모든 x, y 변수들 간의 산점도를 그려보는 것이 어려우므로 우선 특징값의 평균을 나타내는 평균 처음 10개의 설명변수('mean_'으로 시작하는 변수)와 class 변수를 나타내보자(그림 10-1).

```
pairs(data %>% dplyr::select(class, starts_with('mean_')) %>%
      sample_n(min(1000, nrow(data))),
      lower.panel=function(x,y){ points(x,y); abline(0, 1, col='red')},
      upper.panel = panel.cor)
```

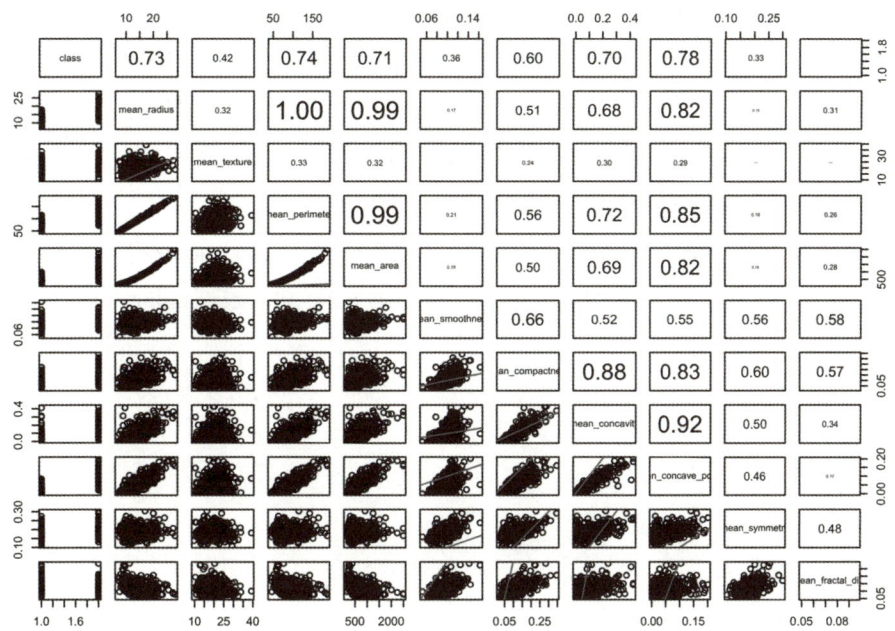

그림 10-1 예제 데이터에서 모든 변수들 간의 산점도

산점도를 통해 많은 설명변수들이 반응변수 class와 높은 상관 관계를 가지고 있음을 알 수 있다. 그리고 설명변수들 사이에서도 상관 관계가 비교적 높다.

숙제로, 위의 코드를 활용해서 위의 산점도를 다른 X 변수들로도 그려보자. 즉, 특징값들의 평균을 나타내는 처음 10개의 X뿐 아니라 표준편차를 나타내는 11~20번째 X와 극단값을 나타내는 21~30번째 X도 시각화하고 해석해보도록 하자.

다음 시각화에서는 ggplot2::geom_jitter( )를 사용해서 몇몇 변수들의 분포를 좀 더 자세히, 정확히 살펴보자(그림 10-2).

```
library(ggplot2)d
library(dplyr)
library(gridExtra)
p1 <- data %>% ggplot(aes(class)) + geom_bar()
p2 <- data %>% ggplot(aes(class, mean_concave_points)) +
  geom_jitter(col='gray') +
  geom_boxplot(alpha=.5)
p3 <- data %>% ggplot(aes(class, mean_radius)) +
  geom_jitter(col='gray') +
  geom_boxplot(alpha=.5)
p4 <- data %>% ggplot(aes(mean_concave_points, mean_radius)) +
  geom_jitter(col='gray') + geom_smooth()
grid.arrange(p1, p2, p3, p4, ncol=2)
```

종양진단 결과를 나타내는 class 변수의 도수 분포로부터 350여 명의 관측치가 양성(benign, class=0)에 해당하고, 이보다 적은 200여 명의 관측치가 악성(malign, class=1)에 해당함을 알 수 있다. 두 번째 그림에서는 악성 종양세포에서는 mean_concave_points 값이 훨씬 높은 편임을 알 수 있다. 세 번째 그림은 마찬가지로, 악성 종양세포에서는 mean_radius 값이 훨씬 높은 편임을 보여준다. 마지막 네 번째 그림은 mean_concave_points와 mean_radius 변수 사이의 강한 양의 상관 관계를 보여준다.

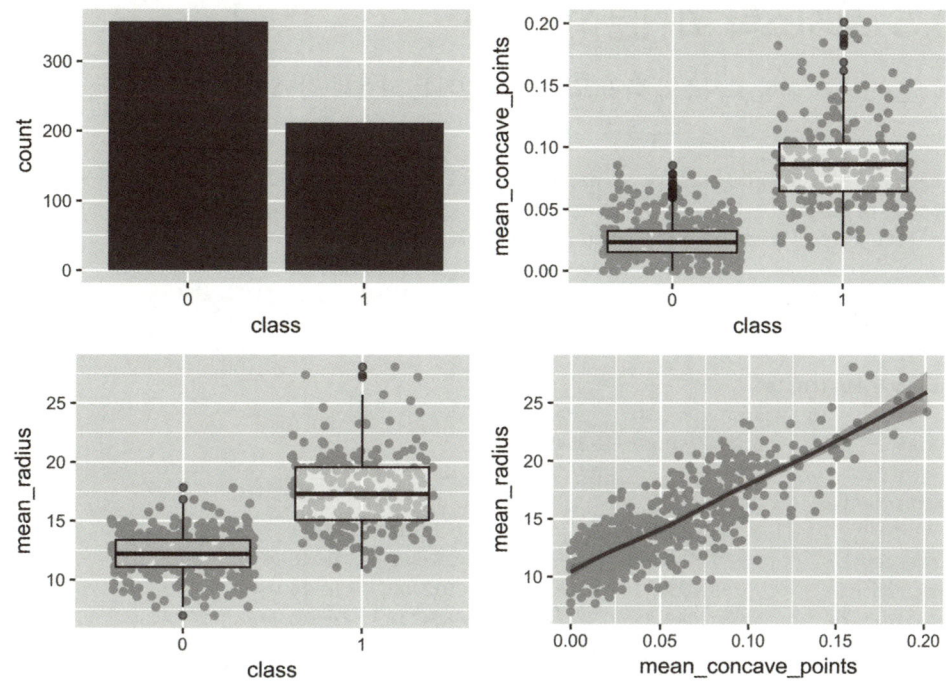

그림 10-2 종양 진단 class 변수의 도수 분포(왼쪽 위); class 변수값에 따른 mean_concave_points 변수의 분포(오른쪽 위)와 mean_radius 변수의 분포(왼쪽 아래); mean_concave_points와 mean_radius 변수의 관계(오른쪽 아래)

10.4 훈련, 검증, 테스트세트의 구분

데이터를 60:20:20의 비율로 훈련/검증/테스트 세트로 나누자.

```
set.seed(1606)
n <- nrow(data)
idx <- 1:n
training_idx <- sample(idx, n * .60)
idx <- setdiff(idx, training_idx)
validate_idx <- sample(idx, n * .20)
test_idx <- setdiff(idx, validate_idx)
training <- data[training_idx,]
validation <- data[validate_idx,]
test <- data[test_idx,]
```

10.5 로지스틱 회귀분석

glm( )을 사용한 선형 로지스틱 회귀 모형 적합 결과는 다음과 같다.

```
> data_lm_full <- glm(class ~ ., data=training, family=binomial)
Warning message:
glm.fit: fitted probabilities numerically 0 or 1 occurred

> summary(data_lm_full)



Deviance Residuals:
    Min      1Q   Median      3Q      Max
  -8.49    0.00    0.00    0.00     8.49

Coefficients:
                      Estimate Std. Error   z value Pr(>|z|)
(Intercept)         -7.068e+15  1.599e+08 -44204882   <2e-16 ***
mean_radius         -5.027e+14  6.352e+07  -7913190   <2e-16 ***
mean_texture        -1.549e+13  3.224e+06  -4804731   <2e-16 ***
mean_perimeter       1.584e+14  8.966e+06  17671717   <2e-16 ***
mean_area           -4.610e+12  2.135e+05 -21598314   <2e-16 ***
mean_smoothness      2.168e+15  8.189e+08   2646790   <2e-16 ***
mean_compactness    -2.273e+16  4.881e+08 -46559276   <2e-16 ***
mean_concavity       9.349e+15  3.871e+08  24153537   <2e-16 ***
mean_concave_points  8.721e+15  7.412e+08  11767231   <2e-16 ***
mean_symmetry       -5.151e+15  2.940e+08 -17523162   <2e-16 ***
mean_fractal_dim     5.016e+16  2.072e+09  24202673   <2e-16 ***
se_radius            1.129e+15  1.206e+08   9357444   <2e-16 ***
se_texture          -2.759e+14  1.603e+07 -17204167   <2e-16 ***
se_perimeter         2.764e+14  1.561e+07  17704518   <2e-16 ***
se_area             -1.733e+13  5.491e+05 -31555708   <2e-16 ***
se_smoothness       -5.693e+16  2.870e+09 -19837442   <2e-16 ***
se_compactness       3.112e+16  7.504e+08  41469105   <2e-16 ***
se_concavity        -2.353e+16  4.459e+08 -52765839   <2e-16 ***
se_concave_points    4.942e+16  1.980e+09  24959795   <2e-16 ***
se_symmetry          2.449e+16  1.078e+09  22710313   <2e-16 ***
se_fractal_dim      -2.045e+17  3.885e+09 -52636610   <2e-16 ***
worst_radius        -1.558e+13  2.323e+07   -670467   <2e-16 ***
worst_texture        7.540e+13  3.026e+06  24919289   <2e-16 ***
worst_perimeter     -8.019e+13  2.361e+06 -33967023   <2e-16 ***
worst_area           5.989e+12  1.266e+05  47315597   <2e-16 ***
worst_smoothness     2.627e+15  5.821e+08   4513281   <2e-16 ***
worst_compactness   -2.628e+15  1.329e+08 -19782715   <2e-16 ***
worst_concavity      1.802e+15  9.572e+07  18822915   <2e-16 ***
worst_concave_points 8.232e+15  3.250e+08  25328089   <2e-16 ***
worst_symmetry       3.256e+15  1.964e+08  16581269   <2e-16 ***
worst_fractal_dim    1.372e+16  8.855e+08  15488504   <2e-16 ***
---
```

```
Signif. codes:  0 '***' 0.001 '**' 0.01 '*' 0.05 '.' 0.1 ' ' 1

(Dispersion parameter for binomial family taken to be 1)

    Null deviance: 452.32  on 340  degrees of freedom
Residual deviance: 432.52  on 310  degrees of freedom
AIC: 494.52

Number of Fisher Scoring iterations: 19
```

대부분의 변수값이 통계적으로 유의미한 것으로 나타났다. glm 함수를 사용하여 적합된 모형의 예측값을 얻으려면 앞장에서 살펴본 것과 같이 predict.glm(, type='response') 함수를 사용한다. 예를 들어, 처음 다섯 값에 대한 예측 확률값은

```
> predict(data_lm_full, newdata = data[1:5,], type='response')
1 2 3 4 5
1 1 1 1 1
```

앞서 설명했듯이, 예측값은 0에서 1 사이의 값을 가진 $Y = 1$일(악성종양일) 예측 확률값이며, 최종 예측값(악성인지 혹은 양성 종양인지)은 주어진 분계점(threshold) 값에 따라 달라지게 된다.

10.5.1 모형 평가

검증세트를 사용하여 모형의 예측 능력을 비교해보자.

```
> y_obs <- as.numeric(as.character(validation$class))
> yhat_lm <- predict(data_lm_full, newdata = validation, type='response')
> pred_lm <- prediction(yhat_lm, y_obs)
> performance(pred_lm, "auc")@y.values[[1]]
[1] 0.9564702
> binomial_deviance(y_obs, yhat_lm)
[1] 73.70452
```

이항편차는 73, AUC는 0.956이다. 높은 AUC 값은 이 예측문제가 무척 쉬운 예측문제임을 알려준다. ROC 곡선은 나중에 그려보도록 하겠다.

10.6 라쏘 모형 적합

glmnet을 이용해서 라쏘 모형을 적합하자. 앞서 살펴보았듯이, model.matrix( ) 함수를 사용하여 모형행렬을 생성하자.

```
> xx <- model.matrix(class ~ .-1, data)
> x <- xx[training_idx, ]
> y <- as.numeric(as.character(training$class))
> glimpse(x)
 num [1:341, 1:30] 14.4 12.8 10.9 11.9 19 ...
 ...
```

cv.glmnet( ) 함수를 사용하여 라쏘 모형을 적합하자.

```
> data_cvfit <- cv.glmnet(x, y, family = "binomial")
> plot(data_cvfit)
```

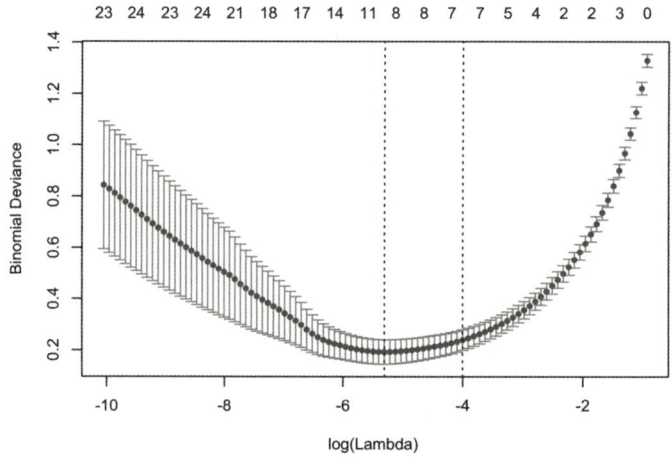

그림 10-3 데이터에 glmnet 모형을 교차검증한 결과

교차검증 결과의 해석은 8장(빅데이터 분류분석 I: 기본 개념과 로지스틱 모형)을 참고하자. 기본적으로 lambda가 좌에서 우로 증가함에 따라 선택되는 모수의 개수는 점점 줄어들고, 모형은 점점 간단해진다. 즉, 편향은 커지지만 분산은 줄어드는 편향-분산 트레이드오프(bias-variance tradeoff) 현상이 일어난다. 왼쪽의 세로 점선은 가장 정확한 예측값을 낳는 lambda.min, 오른쪽의 세로 점선은 간단한, 해석 가능한 모형을 위한 lambda.1se 값을 나타낸다. 각 lambda 값

에서 선택된 변수의 개수는 각각 10개와 7개다. 다음 명령은 coef.cv.glmnet( ) 함수를 이용해 각각의 lambda 값에서 선택된 변수들을 보여준다.

```
coef(data_cvfit, s = c("lambda.1se"))
coef(data_cvfit, s = c("lambda.min"))
```

해석보다는 예측이 초점이므로 lambda.1se 대신에 lambda.min을 사용하도록 하자.

앞장과 마찬가지로, 독자들이 디폴트인 alpha = 1.0(라쏘 모형) 이외에 alpha = 0.0(능형회귀 모형)과 alpha = 0.5(일래스틱넷 모형)를 적합해보는 것을 숙제로 남겨두겠다.

10.6.1 모형 평가

주어진 lambda 값에서 예측을 해주는 함수는 predict.cv.glmnet( )이다. 다음 명령은 처음 다섯 관측값에 대한 예측값을 계산해준다.

```
> predict.cv.glmnet(data_cvfit, s="lambda.min", newx = x[1:5,], type='response')
            1
291 0.04733602
520 0.03299464
406 0.01566429
402 0.00451864
88  0.99976395
```

검증세트를 사용하여 모형의 예측 능력을 계산하자.

```
> yhat_glmnet <- predict(data_cvfit, s="lambda.min", newx=xx[validate_idx,],
                                                     type='response')
> yhat_glmnet <- yhat_glmnet[,1] # change to a vector from [n*1] matrix
> pred_glmnet <- prediction(yhat_glmnet, y_obs)
> performance(pred_glmnet, "auc")@y.values[[1]]
[1] 0.9989837
> binomial_deviance(y_obs, yhat_glmnet)
[1] 17.73158
```

AUC는 앞 절의 로지스틱 회귀 모형보다 크고, 이항편차는 훨씬 더 작다. 즉, 라쏘 모형은 로지스틱 모형보다 훨씬 나은 예측 성능을 보여준다!

10.7 나무 모형

rpart::rpart( ) 함수로 나무 분류분석 모형을 데이터에 적합해보자.

```
> data_tr <- rpart(class ~ ., data = training)
> data_tr
n= 341

node), split, n, loss, yval, (yprob)
      * denotes terminal node

1) root 341 129 0 (0.62170088 0.37829912)
  2) worst_radius< 16.79 224  18 0 (0.91964286 0.08035714)
    4) worst_concave_points< 0.1563 211   8 0 (0.96208531 0.03791469) *
    5) worst_concave_points>=0.1563 13   3 1 (0.23076923 0.76923077) *
  3) worst_radius>=16.79 117   6 1 (0.05128205 0.94871795) *
>
```

적합된 모형에 대한 더 자세한 정보를 보려면 printcp( )와 summary.rpart( ) 함수를 사용한다.

```
printcp(data_tr)
summary(data_tr)
```

적합결과는 나무 모양으로 플롯할 수 있다. plot.rpart( )가 호출된다(그림 10-4).

```
opar <- par(mfrow = c(1,1), xpd = NA)
plot(data_tr)
text(data_tr, use.n = TRUE)
par(opar)
```

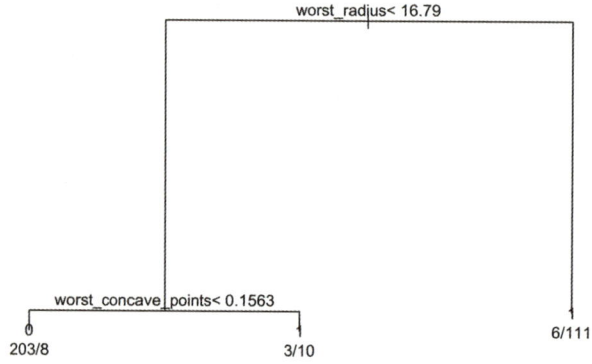

그림 10-4 예제 데이터에 나무 회귀 모형을 적합한 결과

그림과 텍스트 출력에서 보듯이, 가장 중요한 적합된 나무 모형은 매우 단순하다. 일단 worst_radius >= 16.79이면(오른쪽 가지), 악성 종양(class=1)이라고 결론 내린다! 왼쪽 가지, 즉 worst_radius < 16.79인 경우는 worst_concave_points < 0.1563 여부에 따라서 최종 결론을 내린다. 가지의 마지막 부분인 잎새(leaf)들은 각 분할(partition)에 속한 관측치에 대한 예측값(0 혹은 1), 그리고 실제로 그 분할에서 0과 1인 관측치의 숫자들을 나타낸다. 예를 들어, 가장 오른쪽 잎새는 예측값은 1(악성)이고, 총 117개의 관측치 중 6개의 관측치는 사실 양성(false positive)이며, 111개의 관측치는 실제로 악성(true positive)이다.

나무 모형은 이처럼 간단하고 사람이 해석하기 쉬운 장점이 있다. 하지만 아래에서 살펴보듯이 예측력은 그렇게 높지 않다.

모형 평가를 위해서는 predict.rpart 함수를 사용하고 검증세트를 사용해 AUC와 이항편차를 계산한다.

```
> yhat_tr <- predict(data_tr, validation)
> yhat_tr <- yhat_tr[,"1"]
> pred_tr <- prediction(yhat_tr, y_obs)
> performance(pred_tr, "auc")@y.values[[1]]
[1] 0.9556233
> binomial_deviance(y_obs, yhat_tr)
[1] 37.16206
```

일반적으로 그렇듯이 나무 모형의 예측력은 약한 편이다. AUC와 이항편차 모두 선형 로지스틱 회귀 모형과 비슷한 정도다. 라쏘 모형보다는 예측력이 많이 떨어진다.

10.8 랜덤 포레스트

랜덤 포레스트 모형을 예제 데이터에 적합하고, plot.randomForest( ) 함수로 나무개수가 증가함에 따른 MSE의 감소를 그려보고, varImpPlot( ) 함수로 변수의 중요도를 그려보자(그림 10-5).

```
> set.seed(1607)
> data_rf <- randomForest(class ~ ., training)
> data_rf

Call:
 randomForest(formula = class ~ ., data = training)
               Type of random forest: classification
                     Number of trees: 500
No. of variables tried at each split: 5

        OOB estimate of  error rate: 4.69%
Confusion matrix:
    0   1 class.error
0 206   6  0.02830189
1  10 119  0.07751938
> opar <- par(mfrow=c(1,2))
> plot(data_rf)
> varImpPlot(data_rf)
> par(opar)
```

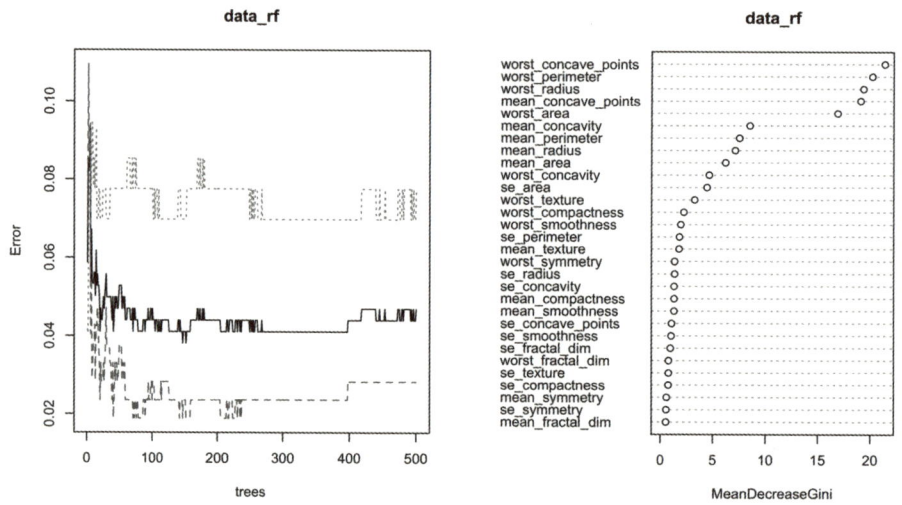

그림 10-5 데이터에서 나무 수에 따른 오차율의 감소(왼쪽)와 각 설명변수의 중요도(오른쪽)

랜덤 포레스트의 모형 평가를 위해서 검증세트를 사용해 AUC와 이항편차를 계산한다.

```
> yhat_rf <- predict(data_rf, newdata=validation, type='prob')[,'1']
> pred_rf <- prediction(yhat_rf, y_obs)
> performance(pred_rf, "auc")@y.values[[1]]
[1] 0.9979675
> binomial_deviance(y_obs, yhat_rf)
[1] 20.79552
```

AUC와 이항편차에 의하면 랜덤 포레스트 모형의 예측력은 라쏘 모형 다음으로 좋음을 알 수 있다.

10.9 부스팅

gbm( ) 함수를 사용해 예제 데이터에 부스팅 모형을 적합하자. gbm(distribution="bernoulli") 옵션을 사용해야 하고, 반응변수는 범주형 변수가 아니라 0-1 값을 가진 수량형으로 바꿔줘야 한다.

```
set.seed(1607)
data_for_gbm <-
  training %>%
  mutate(class=as.numeric(as.character(class)))
data_gbm <- gbm(class ~ ., data=data_for_gbm, distribution="bernoulli",
           n.trees=50000, cv.folds=3, verbose=TRUE)
```

앞장에서 언급했듯이 n.trees= 파라미터 값이 충분히 커야 한다. 최적 값은 데이터마다 다르다. 그러므로 몇 가지 다른 값을 사용해서 위의 코드로 실험해볼 것을 권장한다. 본 데이터에서는 50,000을 사용하였다. 최적 모형의 복잡도는 12,735번의 반복으로 얻어졌다. 이보다 더 복잡한 모형은 과적합을 하게 된다(그림 10-6).

```
> (best_iter = gbm.perf(data_gbm, method="cv"))
[1] 12735
```

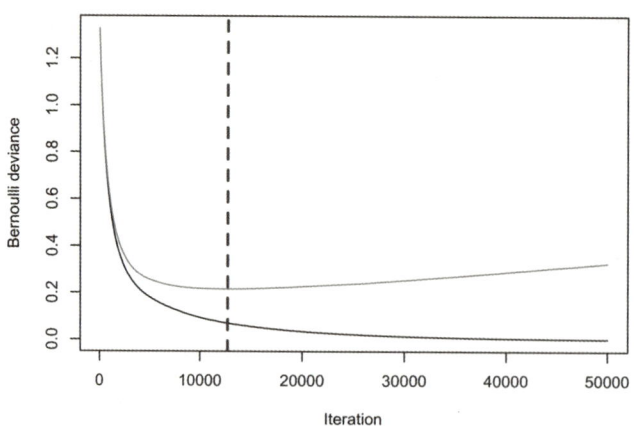

그림 10-6 예제 데이터에서 부스팅 반복수에 따른 훈련세트에서의 이항편차(검정색)와 교차검증을 통해 추정된 이항편차(녹색)의 추세. 편차를 최소화하는 반복수는 점선으로 표시되어 있다.

부스팅의 모형 평가를 위해서 검증세트를 사용해 AUC와 이항편차를 계산해보자.

```
> yhat_gbm <- predict(data_gbm, n.trees=best_iter, newdata=validation, type='response')
> pred_gbm <- prediction(yhat_gbm, y_obs)
> performance(pred_gbm, "auc")@y.values[[1]]
[1] 0.998645
> binomial_deviance(y_obs, yhat_gbm)
[1] 17.66977
```

검증세트에서의 AUC와 이항편차로부터 부스팅은 라쏘와 동일한 수준의 최고의 예측 능력을 보이는 것을 알 수 있다.

10.10 최종 모형 선택과 테스트세트 오차 계산

지금까지 적합한 모형들의 검증세트에서의 이항편차와 AUC 값을 비교해보자.

```
> data.frame(method=c('lm', 'glmnet', 'rf', 'gbm'),
+         auc = c(performance(pred_lm, "auc")@y.values[[1]],
+                 performance(pred_glmnet, "auc")@y.values[[1]],
+                 performance(pred_rf, "auc")@y.values[[1]],
+                 performance(pred_gbm, "auc")@y.values[[1]]),
+         bin_dev = c(binomial_deviance(y_obs, yhat_lm),
+                     binomial_deviance(y_obs, yhat_glmnet),
+                     binomial_deviance(y_obs, yhat_rf),
+                     binomial_deviance(y_obs, yhat_gbm)))
```

```
  method       auc  bin_dev
1     lm 0.9564702 73.70452
2 glmnet 0.9989837 17.73158
3     rf 0.9979675 20.79552
4    gbm 0.9986450 17.66977
```

라쏘 = 부스팅 > 랜덤 포레스트 > 로지스틱 모형 순으로 예측력이 높음을 알 수 있다.

다음 코드로 ROC 곡선을 그릴 수 있다(그림 10-7).

```r
perf_lm <- performance(pred_lm, measure = "tpr", x.measure = "fpr")
perf_glmnet <- performance(pred_glmnet, measure="tpr", x.measure="fpr")
perf_rf <- performance(pred_rf, measure="tpr", x.measure="fpr")
perf_gbm <- performance(pred_gbm, measure="tpr", x.measure="fpr")

plot(perf_lm, col='black', main="ROC Curve")
plot(perf_glmnet, add=TRUE, col='blue')
plot(perf_rf, add=TRUE, col='red')
plot(perf_gbm, add=TRUE, col='cyan')
abline(0,1)
legend('bottomright', inset=.1,
    legend=c("GLM", "glmnet", "RF", "GBM"),
    col=c('black', 'blue', 'red', 'cyan'), lty=1, lwd=2)
```

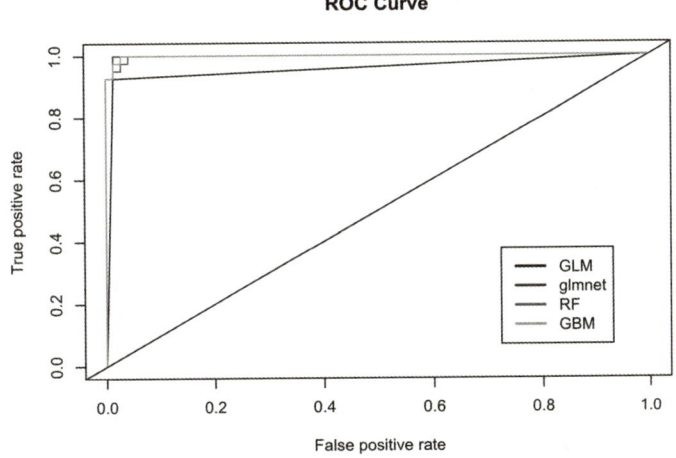

그림 10-7 분류분석 방법들의 예제 데이터에서의 ROC 곡선

최종 모형으로는 비교적 모형이 간단한 라쏘를 선택하기로 하자. 테스트세트에서의 이항편차와 AUC 값은 다음처럼 계산할 수 있다.

```
> y_obs_test <- as.numeric(as.character(test$class))
> yhat_glmnet_test <- predict(data_cvfit, s="lambda.min", newx=xx[test_idx,],
                                                         type='response')
> yhat_glmnet_test <- yhat_glmnet_test[,1]
> pred_glmnet_test <- prediction(yhat_glmnet_test, y_obs_test)
> performance(pred_glmnet_test, "auc")@y.values[[1]]
[1] 0.9957599
> binomial_deviance(y_obs_test, yhat_glmnet_test)
[1] 23.4819
```

10.10.1 예측값의 시각화

앞장에서 살펴본 것처럼, 여러 예측 모형들의 예측값들과 관측값들 사이의 산점도를 그리고 상관 관계를 나타내보자(그림 10-8).

```
pairs(data.frame(y_obs=y_obs,
                 yhat_lm=yhat_lm,
                 yhat_glmnet=c(yhat_glmnet),
                 yhat_rf=yhat_rf,
                 yhat_gbm=yhat_gbm),
      lower.panel=function(x,y){ points(x,y); abline(0, 1, col='red')},
      upper.panel = panel.cor)
```

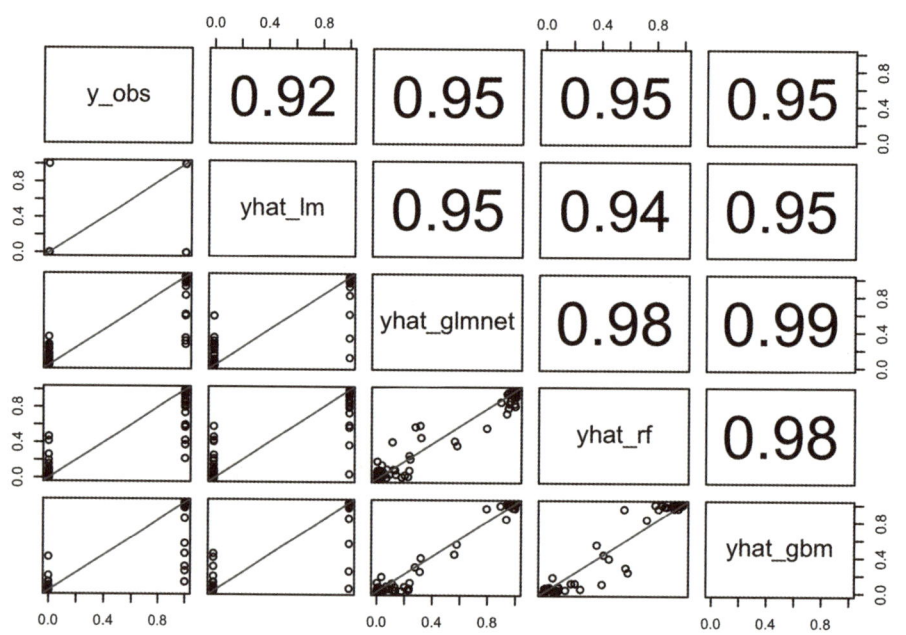

그림 10-8 관측값과 다른 모형의 예측값 간의 상관 관계

이 그림에서 알 수 있는 것은 대부분의 방법이 유사한 결과를 준다는 것이다. 이 중 특히 라쏘 모형(glmnet)과 부스팅(gbm) 모형의 예측 확률값들의 상관 관계가 높다(0.99).

연/습/문/제

1. 위스콘신 유방암 데이터 중 약간 다른 데이터인 https://goo.gl/gY8Iri를 분석하라. 변수에 대한 설명은 https://goo.gl/CqLTuk에서 볼 수 있다. 분석의 목적은 다른 10개의 변수를 사용하여 class = 2(양성; benign), 4(악성; malign) 값을 예측하는 것이다.
   a. 설명변수 중에 결측치가 있는가? 어느 변수에 몇 개의 결측치가 있는가? 어떻게 해결하는 것이 좋을까? (관심 있는 독자는 Saar-Tsechansky & Provost (2007) 등을 참고하라.)
   b. 결측치를 표본의 중앙값으로 대치하고 분류 예측분석을 시행하라. 어떤 모형이 가장 성능이 좋은가? 결과를 슬라이드 10여 장 내외로 요약하라.
2. 위스콘신 유방암 데이터 중 또 다른 데이터인 https://goo.gl/KaZD7Y를 분석하라. 이 진단(diagnostics) 데이터에 대한 설명은 https://goo.gl/mVFQUa에서 볼 수 있다. 두 가지 분석이 가능하다. (1) 2열의 outcome 변수를 예측하기[분류분석]; (2) 재발(recurrent)한 관측치들에 대해서 3열의 재발 기간(time to recur) 예측하기[회귀분석]. 이 중 분류분석인 (1)을 시행하라. 분석 결과를 슬라이드 10여 장 내외로 요약하라.
3. 스팸 데이터 https://goo.gl/gIZU9C를 분석하라. 어떤 모형이 가장 높은 성능을 주는가? 분석 결과를 슬라이드 10여 장 내외로 요약하라.
4. https://archive.ics.uci.edu/ml/datasets 혹은 https://www.kaggle.com/datasets에서 다른 고차원 분류분석 데이터를 찾아서 본문에 설명한 분석을 실행하고, 결과를 슬라이드 10여 장 내외로 요약하라.

참/고/문/헌

1. O. L. Mangasarian and W. H. Wolberg: "Cancer diagnosis via linear programming", SIAM News, Volume 23, Number 5, September 1990, pp 1 & 18.
2. William H. Wolberg and O.L. Mangasarian: "Multisurface method of pattern separation for medical diagnosis applied to breast cytology", Proceedings of the National Academy of Sciences, U.S.A., Volume 87, December 1990, pp 9193-9196.
3. O. L. Mangasarian, R. Setiono, and W.H. Wolberg: "Pattern recognition linear programming: Theory and application to medical diagnosis", in: "Large-scale numerical optimization", Thomas F. Coleman and Yuying Li, editors, SIAM Publications, Philadelphia 1990, pp 22-30.
4. K. P. Bennett & O. L. Mangasarian: "Robust linear programming discrimination of two linearly inseparable sets", Optimization Methods and Software 1, 1992, 23-34 (Gordon & Breach Science Publishers).
5. Handling missing values when applying classification models. M Saar-Tsechansky, F Provost – Journal of machine learning research, 2007 – jmlr.org.

CHAPTER 11

빅데이터 분류분석 IV: 스팸 메일 예측

11.1 스팸 메일 데이터

스팸(spam, spam e-mail), 혹은 쓰레기편지는 불특정 다수의 사람들에게 보내는 광고성 편지 또는 메시지다. 이메일 서비스 이용자가 수동으로 스팸 메일을 삭제하는 것은 불편하므로 빅데이터, 통계, 머신러닝 방법을 사용해 자동으로 스팸 메일을 분류해낼 수 있다면 편리할 것이다. 이 장의 목적은 스팸 메일 데이터에 분류분석을 적용하는 것이다. 예제 데이터는 잘 알려진 스팸 연구 데이터인 스팸베이스(Spambase)를 사용하도록 하자. https://goo.gl/glZU9C에서 다운로드할 수 있다.

과연 어떻게 스팸 메일과 일반 메일을 분류해낼 수 있을까? 한 가지 직관적인 방법은 메일 내용을 이용하는 것이다. 스팸에만 많이 등장하는 단어, 글자, 구두점들을 찾아내서 그러한 단어, 글자, 구두점들을 많이 포함하는 메일을 스팸으로 분류하는 것이다. 예를 들어, 본문에 '신용(credit)', '돈(money)', 느낌표(!) 등이 지나치게 많다면 스팸일 가능성이 많다고 할 수 있을 것이다. 이처럼 비정형 데이터인 이메일 본문을 머신러닝 방법의 예측변수로 사용할 수 있는 다양한 특징값(features)으로 변환하는 과정을 'feature engineering'이라고 한다. 많은 경우에, 머신러닝의 적용은 적용 영역의 전문지식을 활용하고, 다양한 통계적 계산적 방법을 사용해 효과적인, 즉 예측력이 좋은 특징값을 찾아내는 데 많은 노력을 들이게 된다.

어쨌건 다양한 텍스트 마이닝(text mining) 기법을 사용하여 스팸베이스는 데이터를 다음과 같은 특징값들로 정리하였다. 데이터는 4,601개의 관측치와 58개의 변수로 이루어져 있다. 각 관측치는 하나의 이메일을 나타낸다. 마지막 58번째 변수는 반응변수로 주어진 관측치가 스팸인지(spam=1) 아닌지(=0)를 나타낸다. 1~57번째 변수는 이메일의 텍스트로부터 계산된 특징값으로, 분류분석 스팸 예측의 설명변수로 사용된다. 설명변수들의 종류는 크게 다음과 같이 세 가지로 분류할 수 있다.

- 48개의 WORD에 대한 word_freq_WORD: 이메일에서 WORD 단어의 발생빈도퍼센트 = 100 * (WORD 단어가 이메일에 나타난 횟수)/(이메일의 총 단어 수). [0, 100] 사이의 실수값이다. 고려되는 WORD는 make, address, credit, money 등이다. 예를 들어, word_freq_credit은 주어진 이메일에서의 credit 단어의 발생빈도퍼센트다.

- 6개의 글자 CHAR에 대한 char_freq_CHAR: 이메일에서 CHAR 글자의 발생빈도퍼센트 = 100 * (CHAR 글자가 이메일에 나타난 횟수)/(이메일의 총 글자 수). [0, 100] 사이의 실수값이다. 고려되는 CHAR는 '$', '!' 등이다. 예를 들어, 'char_freq_!'는 주어진 이메일에서의 느낌표(!)의 발생빈도퍼센트다.

- capital_run_length_average: 연속으로 등장하는 대문자들의 평균 길이. [1, ...]의 값을 예를 들어 'YOU CAN MAKE MONEY!'란 이메일에서 이 값은 3, 3, 4, 5의 평균인 (3 + 3 + 4 + 5)/4 = 3.75이다.

- capital_run_length_longest: 연속으로 등장하는 대문자들 중 가장 긴 길이. 위의 예에서는 5다.

- capital_run_length_total: 연속으로 등장하는 대문자들의 총 개수. 위의 예에서는 15다.

모든 변수들의 리스트는 다음과 같다.

```
word_freq_make
word_freq_address
word_freq_all
word_freq_3d
word_freq_our
word_freq_over
word_freq_remove
word_freq_internet
word_freq_order
word_freq_mail
word_freq_receive
word_freq_will
word_freq_people
```

word_freq_report
word_freq_addresses
word_freq_free
word_freq_business
word_freq_email
word_freq_you
word_freq_credit
word_freq_your
word_freq_font
word_freq_000
word_freq_money
word_freq_hp
word_freq_hpl
word_freq_george
word_freq_650
word_freq_lab
word_freq_labs
word_freq_telnet
word_freq_857
word_freq_data
word_freq_415
word_freq_85
word_freq_technology
word_freq_1999
word_freq_parts
word_freq_pm
word_freq_direct
word_freq_cs
word_freq_meeting
word_freq_original
word_freq_project
word_freq_re
word_freq_edu
word_freq_table
word_freq_conference
char_freq_;
char_freq_(
char_freq_[
char_freq_!
char_freq_$
char_freq_#
capital_run_length_average
capital_run_length_longest
capital_run_length_total
spam 혹은 class: 반응변수이다

11.2 환경 준비와 기초 분석

R 스튜디오에서 spam-detection이라는 프로젝트를 생성하자(R 스튜디오에서 'File > New Projects...' 메뉴를 사용하면 된다). R 코드는 프로젝트 디렉터리 내의 spam-detection.R의 스크립트에 써서 실행하도록 하자. 이 책의 소스코드 깃허브 페이지를 사용한다면 spam-detection.Rproj 파일에 이미 R 스튜디오 프로젝트를 만들어두었으니 바로 열어서 사용하면 된다.

스크립트의 앞부분에서 우선 필요한 패키지를 로드한다.

```
library(dplyr)
library(ggplot2)
library(MASS)
library(glmnet)
library(randomForest)
library(gbm)
library(rpart)
library(boot)
library(data.table)
library(ROCR)
library(gridExtra)
```

데이터 파일은 유닉스 터미널을 사용한다면 앞에서처럼 curl 명령을 사용해서 다운로드하면 된다. 데이터 파일은 맥이나 리눅스 사용자라면 앞에서처럼 curl 명령을 사용해서 다운로드하면 된다. 혹은 터미널을 켤 필요 없이 R 스크립트 안에서 다음처럼 실행해도 된다.

```
if (!file.exists("spambase.data")){
  system('curl https://archive.ics.uci.edu/ml/machine-learning-databases/spambase/
                                                spambase.data > spambase.data')
  system('curl https://archive.ics.uci.edu/ml/machine-learning-databases/spambase/
                                                spambase.names > spambase.names')
}
```

R에 데이터 파일을 읽어 들이고, 변수명을 할당하도록 하자.

```
data <- tbl_df(read.table("spambase.data", strip.white = TRUE,
                   sep=",", header = FALSE))
names(data) <-
  c('word_freq_make', 'word_freq_address', 'word_freq_all', 'word_freq_3d', 'word_
                                                                    freq_our',
    'word_freq_over', 'word_freq_remove', 'word_freq_internet', 'word_freq_order',
```

```
                                                                'word_freq_mail',
        'word_freq_receive', 'word_freq_will', 'word_freq_people', 'word_freq_report',
                                                                'word_freq_addresses',
        'word_freq_free', 'word_freq_business', 'word_freq_email', 'word_freq_you',
                                                                'word_freq_credit',
        'word_freq_your', 'word_freq_font', 'word_freq_000', 'word_freq_money',
                                                                'word_freq_hp',
        'word_freq_hpl', 'word_freq_george', 'word_freq_650', 'word_freq_lab',
                                                                'word_freq_labs',
        'word_freq_telnet', 'word_freq_857', 'word_freq_data', 'word_freq_415',
                                                                'word_freq_85',
        'word_freq_technology', 'word_freq_1999', 'word_freq_parts', 'word_freq_pm',
                                                                'word_freq_direct',
        'word_freq_cs', 'word_freq_meeting', 'word_freq_original', 'word_freq_project',
                                                                'word_freq_re',
        'word_freq_edu', 'word_freq_table', 'word_freq_conference', 'char_freq_;',
                                                                'char_freq_(',
        'char_freq_[', 'char_freq_!', 'char_freq_$', 'char_freq_#', 'capital_run_length_
                                                                average',
        'capital_run_length_longest', 'capital_run_length_total',
        # 'spam'
        'class'
   )
names(data)[58] <- 'class'
data$class <- factor(data$class)
```

glimpse( ) 명령으로 데이터 구조를 살펴보자.

```
> glimpse(data)
Observations: 4,601
Variables: 58
$ word_freq_make          <dbl> 0.00, 0.2...
$ word_freq_address       <dbl> 0.64, 0.2...
$ word_freq_all           <dbl> 0.64, 0.5...
$ word_freq_3d            <dbl> 0, 0, 0, ...
$ word_freq_our           <dbl> 0.32, 0.1...
$ word_freq_over          <dbl> 0.00, 0.2...
$ word_freq_remove        <dbl> 0.00, 0.2...
$ word_freq_internet      <dbl> 0.00, 0.0...
$ word_freq_order         <dbl> 0.00, 0.0...
$ word_freq_mail          <dbl> 0.00, 0.9...
$ word_freq_receive       <dbl> 0.00, 0.2...
$ word_freq_will          <dbl> 0.64, 0.7...
$ word_freq_people        <dbl> 0.00, 0.6...
$ word_freq_report        <dbl> 0.00, 0.2...
$ word_freq_addresses     <dbl> 0.00, 0.1...
$ word_freq_free          <dbl> 0.32, 0.1...
$ word_freq_business      <dbl> 0.00, 0.0...
```

```
$ word_freq_email          <dbl> 1.29, 0.2...
$ word_freq_you            <dbl> 1.93, 3.4...
$ word_freq_credit         <dbl> 0.00, 0.0...
$ word_freq_your           <dbl> 0.96, 1.5...
$ word_freq_font           <dbl> 0, 0, 0, ...
$ word_freq_000            <dbl> 0.00, 0.4...
$ word_freq_money          <dbl> 0.00, 0.4...
$ word_freq_hp             <dbl> 0, 0, 0, ...
$ word_freq_hpl            <dbl> 0, 0, 0, ...
$ word_freq_george         <dbl> 0, 0, 0, ...
$ word_freq_650            <dbl> 0, 0, 0, ...
$ word_freq_lab            <dbl> 0, 0, 0, ...
$ word_freq_labs           <dbl> 0, 0, 0, ...
$ word_freq_telnet         <dbl> 0, 0, 0, ...
$ word_freq_857            <dbl> 0, 0, 0, ...
$ word_freq_data           <dbl> 0.00, 0.0...
$ word_freq_415            <dbl> 0, 0, 0, ...
$ word_freq_85             <dbl> 0, 0, 0, ...
$ word_freq_technology     <dbl> 0, 0, 0, ...
$ word_freq_1999           <dbl> 0.00, 0.0...
$ word_freq_parts          <dbl> 0, 0, 0, ...
$ word_freq_pm             <dbl> 0, 0, 0, ...
$ word_freq_direct         <dbl> 0.00, 0.0...
$ word_freq_cs             <dbl> 0, 0, 0, ...
$ word_freq_meeting        <dbl> 0, 0, 0, ...
$ word_freq_original       <dbl> 0.00, 0.0...
$ word_freq_project        <dbl> 0.00, 0.0...
$ word_freq_re             <dbl> 0.00, 0.0...
$ word_freq_edu            <dbl> 0.00, 0.0...
$ word_freq_table          <dbl> 0, 0, 0, ...
$ word_freq_conference     <dbl> 0, 0, 0, ...
$ char_freq_;              <dbl> 0.000, 0....
$ char_freq_(              <dbl> 0.000, 0....
$ char_freq_[              <dbl> 0, 0, 0, ...
$ char_freq_!              <dbl> 0.778, 0....
$ char_freq_$              <dbl> 0.000, 0....
$ char_freq_#              <dbl> 0.000, 0....
$ capital_run_length_average <dbl> 3.756, 5....
$ capital_run_length_longest <int> 61, 101, ...
$ capital_run_length_total   <int> 278, 1028...
$ class                    <fctr> 1, 1, 1,...
```

데이터의 기초 통계를 다음처럼 살펴볼 수 있다.

```
summary(data)
```

11.3 데이터의 시각화

분류분석을 본격적으로 시작하기 전에 데이터를 간단하게 시각화해보자. 모든 x, y 변수들 간의 산점도를 그려보는 것이 어려우므로 우선 처음 10개의 설명변수와 class 변수(그림 11-1), 그리고 마지막 10개의 설명변수(48~57번째 변수)와 class 변수를 나타내보자(그림 11-2).

```
set.seed(1610)
pairs(data %>% dplyr::select(1:10, 58) %>%
        sample_n(min(1000, nrow(data))),
      lower.panel=function(x,y){ points(x,y); abline(0, 1, col='red')},
      upper.panel = panel.cor)

set.seed(1610)
pairs(data %>% dplyr::select(48:57, 58) %>%
        sample_n(min(1000, nrow(data))),
      lower.panel=function(x,y){ points(x,y); abline(0, 1, col='red')},
      upper.panel = panel.cor)
```

첫 번째 산점도는 make, address, all, 3d, our 등의 처음 10개의 단어의 발생빈도퍼센트와 반응변수 class와의 상관 관계를 보여준다. 이들 중 스팸인지 아닌지와 가장 상관 관계와 높은 (0.27) 변수는 'make' 단어에 해당하는 word_freq_make다. 즉, 본문에 make란 단어가 많이 등장하면 스팸일 가능성이 높다.

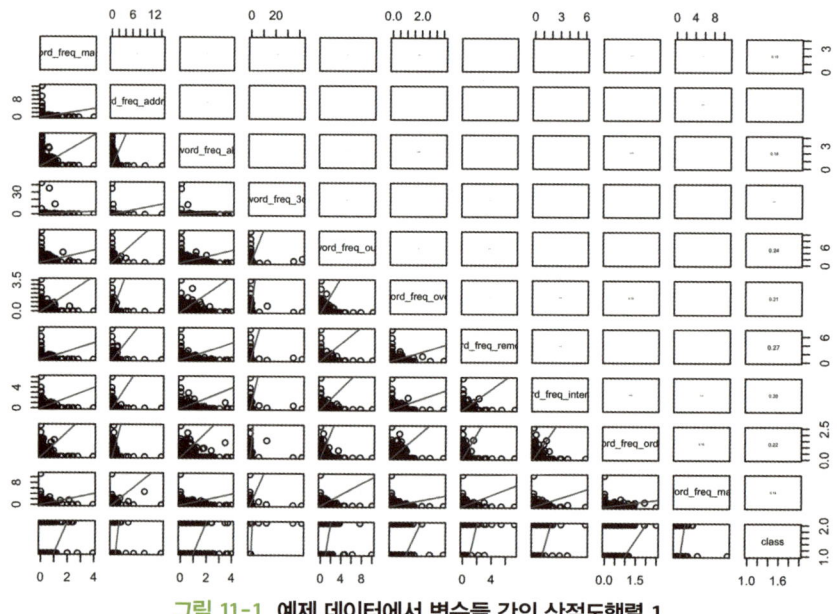

그림 11-1 예제 데이터에서 변수들 간의 산점도행렬 1

두 번째 산점도에서는 char_freq_$ 변수가 스팸인지 아닌지와 상관 관계가 가장 높은 것을 (0.41) 알 수 있다. 즉, 이메일 본문에 달러('$') 표시가 많이 나타나면 스팸일 가능성이 높다. capital_run_length_longest도 class와의 높은 상관 관계(0.28)를 보여준다. 즉, 연속해서 대문자로 쓰여진 문장이 등장하면(예를 들어 "YOU CAN MAKE BIG MONEY!!!") 스팸일 가능성이 높다.

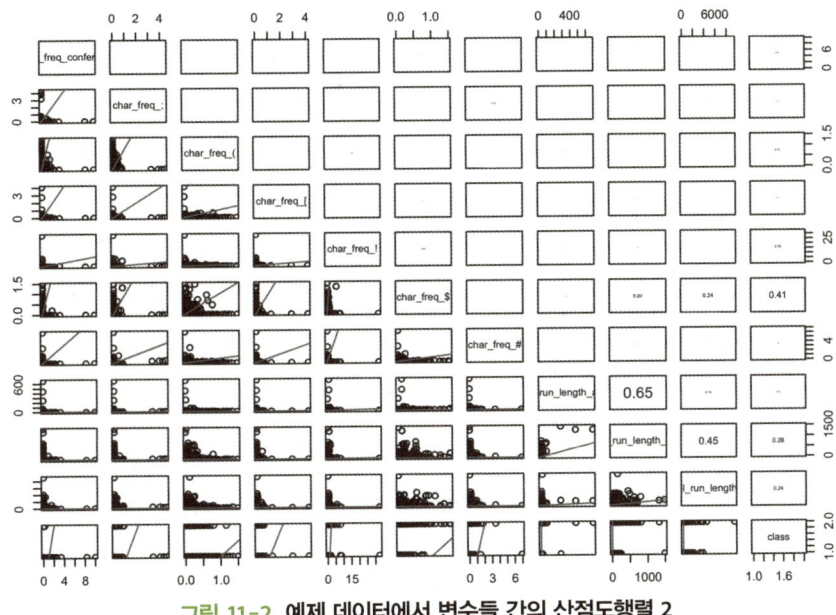

그림 11-2 예제 데이터에서 변수들 간의 산점도행렬 2

57개의 예측변수 중에서 반응변수 class와 가장 상관 관계가 가장 높은, 스팸인지 아닌지를 분류하는 데 가장 예측력이 높은 단일 예측변수/특징값은 어떤 것일까? 이 질문에 답하기 위해서는 위와 같은 산점도행렬을 이용한 시각화보다는 직접 상관 관계를 계산하는 것이 간단하다. 다음 코드를 사용하여 각 예측변수와 스팸 반응변수 class와의 상관 관계를 계산하고, 변수를 상관 관계 값의 크기로 정렬하여 시각화하도록 하자(그림 11-3).

```
tmp <- as.data.frame(cor(data[,-58], as.numeric(data$class)))
tmp <- tmp %>% rename(cor=V1)
tmp$var <- rownames(tmp)
tmp %>%
  ggplot(aes(reorder(var, cor), cor)) +
  geom_point() +
  coord_flip()
```

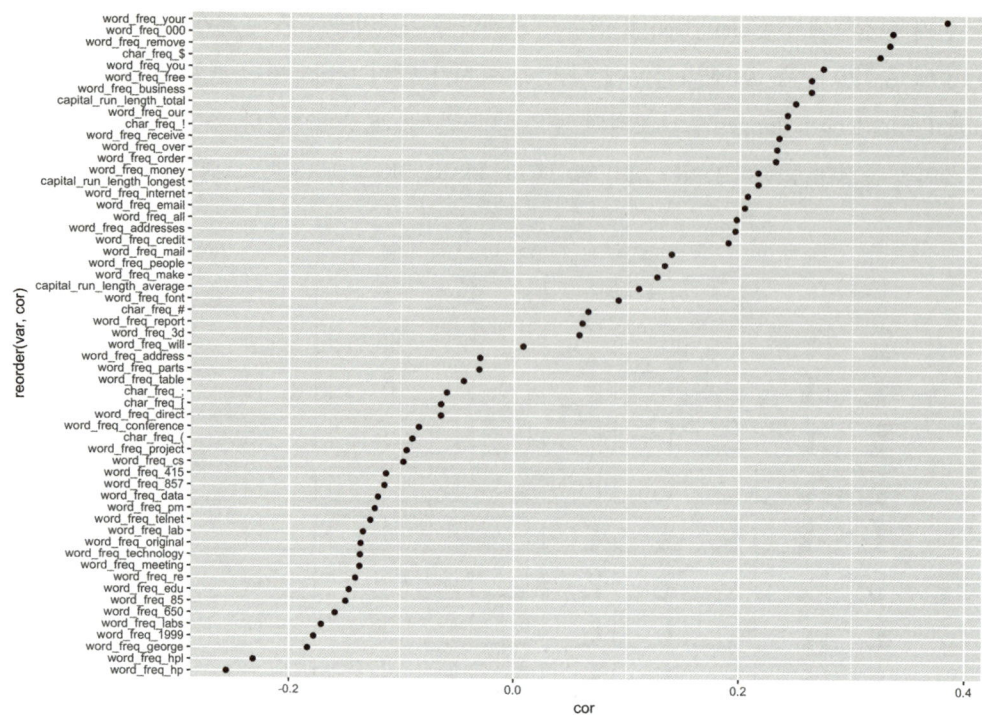

그림 11-3 스팸 데이터의 예측변수와 스팸 반응변수와의 상관 관계

그림으로부터 your, 000, remove, '$', you, free, business 등의 단어와 글자들이 스팸 여부와 가장 상관 관계가 높다는 것을 알 수 있다. capital_run_length_total 예측변수도 스팸 여부와 상관 관계가 가장 높은 변수들 중 하나다(참고로, 6장(통계의 기본 개념 복습)에서도 언급했듯이, 상관 관계는 (i) 수량형 변수 간의 (ii) 선형 관계를 나타내는 데 가장 적절한 통계량이다. 이 예에서처럼, 범주형 반응변수와 연속형, 혹은 범주형 예측변수와의 관계를 나타내는 데도 상관 관계를 사용할 수는 있지만, 카이제곱 통계량(chi-squared test statistics)이나 상호정보량(Mutual Information, MI) 등도 자주 사용된다. 더 자세히 알아보려면 https://goo.gl/0Iw5OV를 참고하자).

다음 코드로 스팸 여부와 가장 상관 관계가 높은 몇 가지 변수를 시각화해보자(그림 11-4).

```
library(ggplot2)
library(dplyr)
library(gridExtra)
p1 <- data %>% ggplot(aes(class)) + geom_bar()
p2 <- data %>% ggplot(aes(class, `char_freq_$`)) +
  geom_jitter(col='gray') +
  geom_boxplot(alpha=.5) +
  scale_y_sqrt()
```

```
p3 <- data %>% ggplot(aes(`char_freq_$`, group=class, fill=class)) +
  geom_density(alpha=.5) +
  scale_x_sqrt() + scale_y_sqrt()
p4 <- data %>% ggplot(aes(class, capital_run_length_longest)) +
  geom_jitter(col='gray') +
  geom_boxplot(alpha=.5) +
  scale_y_log10()
grid.arrange(p1, p2, p3, p4, ncol=2)
```

char_freq_$ 같은 변수는 이름에 특수문자를 포함하고 있으므로 백틱(backtick, back-quote라고도 한다) 따옴표(`)로 싸주어야 한다. 보통의 큰따옴표(")나 작은따옴표(')를 사용하면 에러가 난다. R에서 ?"`"를 실행해서 도움말을 참고하도록 하자.

그림으로부터 알 수 있는 것은 데이터에서 스팸인(class=1) 관측치가 스팸이 아닌(class=0) 관측치보다 좀 더 적다는 것, 두 예측변수들이 실제로 스팸인지 아닌지에 따라 크게 다른 분포를 가지고 있다는 것, char_freq_$ 변수는 오른쪽으로 치우친(right skewed) 분포를 가지고 있고, 특히 0 값에서 뾰족한 봉우리(peak)를 가지고 있다는것 등이다.

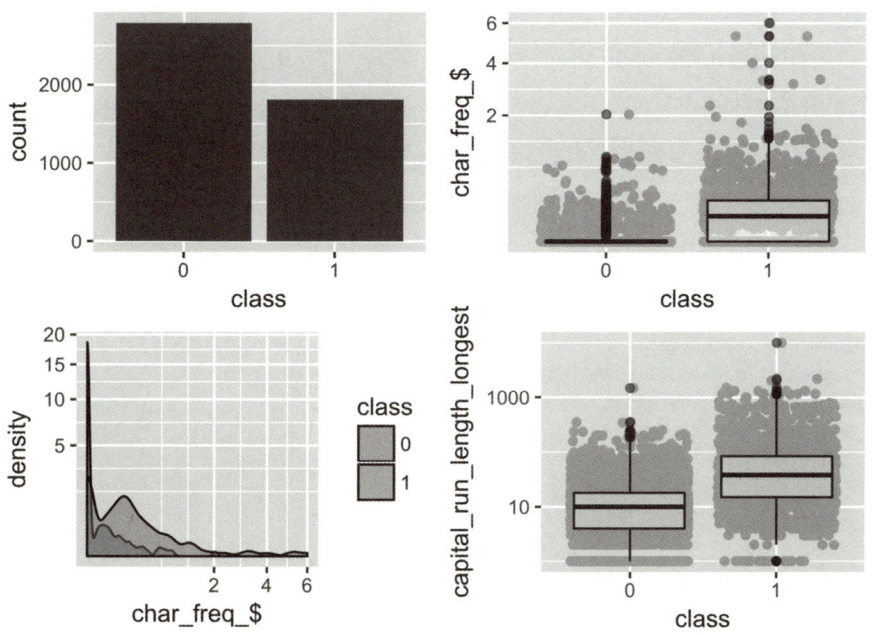

그림 11-4 스팸 여부 class 변수의 도수 분포(왼쪽 위); class 변수값에 따른 char_freq_$ 변수의 분포(오른쪽 위, 왼쪽 아래)와 capital_run_length_longest 변수의 분포(오른쪽 아래)

11.4 훈련, 검증, 테스트세트의 구분
11.4.1 특수문자를 포함한 변수명 처리

모형화를 본격적으로 시작하기 전에, 스팸 데이터의 변수명에 포함된 특수문자를 일반 문자로 바꾸도록 하자. 대부분의 R 모형화/시각화 함수는 변수명에 특수문자가 포함되어 있어도 잘 실행되지만, 일부 함수는 입력 데이터의 변수명에 특수문자가 포함되면 에러를 일으킨다. 예를 들어, 랜덤 포레스트 모형을 적합하기 위한 randomForest::randomForest( ) 함수는 다음과 같은 에러와 함께 실행이 중단된다. 입력변수 'char_freq_;'에 특수문자 세미콜론(;)이 포함되어 있기 때문이다.

```
> data_rf <- randomForest(class ~ ., data=training)
Show Traceback

Rerun with Debug
Error in eval(expr, envir, enclos) : object 'char_freq_;' not found
```

이를 위해서, R의 make.names( ) 함수를 사용하면 편하다. 이 함수는 문자벡터를 구문적으로 맞는 이름(syntactically valid name), 즉 알파벳, 숫자, 마침표(.), 밑줄(_)로만 구성되고, 알파벳이나 마침표로 시작하는(단, '.2way'처럼 숫자로 바로 이어지는 마침표는 안 된다) 이름들로 바꿔준다. 우선 다음 명령을 실행해서 어떤 이름들이 구문적으로 맞지 않는지, 그리고 그 이름들이 make.names( ) 함수의 결과로 어떻게 바뀌는지(unique = TRUE 옵션을 사용하지 않으면 동일한 변수명들이 중복되게 된다) 보여준다.

```
> old_names <- names(data)
> new_names <- make.names(names(data), unique = TRUE)
> cbind(old_names, new_names) [old_names!=new_names, ]
     old_names      new_names
[1,] "char_freq_;" "char_freq_."
[2,] "char_freq_(" "char_freq_..1"
[3,] "char_freq_[" "char_freq_..2"
[4,] "char_freq_!" "char_freq_..3"
[5,] "char_freq_$" "char_freq_..4"
[6,] "char_freq_#" "char_freq_..5"
```

옛 변수명과 새 변수명이 어떻게 대응되는지 확인한 후, 변수명을 변경하자.

```
> names(data) <- new_names
```

11.4.2 훈련, 검증, 테스트세트의 구분

데이터를 60:20:20의 비율로 훈련/검증/테스트 세트로 나누자.

```
set.seed(1606)
n <- nrow(data)
idx <- 1:n
training_idx <- sample(idx, n * .60)
idx <- setdiff(idx, training_idx)
validate_idx <- sample(idx, n * .20)
test_idx <- setdiff(idx, validate_idx)
training <- data[training_idx,]
validation <- data[validate_idx,]
test <- data[test_idx,]
```

11.5 로지스틱 회귀분석

glm( )을 사용한 선형 로지스틱 회귀 모형 적합 결과는 다음과 같다.

```
> data_lm_full <- glm(class ~ ., data=training, family=binomial)
Warning message:
glm.fit: fitted probabilities numerically 0 or 1 occurred

> summary(data_lm_full)

Call:
glm(formula = class ~ ., family = binomial, data = training)

Deviance Residuals:
    Min       1Q   Median       3Q      Max
-4.6855  -0.1995   0.0000   0.0907   4.4491

Coefficients:
                     Estimate Std. Error z value Pr(>|z|)
(Intercept)         -1.565e+00  1.838e-01  -8.512  < 2e-16 ***
word_freq_make      -2.490e-01  2.943e-01  -0.846 0.397580
word_freq_address   -1.443e-01  9.103e-02  -1.585 0.112974
word_freq_all        1.263e-01  1.444e-01   0.875 0.381789
word_freq_3d         2.847e+00  1.930e+00   1.475 0.140086
word_freq_our        4.306e-01  1.091e-01   3.946 7.94e-05 ***
word_freq_over       4.600e-01  2.477e-01   1.857 0.063333 .
word_freq_remove     2.956e+00  5.440e-01   5.434 5.52e-08 ***
word_freq_internet   9.129e-01  2.799e-01   3.262 0.001107 **
word_freq_order      6.529e-01  3.829e-01   1.705 0.088182 .
```

```
word_freq_mail              1.344e-01  8.165e-02   1.647 0.099658 .
word_freq_receive          -4.826e-01  3.756e-01  -1.285 0.198835
word_freq_will             -1.487e-01  9.423e-02  -1.578 0.114524
word_freq_people           -1.404e-01  3.080e-01  -0.456 0.648501
word_freq_report            3.002e-01  2.561e-01   1.172 0.241008
word_freq_addresses         2.926e+00  1.124e+00   2.603 0.009243 **
word_freq_free              1.672e+00  2.430e-01   6.879 6.04e-12 ***
word_freq_business          9.322e-01  2.813e-01   3.314 0.000920 ***
word_freq_email             5.159e-02  1.576e-01   0.327 0.743425
word_freq_you               9.582e-02  4.570e-02   2.097 0.036036 *
word_freq_credit            6.403e-01  4.872e-01   1.314 0.188758
word_freq_your              2.623e-01  6.861e-02   3.823 0.000132 ***
word_freq_font              2.362e-01  2.140e-01   1.104 0.269786
word_freq_000               2.758e+00  7.678e-01   3.592 0.000328 ***
word_freq_money             1.750e-01  1.592e-01   1.099 0.271606
word_freq_hp               -1.533e+00  3.453e-01  -4.438 9.06e-06 ***
word_freq_hpl              -1.084e+00  5.085e-01  -2.131 0.033097 *
word_freq_george           -8.196e+00  2.121e+00  -3.865 0.000111 ***
word_freq_650               4.052e-01  2.712e-01   1.494 0.135144
word_freq_lab              -1.766e+00  1.629e+00  -1.084 0.278147
word_freq_labs             -7.755e-01  5.249e-01  -1.477 0.139570
word_freq_telnet           -4.801e+00  2.641e+00  -1.818 0.069100 .
word_freq_857               3.497e+00  3.523e+00   0.993 0.320898
word_freq_data             -1.081e+00  5.279e-01  -2.048 0.040563 *
word_freq_415              -1.592e+01  4.464e+00  -3.567 0.000362 ***
word_freq_85               -2.266e+00  9.185e-01  -2.467 0.013642 *
word_freq_technology        6.210e-01  4.094e-01   1.517 0.129354
word_freq_1999             -1.543e-01  2.576e-01  -0.599 0.549029
word_freq_parts            -9.454e-01  4.843e-01  -1.952 0.050903 .
word_freq_pm               -1.153e+00  4.771e-01  -2.417 0.015628 *
word_freq_direct           -5.689e-01  6.672e-01  -0.853 0.393836
word_freq_cs               -5.113e+02  1.987e+04  -0.026 0.979472
word_freq_meeting          -3.079e+00  1.182e+00  -2.606 0.009164 **
word_freq_original         -9.981e-01  9.182e-01  -1.087 0.277021
word_freq_project          -1.701e+00  7.430e-01  -2.290 0.022040 *
word_freq_re               -8.561e-01  2.131e-01  -4.017 5.90e-05 ***
word_freq_edu              -1.597e+00  3.845e-01  -4.154 3.27e-05 ***
word_freq_table            -3.686e+00  3.146e+00  -1.171 0.241409
word_freq_conference       -3.005e+00  1.729e+00  -1.738 0.082298 .
`char_freq_;`              -1.197e+00  5.807e-01  -2.062 0.039209 *
`char_freq_(`              -2.360e-01  2.996e-01  -0.788 0.430918
`char_freq_[`              -1.964e-01  1.476e+00  -0.133 0.894148
`char_freq_!`               4.129e-01  1.166e-01   3.542 0.000397 ***
`char_freq_$`               5.832e+00  9.883e-01   5.900 3.62e-09 ***
`char_freq_#`               2.737e+00  9.537e-01   2.870 0.004110 **
capital_run_length_average -8.812e-03  1.829e-02  -0.482 0.629866
capital_run_length_longest  9.083e-03  2.934e-03   3.096 0.001963 **
capital_run_length_total    6.960e-04  2.766e-04   2.516 0.011861 *
---
Signif. codes:  0 '***' 0.001 '**' 0.01 '*' 0.05 '.' 0.1 ' ' 1
```

```
    (Dispersion parameter for binomial family taken to be 1)

    Null deviance: 3705.9  on 2759  degrees of freedom
Residual deviance: 1058.3  on 2702  degrees of freedom
AIC: 1174.3

Number of Fisher Scoring iterations: 23
```

결과로부터 어떤 변수들이 가장 스팸 여부에 대한 예측력이 높은지, 통계적으로 유의한지 등에 대한 정보를 볼 수 있다. 이 장의 초반에서 상관계수 통계량의 분석 결과와 크게 다르지 않다. 주로 상관 관계가 높은 통계량들이 통계적으로 유의한 것으로 나타났다.

glm 함수를 사용하여 적합된 모형의 예측값을 얻으려면 앞장에서 살펴본 것과 같이 predict.glm(, type='response') 함수를 사용한다. 예를 들어, 처음 다섯 값에 대한 예측 확률값은

```
> predict(data_lm_full, newdata = data[1:5,], type='response')
        1         2         3         4         5
0.6318716 0.9916203 0.9999999 0.8374600 0.8374119
```

앞서 설명했듯이, 예측값은 0에서 1 사이의 값을 가진 $Y = 1$일(스팸) 확률 예측값이며, 최종 예측값(스팸인지 아닌지)은 주어진 분계점(threshold) 값에 따라 달라지게 된다.

11.5.1 모형 평가

검증세트를 사용하여 모형의 예측 능력을 비교해보자.

```
> y_obs <- as.numeric(as.character(validation$class))
> yhat_lm <- predict(data_lm_full, newdata = validation, type='response')
> pred_lm <- prediction(yhat_lm, y_obs)
> performance(pred_lm, "auc")@y.values[[1]]
[1] 0.9687304
> binomial_deviance(y_obs, yhat_lm)
[1] 431.5977
```

높은 AUC 값(0.969)은 이 예측문제가 비교적 쉬운 예측문제임을 알려준다. ROC 곡선은 나중에 그려보도록 하겠다.

11.6 라쏘 모형 적합

glmnet을 이용해서 라쏘 모형을 적합해보자. 앞서 살펴보았듯이, model.matrix( ) 함수를 사용하여 모형행렬을 생성하자.

```
> xx <- model.matrix(class ~ .-1, data)
> x <- xx[training_idx, ]
> y <- as.numeric(as.character(training$class))
> glimpse(x)
 num [1:2760, 1:57] 0 0 0 0 0 0 0 0 0.09 0 ...
 ...
```

cv.glmnet( ) 함수를 사용하여 라쏘 모형을 적합해보자.

```
> data_cvfit <- cv.glmnet(x, y, family = "binomial")
> plot(data_cvfit)
```

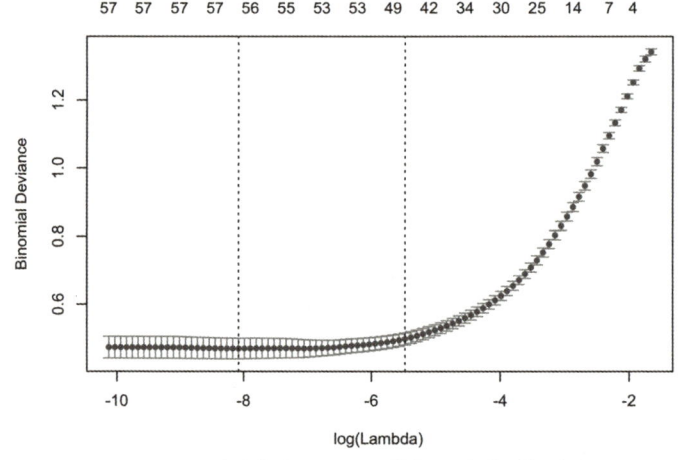

그림 11-5 데이터에 glmnet 모형을 교차검증한 결과

교차검증 결과의 해석은 9장(빅데이터 분류분석 II: 라쏘와 랜덤 포레스트)을 참고하자. 기본적으로 lambda가 왼쪽에서 오른쪽으로 증가함에 따라 선택되는 모수의 개수는 점점 줄어들고 모형은 점점 간단해진다. 즉, 편향은 커지지만 분산은 줄어드는 편향-분산 트레이드오프 현상이 일어난다. 왼쪽의 세로 점선은 가장 정확한 예측값을 낳는 lambda.min, 오른쪽의 세로 점선은 간단한, 해석 가능한 모형을 위한 lambda.1se 값을 나타낸다. 각 lambda 값에서 선택된 변수의 개수는 각각 57과 46개다. 다음 명령은 coef.cv.glmnet( ) 함수를 이용해 각각의 lambda

값에서 선택된 변수들을 보여준다.

```
coef(data_cvfit, s = c("lambda.1se"))
coef(data_cvfit, s = c("lambda.min"))
```

해석보다는 예측이 초점이므로 lambda.1se 대신 lambda.min을 사용하도록 하자.

숙제로, 앞장과 마찬가지로, 독자들은 디폴트인 alpha = 1.0(라쏘 모형) 이외에 alpha = 0.0(능형 회귀 모형)과 alpha = 0.5(일래스틱넷 모형)을 적합해볼 것을 권한다.

11.6.1 모형 평가

주어진 lambda 값에서 예측을 해주는 함수는 predict.cv.glmnet( )이다. 다음 명령은 처음 다섯 관측값에 대한 예측값을 계산해준다.

```
> predict.cv.glmnet(data_cvfit, s="lambda.min", newx = x[1:5,], type='response')
              1
2352 6.268719e-03
4204 1.103864e-01
3287 4.607173e-13
3264 4.379778e-02
714  9.958575e-01
```

검증세트를 사용하여 모형의 예측 능력을 계산해보자.

```
> yhat_glmnet <- predict(data_cvfit, s="lambda.min", newx=xx[validate_idx,],
                                                    type='response')
> yhat_glmnet <- yhat_glmnet[,1] # change to a vector from [n*1] matrix
> pred_glmnet <- prediction(yhat_glmnet, y_obs)
> performance(pred_glmnet, "auc")@y.values[[1]]
[1] 0.9685593
> binomial_deviance(y_obs, yhat_glmnet)
[1] 424.767
```

라쏘 모형의 AUC와 이항편차 모두 선형 로지스틱 모형과 크게 다르지 않다.

11.7 나무 모형

rpart::rpart( ) 함수로 나무 분류분석 모형을 데이터에 적합해보자.

```
> data_tr <- rpart(class ~ ., data = training)
> data_tr
n= 2760

node), split, n, loss, yval, (yprob)
      * denotes terminal node

 1) root 2760 1093 0 (0.60398551 0.39601449)
   2) char_freq_!< 0.0805 1596  248 0 (0.84461153 0.15538847)
     4) word_freq_remove< 0.045 1483   155 0 (0.89548213 0.10451787)
       8) char_freq_$< 0.0875 1404   107 0 (0.92378917 0.07621083) *
       9) char_freq_$>=0.0875 79    31 1 (0.39240506 0.60759494)
        18) word_freq_hp>=0.24 15     0 0 (1.00000000 0.00000000) *
        19) word_freq_hp< 0.24 64    16 1 (0.25000000 0.75000000) *
     5) word_freq_remove>=0.045 113    20 1 (0.17699115 0.82300885)
      10) word_freq_george>=0.08 11     0 0 (1.00000000 0.00000000) *
      11) word_freq_george< 0.08 102     9 1 (0.08823529 0.91176471) *
   3) char_freq_!>=0.0805 1164   319 1 (0.27405498 0.72594502)
...
```

적합된 모형에 대한 더 자세한 정보를 보려면 printcp( )와 summary.rpart( ) 함수를 사용한다.

```
printcp(data_tr)
summary(data_tr)
```

적합 결과는 나무 모양으로 플롯할 수 있다. plot.rpart( )가 호출된다(그림 11-6).

```
opar <- par(mfrow = c(1,1), xpd = NA)
plot(data_tr)
text(data_tr, use.n = TRUE)
par(opar)
```

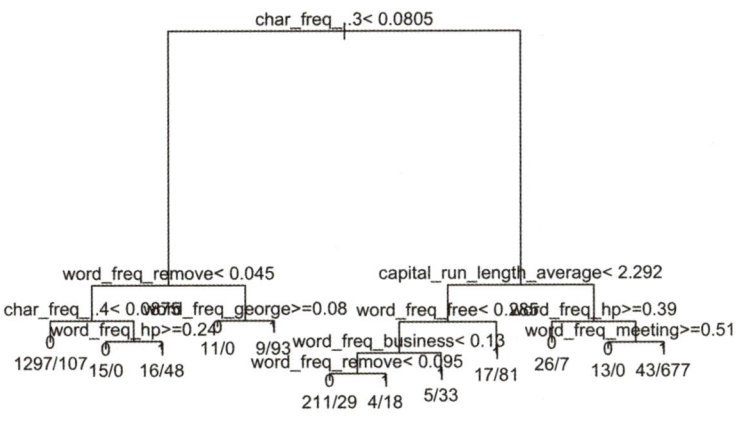

그림 11-6 예제 데이터에 나무 회귀 모형을 적합한 결과

그림과 텍스트 출력에서 나무 모형의 분류분석 과정을 쉽게 이해할 수 있다. 가지의 마지막 부분인 잎새(leaf)들은 각 분할(partition)에 속한 관측치에 대한 예측값(0 = 일반 메일 혹은 1 = 스팸 메일), 그리고 실제로 그 분할에서 0과 1인 관측치의 숫자들을 나타낸다. 예를 들어, 가장 오른쪽 잎새는 예측값은 1(스팸)이고, 총 43 + 677 = 710개의 관측치 중 677개의 관측치는 실제로 스팸 메일, 43개의 관측치는 일반 메일이다. 이 이메일들은 다음 조건을 만족하는 메일들이다.

- char_freq_! >=0.0805: 느낌표의 빈도가 높고,
- capital_run_length_average >= 2.292: 연속된 대문자 열들의 평균 길이가 길고,
- word_freq_hp < 0.39: hp란 단어의 빈도가 낮고,
- word_freq_meeting < 0.51: meeting이란 단어의 빈도가 낮다.

이처럼 나무 모형은 직관적이며, 사람이 해석하기 쉬운 장점이 있다.

모형 평가를 위해서는 predict.rpart 함수를 사용하고 검증세트를 사용해 AUC와 이항편차를 계산한다.

```
> yhat_tr <- predict(data_tr, validation)
> yhat_tr <- yhat_tr[,"1"]
> pred_tr <- prediction(yhat_tr, y_obs)
> performance(pred_tr, "auc")@y.values[[1]]
[1] 0.9101758
> binomial_deviance(y_obs, yhat_tr)
[1] 582.9966
```

일반적으로 그렇듯이 나무 모형의 예측력은 약한 편이다. AUC와 이항편차 모두 선형 로지스틱 회귀 모형과 라쏘 모형보다 예측력이 낮음을 나타낸다.

11.8 랜덤 포레스트

랜덤 포레스트 모형을 예제 데이터에 적합하고, plot.randomForest( ) 함수로 나무개수가 증가함에 따른 오차율의 감소를, varImpPlot( )으로 변수의 중요도를 그려보자(그림 11-7).

```
> set.seed(1607)
> data_rf <- randomForest(class ~ ., training)
> data_rf

Call:
 randomForest(formula = class ~ ., data = training)
               Type of random forest: classification
                     Number of trees: 500
No. of variables tried at each split: 7

        OOB estimate of  error rate: 5.07%
Confusion matrix:
     0    1 class.error
0 1617   50  0.02999400
1   90 1003  0.08234218

> opar <- par(mfrow=c(1,2))
> plot(data_rf)
> varImpPlot(data_rf)
> par(opar)
```

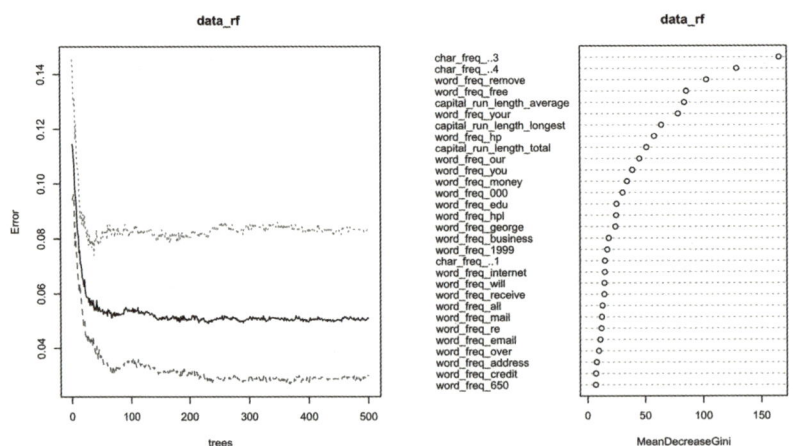

그림 11-7 데이터에서 나무 수에 따른 오차율의 감소(왼쪽)와 각 예측변수의 중요도(오른쪽)

첫 번째 그림인 오차율의 감소 그림으로부터 n.trees = 500이면 충분히 작은 오차율을 달성할 수 있음을 알 수 있다. 두 번째 그림인 평균지니지수 감소량으로부터는, 랜덤 포레스트 모형에서는 char_freq_!(그림에서는 char_freq_..3으로 나타난다), char_freq_$(그림의 char_freq_..4), 즉 느낌표(!)와 달러($) 표시의 개수와 remove, free 등의 단어 빈도수, capital_run_length_average, 즉 연속적인 대문자열의 평균 길이 등이 가장 중요한 예측변수임을 알 수 있다.

랜덤 포레스트의 모형 평가를 위해서 검증세트를 사용하여 AUC와 이항편차를 계산한다.

```
> yhat_rf <- predict(data_rf, newdata=validation, type='prob')[,'1']
> pred_rf <- prediction(yhat_rf, y_obs)
> performance(pred_rf, "auc")@y.values[[1]]
[1] 0.9866801
> binomial_deviance(y_obs, yhat_rf)
[1] 290.2193
```

AUC와 이항편차에 의하면 랜덤 포레스트 모형의 예측력은 지금까지 살펴본 모형 중 가장 좋다.

11.9 부스팅

gbm() 함수를 사용해 예제 데이터에 부스팅 모형을 적합하자. gbm(distribution="bernoulli") 옵션을 사용해야 하고, 반응변수는 범주형 변수가 아니라 0-1 값을 가진 수량형으로 바꿔줘야 한다.

```
set.seed(1607)
data_for_gbm <-
  training %>%
  mutate(class=as.numeric(as.character(class)))
data_gbm <- gbm(class ~ ., data=data_for_gbm, distribution="bernoulli",
          n.trees=100000, cv.folds=3, verbose=TRUE)
```

앞장에서 언급했듯이 n.trees= 파라미터 값이 충분히 커야 한다. 최적 값은 데이터마다 다르다. 그러므로 몇 가지 다른 값을 사용해서 위의 코드로 실험해볼 것을 권장한다. 본 데이터에서는 100,000을 사용하였다. 실행하는 데는 맥북 프로(CPU: Intel Core i5; Processor Speed: 2.9GHz; Number of Processors: 1; Total Number of Cores: 2; Memory: 8GB)에서 10여 분 정도가 걸렸다. 최적 모형의 복잡도는 49,223번의 반복으로 얻어졌다. 이보다 더 복잡한 모형은 과적합을 하게 된다(그림 11-8).

```
> (best_iter = gbm.perf(data_gbm, method="cv"))
[1] 49223
```

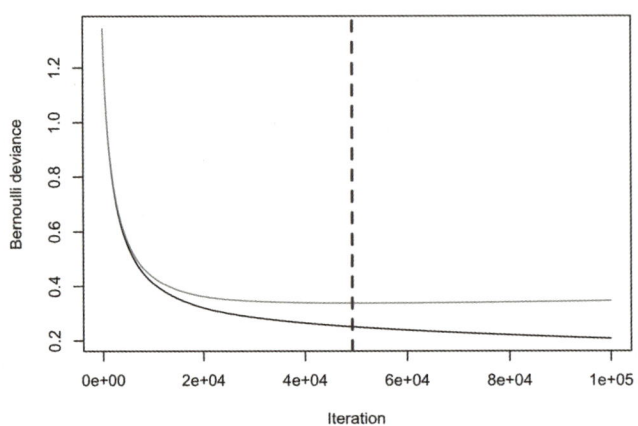

그림 11-8 예제 데이터에서 부스팅 반복수에 따른 훈련세트에서의 이항편차(검정색)와 교차검증을 통해 추정된 이항편차(녹색)의 추세. 편차를 최소화하는 반복수는 점선으로 표시되어 있다.

부스팅의 모형 평가를 위해서 검증세트를 사용하여 AUC와 이항편차를 계산하자.

```
> yhat_gbm <- predict(data_gbm, n.trees=best_iter, newdata=validation, type='response')
> pred_gbm <- prediction(yhat_gbm, y_obs)
> performance(pred_gbm, "auc")@y.values[[1]]
[1] 0.9822043
> binomial_deviance(y_obs, yhat_gbm)
[1] 292.0084
```

검증세트에서의 AUC와 이항편차로부터 부스팅은 거의 랜덤 포레스트에 가까운 예측 능력을 보이는 것을 알 수 있다.

11.10 최종 모형 선택과 테스트세트 오차 계산

지금까지 적합한 모형들의 검증세트에서의 이항편차와 AUC를 비교해보자.

```
> data.frame(method=c('lm', 'glmnet', 'rf', 'gbm'),
+           auc = c(performance(pred_lm, "auc")@y.values[[1]],
+                   performance(pred_glmnet, "auc")@y.values[[1]],
+                   performance(pred_rf, "auc")@y.values[[1]],
+                   performance(pred_gbm, "auc")@y.values[[1]]),
+           bin_dev = c(binomial_deviance(y_obs, yhat_lm),
+                       binomial_deviance(y_obs, yhat_glmnet),
+                       binomial_deviance(y_obs, yhat_rf),
+                       binomial_deviance(y_obs, yhat_gbm)))
   method       auc   bin_dev
1      lm 0.9687304  431.5977
2  glmnet 0.9685593  424.7670
3      rf 0.9866801  290.2193
4     gbm 0.9822043  292.0084
```

랜덤 포레스트 > 부스팅 > 로지스틱 모형 = 라쏘 순으로 예측력이 높음을 알 수 있다.

다음 코드로 ROC 곡선을 그릴 수 있다(그림 11-9).

```
perf_lm <- performance(pred_lm, measure = "tpr", x.measure = "fpr")
perf_glmnet <- performance(pred_glmnet, measure="tpr", x.measure="fpr")
perf_rf <- performance(pred_rf, measure="tpr", x.measure="fpr")
perf_gbm <- performance(pred_gbm, measure="tpr", x.measure="fpr")

plot(perf_lm, col='black', main="ROC Curve")
plot(perf_glmnet, add=TRUE, col='blue')
plot(perf_rf, add=TRUE, col='red')
plot(perf_gbm, add=TRUE, col='cyan')
abline(0,1)
legend('bottomright', inset=.1,
    legend=c("GLM", "glmnet", "RF", "GBM"),
    col=c('black', 'blue', 'red', 'cyan'), lty=1, lwd=2)
```

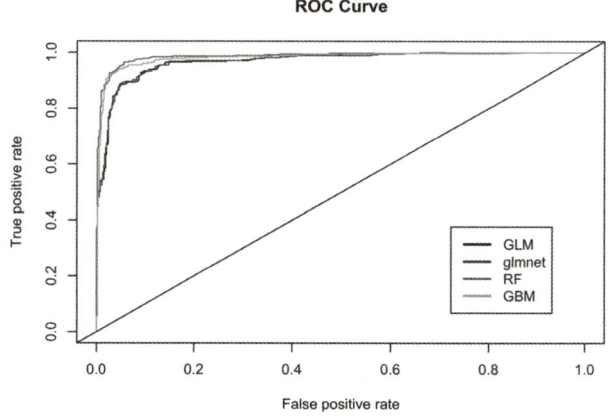

그림 11-9 분류분석 방법들의 예제 데이터에서의 ROC 곡선

최종 모형으로 랜덤 포레스트 모형을 선택한다면 테스트세트에서의 이항편차와 AUC는 다음과 같이 계산될 수 있다.

```
> y_obs_test <- as.numeric(as.character(test$class))
> yhat_rf_test <- predict(data_rf, newdata=test, type='prob')[,'1']
> pred_rf_test <- prediction(yhat_rf_test, y_obs_test)
> performance(pred_rf_test, "auc")@y.values[[1]]
[1] 0.9867347
> binomial_deviance(y_obs_test, yhat_rf_test)
[1] 290.4318
```

11.10.1 예측값의 시각화

앞장에서 살펴본 것처럼, 여러 예측 모형들의 예측값과 관측값 사이의 산점도를 그리고 상관관계를 나타내보자(그림 11-10).

```
pairs(data.frame(y_obs=y_obs,
                 yhat_lm=yhat_lm,
                 yhat_glmnet=c(yhat_glmnet),
                 yhat_rf=yhat_rf,
                 yhat_gbm=yhat_gbm),
      lower.panel=function(x,y){ points(x,y); abline(0, 1, col='red')},
      upper.panel = panel.cor)
```

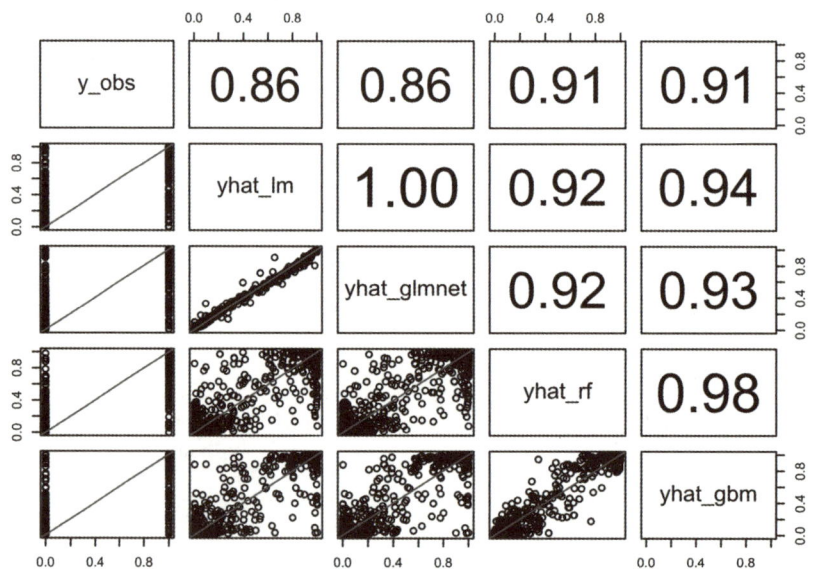

그림 11-10 관측값과 다른 모형의 예측값 간의 상관 관계

이 그림에서 알 수 있는 것은 선형 로지스틱 회귀 모형과 라쏘 모형이 거의 같은 결과를 얻는다는 것(상관계수 = 1.0), 랜덤 포레스트 모형과 부스팅 모형의 예측 확률값이 유사하다는 것(상관계수 = 0.98) 등이다.

연/습/문/제   CHAPTER 11

1. https://archive.ics.uci.edu/ml/datasets 혹은 https://www.kaggle.com/datasets에서 다른 고차원 분류분석 데이터를 찾아서 본문에 설명한 분석을 실행하고, 결과를 슬라이드 10여 장 내외로 요약하라.

참/고/문/헌   CHAPTER 11

1. Lichman, M. (2013). UCI Machine Learning Repository [http://archive.ics.uci.edu/ml]. Irvine, CA: University of California, School of Information and Computer Science.
2. Spambase Data Set. https://archive.ics.uci.edu/ml/datasets/Spambase.

CHAPTER 12

분석 결과 정리와 공유, R 마크다운

이 장에서는 분석 결과의 정리와 공유에 대한 가이드라인을 살펴보자. 분석 결과를 정리하고 공유하기 위해 염두에 둘 내용은 다음과 같다.

1. 결과가 의미 있는가? 액셔너블(actionable)한가?
2. 결과가 타당한가? 통계 방법은 정확한가? 상관 관계를 인과 관계로 오해하지는 않는가?
3. 이해하기 쉽게 쓰여졌는가? 장표와 보고서 작성을 위한 표준적인 구조를 따르는가?
4. 다른 이가 발견하기 쉽게 공유되었는가?

각 사항을 차례로 살펴보자.

12.1 의미 있는 분석과 시각화

12.1.1 xkcd 지리 정보 시각화

필자가 열혈 팬인 랜덜 먼로의 인기 웹코믹 XKCD 중의 한 편인 '나를 짜증나게 하는 것 시리즈 #208'을 살펴보자(그림 12-1).

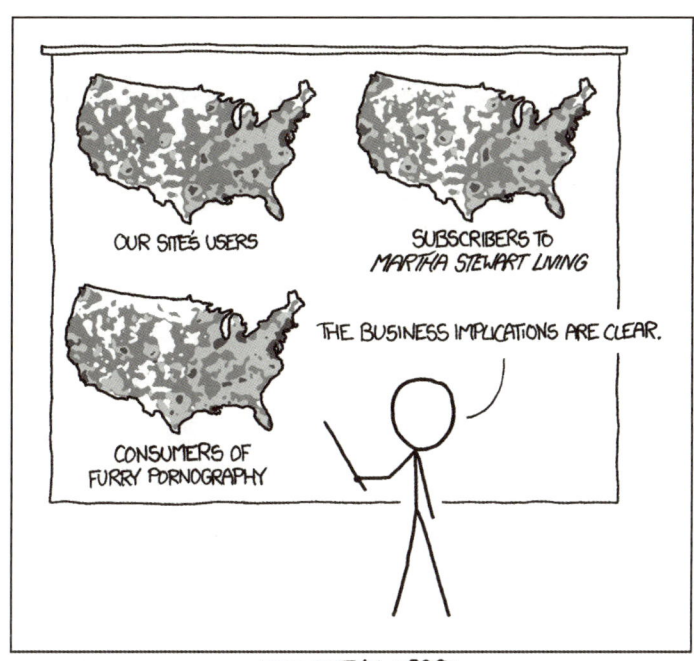

그림 12-1 XKCD 만화. '나를 짜증나게 하는 것 시리즈 #208. 결국 인구지도와 똑같은 지리 데이터 시각화 지도'
출처 https://xkcd.com/1138/

데이터 시각화를 한다면 한 번쯤은 해보거나 보게 되는 것이 지리 데이터 시각화다. 어떤 지표나 통계치가 특정 지역에 더 높거나 지역적 패턴, 트렌드가 있지 않은가 등을 살펴보려는 시각화다. 특히 인터넷 기업에서는 이 만화에 묘사된 것처럼, '웹사이트 이용자 분포'에 참으로 많이 애용(?)되는 시각화 중 하나다. 하지만 많은 웹사이트 방문자 분포는 '마사 스튜어트 리빙(Martha Stewart Living, 미국의 주부지) 잡지 구독 인구 분포'나 '그렇고 그런 비디오를 시청하는 사람들의 지리적 분포'나 마찬가지 분포를 보여준다! 결국 어느 지역이나 웹사이트 이용자나 잡지 구독자 등의 비율이 지역별로 별 차이가 없기 때문에 그저 인구 분포를 보여주는 것에 불과하다. 보기에는 예쁘지만 의미 있는 정보를 전혀 전달하지 않는 시각화의 예다.

이 만화 덕분에 필자는 시각화 지도, 혹은 히트맵(heat map)을 볼 때마다 '이건 그냥 인구 분포 아닌가?' 하고 의심하는 버릇이 생겼다. 그리고 놀라운 것은, 그 의심은 대부분의 경우 사실로 확인되었다는 것이다!

12.1.2 So what(그래서 뭐)?

필자가 수년간 세계에서 가장 큰 교통연구학회인 TRB(Transportation Research Board)의 페이퍼 리뷰를 한 적이 있다. 이 학회는 매년 1월 워싱턴 DC의 세 호텔에서 열리며, 전 세계에서 온 수천 명의 사람들이 참석한다. 필자가 주로 활동했던 부문은 교통 시스템 운용을 위한 통계데이터 사용에 관한 그룹이었다. 매년 7월 말에 수백 편의 논문이 이 그룹에 제출되면 페이퍼 리뷰 장인 H 교수가 수십 명의 리뷰어들에게 각 페이퍼들이 발표할 가치가 있는지, 출판할 가치가 있는지를 평가할 것을 부탁하였다. 리뷰 가이드라인에는 일반적인 페이퍼 기준들, 즉 '얼마나 혁신적인가?', '얼마나 실용성이 있는가?' 등의 질문 이외에 특이한 한 가지가 더 있었다. 그것은 'So what(그래서 뭐)?'란 질문에 해당 논문이 어떤 답을 해주는가였다. 'So what?'은 약간 무례하게 들릴 수 있지만 변죽을 울리지 않고 과연 주어진 연구가 공유할 가치가 있는지 돌직구처럼 던지는 질문이다.

놀라운 것은 'So what?'이란 질문에 의미 있는 답을 주지 못하는 논문이 많았다(물론 그런 논문들은 당연히 발표/출판 목록에서 제외되었다).

수년간의 페이퍼 리뷰에서 필자가 배운 또 다른 것들이 몇 가지 있다. 많은 연구가 기존의 연구를 읽어보지 않고 되풀이하고 있다. 그리고 객관적인 지표를 이용해 새로운 방법이 기존의 방법보다 낫다는 것을 보이지 않은 페이퍼가 많다. 이런 것들 모두 실격 대상이다.

12.1.3 무쓸모 지표

의미 없는 분석을 이야기하자면 '무쓸모 지표(vanity metrics)'를 빼놓을 수 없다. 영어로 'vanity'는 쓸데없는 허영과 자기애 등을 의미한다. 등록 사용자(registered users), 다운로드 횟수(downloads), 페이지 방문 수(raw pageviews) 등은 어느 정도의 정보를 제공한다. 하지만 잠재적인 문제가 많은 쓸모없는 지표인 경우가 많다. 예를 들어, 등록된 사용자 중 극히 일부만 사이트를 자주 사용하고 대부분은 거의 사용하지 않을 수 있다. 또한, 페이지 방문은 많은 경우 웹보트(webbot) 등으로 왜곡된다. 심지어 트위터 팔로워 등은 돈을 주고 살 수도 있다! 〈쿼츠(Quartz)〉란 잡지의 기사는 68달러만 들여서 하루만에 가짜 사용자를 만들고, 트위터 팔로워를 9만 명 만들어낸 이야기를 묘사하고 있다(https://goo.gl/0VNvq).

이와 대비되는 쓸모있는 지표는 실제로 사이트의 성공과 연관되는 지표들, 즉 활발한 사용자 수(active users), 사용자 활동지수(engagement), 지난 30일간 새 사용자, 30일간 잃은 사용자, 새 사용자 소스, 새 사용자 획득 비용(the cost of getting new customers), 수익(revenues), 이익(profits) 등이다. 이러한 지표들은 소위 '액셔너블(actionable)'한 지표라고 한다. 조직에서 데이터 과학을 하면서 많이 접하게 되는 질문 중 하나는 '과연 이 정보에 근거하여 우리가 할 수 있는 것은 무엇인가?'다. 즉, 액셔너블한 정보를 요구한다.

12.1.4 의미 있는, 액셔너블한 결론

실리콘밸리에서 '액셔너블'은 많은 사람들이 사용하기 좋아하는 단어 중 하나다. 수많은 지표들이 생성되므로 그들 중 가장 중요한 핵심을 찾아야 하는 경우가 많기 때문일 것이다.

시각화, 분석 결과를 정리할 때 다음 질문을 던져보도록 하자.

- 분석 결과가 의미 있는가?
- 분석 결과가 액셔너블한가?
- '그래서 뭐?'라고 질문하면 어떻게 대답할 것인가?

이 질문들은 분석 결과를 정리하는 단계가 아니라 데이터 과학의 전 단계에서 수시로 확인해야 할 것들이다.

12.2 분석의 타당성

의미 있는, 액셔너블한 결과라도 방법론이 틀린 결과라면 말짱 쓸모가 없어진다. 데이터와 질문에 적당한 통계 방법이 적절하게 사용되었을 때 타당한(valid) 분석 결과를 얻을 수 있다. 기술적인 내용들은 6~11장에서 이미 살펴보았지만, 보고서 작성 시에 다음 내용들을 확인하도록 하자.

1. 데이터와 질문에 적절한 분석 방법이 사용되었는가?
2. 유의성을 검정하고 있다면 P-값을 표시하였는가?
3. 지표를 추정하고 있다면 95% 신뢰구간을 표시하였는가?
4. 예측 모형을 사용하고 있다면 모형의 성능을 교차검증하여 적절한 지표(AUC, RMSE 오차 등)로 요약하고 있는가?
5. 상관 관계를 인과 관계로 오해하지 않는가?

12.3 보고서 작성과 구성

보고서와 슬라이드 작성은 기술적인 글쓰기(technical writing)다. 기술적인 글쓰기에 대해서는 다음 사항들을 염두에 둘 것을 추천한다.

1. 이해하기 쉽게 쓴다. 독자의 입장을 생각한다. 현학적 용어는 피한다. 전문용어는 미리 정의한다.
2. 문장은 되도록 짧고 간단하게 쓴다. 없애도 되는 군더더기를 생략한다. 가능하면 단문을 사용한다.
3. 사실을 확인한다. 참고문헌과 출처를 밝힌다. 사실이 아닌 주장이라면 사람들이 흔히 받아들이는 원칙에 기반을 둔 논증인지 점검한다.
4. 많은 사람과 나누기 전에 믿을 만한 다른 사람에게 읽혀본다. 피드백을 경청한다. 수정한다.

실용 글쓰기에 대한 좀더 좋은 일반적인 가이드로는 유시민 작가의 《글쓰기 특강》과 스티븐 핑커(Steven Pinker)의 《스타일(The Sense of Style)》을 추천한다. 평소에 좋은 양서를 많이 읽어둬라. 그리고 많이 쓸수록 잘 쓸 수 있게 되니 요약, 일기 등으로 연습한다. 유시민 작가의 말대로 문학적인 글쓰기는 타고난 재능이 중요하지만, 기술적인 글쓰기는 누구나 연습을 하면 어느 정도는 잘할 수 있다.

12.3.1 소통의 비결

1990년에 스탠포드대학교 심리학과의 대학원생 엘리자베스 뉴턴(Elizabeth Newton)은 다음과 같은 실험을 했다. 실험 참여자를 두 집단으로 나누어 한 집단(탭퍼-'tappers')은 해피버스데이 투유 같은 모든 사람들이 알 만한 노래의 리듬을 손가락으로 두드려서 '연주'하고, 다른 집단(리스너-'listener')은 그 탭퍼들이 연주한 박자를 듣고 어느 노래인지 맞추도록 하였다. 탭퍼들에게 얼마나 많은 리스너들이 노래 제목을 맞출 수 있을지 질문하였을 때 탭퍼들의 예측치는 50%였다. 하지만 실제로 120개의 곡이 연주되었을 때 리스너들이 맞춘 곡은 단 세 곡(2.5%)밖에 되지 않았다(https://goo.gl/d4TwUt)!

태퍼들은 자신이 연주할 때 자신이 알고 있는 지식, 즉 노래의 진짜 멜로디를 머릿속에서 지울 수가 없다. 멜로디를 모른 채, 박자만 듣는 리스너의 입장을 이해하고 예측하는 것이 매우 어렵다. 이것을 '지식의 저주(curse of knowledge)'라고 한다(https://goo.gl/9UEfMX).

남에게 설명하는 것, 가르치는 것, 이해하기 쉽도록 말이나 글로 설명하는 것이 어려운 이유 중 하나가 바로 지식의 저주다. 아는 자는 모르는 자의 심정을 모르고, 전문가는 비전문가의 마음을 모른다. 소통은 어렵다. 지식의 저주는 사람의 근본적인 자기중심성(self centeredness)의 증상 중 하나다. 역지사지가 어렵다. 남의 큰 고통보다 나의 작은 고통이 훨씬 더 커 보인다. 관점의 차이. 우리는 우리 세포막이라는 개인의 경계, 가족의 경계, 자기중심주의를 벗어나기가 무척이나 어렵다.

지식의 저주는 특히 전문가라면 그리고 소통이 중요한 위치에 있다면 항상 염두에 두어야 할 내용이다. 지금 작성하는 보고서가, 발표가, 수업이, 지식의 저주의 오류를 범하고 있지 않은가?

지식의 저주의 오류를 극복하고, 효과적으로 소통하는 방법은 간단하다. 리스너의 입장을 알아보는 것이다. 한 가지 방법은 초고를 준비한 후 충분히 시간이 지난 후 다시 초고를 읽어보는 것이다. 이 방법은 시간이 걸리는 단점이 있다. 그리고 시간이 지나도 전문가는 여전히 전문가인 단점이 있다. 두 번째 방법은 엘리자베스 뉴턴의 실험처럼 간단히 리스너에게 실험해보는 것이다. 즉, 전문가가 아닌 이에게 초고를 읽어보게 하면 되는 것이다. 비전문가의 피드백을 미리 얻고, 경청하고, 글에 반영하도록 하자. 그리고 새로운 초고를 또 읽히고… 하는 작업을 반복하면 되는 것이다. 그렇게 하면 지식의 저주는 대부분 피할 수 있으며, 이해하기 쉬운, 좋은 글이 될 것이다.

12.3.2 슬라이드와 보고서의 표준적 구성

보고서를 쓸 때마다 항상 맨바닥에서 새로 시작해야 할 필요는 없다. 기술적인 문서는 보통 흔히 사용되는 구조(organization structure)를 따르게 된다. 그중 잘 알려진 것은 IMRAD("임래드"라고 읽는다, Introduction, Methods, Results, And Discussion)라고 불리는 다음 구조다(https://goo.gl/thwuDd 참조).

1. 소개(Introduction): 분석의 목적은 무엇인가? 연구 질문, 가설 등을 명시한다.
2. 방법(Methods): 언제, 어디서, 어떻게 연구가 행해졌는가? 어떤 데이터/데이터가 사용되었는가? 연구집단은 무엇이었는가?
3. 결과(Results): 어떤 결과가 밝혀졌는가? 연구 가설은 사실로 판명되었는가?
4. 토의(Discussion): 연구 결과의 의미는 무엇인가? 다른 연구와의 관계는 어떠한가? 앞으로 연구할 주제로는 어떤 것이 있는가?

IMRAD 구조는 만병통치약은 아니지만 슬라이드나 보고서의 논리적 골격을 제공한다. 위의 구조를 조금 확장하면 다음과 같은 슬라이드/보고서 구성 가이드라인을 얻을 수 있다.

1. 타이틀(Title slide)
    a. 의미 있는 제목을 단다.
    b. 작성 날짜를 적는다.
    c. 팀 이름을 적는다.
    d. 작성자/발표자 이름을 명시한다. 특별한 상황이 아닌 한 책임자 이름을 명시한다.
2. 요약(Executive summary)
    a. 옵션이다. 한 장에 결과를 요약한다.
3. 목적(Objectives)
    a. 필요하면 배경(background)을 기술한다.
    b. 연구 목적을 기술한다.
    c. 연구 가설이 있을 시에는 명시한다.
4. 방법(Methods): 어떤 데이터를 사용할지, 그리고 어떤 분석 방법을 사용할지 기술한다.
5. 데이터(Data): 데이터를 기술한다. 중요한 변수들을 기술한다. 데이터 크기도 기술한다. EDA나 시각화 결과도 필요하면 추가한다.
6. 결과(Results): 분석 결과를 기술한다.
7. 토의(Discussions): 연구 결과의 의미는 무엇인지, 다른 연구와의 관계는 어떠한지, 앞으로 연구할 주제로는 어떤 것이 있는지 등을 묘사한다.
8. 결론(Conclusions): 연구 결과를 요약한다.

이 가이드라인은 전혀 절대적인 것이 아니다. 하지만 쓸모있는 관행이 될 수 있다. 행동심리학이 이야기하듯이 새로운 생각을 해내는 것은 피곤하고 힘든 일이다. 관행, 템플릿, 체크리스트 등을 잘 활용하도록 하자.

포맷, 템플릿 등에서 만약 조직에서 사용되는 템플릿이 있다면 적극적으로 사용하자. 모든 프리젠테이션/워드프로세싱 소프트웨어가 템플릿을 지원한다.

사소한 일이지만 보고서 파일명도 몇 가지 관행을 따르면 편리하다. 예를 들어, 다음의 관행을 따르면 몇 가지 이익이 있다. 의미 있는 이름으로, 영소문자, 숫자, 대시(-)만으로 한다. 대문자, 공백문자, 특수문자 등은 피한다. 도움이 된다면 파일 작성 날짜/달을 명시한다. 예를 들어, 'click-prediction-jan-2015.docx', 'iris-analysis-feb-2015. Pptx' 등이다. 물론, 조직에서 사용하는 관례가 있으면 그것을 따른다.

마지막으로, 보고서 파일은 분석 프로젝트 폴더에 분석 코드, 데이터 등과 함께 저장한다.

12.4 분석 결과의 공유

12.4.1 협업 도구를 활용하자

필자는 이 책을 집필하면서 여러 가지 도구의 사용을 시도하였다. 처음에는 나중에 언급할 R 마크다운(R Markdown)을 사용하였다. R 코드를 사용하고, 출력 결과, 시각화 차트 등도 포함할 것이니 완벽한 도구가 아닐까? 그렇지 않았다! 라텍에 기반을 둔 R 마크다운은 결과를 보기 위해서는 컴파일을 해야 했고, 결과 문서인 PDF나 워드 문서를 다른 사람과 나누면 피드백을 받을 때까지 기다려야 했고, 피드백을 받은 후에는 문서에 표시된 코멘트나 이메일로 'xxx페이지의 어떤 사항은 yyy처럼 바꿔주시면 좋겠습니다' 등으로 전해진 코멘트에 해당하는 부분을 원래 문서에서 찾아 고친 후, 재컴파일하고⋯. 한마디로 협업이 제대로 되질 않았다. 피드백을 한 번 받는 데 보통 1~2주 정도가 걸렸다.

두 번째로 시도한 것은 워드 다큐먼트였다. 좀 더 WYSWYG(What you see is what you get) 에디터였지만, 마찬가지로 피드백을 얻는 과정은 이메일을 통한 기다림의 연속이었다. 피드백 시간은 변함없이 수주일이 걸렸다.

세 번째로 시도한 것은 구글 독스였다. 물론, 결국 출판 포맷으로 바꾸기 위해서는 문서를 워드로 옮겨야 하지만, 그것은 마지막 단계에서만 필요한 일이다. 이 협업 도구를 통해 필자와 공저자 사이에 리얼타임으로 아주 효율적인 협업이 가능했다. 그리고 베타 리뷰어들에게 피드백을 구할 때도 원하는 사람에게 코멘트 권한만을 지정할 수 있었다. 친한 선배님에게 부탁을 한 후 다음 날 아침 선배님의 코멘트는 초고에, 코멘트 요약은 내 이메일 인박스 안에 있었다!

이 예에서 보듯이 실시간 문서 공유 틀은 완전히 새로운 차원의 협업을 가능하게 한다. 조직마다 사용하는 도구는 다르겠지만 구글 앱 등의 실시간 협업(real time collaboration) 에디터를 사용하는 것이 이상적이다. 그렇지 않더라도 위키 등의 협업 도구를 적극적으로 사용하자.

12.4.2 협업 도구만큼 중요한 협업 문화

사실 협업을 위한 도구는 단지 도구에 불과하다. 구글 독스나 위키에 넣어 놓더라도, 아무에게도 문서를 공유하고 보여주지 않는다면 협업의 이익을 얻지 못한다. 조직의 협업 문화는 디폴트로 모든 정보, 분석 결과, 코드 등은 공개하는 것을 원칙으로 해야 한다. 특히, 실리콘밸리에서는 스타트업 기업뿐 아니라 구글, 페이스북, 링크드인 등의 대형 인터넷 기업들에서도 협업과 적극적인 코드와 문서 공유를 강조한다. 넷플릭스(Netflix)는 이를 실천하는 대표적인 기업 중 하나로 알려져 있다. 거의 모든 미팅의 미팅 노트는 회사 전체적으로 공유된다. 모든 AB 실험의 진행상황은 전 직원이 접근 가능한 대시보드로 노출된다. 구글은 신입사원에게도 대부분의 프로덕트와 기업의 사활이 걸린 검색 코드까지도 접근 권한을 주는 것으로 알려져 있다.

협업과 적극적 정보 공유가 이만큼 중요하고 강조되는 이유는 무엇일까? 여러 이유가 있겠지만 가장 중요한 것은 기업의 혁신 속도와 능률을 극대화한다는 것이다. 검색엔진이 있기 전과 후를 비교해보면 될 것이다. 사내에서 필요한 정보를 얻는 통로가 적당한 개인을 찾아내서 이메일로 부탁해서 알아내는 것이라면 너무 느리다. 사내 시스템에서 키워드로 검색했을 때 관련 문서가 주루룩 뜬다면 사원 개개인뿐 아니라 조직 전체의 평균 지능과 지혜가 상승하게 된다. 더불어 직원들의 오너십과 만족도도 높아지게 된다. 조직의 여러 의사결정 과정과 필수지표들에 대한 이해를 더 많은 사원들이 얻게 되는 것이다. 다시 말하지만, 이것은 도구의 문제일 뿐만 아니라 개개인이 적극적으로 자신의 지혜와 경험을 공유하는 문화와 관점의 변화의 문제다. 조직이 진화하는 가장 효율적인 방법인 것이다. 비슷한 기술적 실력을 가진 두 회사 중 한 회사는 협업과 적극적 정보 공유가 이루어지고, 다른 한 회사는 그렇지 않다고 상상해보자. 두 회사가 경쟁한다면 승부는 자명하다. 따라서 리더는 이러한 협업을 권장하는 문화를 몸소 실행하고 권장해야 할 것이다.

협업과 적극적 정보 공유는 다른 직군도 마찬가지지만 특히 데이터 과학자에게는 필수 덕목이 되어야 한다. 데이터 과학자는 조직 안에서 객관적인 정보를 효율적으로 소통해서 조직의 접착제(glue) 역할을 할 잠재력이 있다. 협업 문화를 조직하는 데 앞장서야 한다. 그리고 창피하더라도 자신의 코드를 공유할 때 절대 망설여서는 안 된다. 부끄러울 수 있는 면을 노출해야만 다른 이로부터 배울 기회가 생기는 것이다.

현대에 적극적 정보 공유가 가능해지고 권장되는 또 다른 이유 중 하나는, 만약 어떤 직원이 안 좋은 마음을 품고 정보를 파괴하거나 훔치는 것에 대한 우려가 많이 줄었다는 것이다. 정보를 파괴하더라도 수많은 협업 도구들이 모든 히스토리를 클라우드에 저장하고 있으므로 누가 어떻게 어떤 정보를 망치거나 제거했는지가 추적할 수 있고, 복구할 수 있다. 그리고 실제로 모든 사람이 쓸 수 있는 문서를 생성하여 크라우드소싱(crowdsourcing)을 해보면 사람들이 문서를 망치는 문제는 거의 일어나지 않는다. 설령 일어난다 해도 복구할 수 있다. 도리어 더 어려운 것은 사람들이 적극적으로 크라우드소싱에 참여하게 만드는 것이다! 또한 정보를 훔치는 것에 대한 염려도 과장된 것이 많다. 대부분 회사들의 자산은 코드나 문서에 있지 않다. 구글이 자신의 검색 코드를 많은 엔지니어들에게 노출시키는 이유는 무엇일까? 그것은 구글의 경쟁력은 플랫폼, 문화, 인적 자원, 비즈니스 전략 등의 쉽게 베낄 수 없는 것이기 때문일 것이다. 현대 경제의 비즈니스 생태계의 합리성은 구글의 소스코드를 누가 훔쳐가더라도, 구글 짝퉁 서비스를 새로 시작하는 것이 실질적으로 불가능하도록 만든다(물론 어떤 산업이나 회사들은 예외다. 하드웨어 업종, 반도체 회사 등은 실지로 '기업 비밀'이 기업의 생사를 가른다).

따라서 데이터 과학자들, 그리고 조직의 리더들은 염려를 그만두고 적극적으로 협업과 정보 공유를 본인부터 실천해보자.

12.4.3 코드뿐만 아니라 분석 결과도 버전 관리하자

앞서 깃(Git)을 사용하여 분석 코드를 적극적으로 버전 관리할 것을 권장했다. 분석 결과를 정리한 문서도 마찬가지다. 물론, 문서는 코드와는 달리 텍스트 파일이 아니므로 깃을 사용한 버전 관리는 쉽지 않다. 하지만 논문의 작성 히스토리를 기억하고 되돌아갈 수 있는 시스템을 사용하는 것이 좋다. 구글 독스 혹은 위키 시스템은 이 기능을 자연스럽게 지원한다.

연구 논문쓰기에 버전 관리가 적용된 흥미있는 예를 보려면 유튜브에 있는 '연구 논문 작성 타임랩스(Timelapse Writing of a Research Paper)' 비디오를 볼 것을 권장한다(그림 12-2). 이 비디오는 유튜브의 유명한 타임랩스 비디오 '노아가 6년간 매일 찍은 셀피(Noah takes a photo of himself every day for 6 years, https://goo.gl/HUK31n)'를 오마주한 비디오다. 배경음악이 같다. 비디오/논문 저자는 기본적으로 '결과'가 아닌 '과정'으로서 연구 논문이 써지는 과정을 463개의 버전을 순차적으로 보여준다. 깃(혹은 다른 버전 관리 시스템) 덕분에 가능한 비디오다.

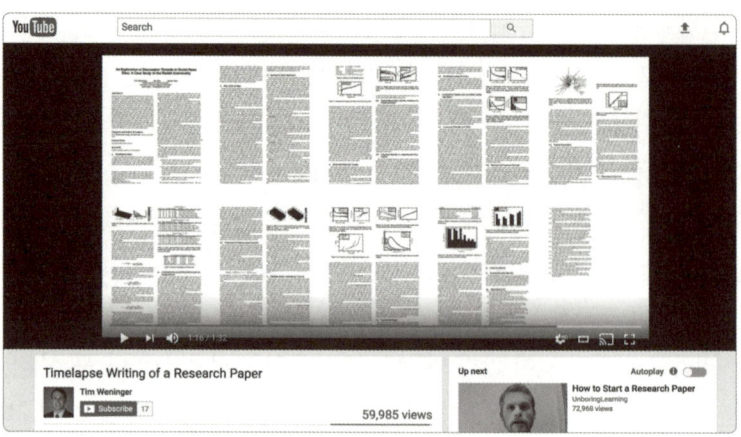

그림 12-2 연구 논문쓰기 타임랩스 비디오
출처 https://goo.gl/L7Zz5T

12.5 R 마크다운

12.5.1 마크다운

분석 결과 공유 기술 중 알아두면 도움이 되는 것 중 하나가 마크다운(markdown)이다. 마크다운은 간단해서 배우기 쉬운, 텍스트 파일에 포맷을 넣어주는 문법이다. 예를 들어, http://markdownlivepreview.com/ 같은 웹사이트에 다음 텍스트를 입력하면 HTML로 포맷되는 것을 볼 수 있다(그림 12-3).

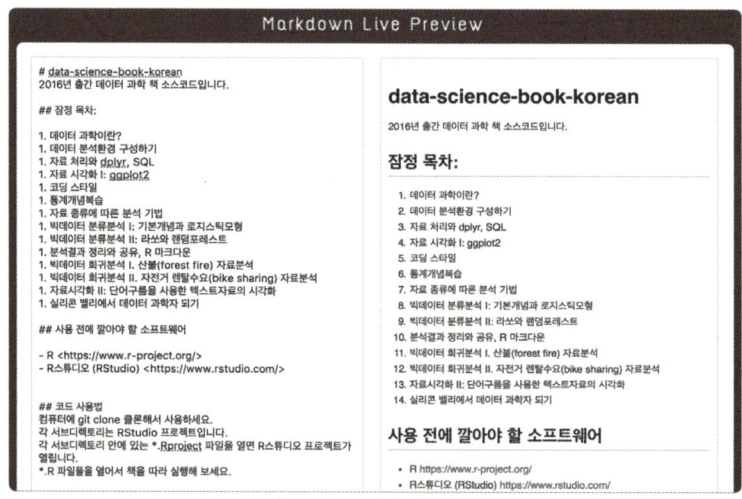

그림 12-3 마크다운 프리뷰
출처 http://markdownlivepreview.com/

마크다운은 HTML, 워드, PDF, 슬라이드 등의 다양한 포맷으로 변환될 수 있는 텍스트 문서를 쉽게 만들 수 있게 해준다. 파일 확장자는 .md다. 깃허브는 README.md 파일을 기본 리드미 파일로 사용할 것을 권장한다. 서브라임 텍스트 등을 사용하면 마크다운의 신택스 하이라이트를 지원해서 편집하면서 어느 정도 결과를 미리 보기 할 수 있다(그림 12-4). 마크다운에 대한 더 자세한 문법은 https://goo.gl/dJZM5 등을 참고하자.

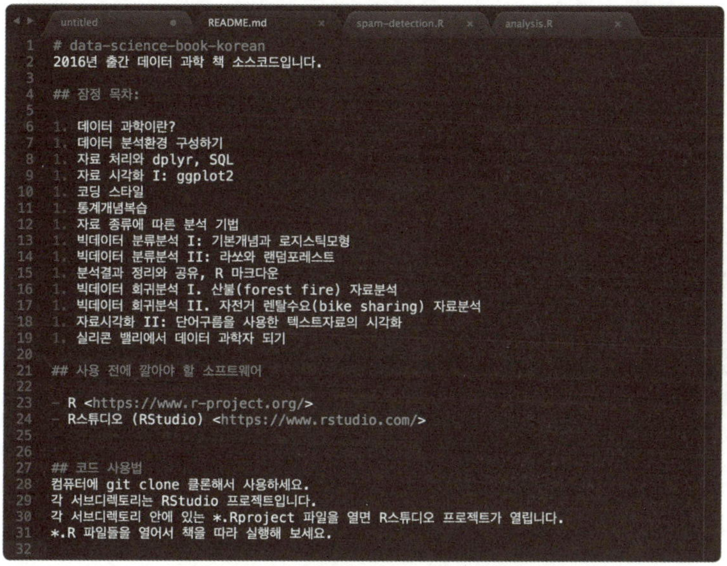

그림 12-4 서브라임에서 마크다운 포맷 지원

12.5.2 분석 코드와 보고서의 결합, R 마크다운

분석 코드와 보고서의 괴리는 오랫 동안 데이터 분석가를 괴롭힌 문제 중 하나다. 분석 코드를 통하여 계산과 시각화를 한 후, 그 계산 결과와 차트를 보고서와 슬라이드에 붙여넣는 것이 전통적인 작업 방식이었다. 그러나 시간이 오래 걸리고, 노동 집약적일 뿐만 아니라 항상 분석 코드와 분석 문서를 함께 관리해야 하고, 분석이 바뀔 때마다 보고서도 수동으로 업데이트해야 하는 불편함과 오류의 위험성이 있었다.

R 마크다운(R Markdown)은 분석 코드와 분석 결과문서를 통합해서 이 문제를 해결해준다. R 마크다운은 마크다운의 확장으로서 마크다운의 모든 문법을 지원함과 동시에, R 코드 청크(code chunk)를 마크다운 중간에 입력해서 R 코드, 그리고 결과를 최종 문서에 포함해서 보여준다! 파일 확장자는 .Rmd다. R 스튜디오에서 지원한다(그림 12-5).

R 마크다운의 최종 출력 포맷은 PDF, 워드, 슬라이드, HTML 문서 등을 지원한다. 일단 분석/문서화 코드를 Rmd 포맷으로 작성하면 분석 방법이 바뀌고 데이터가 업데이트되더라도 R 스튜디오 에디터 상단의 'Knit HTML' 버튼만 눌러주면 보고서까지 자동으로 업데이트되게 된다. 꼭 배워서 사용해보도록 하자(http://rmarkdown.rstudio.com/).

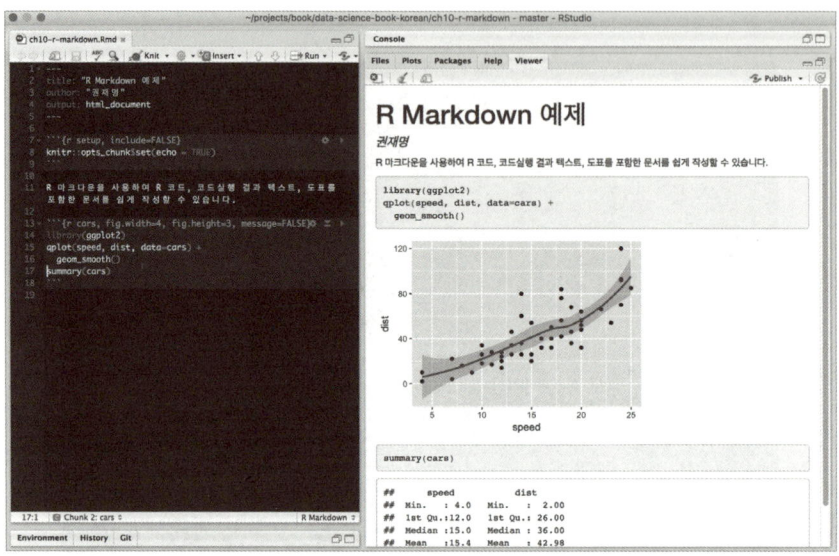

그림 12-5 R 스튜디오에서의 R 마크다운 지원
출처 http://rmarkdown.rstudio.com/

참고로, R 스튜디오는 R 마크다운뿐 아니라 깃 버전 관리도 밀접하게 지원한다(https://goo.gl/8nrUHi를 참조하자). 분석 결과 정리와 공유를 위한 무척 편리한 환경이라고 할 수 있다.

참/고/문/헌　　　　　　　　　　　　　　　　　　　　　　　　　CHAPTER 12

1. 유시민의 글쓰기 특강 2015.
2. The Sense of Style: The Thinking Person's Guide to Writing in the 21st Century Hardcover – September 30, 2014 by Steven Pinker (Author).
3. Reproducible Research. Coursera Course. https://www.coursera.org/course/repdata. Accessed on 11/23/2015.
4. Christopher Gandrud. Reproducible Research with R and RStudio (Chapman & Hall/CRC The R Series), 2013.
5. Tufte, Edward (1983). Visual Display of Quantitative Information.
6. Tufte, Edward (1990). Envisioning Information.

CHAPTER 13

빅데이터 회귀분석 I: 부동산 가격 예측

13.1 회귀분석이란?

앞장에서는 0-1 범주형 반응변수를 예측하는 분류분석 문제를 살펴보았다. 이 장에서는 연속형과 수치형 반응변수를 예측하는 회귀분석 기법을 살펴보자.

13.1.1 정확도 지표, RMSE

회귀분석에는 분류분석에서 익힌 대부분의 개념, 즉 모형의 복잡도, 과적합, 변수 선택, 모형 평가, 교차검증, 훈련/검증/테스트 세트 분할 등이 그대로 적용된다. 회귀분석과 분류분석 간의 가장 중요한 차이 중 하나는 정확도 지표로 분류분석에서는 이항편차, 혼동행렬, ROC 곡선, AUC 등을 사용하는 데 반해, 회귀분석에서는 훨씬 간단한 RMSE(Root Mean Squared Error)가 흔히 사용된다는 것이다. 관측값이 y_i이고, 예측값이 $\hat{y}_i$일 때 RMSE는 다음처럼 주어진다.

$$\text{RMSE} = \sqrt{\frac{1}{n}\sum_{i=1}^{n}(y_i - \hat{y}_i)^2}$$

RMSE 예측오차 값이 작을수록 더 정확한 모형이다. R에서는 다음 함수를 정의하여 사용하도록 하자.

```
rmse <- function(yi, yhat_i){
  sqrt(mean((yi - yhat_i)^2))
}
```

13.1.2 회귀분석 문제 접근법

회귀분석 문제의 큰 그림은 앞장에서 살펴본 분류분석 방법과 유사하다. 반복하면,

1. 훈련세트로 (전체 데이터의 60%) 다양한 모형을 적합한다.
2. 검증세트로 (전체 데이터의 20%) 모형을 평가, 비교하고, 최종 모형을 선택한다.
3. 테스트세트로 (전체 데이터의 20%) 선발된 최종 모형의 일반화 능력을 계산한다.

좀 더 세부적인 단계를 기술하면 다음과 같다.

1. 데이터의 구조를 파악한다.
2. 데이터를 랜덤하게 훈련세트, 검증세트, 테스트세트로 나눈다.
3. 시각화와 간단한 통계로 y 변수와 x 변수 간의 관계를 파악한다. 어떤 x 변수가 반응변수와 상관 관계가 높은가? 이상치는 없는가? 변환이 필요한 x 변수는 없는가?
4. 시각화와 간단한 통계로 x 변수들 간의 관계를 파악한다. 상관 관계가 아주 높은 것은 없는가? 비선형적인 관계는 없는가? 이상치는 없는가?
5. 다양한 회귀분석 모형을 적합해본다. 이 책에서는 다음 방법들을 다룰 것이다.
    a. 선형 분석
    b. 라쏘
    c. 나무 모형
    d. 랜덤 포레스트
    e. 부스팅
6. 각 회귀분석 모형에서 다음 내용을 살펴보자.
    a. 변수의 유의성: 모형이 말이 되는가? 기대한 변수가 중요한 변수로 선정되었는가?
    b. 적절한 시각화: 로지스틱 분석, 나무 모형 등 모형마다 도움되는 시각화를 제공한다.
    c. 모형의 정확도: 교차검증을 이용하여 검증세트에서 계산하여야 한다.

7. 검증세트를 사용하여 최종 모형을 선택한다. 즉, 다양한 모형을 검증세트를 사용해 평가하고, 가장 예측 성능이 좋은 모형을 최종 모형으로 선발한다.
8. 테스트세트를 사용하여 최종 선발된 모형의 일반화 능력을 살펴본다. 다시 말하지만, 테스트세트는 모형 적합 과정에 사용되어서는 안 된다! 즉, 테스트세트는 숨겨 두었다가 이 때에만 꺼내서 사용해야 한다.

이 장의 나머지 부분에서는 각 단계에 대해 구체적으로 살펴보도록 하자.

13.2 회귀분석 예제: 부동산 가격 예측

이 장에서는 앞서 살펴본 보스턴 지역 주택 가격 데이터를 사용하겠다(https://goo.gl/ACsh5W). 데이터는 506개의 관측치와 14개의 변수로 이루어져 있다. 웹페이지에서 알 수 있듯이, 각 변수는 다음 의미를 가지고 있다.

- crim: 범죄발생률
- zn: 주거지 중 25000 ft^2 이상 크기의 대형주택이 차지하는 비율
- indus: 소매상 이외의 상업지구의 면적 비율
- chas: 찰스강과 접한 지역은 1, 아니면 0인 더미변수
- nox: 산화질소 오염도
- rm: 주거지당 평균 방 개수
- age: 소유자 주거지(비 전세/월세) 중 1940년 이전에 지어진 집들의 비율
- dis: 보스턴의 5대 고용중심으로부터의 가중 평균 거리
- rad: 도시 순환 고속도로에의 접근 용이 지수
- tax: 만달러당 주택 재산세율
- ptratio: 학생-선생 비율
- black: 흑인 인구 비율(Bk)이 0.63과 다른 정도의 제곱, $1000(Bk - 0.63)^2$
- lstat: 저소득 주민들의 비율 퍼센트
- medv: 소유자 주거지(비 전세/월세) 주택 가격

분석의 목적은 다른 변수들을 사용해 마지막 변수인 medv를 예측하는 것이다.

13.3 환경 준비와 기초 분석

R 스튜디오에서 housing이라는 프로젝트를 생성하자(R 스튜디오에서 'File > New Projects...' 메뉴를 사용하면 된다. R 코드는 프로젝트 디렉터리 내의 housing.R의 스크립트에 써서 실행하도록 하자. 이 책의 소스코드 깃허브 페이지를 사용한다면 housing.Rproj 파일에 이미 R스튜디오 프로젝트를 만들어두었으니 바로 열어서 사용하면 된다.

스크립트의 앞부분에서 우선 필요한 패키지를 로드한다.

```
library(dplyr)
library(ggplot2)
library(MASS)
library(glmnet)
library(randomForest)
library(gbm)
library(rpart)
library(boot)
library(data.table)
library(ROCR)
library(gridExtra)
```

데이터 파일은 유닉스 터미널을 사용한다면 다음 명령을 실행하면 다운로드할 수 있다.

```
curl http://archive.ics.uci.edu/ml/machine-learning-databases/housing/housing.data >
                                                                        housing.data
curl http://archive.ics.uci.edu/ml/machine-learning-databases/housing/housing.names >
                                                                        housing.names
```

R에 데이터 파일을 읽어 들이고, glimpse( ) 명령으로 데이터 구조를 살펴보자.

```
> data <- tbl_df(read.table("housing.data", strip.white = TRUE))
> names(data) <- c('crim', 'zn', 'indus', 'chas', 'nox', 'rm', 'age',
+ 'dis', 'rad', 'tax', 'ptratio', 'b', 'lstat', 'medv')
> glimpse(data)
Observations: 506
Variables: 14
$ crim     <dbl> 0.00632, 0.02731, 0.02729, 0.03237, 0.06905, ...
$ zn       <dbl> 18.0, 0.0, 0.0, 0.0, 0.0, 0.0, 12.5, 12.5, 12...
$ indus    <dbl> 2.31, 7.07, 7.07, 2.18, 2.18, 2.18, 7.87, 7.8...
$ chas     <int> 0, 0, 0, 0, 0, 0, 0, 0, 0, 0, 0, 0, 0, ...
$ nox      <dbl> 0.538, 0.469, 0.469, 0.458, 0.458, 0.458, 0.5...
$ rm       <dbl> 6.575, 6.421, 7.185, 6.998, 7.147, 6.430, 6.0...
```

```
$ age      <dbl> 65.2, 78.9, 61.1, 45.8, 54.2, 58.7, 66.6, 96....
$ dis      <dbl> 4.0900, 4.9671, 4.9671, 6.0622, 6.0622, 6.062...
$ rad      <int> 1, 2, 2, 3, 3, 3, 5, 5, 5, 5, 5, 5, 5, 4, 4, ...
$ tax      <dbl> 296, 242, 242, 222, 222, 222, 311, 311, 311, ...
$ ptratio  <dbl> 15.3, 17.8, 17.8, 18.7, 18.7, 18.7, 15.2, 15....
$ b        <dbl> 396.90, 396.90, 392.83, 394.63, 396.90, 394.1...
$ lstat    <dbl> 4.98, 9.14, 4.03, 2.94, 5.33, 5.21, 12.43, 19...
$ medv     <dbl> 24.0, 21.6, 34.7, 33.4, 36.2, 28.7, 22.9, 27....
```

데이터의 기초 통계를 다음처럼 살펴볼 수 있다.

```
summary(data)
```

모든 x, y 변수들 간의 산점도를 그려보면 다음과 같다.

```
pairs(data %>% sample_n(min(1000, nrow(data))),
      lower.panel=function(x,y){ points(x,y); abline(0, 1, col='red')},
      upper.panel = panel.cor)
```

산점도를 통해 반응변수 medv와 상관 관계가 높은 설명변수는 특히 lstat(저소득 주민 비율), rm(방 개수)임을 알 수 있다.

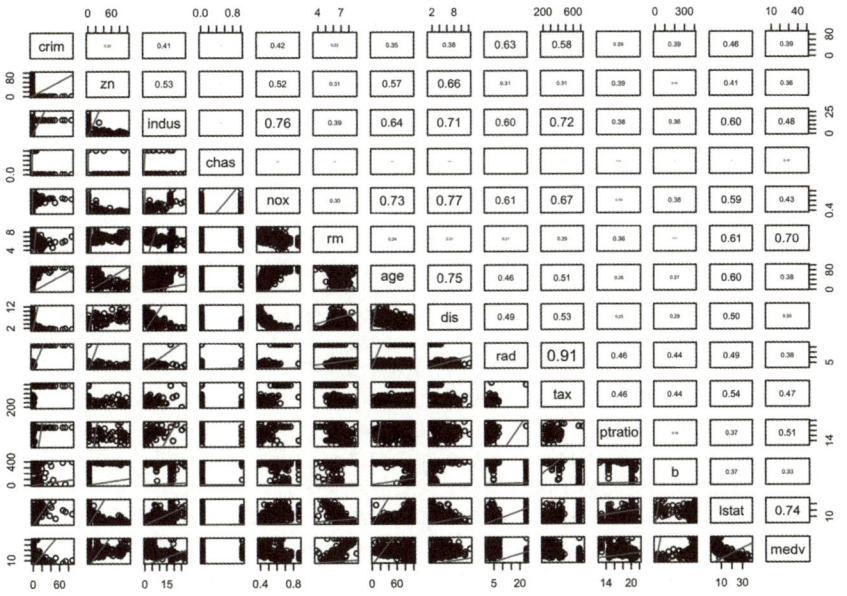

그림 13-1 데이터에서 모든 변수들 간의 산점도

13.4 훈련, 검증, 테스트 세트의 구분

분류분석과 마찬가지로, 일단 데이터를 훈련/검증/테스트 세트로 나누자.

```
set.seed(1606)
n <- nrow(data)
idx <- 1:n
training_idx <- sample(idx, n * .60)
idx <- setdiff(idx, training_idx)
validate_idx <- sample(idx, n * .20)
test_idx <- setdiff(idx, validate_idx)
training <- data[training_idx,]
validation <- data[validate_idx,]
test <- data[test_idx,]
```

13.5 선형회귀 모형

선형회귀분석 명령은 lm( )이다. glm(, family='gaussian')과 유사한 결과를 준다. lm( )을 사용한 모형 적합 결과는 다음과 같다.

```
> data_lm_full <- lm(medv ~ ., data=training)
> summary(data_lm_full)

Call:
lm(formula = medv ~ ., data = training)

Residuals:
    Min      1Q  Median      3Q     Max
-13.4052 -2.7972 -0.5562  1.6095 25.8817

Coefficients:
            Estimate Std. Error t value Pr(>|t|)
(Intercept) 38.482205   6.981702   5.512 7.87e-08 ***
crim        -0.083843   0.049729  -1.686  0.09288 .
zn           0.052513   0.018433   2.849  0.00470 **
indus       -0.045224   0.083642  -0.541  0.58914
chas         2.269883   1.263521   1.796  0.07346 .
nox        -15.244278   5.051438  -3.018  0.00277 **
rm           3.150088   0.587849   5.359 1.72e-07 ***
age         -0.015211   0.018037  -0.843  0.39975
dis         -1.589551   0.277367  -5.731 2.51e-08 ***
rad          0.273142   0.090072   3.032  0.00265 **
tax         -0.010767   0.005002  -2.152  0.03220 *
```

```
ptratio      -0.838938   0.181722  -4.617 5.88e-06 ***
b             0.009781   0.003699   2.644  0.00864 **
lstat        -0.504131   0.068753  -7.332 2.28e-12 ***
---
Signif. codes:  0 '***' 0.001 '**' 0.01 '*' 0.05 '.' 0.1 ' ' 1

Residual standard error: 5.057 on 289 degrees of freedom
Multiple R-squared:  0.6978,    Adjusted R-squared:  0.6842
F-statistic: 51.32 on 13 and 289 DF,  p-value: < 2.2e-16
```

예측력이 가장 강한 변수들이 어떤 것인지 쉽게 알 수 있다. 가장 유의한 (가장 작은 P-값) 설명 변수들은 앞서 산점도에서 살펴본 lstat(저소득층 비율, 부자 동네인가?), rm(방 개수) 이외에 dis(보스턴의 5대 고용중심으로부터의 가중 평균 거리, 출퇴근이 용이한가?), 그리고 ptratio(학생-선생 비율, 학군이 좋은가?)다.

lm 모형의 결과를 예측에 사용하려면 다음과 같이 predict.lm( ) 함수를 사용하면 된다.

```
> predict(data_lm_full, newdata = data[1:5,])
       1        2        3        4        5
29.96183 24.42376 29.63748 28.22937 27.38522
>
```

13.5.1 선형회귀 모형에서 변수 선택

앞절에서는 가장 간단한 선형 모형을 적합하였다.

$$y_i = \beta_0 + \beta_1 x_{i1} + \ldots + \beta_p x_{ip} + \epsilon_i \quad \epsilon_i \sim_{iid} N(0, \sigma^2)$$

좀더 복잡한 모형은 모든 이차상호작용(2nd degree interaction effect)을 고려한 다음 모형이다.

$$y_i = \beta_0 + \beta_1 x_{i1} + \ldots + \beta_p x_{ip} + \sum_{jk}^{p} \beta_{jk} x_{ij} x_{ik} + \epsilon_i, \quad \epsilon_i \sim_{iid} N(0, \sigma^2)$$

R에서는 포뮬라 인터페이스(formula interface)를 사용하여 쉽게 위의 이차상호작용 모형을 적합할 수 있다.

```
> data_lm_full_2 <- lm(medv ~ .^2, data=training)
> summary(data_lm_full_2)
....
```

```
Coefficients: (361 not defined because of singularities)

Residual standard error: 2.907 on 211 degrees of freedom
Multiple R-squared:  0.9271,	Adjusted R-squared:  0.8956
F-statistic: 29.48 on 91 and 211 DF,  p-value: < 2.2e-16
```

위의 이차상호작용 모형은 모수의 개수가 92개에 달한다.

```
> length(coef(data_lm_full_2))
[1] 92
```

8장(빅데이터 분류분석 I: 기본 개념과 로지스틱 모형)에서 소개한 것처럼, 지나치게 많은 변수는 과적합(overfitting)으로 예측의 정확도를 떨어뜨릴 수 있고, 모형을 해석하기 어렵다. 실제로 summary( )의 결과 대부분의 변수는 통계적으로 유의하지 않다.

다중 R^2 = 0.9271로, 수많은 변수를 사용한 이 모형은 y 변수의 변동의 대부분을 설명해주는 것을 알 수 있다. 하지만 Adjusted R^2 = 0.8956으로 더 작다. F 통계량의 P-값은 0에 가깝다. 즉, (당연한 이야기지만) 사용된 설명변수의 적어도 일부는 주택 가격을 예측하는 데 도움이 된다.

이 '지나치게 복잡한' 모형의 92개 모수 중에서 가장 중요한 모수를 선택하기 위해서 MASS::stepAIC( ) 함수를 사용할 수 있다. 스텝(stepwise)변수 선택으로 (일반화)선형회귀 모형에서 중요한 변수를 자동으로 선택해준다. 다음 명령을 사용하여 변수 선택을 실행하자.

```
library(MASS)
data_step <- stepAIC(data_lm_full,
                     scope = list(upper = ~ .^2, lower = ~1))
```

'scope=' 옵션은 가장 간단한 모형은 표본평균 하나의 상수로만 이루어진 모형, 가장 복잡한 모형은 앞서 사용한 모든 상호작용을 포함한 모형 사이를 탐색할 것을 지정해준다. stepAIC( ) 함수는 모형 탐색 과정을 화면에 표시해준다. 최종 결과객체는 lm( ) 함수의 결과와 유사한 객체다.

```
> data_step

Call:
lm(formula = medv ~ crim + indus + chas + nox + rm + age + dis +
    rad + tax + ptratio + b + lstat + rm:lstat + crim:chas +
    indus:dis + age:b + chas:nox + chas:rm + indus:lstat + b:lstat +
    crim:rm + tax:ptratio + indus:ptratio + crim:lstat + crim:nox +
```

```
    age:rad + rm:b + rad:lstat + rm:rad + age:tax + rad:tax +
    indus:tax + rm:age + age:lstat + rm:ptratio + dis:rad, data = training)
```

...

```
> anova(data_step)
Analysis of Variance Table
```

...

```
> summary(data_step)

Call:
lm(formula = medv ~ crim + indus + chas + nox + rm + age + dis +
    rad + tax + ptratio + b + lstat + rm:lstat + crim:chas +
    indus:dis + age:b + chas:nox + chas:rm + indus:lstat + b:lstat +
    crim:rm + tax:ptratio + indus:ptratio + crim:lstat + crim:nox +
    age:rad + rm:b + rad:lstat + rm:rad + age:tax + rad:tax +
    indus:tax + rm:age + age:lstat + rm:ptratio + dis:rad, data = training)

Residuals:
    Min      1Q  Median      3Q     Max
-9.4284 -1.3683 -0.2496  1.4924 18.1761

Coefficients:
                Estimate Std. Error t value Pr(>|t|)
(Intercept)   -1.270e+02  2.607e+01  -4.872 1.90e-06 ***
crim          -1.671e+00  7.376e-01  -2.266 0.024270 *
indus          2.179e+00  4.871e-01   4.474 1.14e-05 ***
chas           3.774e+01  7.579e+00   4.980 1.14e-06 ***
nox           -2.308e-02  4.276e+00  -0.005 0.995697
rm             2.620e+01  3.212e+00   8.158 1.36e-14 ***
age            7.212e-01  1.524e-01   4.731 3.63e-06 ***
dis            1.408e-01  2.681e-01   0.525 0.599877
rad            4.235e+00  6.295e-01   6.727 1.05e-10 ***
tax           -1.591e-01  3.930e-02  -4.049 6.76e-05 ***
ptratio       -2.140e-01  1.276e+00  -0.168 0.866968
b              1.195e-01  2.978e-02   4.012 7.84e-05 ***
lstat          2.894e+00  3.722e-01   7.773 1.68e-13 ***
rm:lstat      -3.044e-01  4.804e-02  -6.336 1.00e-09 ***
crim:chas      2.630e+00  4.167e-01   6.312 1.15e-09 ***
indus:dis     -1.398e-01  3.297e-02  -4.241 3.07e-05 ***
age:b         -6.052e-04  2.265e-04  -2.671 0.008024 **
chas:nox      -2.921e+01  6.700e+00  -4.360 1.86e-05 ***
chas:rm       -3.772e+00  9.688e-01  -3.894 0.000125 ***
indus:lstat   -1.765e-02  7.392e-03  -2.388 0.017632 *
b:lstat       -1.042e-03  4.057e-04  -2.569 0.010745 *
crim:rm        4.656e-01  9.236e-02   5.041 8.55e-07 ***
tax:ptratio    9.183e-03  2.227e-03   4.123 5.01e-05 ***
indus:ptratio -9.572e-02  2.338e-02  -4.095 5.61e-05 ***
crim:lstat     4.276e-02  8.834e-03   4.840 2.20e-06 ***
```

```
crim:nox      -3.124e+00  7.261e-01  -4.302 2.38e-05 ***
age:rad        1.391e-02  3.712e-03   3.748 0.000218 ***
rm:b          -6.941e-03  3.489e-03  -1.989 0.047692 *
rad:lstat     -5.834e-02  6.133e-03  -9.513  < 2e-16 ***
rm:rad        -5.319e-01  7.085e-02  -7.507 9.15e-13 ***
age:tax       -5.586e-04  1.615e-04  -3.458 0.000633 ***
rad:tax       -1.234e-03  4.426e-04  -2.788 0.005687 **
indus:tax      9.155e-04  4.076e-04   2.246 0.025531 *
rm:age        -6.307e-02  1.519e-02  -4.153 4.42e-05 ***
age:lstat     -5.535e-03  1.726e-03  -3.207 0.001506 **
rm:ptratio    -3.694e-01  1.606e-01  -2.300 0.022209 *
dis:rad       -7.663e-02  4.800e-02  -1.596 0.111611
---
Signif. codes:  0 '***' 0.001 '**' 0.01 '*' 0.05 '.' 0.1 ' ' 1

Residual standard error: 2.815 on 266 degrees of freedom
Multiple R-squared:  0.9138,    Adjusted R-squared:  0.9022
F-statistic: 78.35 on 36 and 266 DF,  p-value: < 2.2e-16

> length(coef(data_step))
[1] 37
```

결과로부터 어떤 변수의 조합이 통계적으로 유의한지 알 수 있다. 최종 모형은 모수의 개수가 37개로 줄었다.

13.5.2 모형 평가

검증세트를 사용하여 모형의 예측 능력을 비교해보자.

```
> y_obs <- validation$medv
> yhat_lm <- predict(data_lm_full, newdata=validation)
> yhat_lm_2 <- predict(data_lm_full_2, newdata=validation)
> yhat_step <- predict(data_step, newdata=validation)
> rmse(y_obs, yhat_lm)
[1] 4.619052
> rmse(y_obs, yhat_lm_2)
[1] 4.257667
> rmse(y_obs, yhat_step)
[1] 3.839083
```

이처럼, 세 모형들 중에서 스텝(stepwise)변수 선택을 행한 모형이 예측 능력이 가장 높은 것을 알 수 있다(RMSE = 3.84). 모든 변수를 사용한 모형의 검증세트에서의 오차는 RMSE=4.62고, 모든 이차상호작용을 포함한 모형은 과적합으로 인해 검증세트에서는 큰 오차를 내는 것을 볼 수 있다(RMSE = 4.25).

13.6 라쏘 모형 적합

glmnet을 이용해서 라쏘 모형을 적합해보자. 앞서 살펴보았듯이, model.matrix( ) 함수를 사용하여 모형행렬을 생성하자.

```
> xx <- model.matrix(medv ~ .^2-1, data)
> x <- xx[training_idx, ]
> y <- training$medv
> glimpse(x)
 num [1:303, 1:91] 0.6635 3.6931 4.5419 3.8497 0.0871 ...
```

위의 model.matrix( ) 함수에서, formula로 medv ~ .-1 대신에 medv ~ .^2-1을 사용한 것은 모든 이차상호작용을 포함하기 위해서다. 앞의 lm( ) 결과에서 보듯이 상호작용 후에 변수 선택/모형 선택을 하는 것이 더 높은 예측력을 줄 것이기 때문이다.

이제 라쏘 모형을 적합해보자. glmnet( ) 함수는 생략하고, cv.glmnet( ) 함수를 사용한 교차검증을 통해 lambda를 바로 선택하도록 하자.

```
> data_cvfit <- cv.glmnet(x, y)
> plot(data_cvfit)
```

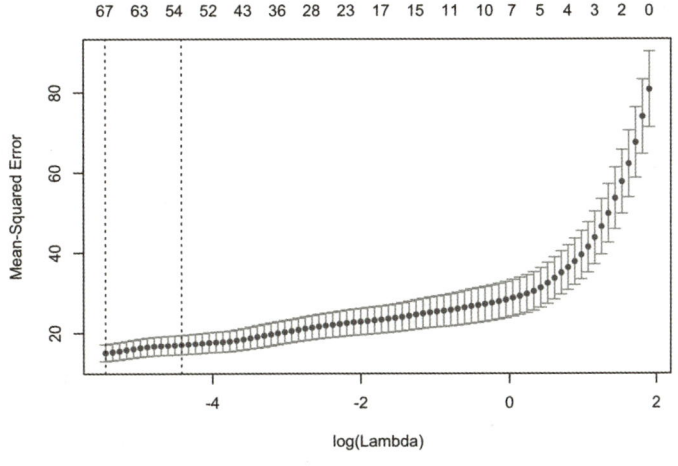

그림 13-2 데이터에 glmnet 모형을 교차검증한 결과

교차검증 결과의 해석은 8장(빅데이터 분류분석 I: 기본 개념과 로지스틱 모형)을 참조하자. 기본적으로 lambda가 왼쪽에서 오른쪽으로 증가함에 따라 선택되는 모수의 개수는 점점 줄어들고, 모형은 점점 간단해진다. 즉, 편향은 커지지만 분산은 줄어드는 편향-분산 트레이드오프 현상이 일어난다. 왼쪽의 세로 점선은 가장 정확한 예측값을 낳는 lambda.min, 오른쪽의 세로 점선은 간단한, 해석 가능한 모형을 위한 lambda.1se 값을 나타낸다. 각 lambda 값에서 선택된 변수의 개수는 각각 67개와 54개다. 다음 명령은 coef.cv.glmnet( ) 함수를 이용해 각각의 lambda 값에서 선택된 변수들을 보여준다.

```
coef(data_cvfit, s = c("lambda.1se"))
coef(data_cvfit, s = c("lambda.min"))
```

해석보다는 예측이 초점이므로 lambda.1se 대신에 lambda.min을 사용하도록 하자.

참고로, 앞서 분류분석에서 기술한 내용을 토대로, 독자들이 다음의 추가분석을 시도해볼 것을 권한다.

- 디폴트인 alpha = 1.0(라쏘 모형) 이외에 alpha = 0.0(능형회귀 모형)과 alpha = 0.5(일래스틱 넷 모형)을 적합해보기

13.6.1 모형 평가

주어진 lambda 값에서 예측을 해주는 함수는 predict.cv.glmnet( )이다. 다음 명령은 처음 다섯 관측값에 대한 예측값을 계산해준다.

```
> predict.cv.glmnet(data_cvfit, s="lambda.min", newx = x[1:5,])
            1
259  36.66366
462  19.36986
361  25.20614
358  22.05094
78   21.61332
>
```

검증세트를 사용하여 모형의 예측 능력을 계산해보자.

```
> y_obs <- validation$medv
> yhat_glmnet <- predict(data_cvfit, s="lambda.min", newx=xx[validate_idx,])
> yhat_glmnet <- yhat_glmnet[,1] # change to a vector from [n*1] matrix
> rmse(y_obs, yhat_glmnet)
[1] 3.956797
```

앞서 스텝(stepwise) 변수 선택을 해준 선형 모형(RMSE = 3.84)에 비해 조금 약한 예측력을 보여준다.

13.7 나무 모형

나무 모형은 회귀분석에도 사용할 수 있다. rpart::rpart( ) 함수로 나무회귀 모형을 데이터에 적합해보자.

```
> data_tr <- rpart(medv ~ ., data = training)
> data_tr
n= 303

node), split, n, deviance, yval
      * denotes terminal node

 1) root 303 24456.5000 22.41782
   2) lstat>=9.54 184  4745.3400 17.56467
     4) lstat>=16.085 89  1645.4800 14.17640
       8) nox>=0.603 55   666.7571 12.20727
        16) crim>=9.87002 20   121.7775  9.02500 *
        17) crim< 9.87002 35   226.7069 14.02571 *
       9) nox< 0.603 34   420.4803 17.36176 *
     5) lstat< 16.085 95  1120.8860 20.73895 *
   3) lstat< 9.54 119  8676.4630 29.92185
     6) lstat>=4.23 96  3905.7240 27.22188
      12) rm< 6.775 66  1845.8240 24.81970
        24) age< 82.65 59   448.7668 23.87627 *
        25) age>=82.65 7   901.9343 32.77143 *
      13) rm>=6.775 30   841.1787 32.50667
        26) tax>=264.5 18   300.2000 29.76667 *
        27) tax< 264.5 12   203.1367 36.61667 *
     7) lstat< 4.23 23  1149.8980 41.19130
      14) rm< 7.3705 10   536.0890 36.19000 *
      15) rm>=7.3705 13   171.2708 45.03846 *
....
```

적합된 모형에 대한 더 자세한 정보를 보려면 printcp( )와 summary.rpart( ) 함수를 사용한다.

```
printcp(data_tr)
summary(data_tr)
```

적합 결과는 나무 모양으로 플롯할 수 있다. plot.rpart( ) 함수가 호출된다(그림 13-3).

```
opar <- par(mfrow = c(1,1), xpd = NA)
plot(data_tr)
text(data_tr, use.n = TRUE)
par(opar)
```

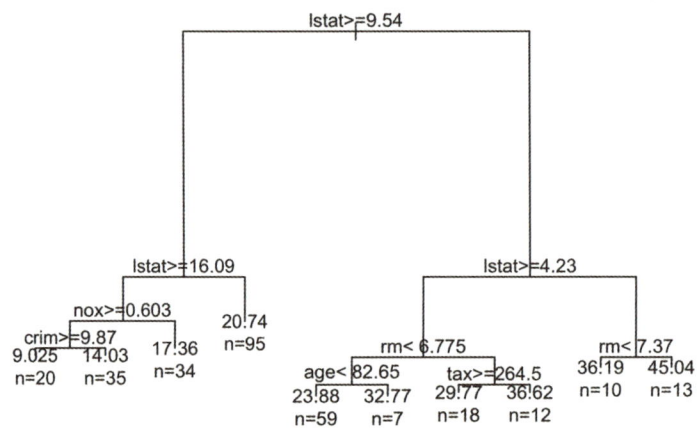

그림 13-3 데이터에 나무 회귀 모형을 적합한 결과

그림과 텍스트 출력에서 보듯 가장 중요한 첫 번째, 두 번째 분할은 lstat 변수값에 의해서다. 첫 번째 분할에서 왼쪽 가지(lstat>=9.54)는 저소득 지역, 오른쪽 가지(lstat<9.54)는 비교적 고소득 지역이라고 볼 수 있다. 왼쪽 가지/저소득 지역에서는 nox(공기 오염 정도), crim(범죄율) 변수로 더 분할이 되고, 오른쪽 가지/고소득 지역에서는 rm(방의 개수), age(주택의 평균 오랜 정도), tax(평균 재산세 액수) 변수로 더 분할이 된다. 즉, 나무 모형은 데이터의 다른 영역에서 변수들 간의 변화하는 상관 관계를 찾아낼 수 있다. 계속 나눠지는 가지의 마지막 부분인 잎새(leaf)들은 각 분할(partition)에 속한 관측치의 숫자와 평균 주택 가격을 나타낸다. 예를 들어, 가장 오른쪽 잎새에서는 n = 13, yhat = 45.04다.

모형 평가를 위해서는 마찬가지로 predict.rpart( ) 함수를 사용하고 검증세트에서의 RMSE 값을 구할 수 있다.

```
> yhat_tr <- predict(data_tr, validation)
> rmse(y_obs, yhat_tr)
[1] 4.756022
```

보통 그렇듯이 나무 모형의 예측력은 약한 편이다. 모든 선형 모형과 라쏘보다 RMSE 예측오차가 크다.

13.8 랜덤 포레스트

랜덤 포레스트 모형은 회귀분석에도 적용 가능하다. 훈련세트에 모형을 적합하고, plot. randomForest( ) 함수로 나무 개수가 증가함에 따른 MSE의 감소를, varImpPlot( )으로 변수의 중요도를 그려보자(그림 13-4).

```
> set.seed(1607)
> data_rf <- randomForest(medv ~ ., training)
> data_rf

Call:
 randomForest(formula = medv ~ ., data = training)
               Type of random forest: regression
                     Number of trees: 500
No. of variables tried at each split: 4

          Mean of squared residuals: 12.88037
                    % Var explained: 84.04
> plot(data_rf)
> varImpPlot(data_rf)
```

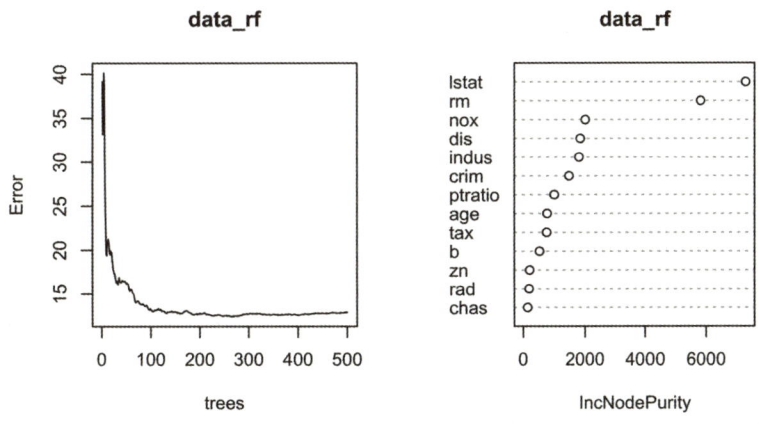

그림 13-4 데이터에서 나무 개수에 따른 MSE의 감소(왼쪽)와 변수의 중요도(오른쪽)

검증세트에서 RMSE를 계산해보자.

```
> yhat_rf <- predict(data_rf, newdata=validation)
> rmse(y_obs, yhat_rf)
[1] 3.548442
```

랜덤 포레스트 모형의 RMSE 예측 오차값은 지금까지 살펴본 모든 모형 중 가장 낮다. 즉, 가장 좋은 예측력을 보여준다.

13.9 부스팅

gbm( ) 함수는 분류분석뿐 아니라 회귀분석에도 사용할 수 있다. 부스팅 모형을 적합해보자.

```
set.seed(1607)
data_gbm <- gbm(medv ~ ., data=training,
            n.trees=40000, cv.folds=3, verbose = TRUE)
```

앞장에서 언급했듯이 n.trees= 파라미터 값이 충분히 커야 한다. 최적 값은 데이터마다 다르다. 그러므로 몇 가지 다른 값을 사용해서 위의 코드로 실험해볼 것을 권장한다. 본 데이터에서는 40,000을 사용하도록 하겠다. 반복수에 따른 훈련/검증오차를, 그리고 최적 반복수를 알아내자(그림 13-5).

```
> (best_iter = gbm.perf(data_gbm, method="cv"))
[1] 37240
```

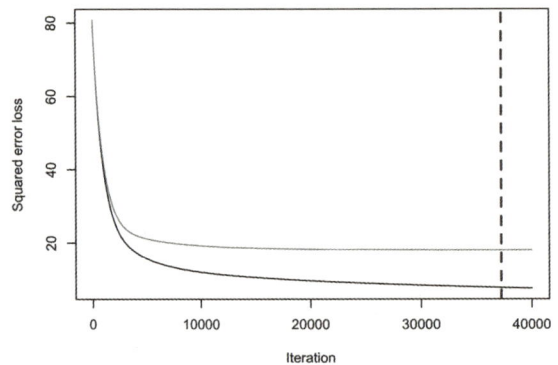

그림 13-5 예제 데이터에서 부스팅 반복수에 따른 훈련세트 MSE(검정색)와 교차검증 MSE(녹색) 값의 추세. 오차를 최소화하는 반복수는 점선으로 표시되어 있다.

최적 반복수를 사용한 모형의 검증세트에서의 오차를 구해보자.

```
> yhat_gbm <- predict(data_gbm, n.trees=best_iter, newdata=validation)
> rmse(y_obs, yhat_gbm)
[1] 3.655046
```

랜덤 포레스트보다 조금 약한 예측 능력을 보이는 것을 알 수 있다.

13.10 최종 모형 선택과 테스트세트 오차 계산

지금까지 적합한 모든 검증세트 오차를 비교해보면 다음과 같다.

```
> data.frame(lm = rmse(y_obs, yhat_step),
+            glmnet = rmse(y_obs, yhat_glmnet),
+            rf = rmse(y_obs, yhat_rf),
+            gbm = rmse(y_obs, yhat_gbm)) %>%
+   reshape2::melt(value.name = 'rmse', variable.name = 'method')
No id variables; using all as measure variables
  method     rmse
1     lm 3.839083
2 glmnet 3.956797
3     rf 3.548442
4    gbm 3.655046
```

랜덤 포레스트 모형 > 부스팅 > 스텝변수 선택한 선형 모형 > 라쏘 순으로 가장 예측력이 높음을 알 수 있다. 랜덤 포레스트 모형을 최종 모형으로 사용하자.

랜덤 포레스트 모형의 테스트세트에서의 오차는 다음처럼 계산할 수 있다.

```
> rmse(test$medv, predict(data_rf, newdata = test))
[1] 3.21131
```

13.10.1 회귀분석의 오차의 시각화

여러 회귀분석 방법의 오차를 비교해서 시각화하는 방법 중 하나는 예측오차의 분포를 병렬 상자그림으로 보여주는 것이다(그림 13-6).

```
boxplot(list(lm = y_obs-yhat_step,
             glmnet = y_obs-yhat_glmnet,
             rf = y_obs-yhat_rf,
             gbm = y_obs-yhat_gbm), ylab="Error in Validation Set")
abline(h=0, lty=2, col='blue')
```

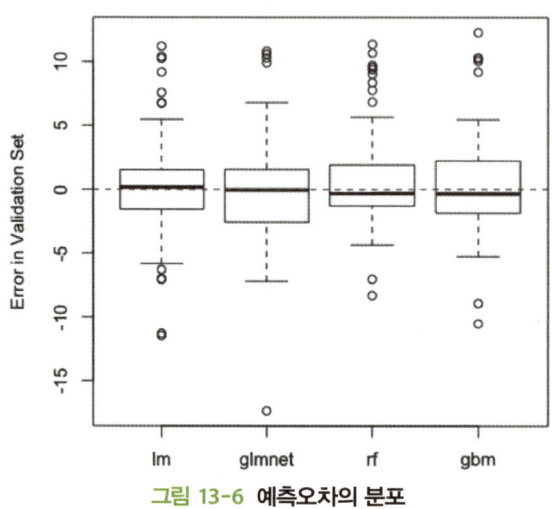

그림 13-6 예측오차의 분포

또 다른 예측값의 시각화는 8장(빅데이터 분류분석 I: 기본 개념과 로지스틱 모형)에서 살펴본 모형들 간의 예측값들끼리 산점도행렬을 그리고 상관계수를 표시하는 것이다(그림 13-7).

```
pairs(data.frame(y_obs=y_obs,
                 yhat_lm=yhat_lm,
                 yhat_glmnet=c(yhat_glmnet),
                 yhat_rf=yhat_rf,
                 yhat_gbm=yhat_gbm),
      lower.panel=function(x,y){ points(x,y); abline(0, 1, col='red')},
      upper.panel = panel.cor)
```

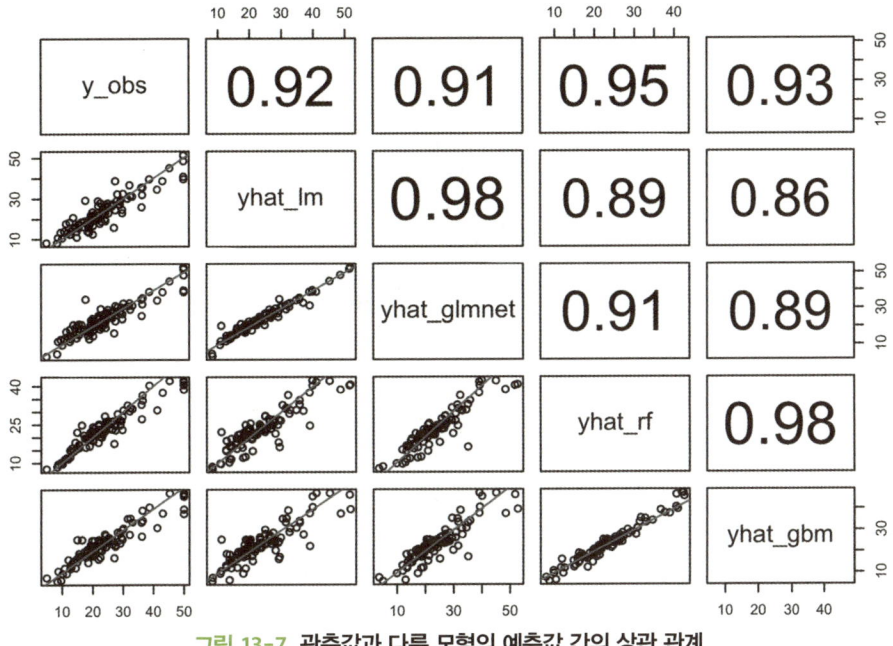

그림 13-7 관측값과 다른 모형의 예측값 간의 상관 관계

이 그림에서 알 수 있는 것은 step, glmnet 예측값끼리는 상관계수가 높고(0.98), 랜덤 포레스트와 부스팅 예측값끼리도 상관계수가 높다는(0.98) 것이다. 관측값과 상관계수가 가장 높은 방법은 랜덤 포레스트(0.95)다.

연/습/문/제
CHAPTER 13

1. 아이오와 주의 에임스시 주택 가격데이터(De Cock, 2011)를 구하여 회귀분석을 행하라. 데이터는 https://goo.gl/ul7Ub7 혹은 https://goo.gl/8gKgaT/ https://goo.gl/qgVg2z에서 구할 수 있다. 변수 설명은 https://goo.gl/2vcCfT를 참조하라. 이 데이터에 대한 회귀분석을 행하라. 본문에서 기술한 방법 중 어떤 회귀분석 방법이 가장 정확한 결과를 주는가? 결과를 보고서로 정리하라.

참/고/문/헌
CHAPTER 13

1. Harrison, D. and Rubinfeld, D.L. 'Hedonic prices and the demand for clean air', J. Environ. Economics & Management, vol.5, 81-102, 1978.
2. Dean De Cock (2011) Ames, Iowa: Alternative to the Boston Housing Data as an End of Semester Regression Project. Journal of Statistics Education Volume 19, Number 3. http://www.amstat.org/publications/jse/v19n3/decock.pdf.

빅데이터 회귀분석 II: 와인 품질 예측

14.1 와인 품질 데이터 소개

이번 장에서는 와인 품질 데이터를 분석해보자. 와인의 화학적인 특성을 나타내는 11가지 변수를 예측변수로 사용하여 얼마나 좋은 품질의 와인인지를 예측하는 회귀분석 문제다(Cortez et al., 2009). 데이터는 https://goo.gl/N1nrp 에서 다운로드할 수 있다. 적포도주(1,599 관측치)와 백포도주 데이터(4,898 관측치)가 따로 정리되어 있는데, 여기서는 백포도주 데이터를 분석해보자. 웹페이지에서 알 수 있듯이, 각 변수는 다음을 의미한다.

1. fixed_acidity – 비휘발성 산
2. volatile_acidity – 휘발성 산
3. citric_acid – 구연산(시트르산)
4. residual_sugar – 잔당
5. chlorides – 염화물
6. free_sulfur_dioxide – 유리 이산화황
7. total_sulfur_dioxide – 총 이산화황
8. density – 밀도
9. pH – 산도(수소 이온 농도)

10. sulphates - 황산염
11. alcohol - 알코올
12. quality - 사람이 평가한 와인 품질. 0(나쁨)에서 10(좋음)까지의 값을 가진다.

분석의 목적은 변수 1~11을 사용해 마지막 변수인 quality를 예측하는 것이다.

14.2 환경 준비와 기초 분석

R 스튜디오에서 wine-quality라는 프로젝트를 생성하자(R 스튜디오에서 'File > New Projects...' 메뉴를 사용하면 된다). R 코드는 프로젝트 디렉터리 내의 wine-quality.R의 스크립트에 써서 실행하도록 하자. 이 책의 소스코드 깃허브 페이지를 사용한다면 wine-quality.Rproj 파일에 이미 R 스튜디오 프로젝트를 만들어두었으니 바로 열어서 사용하면 된다.

스크립트의 앞부분에서 우선 필요한 패키지를 로드한다.

```
library(dplyr)
library(ggplot2)
library(MASS)
library(glmnet)
library(randomForest)
library(gbm)
library(rpart)
library(boot)
library(data.table)
library(ROCR)
library(gridExtra)
```

데이터 파일은 유닉스 터미널을 사용한다면 앞에서처럼 curl 명령을 사용해서 다운로드하면 된다. 터미널을 켤 필요 없이 R 스크립트 안에서 다음처럼 실행해도 된다.

```
if (!file.exists("winequality-white.csv")){
  system('curl http://archive.ics.uci.edu/ml/machine-learning-databases/wine-quality/
                                winequality-red.csv > winequality-red.csv')
  system('curl http://archive.ics.uci.edu/ml/machine-learning-databases/wine-quality/
                                winequality-white.csv > winequality-white.csv')
  system('curl http://archive.ics.uci.edu/ml/machine-learning-databases/wine-quality/
                                winequality.names > winequality.names')
}
```

R에 데이터 파일을 읽어 들이고, glimpse( ) 명령으로 데이터 구조를 살펴보자. 주의해야 할 것은, 파일명이 *.csv 확장자로 끝남에도 불구하고, 실제로는 열이 콤마가 아닌 세미콜론(;)으로 구분되어 있다는 것이다. 따라서 sep=";" 옵션을 사용해주었다.

```
> data <- tbl_df(read.table("winequality-white.csv", strip.white = TRUE,
+                           sep=";", header = TRUE))
> glimpse(data)
Observations: 4,898
Variables: 12
$ fixed.acidity        <dbl> 7.0, 6.3, 8.1, 7.2, 7.2...
$ volatile.acidity     <dbl> 0.27, 0.30, 0.28, 0.23,...
$ citric.acid          <dbl> 0.36, 0.34, 0.40, 0.32,...
$ residual.sugar       <dbl> 20.70, 1.60, 6.90, 8.50...
$ chlorides            <dbl> 0.045, 0.049, 0.050, 0....
$ free.sulfur.dioxide  <dbl> 45, 14, 30, 47, 47, 30,...
$ total.sulfur.dioxide <dbl> 170, 132, 97, 186, 186,...
$ density              <dbl> 1.0010, 0.9940, 0.9951,...
$ pH                   <dbl> 3.00, 3.30, 3.26, 3.19,...
$ sulphates            <dbl> 0.45, 0.49, 0.44, 0.40,...
$ alcohol              <dbl> 8.8, 9.5, 10.1, 9.9, 9....
$ quality              <int> 6, 6, 6, 6, 6, 6, 6,...
```

데이터의 기초 통계를 다음처럼 살펴볼 수 있다.

```
summary(data)
```

14.3 데이터의 시각화

회귀분석/예측분석을 본격적으로 시작하기 전에 몇 가지 변수를 간단하게 시각화해보자. 모든 x, y 변수들 간의 산점도를 그려보면 다음과 같다(그림 14-1).

```
pairs(data %>% sample_n(min(1000, nrow(data))),
      lower.panel=function(x,y){ points(x,y); abline(0, 1, col='red')},
      upper.panel = panel.cor)
```

산점도를 통해 반응변수 quality와 특히 상관 관계가 높은 설명변수는 alcohol임을 알 수 있다. 그리고 몇 설명변수 간에도 높은 상관 관계가 있음을 볼 수 있다. 예를 들어, residual sugar와

density(상관계수 = 0.86), density와 alcohol(상관계수 = 0.72) 등이 있다.

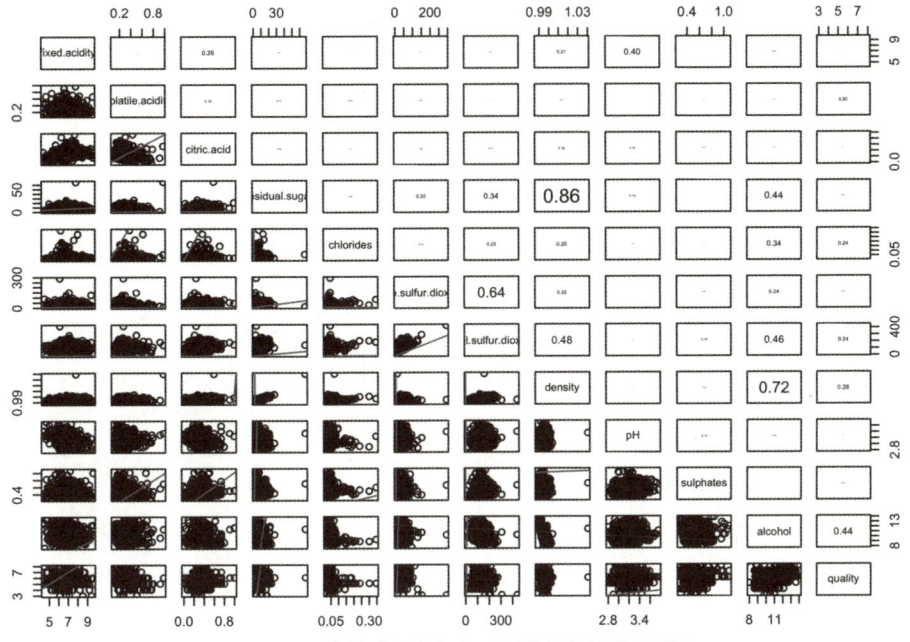

그림 14-1 예제 데이터에서 모든 변수들 간의 산점도

다음 명령은 몇 가지 변수의 분포와 상관 관계를 시각화해준다(그림 14-2).

```
library(ggplot2)
library(dplyr)
library(gridExtra)
p1 <- data %>% ggplot(aes(quality)) + geom_bar()
p2 <- data %>% ggplot(aes(factor(quality), alcohol)) + geom_boxplot()
p3 <- data %>% ggplot(aes(factor(quality), density)) + geom_boxplot()
p4 <- data %>% ggplot(aes(alcohol, density)) + geom_point(alpha=.1) + geom_smooth()
grid.arrange(p1, p2, p3, p4, ncol=2)
```

품질 변수의 도수 분포로부터 대부분의 와인이 평균 값을 가지고 있음을 알 수 있다(quality = 5-7). 소수의 와인만이 품질이 아주 좋거나(quality = 8, 9), 품질이 아주 나쁘다(quality = 3, 4). 알코올 도수-품질의 관계를 나타내는 두 번째 그림으로부터 두 변수 사이의 관계는 U자 형태인 비선형적 관계임을 알 수 있다. 아주 좋은 와인은 알코올 도수가 높지만, 한편으로 품질이 안 좋은 와인도 알코올 도수가 높은 편이다! 따라서 품질을 설명하고 예측함에 있어서 알코올 도수 변수를 선형변수로 사용하는 것은 적절하지 않고, 비선형적/비모수적 모형이 더 적절할 것이다. 밀도-품질의 관계를 나타내는 세 번째 그림도 약간의 비선형적 관계를 보여준다. 하지만 전반적으로 밀도가 낮은 와인이 품질이 좋음을 알 수 있다. 세 번째 그림에서 또 알 수 있는 것은 이상치다. 밀도가 극히 높은 두세 개의 와인이 있지만, 그들의 품질은 평균값 정도 (quality = 6)다. 마지막 네 번째 그림은 알코올 도수와 밀도의 관계를 나타낸다. 알코올 도수가 높을수록 밀도가 줄어드는 음의 상관 관계를 볼 수 있다.

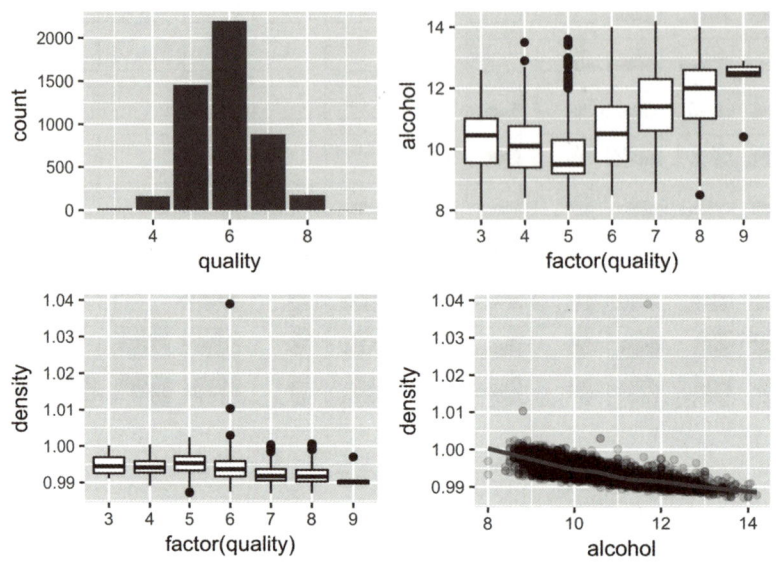

그림 14-2 품질 변수의 도수 분포(왼쪽 위); 품질에 따른 알코올 도수 분포(오른쪽 위)와 밀도 분포(왼쪽 아래); 알코올 도수와 밀도의 관계(오른쪽 아래)

14.4 훈련, 검증, 테스트세트의 구분

분류분석과 마찬가지로, 일단 데이터를 훈련/검증/테스트 세트로 나누자.

```
set.seed(1606)
n <- nrow(data)
idx <- 1:n
training_idx <- sample(idx, n * .60)
idx <- setdiff(idx, training_idx)
validate_idx <- sample(idx, n * .20)
test_idx <- setdiff(idx, validate_idx)
training <- data[training_idx,]
validation <- data[validate_idx,]
test <- data[test_idx,]
```

14.5 선형회귀 모형

lm( )을 사용한 선형회귀 모형 적합 결과는 다음과 같다.

```
> data_lm_full <- lm(quality ~ ., data=training)
> summary(data_lm_full)

Call:
lm(formula = quality ~ ., data = training)

Residuals:
    Min      1Q  Median      3Q     Max
-3.5007 -0.4894 -0.0369  0.4515  3.0719

Coefficients:
                      Estimate Std. Error t value Pr(>|t|)
(Intercept)          1.488e+02  2.188e+01   6.803 1.24e-11 ***
fixed.acidity        7.593e-02  2.539e-02   2.990  0.00281 **
volatile.acidity    -1.808e+00  1.442e-01 -13.534  < 2e-16 ***
citric.acid         -2.788e-02  1.239e-01  -0.225  0.82197
residual.sugar       8.340e-02  8.991e-03   9.276  < 2e-16 ***
chlorides           -2.734e-01  7.051e-01  -0.388  0.69825
free.sulfur.dioxide  2.896e-03  1.054e-03   2.748  0.00603 **
total.sulfur.dioxide -6.152e-04  4.814e-04  -1.278  0.20137
density             -1.487e+02  2.220e+01  -6.700 2.48e-11 ***
pH                   6.231e-01  1.310e-01   4.759 2.04e-06 ***
sulphates            6.516e-01  1.282e-01   5.083 3.95e-07 ***
alcohol              1.957e-01  2.868e-02   6.825 1.07e-11 ***
---
Signif. codes:  0 '***' 0.001 '**' 0.01 '*' 0.05 '.' 0.1 ' ' 1

Residual standard error: 0.7493 on 2926 degrees of freedom
Multiple R-squared:  0.2806,    Adjusted R-squared:  0.2779
F-statistic: 103.8 on 11 and 2926 DF,  p-value: < 2.2e-16
```

citric.acid, chlorides, total.sulfur.dioxide를 제외한 대부분의 변수가 유의한 것으로 나타났다.

lm 모형의 결과를 예측에 사용하려면 다음과 같이 predict.lm( ) 함수를 사용하면 된다.

```
> predict(data_lm_full, newdata = data[1:5,])
       1        2        3        4        5
5.592436 5.216472 5.793525 5.760329 5.760329
```

14.5.1 선형회귀 모형에서 변수 선택

앞장과 마찬가지로, 이차상호작용을 포함한 모형을 적합해보자.

```
> data_lm_full_2 <- lm(quality ~ .^2, data=training)
> summary(data_lm_full_2)
....
---
Signif. codes:  0 '***' 0.001 '**' 0.01 '*' 0.05 '.' 0.1 ' ' 1

Residual standard error: 0.7148 on 2871 degrees of freedom
Multiple R-squared:  0.3576,    Adjusted R-squared:  0.3428
F-statistic: 24.21 on 66 and 2871 DF,  p-value: < 2.2e-16
```

위의 이차상호작용 모형은 모수가 67개다.

```
> length(coef(data_lm_full_2))
[1] 67
```

앞장의 결과와 마찬가지로, 불필요하게 많은 변수를 포함한 모형이다. 과적합(overfitting)으로 예측의 정확도가 떨어지고, 모형을 해석하기 어렵다. 실제로 summary( )의 결과 대부분의 변수는 통계적으로 유의하지 않다.

다중 R^2 = 0.36으로 설명변수들의 선형조합으로는 품질 변화의 36%밖에는 설명하지 못하고 있다. Adjusted R^2 = 0.34로 더 작다. F 통계량의 P-값은 0에 가깝다. 즉, 사용된 예측 변수의 적어도 일부는 품질을 예측하는 데 도움이 된다.

앞장과 마찬가지로 MASS::stepAIC( ) 함수를 사용하여 변수 선택을 해보자.

```
library(MASS)
data_step <- stepAIC(data_lm_full,
                scope = list(upper = ~ .^2, lower = ~1))
```

'scope=' 옵션은 가장 간단한 모형은 표본평균 하나의 상수로만 이루어진 모형, 가장 복잡한 모형은 앞서 사용한 모든 상호작용을 포함한 모형 사이를 탐색할 것을 지정해준다. stepAIC( ) 함수는 모형 탐색 과정을 화면에 표시해준다. 최종 결과 객체는 lm( ) 함수의 결과와 유사한 객체다.

```
> data_step
...
> anova(data_step)
...
> summary(data_step)
```

Call:
lm(formula = quality ~ fixed.acidity + volatile.acidity + citric.acid +
    residual.sugar + chlorides + free.sulfur.dioxide + total.sulfur.dioxide +
    density + pH + sulphates + alcohol + free.sulfur.dioxide:total.sulfur.dioxide +
    volatile.acidity:alcohol + residual.sugar:free.sulfur.dioxide +
    pH:alcohol + fixed.acidity:citric.acid + volatile.acidity:pH +
    fixed.acidity:free.sulfur.dioxide + free.sulfur.dioxide:alcohol +
    density:alcohol + residual.sugar:alcohol + residual.sugar:density +
    residual.sugar:pH + free.sulfur.dioxide:density + total.sulfur.dioxide:sulphates +
    free.sulfur.dioxide:sulphates + chlorides:sulphates + residual.sugar:sulphates +
    density:sulphates + chlorides:pH, data = training)

Residuals:
    Min   1Q   Median   3Q   Max
-3.3910 -0.4834 -0.0190 0.4267 3.1593

Coefficients:

	Estimate	Std. Error
(Intercept)	3.467e+01	1.040e+02
fixed.acidity	3.077e-01	6.414e-02
volatile.acidity	-1.646e+01	3.002e+00
citric.acid	3.965e+00	8.724e-01
residual.sugar	-1.801e+00	4.630e-01
chlorides	3.237e+01	1.796e+01
free.sulfur.dioxide	-2.189e+00	1.143e+00
total.sulfur.dioxide	9.509e-03	2.130e-03
density	-2.211e+01	1.047e+02
pH	-2.445e+00	1.171e+00
sulphates	-2.496e+02	7.383e+01
alcohol	3.559e+01	7.529e+00
free.sulfur.dioxide:total.sulfur.dioxide	-8.517e-05	9.748e-06
volatile.acidity:alcohol	4.449e-01	1.048e-01
residual.sugar:free.sulfur.dioxide	-1.223e-03	4.492e-04
pH:alcohol	2.953e-01	9.836e-02
fixed.acidity:citric.acid	-5.789e-01	1.239e-01
volatile.acidity:pH	3.157e+00	9.367e-01
fixed.acidity:free.sulfur.dioxide	1.865e-03	1.139e-03
free.sulfur.dioxide:alcohol	4.902e-03	1.575e-03
density:alcohol	-3.710e+01	7.602e+00
residual.sugar:alcohol	2.013e-02	4.710e-03
residual.sugar:density	1.967e+00	4.735e-01
residual.sugar:pH	-5.213e-02	2.148e-02
free.sulfur.dioxide:density	2.152e+00	1.144e+00
total.sulfur.dioxide:sulphates	-1.444e-02	4.134e-03
free.sulfur.dioxide:sulphates	2.370e-02	8.145e-03

```
chlorides:sulphates                       -1.415e+01  6.323e+00
residual.sugar:sulphates                  -1.389e-01  4.380e-02
density:sulphates                          2.544e+02  7.474e+01
chlorides:pH                              -8.242e+00  5.578e+00
                                          t value Pr(>|t|)
(Intercept)                                0.333 0.738966
fixed.acidity                              4.797 1.69e-06 ***
volatile.acidity                          -5.481 4.60e-08 ***
citric.acid                                4.545 5.71e-06 ***
residual.sugar                            -3.890 0.000102 ***
chlorides                                  1.802 0.071583 .
free.sulfur.dioxide                       -1.916 0.055467 .
total.sulfur.dioxide                       4.464 8.37e-06 ***
density                                   -0.211 0.832814
pH                                        -2.087 0.036937 *
sulphates                                 -3.380 0.000734 ***
alcohol                                    4.727 2.39e-06 ***
free.sulfur.dioxide:total.sulfur.dioxide  -8.738  < 2e-16 ***
volatile.acidity:alcohol                   4.244 2.26e-05 ***
residual.sugar:free.sulfur.dioxide        -2.723 0.006514 **
pH:alcohol                                 3.002 0.002701 **
fixed.acidity:citric.acid                 -4.671 3.13e-06 ***
volatile.acidity:pH                        3.370 0.000762 ***
fixed.acidity:free.sulfur.dioxide          1.638 0.101533
free.sulfur.dioxide:alcohol                3.112 0.001874 **
density:alcohol                           -4.881 1.11e-06 ***
residual.sugar:alcohol                     4.274 1.99e-05 ***
residual.sugar:density                     4.155 3.35e-05 ***
residual.sugar:pH                         -2.427 0.015304 *
free.sulfur.dioxide:density                1.882 0.059897 .
total.sulfur.dioxide:sulphates            -3.493 0.000485 ***
free.sulfur.dioxide:sulphates              2.910 0.003642 **
chlorides:sulphates                       -2.237 0.025336 *
residual.sugar:sulphates                  -3.171 0.001534 **
density:sulphates                          3.404 0.000674 ***
chlorides:pH                              -1.478 0.139601
---
Signif. codes:  0 '***' 0.001 '**' 0.01 '*' 0.05 '.' 0.1 ' ' 1

Residual standard error: 0.7141 on 2907 degrees of freedom
Multiple R-squared:  0.3508,    Adjusted R-squared:  0.3441
F-statistic: 52.35 on 30 and 2907 DF,  p-value: < 2.2e-16
```

최종 모형은 모수가 31개로 줄었다.

```
> length(coef(data_step))
[1] 31
```

14.5.2 모형 평가

검증세트를 사용하여 모형의 예측 능력을 비교해보자.

```
> y_obs <- validation$quality
> yhat_lm <- predict(data_lm_full, newdata=validation)
> yhat_lm_2 <- predict(data_lm_full_2, newdata=validation)
> yhat_step <- predict(data_step, newdata=validation)
> rmse(y_obs, yhat_lm)
[1] 0.7375143
> rmse(y_obs, yhat_lm_2)
[1] 0.7122535
> rmse(y_obs, yhat_step)
[1] 0.715894
```

RMSE 예측 오차는 모든 변수의 이차상호작용을 사용한 가장 복잡한 모형(yhat_lm_2)이 가장 낮은 값을 가지지만, 스텝변수 선택을 해준 모형과 큰 차이는 없다.

14.6 라쏘 모형 적합

glmnet을 이용해서 라쏘 모형을 적합해보자. 앞서 살펴보았듯이, model.matrix() 함수를 사용하여 모형행렬을 생성하자.

```
> xx <- model.matrix(quality ~ .^2-1, data)
> x <- xx[training_idx, ]
> y <- training$quality
> glimpse(x)
 num [1:2938, 1:66] 8.6 5.7 6.4 6.5 7.1 8.3 6.6 7.8 8.7 6.8 ...
 - attr(*, "dimnames")=List of 2
  ..$ : chr [1:2938] "2504" "4476" "3499" "3475" ...
  ..$ : chr [1:66] "fixed.acidity" "volatile.acidity" "citric.acid" "residual.sugar" ...
```

위의 model.matrix() 함수에서 formula로 quality ~ .-1 대신에 quality ~ .^2-1을 사용한 것은 모든 이차상호작용을 포함하기 위해서다. 앞의 lm() 결과에서 보듯이 상호작용 후에 변수선택/모형 선택을 하는 것이 더 높은 예측력을 줄 것이기 때문이다.

cv.glmnet() 함수를 사용하여 라쏘 모형을 적합해보자.

```
> data_cvfit <- cv.glmnet(x, y)
> plot(data_cvfit)
```

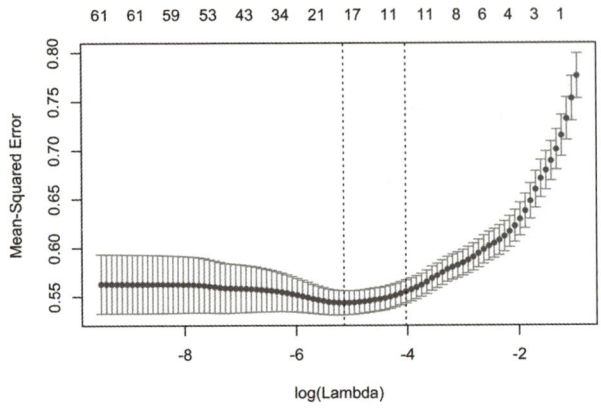

그림 14-3 데이터에 glmnet 모형을 교차검증한 결과

교차검증 결과의 해석은 8장(빅데이터 분류분석 I: 기본 개념과 로지스틱 모형)을 참고하자. 기본적으로 lambda가 왼쪽에서 오른쪽으로 증가함에 따라 선택되는 모수의 개수는 점점 줄어들고, 모형은 점점 간단해진다. 즉, 편향은 커지지만 분산은 줄어드는 편향-분산 트레이드오프 현상이 일어난다. 왼쪽의 세로 점선은 가장 정확한 예측값을 낳는 lambda.min, 오른쪽의 세로 점선은 간단한, 해석 가능한 모형을 위한 lambda.1se 값을 나타낸다. 각 lambda 값에서 선택된 변수의 개수는 각각 19개와 12개다. 다음 명령은 coef.cv.glmnet( ) 함수를 이용해 각각의 lambda 값에서 선택된 변수들을 보여준다.

```
coef(data_cvfit, s = c("lambda.1se"))
coef(data_cvfit, s = c("lambda.min"))
```

해석보다는 예측이 초점이므로 lambda.1se 대신에 lambda.min을 사용하도록 하자.

앞장과 마찬가지로, 독자들은 디폴트인 alpha = 1.0(라쏘 모형) 이외에 alpha = 0.0(능형회귀 모형)과 alpha = 0.5(일래스틱넷 모형)를 적합해볼 것을 권한다.

14.6.1 모형 평가

주어진 lambda 값에서 예측을 해주는 함수는 predict.cv.glmnet( )이다. 다음 명령은 처음 다섯 관측값에 대한 예측값을 계산해준다.

```
> predict.cv.glmnet(data_cvfit, s="lambda.min", newx = x[1:5,])
            1
2504 4.847910
4476 6.760642
3499 5.708555
3475 5.433645
760  6.242874
```

검증세트를 사용하여 모형의 예측 능력을 계산해보자.

```
> y_obs <- validation$quality
> yhat_glmnet <- predict(data_cvfit, s="lambda.min", newx=xx[validate_idx,])
> yhat_glmnet <- yhat_glmnet[,1] # change to a vector from [n*1] matrix
> rmse(y_obs, yhat_glmnet)
[1] 0.7283572
```

RMSE 값은 앞서 이차상호작용을 사용한 복잡한 모형의 RMSE = 0.712 값보다 약간 크다. 즉, 라쏘 모형의 예측력은 이차선형 모형보다 조금 약하다.

14.7 나무 모형

rpart::rpart( ) 함수로 나무회귀 모형을 데이터에 적합해보자.

```
> data_tr <- rpart(quality ~ ., data = training)
> data_tr
n= 2938

node), split, n, deviance, yval
      * denotes terminal node

 1) root 2938 2283.36700 5.871341
   2) alcohol< 10.85 1881 1093.30200 5.605529
     4) volatile.acidity>=0.2525 983  489.98170 5.373347 *
     5) volatile.acidity< 0.2525 898  492.32070 5.859688
      10) volatile.acidity>=0.2075 451  210.52770 5.711752 *
      11) volatile.acidity< 0.2075 447  261.96420 6.008949
        22) alcohol>=8.85 422  214.85310 5.947867 *
        23) alcohol< 8.85 25   18.96000 7.040000 *
   3) alcohol>=10.85 1057  820.64900 6.344371
     6) free.sulfur.dioxide< 10.5 54   54.09259 5.129630 *
     7) free.sulfur.dioxide>=10.5 1003  682.58420 6.409771
      14) alcohol< 11.875 519  319.75720 6.202312 *
```

```
15) alcohol>=11.875  484   316.53720  6.632231 *
```

적합된 모형에 대한 더 자세한 정보를 보려면 printcp( )와 summary.rpart( ) 함수를 사용한다.

```
printcp(data_tr)
summary(data_tr)
```

적합 결과는 나무 모양으로 플롯할 수 있다. plot.rpart( )가 호출된다(그림 14-4).

```
opar <- par(mfrow = c(1,1), xpd = NA)
plot(data_tr)
text(data_tr, use.n = TRUE)
par(opar)
```

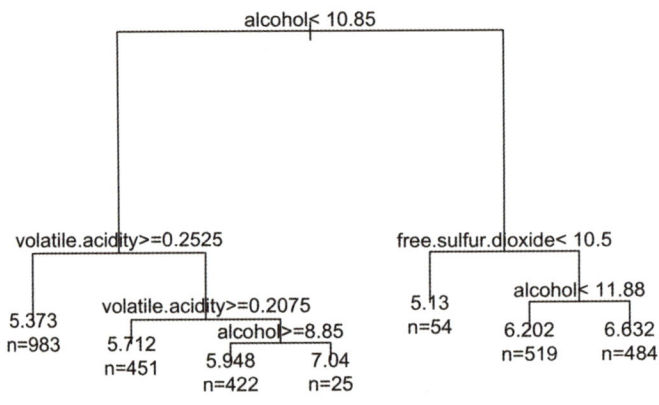

그림 14-4 예제 데이터에 나무 회귀 모형을 적합한 결과

그림과 텍스트 출력에서 보듯 가장 중요한 첫 번째 분할은 alcohol(알코올 농도)에 의해서다. 첫 번째 분할에서 왼쪽 가지(alcohol<10.85)는 '약한 와인', 오른쪽 가지(alcohol>=10.85)는 비교적 '독한 와인'이다. 왼쪽 가지/약한 와인은 volatile.acidity 값으로 더 분할되고, 오른쪽 가지/독한 와인은 free.sulfur.dioxide 값으로 더 세분된다. 앞서 살펴보았듯이, 계속 나눠지는 가지의 마지막 부분인 잎새들은 각 분할에 속한 관측치의 숫자와 평균 반응변수(와인 등급) 값을 나타낸다. 예를 들어, 가장 오른쪽 잎새에서는 n = 484, yhat = 6.632다.

모형 평가를 위해서는 마찬가지로 predict.rpart( ) 함수를 사용하고 검증세트에서의 RMSE 값을 구할 수 있다.

```
> yhat_tr <- predict(data_tr, validation)
> rmse(y_obs, yhat_tr)
[1] 0.7607414
```

보통 그렇듯이 나무 모형의 예측력은 약한 편이다. 모든 선형 모형과 라쏘보다 RMSE 예측오차가 크다.

14.8 랜덤 포레스트

랜덤 포레스트 모형을 예제 데이터에 적합하고, plot.randomForest( ) 함수로 나무 개수가 증가함에 따른 MSE의 감소를, varImpPlot( )으로 변수의 중요도를 그려보자(그림 14-5).

```
> set.seed(1607)
> data_rf <- randomForest(quality ~ ., training)
> data_rf

Call:
 randomForest(formula = quality ~ ., data = training)
               Type of random forest: regression
                     Number of trees: 500
No. of variables tried at each split: 3

          Mean of squared residuals: 0.3974644
                    % Var explained: 48.86
> plot(data_rf)
> varImpPlot(data_rf)
```

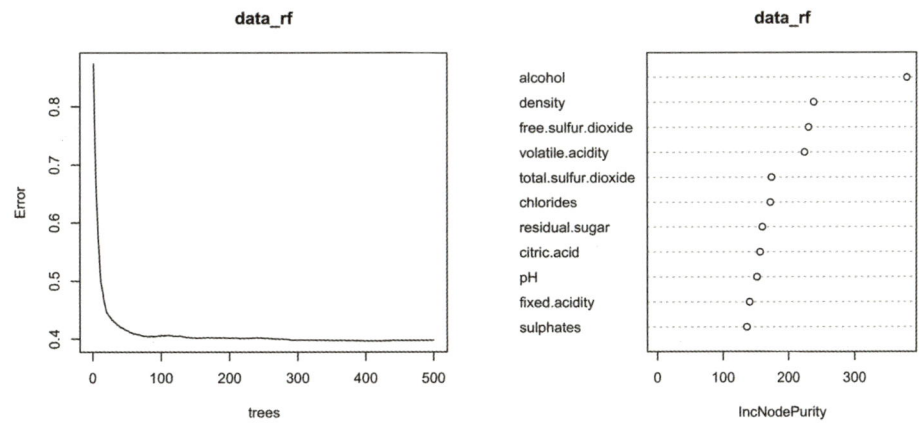

그림 14-5 데이터에서 나무 개수에 따른 MSE의 감소(왼쪽)와 변수의 중요도(오른쪽)

검증세트에서 RMSE를 계산해보자.

```
> yhat_rf <- predict(data_rf, newdata=validation)
> rmse(y_obs, yhat_rf)
[1] 0.6180081
```

랜덤 포레스트 모형의 RMSE 예측 오차값은 지금까지 살펴본 모든 모형 중 가장 낮다. 즉, 가장 좋은 예측력을 보여준다.

14.9 부스팅

gbm( ) 함수를 사용해 예제 데이터에 부스팅 모형을 적합해보자.

```
set.seed(1607)
data_gbm <- gbm(quality ~ ., data=training,
            n.trees=40000, cv.folds=3, verbose = TRUE)
```

앞장에서 언급했듯이 n.trees= 파라미터 값이 충분히 커야 한다. 최적 값은 데이터마다 다르다. 그러므로 몇 가지 다른 값을 사용해서 위의 코드로 실험해볼 것을 권장한다. 본 데이터에서는 40,000을 사용하였다. 하지만 다음 결과에서 보듯이 best_iter 값이 40,000에 아주 가깝다(그림 14-6). 즉, 아마도 반복수를 더 늘리면 예측성능이 더 나아질 수 있음을 나타낸다. 하지만 예측성능이 개선되는 속도가 거의 완만하므로 n.trees=40,000에서 그치도록 하자.

```
> (best_iter = gbm.perf(data_gbm, method="cv"))
[1] 39570
```

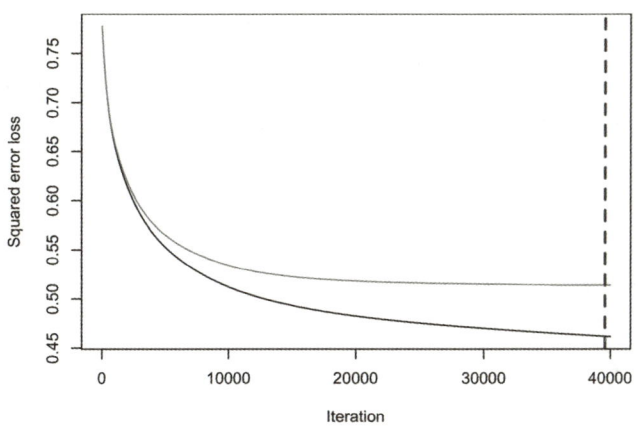

그림 14-6 예제 데이터에서 부스팅 반복수에 따른 훈련세트 MSE(검정색)와 교차검증 MSE(녹색) 값의 추세. 오차를 최소화하는 반복수는 점선으로 표시되어 있다.

최적 반복수를 사용한 모형의 검증세트에서의 오차를 구해보자.

```
> yhat_gbm <- predict(data_gbm, n.trees=best_iter, newdata=validation)
> rmse(y_obs, yhat_gbm)
[1] 0.695376
```

선형 모형과 라쏘보다는 낫지만, 랜덤 포레스트보다는 약한 예측 능력을 보이는 것을 알 수 있다.

14.10 최종 모형 선택과 테스트세트 오차 계산

지금까지 적합한 모든 검증세트 오차를 비교해보면 다음과 같다.

```
> data.frame(lm = rmse(y_obs, yhat_step),
+            glmnet = rmse(y_obs, yhat_glmnet),
+            rf = rmse(y_obs, yhat_rf),
+            gbm = rmse(y_obs, yhat_gbm)) %>%
+   reshape2::melt(value.name = 'rmse', variable.name = 'method')
No id variables; using all as measure variables
  method      rmse
1     lm 0.7158940
2 glmnet 0.7283572
3     rf 0.6180081
4    gbm 0.6953760
```

랜덤 포레스트 모형 > 부스팅 > 스텝변수 선택한 선형 모형 > 라쏘 순으로 가장 예측력이 높음을 알 수 있다. 우연이지만, 앞장에서 살펴본 부동산 가격 예측과 유사하다. 예측력이 가장 좋은 랜덤 포레스트 모형을 최종 예측 모형으로 사용하자.

랜덤 포레스트 모형의 테스트세트에서의 오차는 다음처럼 계산할 수 있다.

```
> rmse(test$quality, predict(data_rf, newdata = test))
[1] 0.6459944
```

14.10.1 회귀분석의 예측값의 시각화

앞장에서 살펴본 것처럼, 다른 예측 모형들의 예측값들과 관측값들 사이의 산점도를 그리고 상관 관계를 나타내보자(그림 14-7).

```
pairs(data.frame(y_obs=y_obs,
                 yhat_lm=yhat_lm,
                 yhat_glmnet=c(yhat_glmnet),
                 yhat_rf=yhat_rf,
                 yhat_gbm=yhat_gbm),
      lower.panel=function(x,y){ points(x,y); abline(0, 1, col='red')},
      upper.panel = panel.cor)
```

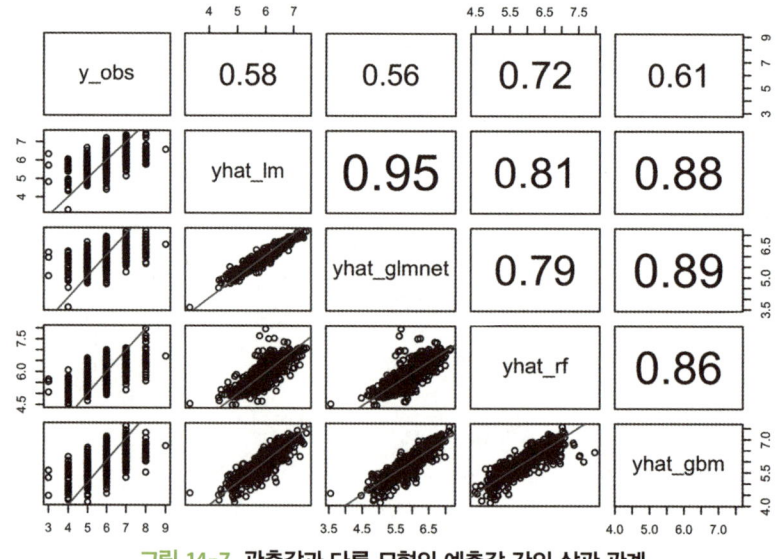

그림 14-7 관측값과 다른 모형의 예측값 간의 상관 관계

이 그림에서 알 수 있는 것은 step, glmnet 예측값끼리는 상관계수가 높고(0.95), 랜덤 포레스트는 다른 세 모형과는 비교적 낮은 상관 관계를 보인다는 것이다(0.79, 0.81, 0.86). 관측값과 상관계수가 가장 높은 방법은 랜덤 포레스트(0.72)다.

연/습/문/제   CHAPTER 14

1. 회귀분석을 본문에 기술된 적포도주 데이터(winequality-red.csv)에 실행해보라. 결과를 슬라이드 10여 장 내외로 요약하라.
2. 전복 나이 예측 https://goo.gl/R0Pyrt 데이터에 회귀분석을 적용하고, 결과를 슬라이드 10여 장 내외로 요약하라.
3. 공기질 예측 https://goo.gl/etZcrE 데이터에 회귀분석을 적용하고, 결과를 슬라이드 10여 장 내외로 요약하라.
4. https://goo.gl/hmyTre 혹은 https://goo.gl/zSr03C에서 다른 고차원 회귀분석 데이터를 찾아서 본문에 설명한 분석을 실행하고, 결과를 슬라이드 10여 장 내외로 요약하라.

참/고/문/헌   CHAPTER 14

1. P. Cortez, A. Cerdeira, F. Almeida, T. Matos and J. Reis. Modeling wine preferences by data mining from physicochemical properties. In Decision Support Systems, Elsevier, 47(4):547–553, 2009.

데이터 시각화 II: 단어 구름을 사용한 텍스트 데이터의 시각화

앞서 데이터 시각화 I에서는 현대적 데이터 시각화의 핵심인 ggplot2 패키지에 관해 배웠다. 이 장에서는 텍스트 데이터를 시각화하는 방법인 단어 구름(word cloud)에 관해 배워보자.

15.1 제퍼디! 질문 데이터

〈제퍼디(Jeopardy)!)〉는 미국의 상식퀴즈쇼다. 대답처럼 제시된 질문에, 질문 형식으로 대답하는 방식이 특이하다. 예를 들면 미국 대통령 카테고리의 200달러짜리 질문으로 다음처럼 묻고 답하는 식이다.

> 질문: "이 대통령은 실제로는 체리나무를 베지 않았습니다."("This 'Father of Our Country' didn't really chop down a cherry tree.")
>
> 정답: "조지 워싱턴은?"("Who is/was George Washington?")

〈제퍼디!〉는 현재 포맷으로 1984년 이래 2016년 현재까지 매일 방송되는 장수 프로그램이다. 최근에는 IBM의 인공지능 왓슨(Watson) 컴퓨터가 사람을 상대로 승리를 거둔 퀴즈쇼로도 유명하다(https://goo.gl/qyT18L).

우리는 단어 구름 예제로 20만 개의 〈제퍼디!〉 퀴즈쇼 질문 문장을 사용하도록 하겠다. 데이터는 https://goo.gl/f0D1QX에서 다운로드할 수 있다.

이 장에서는 콤마로 구분된 CSV 포맷으로 다운로드하여 사용하도록 하자. 데이터를 JEOPARDY_CSV.csv 파일로 다운로드한 후 word-cloud라는 프로젝트 디렉터리에 저장하자. 맥 OSX이라면 유닉스 셸에서 다음 명령을 실행하면 된다.

```
$ mkdir word-cloud
$ cd word-cloud
$ mv ~/Downloads/JEOPARDY_CSV.csv .
```

유닉스 셸에서 다음 명령을 실행하여 관측치 개수가 얼마나 되는지, 처음 몇 줄의 열이 어떻게 이루어져 있는지 알 수 있다.

```
$ wc -l JEOPARDY_CSV.csv
  216931 JEOPARDY_CSV.csv
$ head JEOPARDY_CSV.csv
Show Number, Air Date, Round, Category, Value, Question, Answer
4680,2004-12-31,Jeopardy!,"HISTORY","$200","For the last 8 years of his life, Galileo
         was under house arrest for espousing this man's theory","Copernicus"
4680,2004-12-31,Jeopardy!,"ESPN's TOP 10 ALL-TIME ATHLETES","$200","No. 2: 1912
         Olympian; football star at Carlisle Indian School; 6 MLB seasons with the Reds,
                                             Giants & Braves","Jim Thorpe"
4680,2004-12-31,Jeopardy!,"EVERYBODY TALKS ABOUT IT...","$200","The city of Yuma in
     this state has a record average of 4,055 hours of sunshine each year","Arizona"
4680,2004-12-31,Jeopardy!,"THE COMPANY LINE","$200","In 1963, live on ""The Art
     Linkletter Show""", this company served its billionth burger","McDonald's"
4680,2004-12-31,Jeopardy!,"EPITAPHS & TRIBUTES","$200","Signer of the Dec. of Indep.,
     framer of the Constitution of Mass., second President of the United States",
                                                                       "John Adams"
4680,2004-12-31,Jeopardy!,"3-LETTER WORDS","$200","In the title of an Aesop fable,
                     this insect shared billing with a grasshopper","the ant"
4680,2004-12-31,Jeopardy!,"HISTORY","$400","Built in 312 B.C. to link Rome & the South
                         of Italy, it's still in use today","the Appian Way"
4680,2004-12-31,Jeopardy!,"ESPN's TOP 10 ALL-TIME ATHLETES","$400","No. 8: 30 steals
             for the Birmingham Barons; 2,306 steals for the Bulls","Michael Jordan"
4680,2004-12-31,Jeopardy!,"EVERYBODY TALKS ABOUT IT...","$400","In the winter of 1971-
         72, a record 1,122 inches of snow fell at Rainier Paradise Ranger Station in this
                                                     state","Washingto
```

데이터 파일의 각 열은 다음 변수를 나타낸다.

- Show Number: 방송 횟수
- Air Date: 방송 날짜
- Round: 주로 'Jeopardy!', 'Double Jeopardy!', 'Final Jeopardy!'가 있다.

- Category: 문제 카테고리
- Value: 문제를 맞췄을 때의 상금($)
- Question: 질문
- Answer: 정답

~/word-cloud 디렉터리에 'word-cloud' R 스튜디오 프로젝트도 마찬가지로 생성하자. 이후의 R 작업 내용은 word-cloud.R 스크립트 파일에 저장하도록 하자.

15.2 자연어 처리와 텍스트 마이닝 환경 준비

텍스트 데이터로부터 단어 구름을 만들기 위해서는 자연어 처리(Natural Language Processing, NLP)와 텍스트 마이닝(text mining)을 위한 R 패키지들이 필요하다. 자연어 처리를 위한 중요한 패키지들은 CRAN 태스크뷰에서 설명하고 있다(https://goo.gl/r39elp).

이 장에서는 이들 중 다음 패키지를 사용할 것이다.

- tm: 텍스트 마이닝을 위한 R 프레임워크
- SnowballC: 어간추출[1]을 위한 라이브러리. C의 libstemmer에 기반을 둔다.
- wordcloud: 단어 구름을 생성하기 위한 라이브러리

R에서 필요한 패키지를 다음과 같이 설치하자.

```
install.packages(c("tm", "SnowballC", "wordcloud"))
```

15.3 단어 구름 그리기

설치한 후에는 필요한 라이브러리를 다음처럼 로드한다.

---

[1] 어간추출(語幹 抽出, stemming)이란 정보 검색 분야에서 어형이 변형된 단어로부터 접사 등을 제거하고 단어의 어간을 분리해 내는 작업이다. 예를 들어, 영어 단어 stemmer, stemming, stemming, stemmed 등의 어간은 stem이다.

```
library(tm)
library(SnowballC)
library(wordcloud)
```

데이터 파일을 읽어 들여서 data 데이터 프레임에 저장하고 내용을 살펴보자. 설명을 위해 일단 처음 10000 관측치만 사용하도록 하자(nrows = 10000). 텍스트 데이터가 인자 변수로 자동 변환되는 것을 막기 위해 stringAsFactors=FALSE 옵션을 사용하고 있다.

```
> data <- read.csv('JEOPARDY_CSV.csv', stringsAsFactors = FALSE,
                nrows = 10000)
> dplyr::glimpse(data)
Observations: 10,000
Variables: 7
$ Show.Number <int> 4680, 4680, 4680, 4680, 4680, 46...
$ Air.Date    <chr> "2004-12-31", "2004-12-31", "200...
$ Round       <chr> "Jeopardy!", "Jeopardy!", "Jeopa...
$ Category    <chr> "HISTORY", "ESPN's TOP 10 ALL-TI...
$ Value       <chr> "$200", "$200", "$200", "$200", ...
$ Question    <chr> "For the last 8 years of his lif...
$ Answer      <chr> "Copernicus", "Jim Thorpe", "Ari...
```

이제 data$Question 텍스트 변수를 변수 코퍼스(corpus, '말뭉치')로 변환하자.

```
> data_corpus <- Corpus(VectorSource(data$Question))
> data_corpus
<<VCorpus>>
Metadata:  corpus specific: 0, document level (indexed): 0
Content:  documents: 10000
```

코퍼스는 보통 텍스트 마이닝이나 언어학적 연구에 사용되는 텍스트의 모음을 의미한다. 실행 결과에서 보듯이, 각 관측치는 하나의 '문서(document)'로 변환된다. ?Corpus로 더 자세한 내용을 알아보도록 하자.

다음 명령은 각 문서를 소문자로 변환하고, 각 문서에서 구두점(punctuations)과 불용어(stopwords)를 제거하는 작업이다. 구두점은 마침표, 쉼표, 따옴표, 콜론 등이다. 불용어란, 영어에서 I, me, my 등처럼 자주 사용되는 단어들이다(stopwords('english') 명령을 사용하면 모든 불용어들의 리스트를 볼 수 있다).

```
data_corpus <- tm_map(data_corpus, content_transformer(tolower))
data_corpus <- tm_map(data_corpus, removePunctuation)
data_corpus <- tm_map(data_corpus, removeWords, stopwords('english'))
```

텍스트 마이닝 코드는 한글판 OS나 윈도우에서는 에러가 날 수 있다.

다음 작업은 어간추출이다.

```
data_corpus <- tm_map(data_corpus, stemDocument)
```

이제 단어 구름을 그릴 준비가 끝났다. wordcloud( ) 함수를 사용하여 단어 구름을 그려준다 (그림 15-1).

```
wordcloud(data_corpus, max.words=100, random.order=FALSE,
          colors=brewer.pal(8, "Dark2"))
```

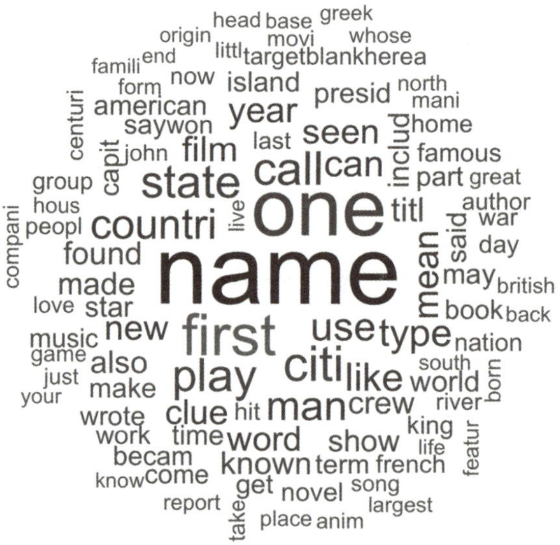

그림 15-1 <제퍼디!>에서 10000개의 질문 텍스트로 그려진 단어 구름

15.4 자연어 처리 예

참고로, 위의 처리가 i번째 관측치에 어떤 변화를 주는지 알아보려면 각 작업 후에 as. character(data_corpus[[i]])를 실행하면 된다. 첫 번째 관측치 I = 1을 예로 들어보자.

처리	내용
원데이터(data$Question[1])	"For the last 8 years of his life, Galileo was under house arrest for espousing this man's theory"
content_transformer(tolower)	"for the last 8 years of his life, galileo was under house arrest for espousing this man's theory" (소문자 변환)
removePunctuation	"for the last 8 years of his life galileo was under house arrest for espousing this mans theory" (쉼표 제거)
removeWords, stopwords('english')	" last 8 years life galileo house arrest espousing mans theory" (for, of, his 등의 불용어 제거)
stemDocument	" last 8 year life galileo hous arrest espous man theori" (어간추출)

이 장의 예는 Teja K. (2015) Building Wordclouds in R.(https://goo.gl/690KB7) 예제를 참조하였다. 하지만, 원래 코드에 버그가 있다. 소문자 변환을 해주지 않은 것이다. 따라서 R 스튜디오의 샤이니(Shiny) 단어 구름 예제를 참조하였다(https://goo.gl/Dpez2b).

15.5 고급 텍스트 마이닝을 향하여

여기서는 아주 간단한 텍스트 데이터 전처리, 어간추출과 단어 구름 시각화만을 살펴보았다. 하지만, 텍스트 마이닝과 자연어 처리는 훨씬 더 커다란 주제다. 주요 작업은 보통 다음 과정으로 이루어져 있다.

1. 코퍼스에서 형태소 분석, 어간추출, 불용어 제거 등의 작업을 통해 각 문서의 단어를 추출한다.
2. 코퍼스를 단어문서행렬(term-document matrix), 문서단어행렬(document-term matrix) 등으로 나타낸다.

3. 특이값 분해(Singular Value Decomposition, SVD)를 적용한 잠재의미분석(Latent Semantic Analysis, LSA), 혹은 잠재디리클레할당(Latent Dirichlet Allocation, LDA)을 이용하여 변환된 문서 데이터를 생성한다. 이를 통해 단어의 연관성이 문서 데이터에 반영되게 된다. 최근에는 딥러닝(deep learning)을 활용한 Word2vec, Doc2vec과 같은 모형도 개발되었다(스탠포드대학교 컴퓨터학과의 자연어 처리 수업인 http://cs224d.stanford.edu와 Mikolov, et al. (2013) 등 참조).

4. 변환된 문서 데이터를 적용 영역에 맞추어 분석한다.

자연어 처리의 적용 영역의 몇 가지 예를 들면 다음과 같다.

1. 정보검색(Information Retrieval, IR)
2. 문서의 자동요약(automatic summarization)
3. 자동 질의응답 시스템. 예를 들어, 울프램 알파(Wolfram Alpha).
4. 대화시스템. 예를 들어, 애플 시리(Apple Siri).
5. 감성분석(sentiment analysis). 온라인에서 SNS에서 어떤 대통령 후보에 대한 정서(sentiment)가 긍정적인가 부정적인가?
6. 자동번역(machine translation). 예를 들어, 구글 번역(Google Translate)
7. 어떤 논문이 표절인가? 즉, 기존에 출판된 많은 논문과 주어진 논문이 지나치게 유사한가?
8. 어떤 희곡의 저자는 셰익스피어라고 볼 수 있는가? 즉, 셰익스피어의 다른 희곡의 단어 사용의 분포와 주어진 희곡의 단어사용의 분포가 유사한가?

자연어 처리에 대한 더 자세하게 공부하길 원한다면 KoNLP 홈페이지(https://goo.gl/64sxGC)에 언급한 것처럼 Jurafsky et al. (2008) 혹은 Manning and Schutze (1999) 등을 참고하자.

15.6 한국어 자연어 처리

앞서 예로 든 tm 패키지에서는 영어의 어간분석을 다루었다. 한국어 같은 언어에서는 형태소 분석(morpheme analysis)이 중요해진다. 형태소 분석이란 어절을 의미의 최소 단위인 형태소로 분리해내는 작업이다. 예를 들어, '아버지가 방에 들어가신다'를 '아버지 + 가 + 방 + 에 + 들어가 + 신다'라고 나누는 것이 한 가지 가능한 분리일 것이다.

R에서 한국어 자연어 처리를 위한 패키지는 KoNLP가 있다(https://goo.gl/p5kA5L).

파이썬에서는 더 다양한 엔진을 지원하는 KoNLPy('코엔엘파이'라고 읽는다) 패키지가 있다. http://konlpy.org/ (영문) 혹은 http://konlpy.org/ko/latest/ (한글) 사이트를 방문하여 더 자세히 알아보도록 하자.

연/습/문/제 CHAPTER 15

1. JEOPARDY_CSV.csv 파일에서 유닉스의 cut, sort, uniq 명령을 사용하여 Round와 Category 변수의 도수 분포를 구하라.
2. R 스튜디오의 샤이니 단어 구름 예제의 코드를 살펴보자(https://goo.gl/Dpez2b). 여기서 사용된 데이터는 무엇인가? 문서를 다운로드하여 문서에 대한 단어 구름을 그려보자.
3. KoNLPy를 설치해보자.
4. KoNLPy 홈페이지에는 국회 의안의 내용의 단어 구름을 그려주는 예제가 있다(https://goo.gl/IDJxW3). R로 이 예를 구현하라.

참/고/문/헌 CHAPTER 15

1. Ingo Feinerer and Kurt Hornik (2015). tm: Text Mining Package. R package version 0.6-2. http://CRAN.R-project.org/package=tm.
2. Ingo Feinerer, Kurt Hornik, and David Meyer (2008). Text Mining Infrastructure in R. Journal of Statistical Software 25(5): 1-54. URL: http://www.jstatsoft.org/v25/i05/.
3. Ian Fellows (2014). wordcloud: Word Clouds. R package version 2.5. https://CRAN.R-project.org/package=wordcloud.
4. "Efficient Estimation of Word Representations in Vector Space". arXiv:1301.3781.
5. Jurafsky et al., Speech and Language Processing, 2nd Edition, 2008.
6. Manning and Schutze, Foundations of Statistical Natural Language Processing, 1999.

실리콘밸리에서 데이터 과학자 되기

이 장에서는 실리콘밸리에서 데이터 과학자를 뽑는 과정과 지원자들에게 공통적으로 요구되는 자질을 살펴보고자 한다. 제목을 '이렇게 하면 실리콘밸리에서 데이터 과학자가 된다'라고 이해하면 곤란하고, 다만 한국이나 해외에서나 데이터 과학자로서의 커리어를 준비하기 위한 참고 데이터 정도로 삼길 바란다. 또한, 데이터 과학팀을 구성하고, 데이터 과학자를 뽑고자 하는 사람에게도 이 장이 도움이 되길 바란다.

16.1 데이터 과학자에게 요구되는 자질들

글래스도어(Glassdoor), 몬스터(Monster), 인디드(Indeed) 등의 구인 사이트에서 데이터 과학자 채용공고(job posting)를 살펴보면 몇 가지 공통된 패턴을 발견할 수 있을 것이다.

- 수리분야(qualitative fields)의 석사 혹은 박사 학위(advanced degrees): 통계학이나 컴퓨터 공학 등의 전공을 명시하는 경우도 있지만, 넓은 의미로 전산과 통계를 사용하는 다른 전공도 허용하는 경우가 많다. 학부 학위를 허용하는 경우도 있다.

- 코딩 능력: 파이썬과 R, SQL이 흔히 요구된다. 자바, 스칼라, C 등의 언어나 유닉스 셸 사용능력을 명시하는 경우도 있다.

- 통계학(statistics) 능력: 선형 모형, 일반화 선형 모형, 시계열 모형, 공간통계, 실험 계획, 표본화 등의 세부전공을 명시하는 경우도 있다.
- 데이터 분석능력과 문제해결능력: 데이터로부터 결론을 끌어내고, 대처방안을 제시할 능력
- 리더십(leadership)
- 자습/자립 능력(self-direction)
- 협동능력: 여러 부서 간의 협업(cross-functional collaboration) 능력
- 의사소통 능력(communication skill)
- 하둡(Hadoop) 등의 빅데이터 플랫폼 경험을 요구하기도 하지만 흔하지 않다.

16.2 데이터 과학자 고용 과정

데이터 과학자는 보통 다음 과정으로 고용된다.

1. **채용공고에 지원:** 회사 웹사이트를 통해 직접 지원하거나 구인사이트를 통해 지원하게 된다. 이력서 혹은 레주메를 설득력 있게 만들어두는 것이 좋다. 또한, 링크드인(LinkedIn)에 프로파일이 잘 만들어져 있으면 지원하지 않아도 리크루터에게서 연락이 오기도 한다. 이 첫 관문을 통과하면 전화 인터뷰 약속을 잡게 된다.

2. **전화 인터뷰(phone interview 혹은 phone screen):** 보통 한 번 하지만 두 번 하는 곳도 있다. 많은 경우 30~60분 사이의 테크니컬 질문들이다. 통계 문제풀이 혹은 coderpad 등을 통한 온라인 코딩 시험이다. 이 관문을 통과하면 다음은 현장 인터뷰다.

3. **프로젝트 숙제(take-home project):** 모든 회사들이 하지는 않는다. 실제 데이터를 제공하고 몇 시간 혹은 며칠 정도의 시간을 주고, 리포트를 작성할 것을 요구한다. 보통 전화 인터뷰와 현장 인터뷰 사이에 요청한다.

4. **현장 인터뷰(on-site interview):** 보통 4~6명을 45~60분 간격으로 만나서 인터뷰를 한다. 점심식사가 끼여있는 경우가 많다. 테크니컬 인터뷰, 성향 인터뷰(behavioral interview)들이 섞여있다. 이 관문을 통과하면 오퍼를 받게 된다.

16.2.1 데이터 과학자는 여러 이름으로 불린다

채용공고에서 데이터 과학자는 꼭 'data scientist'로 불리는 것이 아니다. 예를 들어, 구글에서는 'statistician/quantitative analyst' 등으로 불린다.

16.2.2 링크드인 프로파일의 중요성

위에서 언급했듯이, 레주메를 잘 만들어두는 것, 그리고 링크드인에 신뢰가 갈 만한 프로파일을 만들어두는 것이 중요하다. 링크드인에서 데이터 과학자를 검색하면(그림 16-1) 많은 데이터 과학자의 링크드인 프로파일을 볼 수 있으니 벤치마킹하도록 하자. 그리고 주변의 면식 있는 데이터 과학자 혹은 엔지니어들과 링크드인 상에서 인맥을 만들어두는 것도 도움이 된다. 물론, 잘 모르는 사람에게 무작정 초대장을 보내는 것은 피해야 한다.

링크드인에서 먼저 프로파일을 만들어두고, 그에 기반을 둔 이력서를 작성하는 것도 좋은 방법이다.

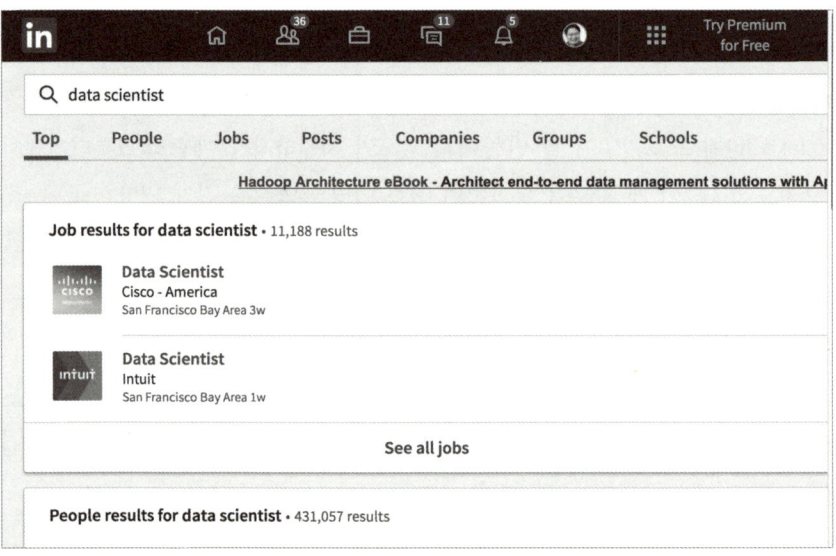

그림 16-1 링크드인에서 'data scientist'를 검색한 결과

16.3 인터뷰 준비

16.3.1 통계 개념 복습

1. 초급 통계
   a. P-값이란?
   b. 표준편차란?
   c. 표준오차란?
   d. 신뢰구간과 표본 크기의 관계는?
   e. t-검정의 의미는?
   f. 선형 모형의 가정
   g. 선형 모형 모수추정 공식은?
   h. 선형 모형에서 범주형 설명변수는 어떻게 다뤄지는가? 모형행렬이란?

2. 중급-고급 통계
   a. 베이즈 확률계산
   b. 일반화 선형 모형이란?
   c. 분류분석 모형
   d. 과적합이란?
   e. 변수 선택의 이유는?
   f. 교차검증이란?

3. 고급 통계
   a. 부트스트랩이란?
   b. 순열검정이란?
   c. 정규화된 모형을 설명하라.
   d. 라쏘 모형이란? 능형회귀 모형이란? 두 모형의 차이는?
   e. 다변량 모형

16.3.2 코딩 복습

1. R: 이 책 수준의 R 사용능력
2. 파이썬: 기본적인 코딩능력과 데이터구조
3. SQL: 다양한 join 명령어(inner join, left join, right join, outer join)의 차이와 사용법 그리고 group by, subquery 등의 사용
4. 일반 팁
    a. 칠판에 코딩하는 연습을 해두자. 컴퓨터에서 하는 것과 느낌이 다르다.
    b. 간단한 알고리즘 질문을 하는 경우가 많다. 간단한 정렬(sorting) 알고리즘 한 둘은 익히도록 하자. 그리고 복잡도를 나타내는 O( ) 표현도 익히면 좋다.
    c. 데이터구조 중 리스트, 해시/딕셔너리 등은 알고 있도록 하자.
    d. 문제 풀이 과정을 쓰고만 있지 말고 말로 표현하도록 하자. 영어로 'thinking out loud'라고 한다.
    e. 스타일 가이드를 준수하는 깨끗한 코드를 쓰면 좋다.

16.4 행동질문과 상황질문

행동질문(behavioral questions)과 상황질문(situational questions)은 테크니컬 질문 외에 사람의 기술적, 인성적 면모를 파악하는 질문들이다. 행동질문은 "과거에 어떤 상황에서 어떤 적이 있었는가?"를 묻는 질문이다. 상황질문은 "만약 어떤 상황이 있었다면 어떻게 할 것인가?"를 묻는 질문이다.

각 경우에 다음 형태로 답을 하는 것이 이상적이다.

1. P: problem. 어떤 문제가 있었는가?
2. A: action. 어떤 행동을 취했는가?
3. R: results. 어떤 결과를 얻었는가?

아래에 몇 가지 예를 들어보자.

1. 혁신의 경험은?
    a. P: 고객데이터 분석시스템이 없었다. 데이터를 모으기는 했지만 사용되지 않았다.

b. A: 고객데이터를 분석하여 그래프화하는 프로토타입을 개발하였다.
   c. R: 회사에서 널리 사용하는 시스템이 되었다. 수백만 달러의 추가수익으로 이어졌다. 전담 팀이 구성되었다.

2. 리더십을 발휘해본 경험은?
   a. P: 작은 연구팀을 맡게 되었다. 열정은 있지만 경험이 부족한 일꾼들이었다.
   b. A: 경험을 쌓아주기 위해 다양한 실제 프로젝트 주제를 제공하였다. 효율적인 작업을 위해 베스트 프랙티스를 설정하였다. 여러 도구들을 체계적으로 사용하였다. 깃을 이용한 코드관리, 구글 독스를 사용한 문서화, 지라(JIRA)를 사용한 프로세스 관리를 사용하였다.
   c. R: 팀의 생산성이 30% 향상되었다.

3. 불편한 상관/동료를 겪은 경험은?
   a. P: 상관이 테크니컬 리더십이 부족하였다. 정보 공유도 충분하지 않았다.
   b. A: 개인적으로 만나서 신뢰관계를 형성하였다. 정보 공유를 위한 여러 도구와 프로세스를 제안하였다.
   c. R: 주어진 환경 하에서 최선의 결과를 이끌어내었다.

4. 팀 간의 불화를 경험한 적이 있는가?
   a. P: 팀 간에 장벽이 있었다. 자신의 밥그릇을 보호하려는 경향 때문이었다.
   b. A: 먼저 적극적으로 자처하여 도움을 주었다.
   c. R: 조금씩 팀 간의 신뢰가 쌓여갔다. 세 달 후에는 정기적인 협력 모임을 가지게 되었다.

구글의 인사담당 이사인 라즐로 보크(Laszlo Bock)의 'Work Rules'에서 이러한 질문의 효용을 깊이 다루고 있다.

행동질문과 상황질문의 예를 더 찾고자 한다면 온라인에서 'behavioral interview questions'를 검색하면 된다. 그리고 US Department of Veterans Affairs에서는 Performance Based Interviewing(PBI)이라는 이름으로 다양한 질문들을 제공하고 있다. https://goo.gl/5dU0E5를 방문하여 참고하도록 하자.

16.5 취업의 패러독스

취업의 패러독스는 이것이다. "압도적으로 많은 회사가 경력자를 찾는다." 그렇다면 경력자는 과연 어디서 처음 취업이 되어서 그런 경력을 쌓았을까? 이 패러독스는 많은 직종의 현실이지만 데이터 과학 분야에서는 더 심한 편이다. 그래서 가능한 한 실제 직장 상황에 가까운 프로젝트 경험을 쌓는 것이 도움이 된다. 학교에 있다면 특히 석사나 박사 과정에 있다면 학교에서 의미 있는 프로젝트를 수행한 내용을 이력서나 링크드인 프로파일에 쓸 수 있을 것이다. 다른 직종에 있다면 그리고 운이 좋게 현재 있는 직종에서 의미 있는 데이터를 구할 수 있다면 그 데이터를 사용하여 데이터 분석을 해보는 것도 도움이 될 것이다.

그러므로 멀리 내다보고, 현재 있는 곳에서 최선을 다해 데이터 과학에 관한 훈련을 하고, 프로젝트 경험을 얻는 것이 도움이 된다. 이 장의 내용이 그러한 노력의 동기부여에 조금이나마 도움이 되길 바란다.

- **진솔한 서평을 올려 주세요!**

  이 책 또는 이미 읽은 제이펍의 책이 있다면, 장단점을 잘 보여 주는 솔직한 서평을 올려 주세요.
  매월 최대 5건의 우수 서평을 선별하여 원하는 제이펍 도서를 1권씩 드립니다!

  - **서평 이벤트 참여 방법**
    1. 제이펍 책을 읽고 자신의 블로그나 SNS, 각 인터넷 서점 리뷰란에 서평을 올린다.
    2. 서평이 작성된 URL과 함께 review@jpub.kr로 메일을 보내 응모한다.

  - **서평 당선자 발표**

    매월 첫째 주 제이펍 홈페이지(www.jpub.kr) 및 페이스북(www.facebook.com/jeipub)에 공지하고,
    해당 당선자에게는 메일로 개별 연락을 드립니다.

독자 여러분의 응원과 채찍질을 받아 더 나은 책을 만들 수 있도록 도와주시기 바랍니다.

찾아보기

기호 및 숫자

%Dev	200
.bashrc 파일	30
:: 연산자	24
<-	96
1만 시간의 법칙	45
25% 백분위수(25th percentile)	137
2nd degree interaction effect	287
75% 백분위수(75th percentile)	137

A

a law of diminishing marginal utility	127
accuracy	173
activation function	221
Adjusted R2	288
Adjusted R-squared	147
Adult 데이터	180
Aeron chair	15
aes( )	70
AI(Artificial Intelligence)	168
Akaike Information Criterion	164
alpha 값	78
alternative hypothesis	106, 123
anaconda	25
ANOVA	154
Anscombe's quartet	68, 144
aperm	50
Apple Siri	324
apply	50
arrange( )	52, 54
array( )	49, 50
as.data.frame	49, 50
as.factor( )	49
as.matrix	49
attach( )	96
AUC(Area Under ROC Curve)	174, 204, 240, 271
auto completion	30
auto-indent	97

B

backtick	253
bar chart	76
barplot	138
base graphics package	69
Bash-it	30
Bayesian Additive Regression Trees	223
Bayesian Generalized Linear Model	223
Bayesian Ridge Regression	223
behavioral questions	330
bernoulli deviance	216
bias	174
bias-variance tradeoff	174
bimodality	104
binary classification	171
binom.test	138
binomial deviance	172
binomial family	159
binwidth	75
bitbucket.com	27
boosting	214

boot 패키지	197
bootstrap	111, 209
Boston house-price dataset	5, 36
boxplot	69, 134

C

Caffe	222
CamelCase	93
caret 패키지	22
CARET(Classification And REgression Training)	223
cat	47
categorical variable	74
CDA(Confirmatory Data Analysis)	5
central limit theorem	125
chaining	57
chart junk	88
classification	168, 170
CLI(Command Line Interface, 명령줄 인터페이스)	29
clustering	168
cmdscale( )	221
Coderpad	94
coding style	93
coef.cv.glmnet( )	235
coef	202
coefficient of determination	147
coefficient profile 플롯	199
collinearity	192
colnames	49
communication skill	327
confidence interval	8, 105, 118
confusion matrix	172
contrast	155
contrasts	155
coord_flip( )	81, 82
cor( )	66, 143
corpus	321
correlation	65
correlation coefficient	143
CRAN(The Comprehensive R Archive Network)	21, 220
CRAN 태스크 뷰	21, 320

cross-validation	152
crowdsourcing	277
ctv(CRAN Task View) 패키지	22
curl	36, 46
curse of knowledge	272
curve	108
cut	30, 50
cv.glm( )	197
cv.glmnet( )	182, 201, 234

D

Daniel Kahneman	122
data( )	35
data.frame( )	42, 49, 50
data.table 패키지	39
data_frame( )	42
data acquisition	4, 9, 33
data definition	9
data-ink ratio	88
data mining	168
data processing	4, 44
data science	1
data scientist	1
datasets	34
data visualization	9
data wrangling	9, 33
DBF 포맷	43
decision tree	206
decorrelate	209
deep learning	222, 324
deepnet 패키지	222
degrees of freedom	105, 112
dependent variable	142
descriptive statistics	104
design matrix	155
design of experiment	9
deviance	164
DF(degrees of freedom, 자유도)	200
diag	49
diamonds	73
dim	49, 50

dimensionality reduction	168, 177, 221
dimnames	50
distinct( )	52, 56
dnn( )	222
dnorm	108
Doc2vec	324
document-term matrix	323
dplyr	20
dplyr 패키지	51

E

EDA(Exploratory Data Analysis)	4
Edward Tufte	88
Elizabeth Newton	272
error bar	72, 202
error matrix	172
error sum of squares	147
error term	145
example( )	71
expand.grid	50
experiment design	7
explanatory variable	6, 142
exploratory data analysis	9

F

facet_grid( )	89, 187
facet_wrap( )	86, 88
factor( )	49, 50
fast thinking	122
feature engineering	168, 244
feature extraction	168
feature selection	223
featurization	177
filter( )	53, 53
findInterval	50
first(x)	56
foreign 라이브러리	43
formula	199
formula interface	287
FPR(False Positive Rate)	173, 213

Francis Anscombe	67
fread	39
frequency polygon	74
F-statistic	148
full_join( )	59
functional programming	57
fuzzy rule based systems	221

G

Gapminder	3
Gaussian distribution	108
gbm( )	183, 215, 239
gbm.more	215
gbm.perf	215
generalization ability	175
genetic algorithm	221
geom_bar( )	88
geom_boxplot( )	80, 88
geom_density	186
geom_histogram( )	70, 88
geom_jitter( )	77, 81, 230
geom_line( )	86
geom_point( )	70, 88, 142
geom_smooth( )	70, 153
George Box	129
George Miller	69
ggplot( )	71
ggplot2	20, 69, 71
ggplot2 컨닝페이퍼	73
Gini index	206
Git	27
Glassdoor	326
glimpse( )	24, 53, 87, 133
GLM(Generalized Linear Model)	159
glm( )	162, 182, 188, 232
glmnet( )	182, 198, 199, 234, 291
GNU 스타일	93
goodness of fit	147, 164
Google Translate	324
grammar of graphics	71
grep	29, 50

grid	70
grid.arrange	194
gridExtra	194
group_by( )	55, 56
gsub	50

H

Hadoop	327
Hans Rosling	3
harmonic mean	173
hat matrix	150
head( )	133, 29, 37, 46, 49
heat map	269
heteroscedastic error distribution	149
hist( )	69, 134
Hive	40

I

iid	145
importance( )	211
IMRAD(Introduction, Methods, Results, And Discussion)	273
independent and identically distributed	145
independent variable	142
influence matrix	150
inner join	42
inner_join( )	59
install.packages( )	20, 22
intercept	145, 184
intersect	49
intersect(x, y)	59
IQR	55, 137
IR(Information Retrieval)	324
IRLS(Iteratively Reweighted Least Squares)	160
is.finite	49
is.na	49

J

jitter	142

John Wanamaker	122
join	41, 330
join	58
Jupyter Notebook	25

K

Keras	222
Kernel	35
kernel density estimator	74
kernel methods	220
knn( )	221
k-NN(k-nearest neighbor)	221
KoNLP	324, 325
k-폴드(k-fold) 교차검증	176

L

L1-norm	198, 200
L2-norm	198
lapply	50
LASSO regression	198
last(x)	56
LDA(Latent Dirichlet Allocation)	324
least squares method	145
leave-one-out CV	209
left join	42
left_join( )	59
legend	69
length	49
letters	72
levels( )	49, 50
leverage	150
library( )	22, 96
likelihood function	164
linear regression	6
linear regression model	145
lines	69
Linus Torvalds	27
list( )	49, 50
lm( )	145, 154, 155, 286
local regression	152

loess( )	153
LOESS (locally weighted scatterplot smoothing)	143, 152
log odds	159
log odds ratio	163
logistic regression	160
lqs( )	151
LSA(Latent Semantic Analysis)	324
lubridate	50

M

machine learning	168
MachineLearning 뷰	22
machine translation	324
mad( )	134, 137
MAD(Median Absolute Deviance)	137
make.names( )	254
margin of error	140
markdown	278
Martha Stewart Living	269
MASS 패키지	151
matrix( )	49
max	55
MDS(Multidimensional Scaling)	221
mean( )	55, 134
mean decrease in Gini index	211
mean decrease in RSS	211
median( )	55, 134, 137
melt	213
Miller's law	69
min	55
Minority Report	45
MLE(Maximum Likelihood Estimation)	160
model.matrix( )	155, 183, 184, 199, 234
model assessment	175
model complexity	174
model fitting	6
model matrix	155, 183
model selection	175
modeling	9
morpheme analysis	324

mosaicplot( )	69, 82
mpg	73
Multiple R-squared	147
multiple selection	26
mutate( )	52, 55
MySQL	34
mysql	43

N

n( )	56
n_distinct(x)	56
naive Bayes classifier	223
names	49
nb( )	223
ncol	49
neural network	221
NLP(Natural Language Processing)	320
nnet( )	222
nnet 패키지	222
nonlinear regression	152
normal distribution	8, 108
normal quantile-quantile plot	111
nrow	49
nth(x, n)	56
Null Deviance	164
null hypothesis	105, 123
numpy	25

O

object oriented programming	24
observations	44
oh-my-zsh	30
one-sample t-test	104
one-sided alternative	106
one-sided hypothesis testing	136
one-vs-one(OvO)	166
one-vs-rest(OvR)	166
online controlled experiment	8
Oracle	34
outer join	42

outlier	67, 137
out-of-bag(OOB) 샘플	209
over-dispersion	167
overfitting	174, 306, 329
O링	159

P

paired t-test	7
pairs( )	79, 87, 133, 229
pandas	25
parallel universe	109
paste	50
paste0	50
PCA(Principal Component Analysis)	221
pcr( )	221
penalized maximum likelihood	198
PEP 0008	93, 98
performance( )	194
pivot table	45
plot( )	66, 69, 133, 142
plot.glmnet( )	199
plot.lm( )	149, 154, 155, 158
plot.randomForest( )	210, 238
plot.rpart( )	207, 236
pls 패키지	221
points	69
polynomial regression	152
population	123
population parameter	105, 123
positively skewed	65
POSIX	28
PostgreSQL	34
prcomp	221
predict( )	148
predict.cv.glmnet( )	204, 235
predict.gbm( )	216
predict.glm( )	165
predict.lm( )	155, 287
predict.randomForest( )	212
prediction error	148
predictor variable	142
pre-processing	223
princomp	221
print.rndomForest( )	210
printcp( )	207, 236
Pro Git	27
problem definition	9
projection matrix	150
prop.table	138
pruning	205
punctuations	321
pylint	94, 98
Python	24
P-값	7, 102, 113, 123, 271, 329

Q

qqline( )	110, 134
qqnorm	110
qqplot	134
quantile( )	134
quantitative variable	74
Quartz	270

R

R	18, 330
R Graphics Cookbook	73
R 마크다운(R Markdown)	275, 279
R 스튜디오	18, 97
random forests	209
randomForest( )	183, 210
rank correlation coefficient	144
rbinom	138
RDBMS (Relational DataBase Management System)	34, 40
read.csv( )	36
read.table( )	35
read.table 패키지	176
read_csv( )	44
readr	44
readxl 라이브러리	40
real time collaboration	275

recurisve binary tree splitting	205
regression diagnostic	149
regression prediction	170
regression sum of square	147
regularization term	198
relevel	50
ReLU(rectified linear unit)	221
reorder( )	50, 81, 82
rep	49
repo	27
resid( )	148
resid.lm	155
residual	148
Residual Deviance	164
response variable	142
rev	49
ridge regression	198
right join	42
right_join( )	59
RMSE	271, 281
RMySQL	43
rnorm	108
robust statistical methods	137
ROC(Receiver Operating Characteristic)	173
ROC 곡선	194, 204, 241
ROCR 라이브러리	173
ROCR 패키지	194
RODBC	43
ROracle	43
rownames	49
rpart( )	206, 236
RPostgreSQL	43
RSS(Residual Sum of Squares)	206

S

S3	96
S4	96
sample	123
sample( )	50, 56
sample size	9
sample_frac( )	52, 56
sample_n( )	52, 56, 87, 133
sampling	9
sampling distribution	124
sampling with replacement	56
sampling without replacement	56
SAS	34
scale_x_log10( )	70
scatterplot	77
scikit-learn	25, 168
sd( )	55, 134
select( )	52, 55
self centeredness	273
sentiment analysis	324
seq	49
set operations	59
set.seed( )	56, 185, 210, 215
setdiff	49
setdiff(x, y)	60
SGD(Stochastic Gradient Descent)	177
shell script language	48
shrinkage parameter	214
side-by-side boxplot	79, 154
significance level	114, 123
similarity	221
simple regression model	145
simulation	109
situational questions	330
skewed right	65
slope	145
slow thinking	122
small multiple	89
smoothing	152
snake_case	93
SnowballC	320
So what(그래서 뭐)?	270
sort	30, 47
source( )	96
Spambase	244
sparkline	88
specificity	173
split	50
SPSS	34

SQL(Structure Query Language)	40, 46, 100, 330
sqldf 패키지	41
sqlplus	43
sqrt(n)	126
statistical hypothesis testing	7
statistical power	9
statistical significance	118
statistics	123
stepAIC( )	288
Stephen Senn	122
Steven Pinker	272
stop( )	96
stopwords	321
str( )	49, 133
stringr	50
strsplit	50
sublimelinter	98
Sublime Text	26
substr	50
sum	55
sum of squares	147
summarize( )	52, 55
summary( )	65, 76, 133, 134
summary.glm( )	159, 192
summary.lm( )	145, 154
summary.rpart( )	207, 236
supervised learning	168, 170
SVD(Singular Value Decomposition)	221, 324
svd	221
SVM(Support Vector Machine)	220

T

t 분포	105
t.test( )	104, 134, 136
table( )	76, 138
tail	29, 47, 49
tally()	77
TensorFlow	222
term-document matrix	323
test dataset	176
text mining	244, 320
the grammar of graphics	20
Theano	222
threshold	173, 193
tm	320
tolower	50
Torch	222
total sum of squares	147
toupper	50
tr	47
training dataset	175
TRB(Transportation Research Board)	270
tree model	205
true negative rate	173
true positive rate	173, 213
two-sample proportion test	8
two-sample t-test	8, 113
Type I error	114, 123
Type II error	114, 123
t-검정(t-test)	113, 329
t-통계량	105, 111

U

UCI 머신러닝 리포	34, 36
union	49
union(x, y)	60
uniq	30, 47
unit tests	96
UNIX	28
unlist	50
unsupervised learning	168
update.packages( )	24

V

validation dataset	175
vanity metrics	270
var( )	134
variable importance	209
variables	44
variable transformation	65
variance	174

varImpPlot( )	211, 238
vector	49
Vowpal Wabbit	177

W

Watson	318
wc	47
wc -l	29
weighted regression	149
which	49
white space	35
William Gosset	111
Wisconsin Breast Cancer data	225
Wolfram Alpha	324
Word2vec	324
wordcloud( )	320, 322
wo-sided alternative	106
write.csv( )	44
write.table( )	44
write_csv( )	44
WYSWYG(What you see is what you get)	275

X

XKCD	268
xtabs( )	82, 138

Z

z-shell	30
z-통계량	112

ㄱ

가독성	53, 92
가설검정	104, 105, 123
가설검정의 민감도	117
가우스분포	108
가정 진단	149
가중회귀분석	149
가지치기	205
감성분석	324

객체지향	96
객체지향 프로그래밍	24
갭마인더	3
갭마인더 데이터	63
검정력	9
검정통계량	113
검증세트	175, 178
격자	70
결정계수	147
경사	145
공백문자	35
과분산	167
과적합	174, 306, 329
관계형 데이터베이스	34
관측치	44
교차검증	152, 176, 178, 214, 271, 329
구글	94
구글 독스	31, 275
구글 번역	324
구두점	321
국소 회귀	152
군집분석	168
귀무가설	105, 123
그래픽의 문법	20
그레이스케일 비트맵 이미지	177
글래스도어	326
기술통계량	104
기초통계량	76
깃	27
깃 리포	100
깃 버전 관리	101
깃허브	27

ㄴ

나무 모형	205, 293
나무회귀 모형	293
뉴럴넷	221
뉴턴-랍슨 방법	160
느린 생각	122
능형회귀	198
능형회귀 모형	329

ㄷ

다니엘 카네만	122
다중선택	26
다항회귀분석	152
단순 회귀분석 모형	145
단어문서행렬	323
단측검정	136
단측 대립가설	106
대립가설	106, 123
대응표본 t-검정	7
대조	155
데이터 가공	3, 9, 33, 44
데이터 과학	1
데이터 과학자	1
데이터 마이닝	168
데이터 시각화	9, 269
데이터의 군집성	144
데이터-잉크 비율	88
데이터 정의	9
데이터 취득	3, 9, 33
데이터 프레임	49
도수 히스토그램	74
도수폴리곤	74
독립변수	142
디자인행렬	155
딥러닝	222, 324

ㄹ

라쏘	178
라쏘 모형	234, 291, 329
라쏘 회귀	198
랜덜 먼로	268
랜덤 포레스트	178, 238, 209, 295
레버리지	150
로그변환	66, 78, 82
로그오즈	159
로그오즈비	163
로버스트 선형회귀분석	151
로버스트 통계	134
로버스트 통계 방법	137
로버스트 회귀분석	143
로지스틱 분석	178
로지스틱 함수	160, 221
로지스틱 회귀 모형	160
로지스틱 회귀분석	232
로짓(logit)함수	160
리누스 토발즈	27
리디렉트 연산자(>, <)	48
리스트	49
리포(repo)	27
링크(link)함수	160
링크드인	328

ㅁ

마사 스튜어트 리빙	269
마이너리티 리포트	45
마크다운	278
막대그래프	76, 88
머신러닝	168, 244
모델행렬	155
모수	105, 123
모집단	123
모형 선택	175
모형식	199
모형의 적합도	147, 164, 174
모형 적합	6
모형 평가	175
모형행렬	183, 329
모형화	9
무쓸모 지표	270
무죄추정의 원칙	106
문서단어행렬	323
문제 정의	9
미국통계학회	118
밀러의 법칙	69

ㅂ

반응변수	79, 142
배깅	209
배시	30

배열	49
배치(batch) 처리	177
백틱	253
버전 관리	277
버전 컨트롤	89
벌점	198
범례	69
범주형 변수	74, 138, 171
범주형 설명변수	329
베르누이 편차	216
베르누이 확률변수	159
베이스 그래픽 패키지	69
베이즈 분류기	223
베이즈 확률	329
베이지안 가법 회귀 트리	223
베이지안 능형 회귀	223
베이지안 방법	223
베이지안 일반 선형 모델	223
벡터	49
변수	44
변수 변환	65
변수 선택	175, 223, 329
변수 자동완성	54
변수 중요도	209
변수 차원 축소	221
병렬상자그림	79, 154, 297
보스턴 주택 데이터세트	5, 36
보스턴 지역 주택 가격 데이터	283
복원추출	56
부스팅	178, 214, 239, 296
부트스트랩	111, 209, 329
분계점	173, 193
분류분석	168, 170
분산	67, 174
분산분석	113, 154
분산분석의 진단	157
분석 결과 정리	9
불용어	321
불확실성	107
비복원추출	56
비선형	78
비선형 데이터	143
비선형적 관계	144
비선형회귀분석	152
비정형 데이터	177, 244
비지도학습	168
빅데이터	117, 127, 176
빗버켓	27
빠른 생각	122

ㅅ

사분위수	65
산점도	66, 77, 88, 143, 230
산점도행렬	79, 251
상관 관계	65, 67, 78, 88, 271
상관계수	142, 143
상자그림	88
상황질문	330
서브라임 텍스트	26
선형	78
선형 관계	66, 144
선형대수	150
선형모형	67, 143, 155, 287, 327, 329
선형예측함수	160
선형회귀 모형	145
선형회귀 모형 예측	148
선형회귀분석	6, 286
설명변수	6, 79, 142
성공확률 비교검정	8
셰익스피어	324
셀스크립트 언어	48
수량형 변수	74
수면제 효과 연구	102
수신기 작동 특성	173
수치형 변수	171
순서형 변수	74
순위상관계수	144
스네이크케이스	93
스크롤 압박	53
스타일 가이드	330
스택오버플로우	101
스텝변수 선택	288
스티븐 센	122

스티븐 핑커	272	와인 품질 데이터	300
스파크라인	88	왓슨	318
스팸 메일	244	요약 통계량	65
스팸베이스	244	우도함수	164
스피어맨 상관계수	66	우주왕복선 챌린저호	159
시각화	63	울프램 알파	324
시뮬레이션	109	워드 다큐먼트	275
시스템 1	122	위스콘신 유방암 데이터	225
시스템 2	122	윌리엄 고셋	111
신뢰구간	7, 102, 104, 119, 271, 329	유닉스	28
실리콘밸리	326	유닉스 셸	46, 319, 326
실시간 협업	275	유닛 테스트	96
실용적 유의성	117	유사도	221
실험 계획	7, 9, 327	유시민	272
		유의수준	114, 123
		유전자 알고리즘	221
ㅇ		의사결정 나무 모형	206
아나콘다	25	의사소통 능력	327
아마존 클라우드 서비스	176	이변량 t-검정	7
알고리즘	330	이분산성 오차 분포	149
애플 시리	324	이상점	67, 75, 78, 82
액셔너블	268, 271	이차상호작용	287
앤스콤의 사인방	67, 68, 144	이항분류분석	171
양측 대립가설	106	이항분포 패밀리	159
에드워드 터프티	88	이항편차	172, 194, 202, 204, 240
에러막대	72	인공지능	168
에어론 체어	15	인과 관계	78, 79, 142, 271
엑셀	45	일래스틱넷(elasticnet) 모형	198
엑셀 파일	34	일반화 능력	175, 220
엘리자베스 뉴턴	272	일반화 선형모형	159, 327, 329
영향행렬	150	일변량 t-검정	104, 113, 136
예측	104		
예측값	148		
예측변수	142	**ㅈ**	
예측오차	148, 297	자기중심성	273
오라클	34	자동 들여쓰기	97
오바마 대통령	141	자동번역	324
오차범위	202	자동완성	30
오차한계	140	자연어 처리	320
오차항	145	자유도	105, 112
오차행렬	172	잔차	143, 148
온라인 통제 실험	8	잔차제곱합	147

찾아보기 **345**

잠재디리클레할당	324
잠재의미분석	324
재귀적 이항나무분할	205
재현가능성	185, 215
재현율	173
절편	145
절편항	184
정규 Q-Q 그림	111
정규분포	8, 104, 108
정규화된 모형	189, 198, 329
정밀도	173
정보검색	324
정확도	173
제곱합	147
조인	58
조지 밀러	69
조지 박스	129
조화평균	173
존 워너메이커	122
종모양	82
종속변수	142
주성분분석	221
주피터 노트북	25
중산층 여부 예측하기	180
중심극한정리	124, 125
중앙값	65, 137
증거 불충분	106
지니지수	206
지도학습	168, 170
지식의 저주	272
집합연산	59

ㅊ

차원감소	168
차원축소	177
차트 쓰레기	88
체이닝	57
총 제곱합	147
최대우도법	160
최대우도추정치	197
최댓값	65

최소제곱법	145
최솟값	65
축소 조절모수	214
취업의 패러독스	332

ㅋ

카멜케이스	93
캐글	35
캐럿 패키지	223
커널	35
커널밀도추정함수	74
커널 방법	220
커니건-리치(K&R) 스타일	93
켄달	66
코드 유지보수	93
코딩 스타일	93
코퍼스	321
퀴즈	270
크라우드소싱	277

ㅌ

타이타닉 데이터	82
타입 1 오류	114, 123
타입 2 오류	114, 123
탐색적 데이터 분석	4
탐색적 분석	9
테스트세트	176, 178, 220
텍스트 마이닝	244, 320
통계 가설검정 절차	7
통계량	67, 123
통계적 유의성	117, 118
통계학	102
통계학습/머신러닝 태스크뷰	220
통제 실험	9
투영	150
투영행렬	150
트리 모형	178
특수문자	254
특이값 분해	324

ㅍ

파라미터 튜닝	175
파레토의 80:20 법칙	131, 220
파이썬	24, 48, 330
파이썬 스타일 가이드	98
팩터	49
퍼지논리 시스템	221
페이스북	40
편향	174
편향-분산 트레이드오프	174
평균	65, 67
평균잔차제곱합감소량	211
평균지니지수감소량	211
평행우주	109
평행우주론	129
평활법	143, 152
포뮬라 인터페이스	287
표본	123
표본분포	102, 124
표본 크기	9, 329
표본 크기 결정	126
표본평균	104
표본표준편차	104
표본화	9, 327
표준오차	329
표준편차	329
푸아송 모형	167
프란시스 앤스콤	67
프로그래밍	91
프로젝트 디렉터리	100
피어슨 상관계수	66, 143
피처 가공	168
피처 추출	168
피처화	177

ㅎ

하둡	40, 327
하이브	40
한계효용체감의 법칙	127
한스 로슬링	3
함수형 프로그래밍	57
해들리	49, 93
해들리 위컴	94
행동질문	330
행렬	49
협업 문화	276
협업	327
형태소 분석	324
혼동행렬	172
확률분포밀도함수	74
확률적 경사 하강법	177
확증적 데이터 분석	4
활성화 함수	221
회귀분석	170
회귀분석 기법	281
회귀분석 모형	6
회귀분석 진단	149
회귀 예측분석	168
회귀 제곱합	147
후처리	223
훈련세트	175, 178
히스토그램	66, 88
히트맵	269